信頼性設計法と性能設計の理念と実際

地盤構造物を中心として

本城勇介／大竹 雄［著］
YUSUKE HONJO / YU OTAKE

技報堂出版

◎序

本書の第1著者本城は，松尾稔著「地盤工学：信頼性設計の理念と実際」（技報堂出版，1984）の続編として，地盤構造物に関する信頼性設計法の展開に関する本を世に問いたいと長年念願してきた．定年退職を6年後に控えた2010年頃，性能設計や信頼性設計法に関する研究成果はばらばらと散発的に出してはいたものの，最後にそれらを体系的に組立て，実際の応用例を示すと言うことで行き詰まりを感じ，「日暮れて道遠し」の感に悩まされていた．ちょうどその頃，第2著者大竹が，勤務していた大手コンサルタント会社を退職し，本城の研究室のスタッフとして特任という任期付きの身分で加わった．大竹の設計実務者としての経験が大きく貢献して，本城が漠然と考えていた信頼性設計法体系は精密化し，弱点が補強され，さらに多様な地盤構造物への適用例を多く示すことができた．その成果の主要部分は，大竹の学位論文（大竹，2012）となった． 本書は，これらの成果をさらに発展，ブラシアップし，また例題を補強し，一般の実務者が理解しやすいように執筆された，信頼性設計法と性能設計普及のための著書である．本城は，これにより，松尾稔先生から託された，長年の課題にともかく応えることができたと，ひとまず安堵している．

松尾先生が「地盤工学：信頼性設計の理念と実際」を世に問われた頃は，まさに信頼性設計法の黎明期であった．その著書は，「荒野で叫ぶ者の声」，預言者の言葉として，来たるべきものについて告げていた．今や信頼性設計法は，黎明期を脱し，本格的発展期を迎えている．周知のように我が国では，2000年前後から発展してきた性能設計の考え方と信頼性設計法が相俟って，設計基準の考え方の根幹が変革期を迎えている．例えば，我が国の主要な設計基準のひとつである「港湾の施設の技術上の基準」は，2007年に性能規定化と信頼性設計法の導入が図られ，さらに2018年5月発刊のその改訂版では，信頼性設計法の部分が，大幅に見直された．また，我が国の社会基盤施設の設計でもっとも大きな市場規模を持つ「道路橋示方書」は，2017年10月に大幅改訂され，性能規定化の徹底と，信頼性設計法の導入が図られた．本書の執筆時期は，これらの改訂作業時期と重なり，著者達も多くの機会に，これら基準の改訂作業の一部に係わり，また多くの知見や情報を関係者から入手することができた．これらについては，本書の中（特に8, 9章）でも触れられている． 従って，本書はこれらの基準の背景（地盤設計に限らない），すなわち「理念と実際」を解説する著書として読むことができる．どのような読者を対象としているかは，第1章を見られたい．

本書は結果的に，従来の信頼性設計法の解説書とは，多くの点で異なっている．その一つの理由は，著者達の専門分野が地盤工学であって，構造工学でないと言う点に起因している．しかしそれ以上に，実務で実際に信頼性設計法を利用すると言う観点に立ち，伝統的な信頼性設計法を見直したことにもよっている．それは具体的には，例えば以下の諸点である．

1. 性能設計，特にその信頼性設計法とのリンクについて詳しく説明した．
2. 確率計算を，全面的にモンテカルロシミュレーション（MCS）によることを推奨した．この結果，従来の解説書が重視した確率計算法（例えばFORM）の解説を省略した．
3. 信頼性解析における最重要事項は，確率計算ではなく，データに基づく不確実性の定量化であることを強調した．その結果，確率論よりも統計学を重視している．
4. 地盤構造物を対象とした総合的な簡易信頼性解析法 (GRASP) を提案している．
5. 部分係数法の設計照査式の形式に関する詳細な議論を，実務的観点から行った．

本書は，実際に読者が自分で手を動かして，特に地盤構造物の信頼性解析を行うことが出来るようになることを目指して執筆された．このため当初は，詳細な計算過程を記述した例題を多数掲載し，読者がstep by stepで信頼性解析の手順を理解することができるようにする予定であった．結果的に，これらの例題だけで100ページを優に超える分量となってしまったため例題の掲載は断念し，代わって本書付録の演習問題に回し，その詳細な解答（多くは，R言語によりプログラム付き）を，著者らのURLにアップロードすることにより読者が入手できるようにしている．これらの資料も，本書理解のために十分活用して頂きたい．URLではまた，本書理解の助けとなる，確率・統計に関する著者らの作成した資料も閲覧可能である．

本書で示した研究内容を完成させるまでに，多くの教師達，同僚・友人達，学生達のお世話になった．ここに，その一部のお名前を敬称略，順不同で提示し，深謝の意を表したい．

浅岡顕，日下部治，宇野尚雄，長尾正志，翠川三郎，藤野陽三，神田順，佐藤忠信，星谷勝(故人)，友永則雄， D. Veneziano, E. Vanmarcke, G. Baecher, J. Christian, W. Tang(故人), K. Ovesen(故人)，鈴木誠，原隆史，西村伸一，吉田郁政，宮田嘉壽，松井謙二，小高猛司，李圭太，堀越研一，谷和夫，八嶋厚，笠間清伸，森口周二，珠玖隆行，S. Paikowsky, K.K. Phoon, J.Y. Ching, L.M. Zhang, F. Nadim, T. Orr, B. Simpson, T.M. Allen, J. M. Kulicki, R. Gilbert, J. Vandyke, 古田均，佐藤尚次，秋山充良，香月智，杉山俊幸，藤田宗久，山本修司，菊池嘉昭，長尾毅，宮田正史，竹信正寛，福永勇介，白戸真大，岡原美知夫，七澤利明，河野哲也，中谷昌一，西田秀明，木村嘉富，福井次郎，玉越隆史，高田毅士，桑原文夫，高橋徹，小林勝巳，小椋仁志，糸井達哉，神田政幸，西岡英俊，佐名川太亮

本書は，松尾先生の著書と同じ技報堂出版から出版頂ける事になった．本城が技報堂編集者の天野重雄氏に，信頼性設計法に関する著書の出版を最初にお願いしてから既に10年以上の月日が経過している．その間，怠慢な著者を忍耐と寛容を持って見守り，原稿の仕上がりを待って下さった天野氏に対して深く御礼申し上げる．

本書の表紙イラストは，本城知香子に依頼した．構造物が破壊したときのイメージを想定して設計する，これが設計者には欠かせないと著者らは信じている．

最後に，本書を著者達それぞれの配偶者，本城ゆりえと大竹典子に献げたい．多くの環境の変化や，いろいろな困難を乗り越えてこの本の執筆を完成することができたのは，彼女達の献身的な支えのおかげである．

2018年11月

本　城　勇　介
大　竹　　　雄

◎なお，本書関連のプログラム等関連情報については、下記URLにおいて順次公開する予定である．必要に応じて参照されたい．

https://yu-otake.net/books/01

目次

第 1 章

はじめに

1.1 本書の目的

本書は，次の 2 つの目的を持って執筆された．

目的 I：著者らが開発してきた地盤構造物のための信頼性解析法（通称 GRASP）を，体系的かつ実務に適用可能な形で提示すること．

目的 II：「道路橋示方書」，「港湾の施設の技術上の基準」等，わが国の代表的な設計コードが準拠する，性能設計と信頼性設計法について，その全体像を体系的に説明し，またこれらを有効に活用するための方法を実務者に提示すること．

言うまでも無く，これら二つの目的は相反するものではなく，むしろ補完する関係にある．これらの目的について，補足的な説明を以下に加える．

(1) 地盤構造物の信頼性解析

地盤構造物の設計は，鋼やコンクリート構造物の設計とは著しく異なる．地盤構造物はそのサイトに存在する地盤や土を材料として設計されるのが基本であるため，設計に用いる材料についてまず調査・試験を行い，これらの情報に基づいた設計を行う点である．地盤は天然に存在するので，鋼やコンクリートのような工業的に規格化された材料と異なり，著しく不均質である．さらにその性質は一般に極めて限られた数の地盤調査・試験結果に基づくので，統計的な推定誤差を免れない．また設計に用いる力学モデルに直接使用する地盤パラメータを，地盤調査で得られるパラメータから間接的に変換して求めることも多い（N 値による地盤強度や変形に関するパラメータを推定する場合等）．

著者らは，以上のような地盤構造物設計の特徴を考慮した信頼性解析法を，開発してきた．この方法の体系的な説明を試みると共に，多くの例題を提示することにより，実務者が任意の地盤構造物の信頼性解析を自分で実施できるようになることが，本書執筆の目的の一つである．

(2) 性能設計・信頼性設計法に準拠した設計コード

わが国の主要な設計コードが，従来の安全率を用いた設計法から，部分係数設計法に改定されている．この潮流は世界的なものであり，部分係数設計法の背景には信頼性設計法がある．これに前後してわが国では，2000年頃から「性能設計」という概念が台頭し，この概念も設計コード改定の大きな柱になっている．2007年に改定された「港湾の施設の技術上の基準」は，この両者を統合した典型例である．本書は，このような設計思想の変化の背景・意図とその内容を説明することを，一つの目的としている．

さらに，本来的に「性能設計」を進めるためには，信頼性設計法の考え方を理解し，これを設計の一つのツールとして利用することが必要である．本書は，このことの手引きをすることも目的としている．

1.2　本書の構成と使い方

本書は，次のような要求を持つ読者を対象に書かれている．

タイプA：任意の地盤構造物の信頼性設計を実施したい．
タイプB：新しい工法や設計法の開発，また大規模プロジェクトの設計に関わっている実務者で，信頼性設計法の考え方に基づいて，新たに独自の部分係数を更新・設定する方法が知りたい．
タイプC：性能設計や信頼性設計法と，これらの考え方に基づいて作成された設計コードの，基本的な思想の全体像を理解したい．

それぞれのタイプの読者に本書の読み方について説明する前に，本書の構成について述べる．

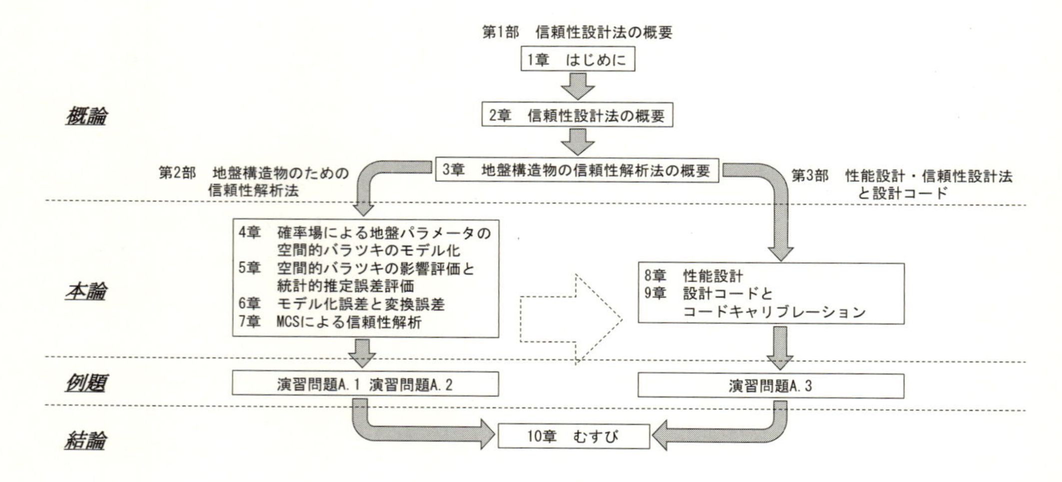

図1.1　本書の構成

本書は 3 部より構成され，これらとは独立に「はじめに」と「むすび」の章 (1 章と 10 章) が設けられている．**図-1.1** に，本書の構成を示す．

1 章 はじめに	
第 1 部 信頼性設計法の概要	2,3 章
第 2 部 地盤構造物のための信頼性解析法	4,5,6,7 章
第 3 部 性能設計・信頼性設計法と設計コード	8,9 章
10 章 むすび： 残された課題	

第 1 部は，「2 章信頼性設計の概要」と「3 章地盤構造物の信頼性解析の概要」から構成される．2 章は，古典的な信頼性設計法の概要を述べたものであり，記述は概念的説明に止めている．信頼性設計法の考え方の基本を説明することが目的である．3 章は，地盤構造物を念頭に著者らが開発してきた信頼性解析法 GRASP (Geotechnical Reliability Analysis by a Simplified Procedure) の概要を述べたものである．この詳細は，第 2 部で展開される．

第 2 部は，4 章から 7 章で構成され，GRASP の理論を展開している．これらの章には，地盤パラメータの空間的なバラツキに関する定量的情報，変換誤差やモデル化誤差の典型的な統計量等も図表の形で提供されているので，信頼性解析実施時の情報源として，ハンドブック的な使い方も可能である．演習問題 A1 と A2 には，展開した理論に基づく例題が示されている．その解の詳細は，著者らの URL で公開されている．

第 3 部は，最近の我が国の種々の設計コードが基づく基本的な考え方と，それに基づく意思決定の具体的な表現である，照査式の部分係数を決定する手順を解説している．「8 章性能設計」は，2000 年前後から我が国の設計コードで根幹的な思想となってきた性能設計について説明している．「9 章設計コード」では，信頼性設計法レベル 1 と言われる部分係数法と，その照査式の部分係数の具体的な値を設定する方法（コードキャリブレーションと呼ばれる）を解説している．さらに演習問題 A3 では，コードキャリブレーションの具体例を示した．その解の詳細は，著者らの URL で公開されている．

「10 章むすび」では，種々の地盤構造物の信頼性解析を実施した結果に基づき，構造物の種類，要求性能等の観点から地盤構造物設計の問題点を反省している．信頼性解析の一つの効用は，構造物設計における各種の不確実性が，最終的な設計結果に与える影響を定量的に示すことができることである．（寄与度分布）これに基付いて，設計におけるボトルネックを考える手掛かりが得られる．抽出された問題点は，信頼性設計の課題と言うよりは，地盤工学自身の本質的課題である．さらに，信頼性設計法と性能設計について，残された課題について述べている．

以上のような本書の構成を踏まえて，先に挙げた 3 つのタイプの読者について，本書で特に読むべき箇所を示す（**図-1.1** を合わせて参照）．

タイプA：第1部と第2部及び10章を読んで頂きたい．またその際，著者らのURLで種々の補足的な資料が提供されているので，それらも十分に活用して頂きたい．設計コードに関心があれば，第3部も読んで頂きたい．

タイプB：第1部と第3部及び10章を読んで頂きたい．また7章は，信頼性解析の方法(具体的にはMCS)の詳細を説明しているので，参考になると思われる．さらに，特に地盤構造物の設計が問題になる場合は，第2部の内容もある程度知って頂くと，理解が深まると考えられる．

タイプC：第1部及び第3部と10章を通読して頂くと，性能設計と信頼性設計法，さらにこれらの考え方に基づいて作成された設計コードの基本的な考え方の全体像をある程度理解できるように記述した．

なお本書では，次のような点を配慮した．

(1) 著者らは，種々のデータの統計解析や信頼性解析に，統計解析用言語Rを用いている．著者らが作成したR言語のプログラムの内，汎用性の高いと考えられるものを，別途指定するURLから入手することができる．その他，R言語に関する情報や関連サイトも紹介している．

(2) 本書で示した主な例題，また演習問題のR言語によるプログラムを，できるかぎり公開する．これらのプログラムを自分で実行することにより，本書の理解を深めることを狙ったものである．活用して頂ければ幸いである．

なお，公開したプログラムにバグがあっても，著者らはその計算結果に一切責任を取らないので，読者は十分にプログラムを吟味の上，使用して頂きたい．

1.3　重要な用語の定義

本書を読むに当たり，特に重要な用語の定義を示す[1]．本書では説明の便宜のため，意図的に定義を限定して用いている用語があるので，注意されたい．例えば「信頼性設計」と「信頼性解析」，「部分係数法」，「材料係数法」と「荷重抵抗係数法」，「地盤構造物」，「設計コード」等がこれに当たる．

確率変数 (random variables): 「その値の生起が，ある確率分布に従う変数．(CDS)」ある一つの値の生起を示す決定変数 (deterministic variables) に対する定義で，現象の不確実性の記述に用いられる．

統計量 (statistics): 「観測値から計算される数値，ベクトルを言う．標本平均，標本分散，標本相関係数等．目的に応じて，推定量等と呼ばれることもある．(CDS)」拡張して，多くの観測値（サンプル）から推定された，確率変数の平均，分散，変動係数や相関係数の値のこ

[1] 用語の定義に引用したのは，次の文献である．

CDS: Everitt, B.S.(1998),The Cambridge Dictionary of Statistics, Cambridge University Press.

ISO2394: ISO(1998)，ISO2394 General principles on reliability for structures.

GC21: 地盤工学会 (2006)，地盤工学会基準 JGS4001-2004 「性能設計概念に基づいた基礎構造物等に関する設計原則」.

とを言う場合もある．

地盤構造物 (geotechnical structures): 土構造物，基礎構造物，斜面等，地盤工学で対象となる構造物の総称．

基本変数 (basic variables): 「作用、環境的影響、地盤を含む材料特性、あるいは種々の形状や寸法等、設計に関係する一群の変数（ISO2394,1998）」．基本変数の一部は，その不確実性を表現するため、確率変数として扱う。

限界状態 (limit state): 「その状態を超えると，もはや構造物の設計の要求性能を満足しなくなる状態．限界状態は，その構造物の望ましい状態（例えば, 非破壊）と，望ましくない状態（例えば, 破壊）を分離する（ISO2394,1998）.」

性能関数 (performance function): 限界状態を表す，基本変数 $\mathbf{x}$ の関数である性能関数 $g(\mathbf{x})$ を設け，$g(\mathbf{x}) > 0$ では構造物は「好ましい状態」にあるとし，$g(\mathbf{x}) \leq 0$ では構造物は「好ましくない状態」にあるとする．すなわち $g(\mathbf{x}) = 0$ のときが，限界状態である．性能関数を限界状態関数 (limit state function) と呼ぶ場合もある．

性能設計 (performance based design): 構造物をその仕様によってではなく，その社会的に要求される性能から規定し設計する，設計の考え方（GC21）．

設計コード (design codes): 設計される構造物に，ある一定以上の要求性能に対する品質を確保するために必要な，主に工学的また科学的な原則に基づく設計方法 (design practice) を記述した文書．設計コードは，試験法や調査法の規格書 (standards) とは異なり，ある一つの方法の手順を詳細に規定するのではなく，構造物にある一定レベル以上の品質を確保することを目的として記述される文書である (Ovesen,2002)．ここで，「品質の確保」とは，対象となる限界状態に対する，適切な余裕の確保のことである．わが国では設計コードは，基準，示方書，指針，標準等，それぞれの分野の伝統や慣習，法律的な位置付け等により，いろいろな名称で呼ばれている（GC21）．

信頼性 (reliability): 「構造物または構造部材が，所定の要求性能を満足できる能力であって，所定の要求性能は，その設計供用期間を含む。（ISO2394.1998）」．信頼性は，確率 $Prob[g(\mathbf{x}) > 0]$ で表される．一方，$P_f = Prob[g(\mathbf{x}) \leq 0]$ を，破壊確率 (failure probability) と言う．当然，(信頼性)=1.0-（破壊確率）の関係が成り立つ．

信頼性解析 (reliability analysis): 構造物の信頼性を評価するための方法，または手順．信頼性解析により，構造物の信頼性を評価する作業を意味する場合もある．特にその方法を強調するときに，「信頼性解析法」という．

信頼性設計 (reliability design): 信頼性に基づいて設計に関する意思決定を行う構造物設計法．信頼性を「規定の水準以上」に保つように構造物を設計することが一般的である．この「規定の水準」を，目標信頼性 (target reliability) と呼ぶ．目標信頼性の決定方法としては，次のようなものがある．

(1) 既存の設計コードで設計される構造物の信頼性を参考に，（多くの場合同レベルの）目標信頼性を設定する．

(2) 種々のバックグラウンドリスクとの比較により，目標信頼性を設定する．

(3) ライフサイクルコスト等の何らかの経済指標による最適化により，目標信頼性を設定する．

特にその方法を強調するときに，「信頼性設計法」という．

特性値 (Characteristic Value): 「特性値は，設計で検討する限界状態を予測するための基礎・地盤のモデルに最も適切な値として推定された地盤パラメータの代表値である（GC21）.」本書では，基本変数の代表値を，特性値と呼ぶ．

設計値（Design Value）：「材料係数法を用いた場合，設計値は設計計算モデルに用いられる地盤パラメータの値であり，特性値に材料係数を適用して得られる（GC21）.」本書では，特性値に材料係数を乗じた値を，設計値と呼ぶ.

部分係数法（Partial Factors Design Procedure）：「構造物に作用する各種の荷重，材料特性，構造物寸法，設計計算モデルの精度，限界状態を設計計算で照査するときの基準値などの不確実性に対して，構造物が所定の限界状態を適切な確率で満足するための余裕を，部分係数により考慮する設計法（GC21）.」

材料係数法 (Material Factor Design):「部分係数を，各荷重の特性値，材料の特性値などに直接適用し，これらの設計値を求め，これら設計値を計算モデルに代入して，構造物の応答 (荷重効果を含む) や耐力を求め，限界状態に対する照査を行おうとする部分係数による設計法 (GC21).」

荷重抵抗係数法 (Load and Resistance Factor Design):「荷重の特性値と，材料の特性値を直接計算モデルに代入し，構造物の応答（荷重効果を含む）や耐力の特性値を求め，これら特性値に直接部分係数を適用して，限界状態に対する照査を行おうとする部分係数による設計法 (GC21).」LRFD と呼ばれることもある.

不確実性解析 (uncertainty analysis): 構造物の信頼性に影響を与える個々の因子，またはその幾つかの複合要因の不確実性を，何らかの適当なデータに基づいて定量化する解析．取得したデータの質と量の吟味，取捨選択，統計解析等の作業を含む.

設計値法（Design Value Method）：設計点を基準として，信頼性設計法レベル 1 の部分係数を決定しようと言う考え方．すべての基本変数が正規確率変数であるとき，部分係数 γ が，感度係数 α，目標信頼性指標 β_T と，各基本変数の変動係数 V から計算できることから，$\alpha\beta\gamma$ 法という呼称で呼ばれることもある.

感度係数（Sensitivity Coefficient）：厳密には，すべての基本変数が正規確率変数であるとき，標準化正規空間の限界状態面の設計点における方向余弦に負号を付けたベクトル．正規確率変数でない場合も，幾つかの近似的評価方法がある．各基本変数の，当該構造物の信頼性への感度を表す指標.

寄与度 (contribution ratio): 構造物の信頼性に直接影響を与える安全性余裕（典型的には，抵抗力から外力を差し引いた差）の分散は，個々の不確実性要因の分散の和であると仮定し，個々の要因の分散が，安全性余裕の分散に占める割合を，寄与度と定義する．構造物の信頼性に支配的な不確実性要因の抽出を目的として，提案された指標である．すべての基本変数が正規確率変数で，性能関数が基本変数の線形和で表される場合，寄与度は各基本変数の感度係数の自乗である.

(適合) みなし規定 (deemed to satisfied solution / pre-verified specification):要求性能を満足していると見なされる「解」を例示したもので，性能照査方法を明確に表示できない場合に規定される構造材料や寸法，および従来の実績から妥当と見なされる現行基準類に指定された解析法，強度予測式等を用いた照査方法を表す．他には，適合みなし仕様，承認設計などの用語があるが，設計コード等に規定されている既存の解析法あるいは予測式もこの中に含めているため，仕様よりも規定の方が適切で，適合みなし規定を用いる.

第Ⅰ部

信頼性設計法の概要

第 2 章

信頼性設計法の概要

2.1 はじめに

2.1.1 不確実性への対処

信頼性設計法は，結局のところ我々の行う設計と言う「科学的」な行為の中には，制御できない外乱（地震，風，降雨，施工精度等）や，知識の不足（地盤特性，未知の現象等），設計計算モデルの誤差等，いわゆる不確実性 (uncertainty) が存在する．このため設計された構造物が一様な性能を発揮するわけではないという事実があることを認め，その上で設計における意思決定を支援する方法である．

長く信頼性設計法に関する研究や普及の仕事をしてきた．そこで，多くの実務者がこの方法に違和感を感じ，敬遠する実態を感じてきた．その原因が何であるか，なかなか分からずにいるのであるが，その一つが，科学に関する通俗的な理解にあるのではないかと思うようになった．ある統計学の歴史を記した本に，次のような記述がある．少し長いが紹介する (Salusburg, 2001).

> 科学は時計仕掛けの世界と呼ばれてきた強固な哲学的視点を伴って，19 世紀に突入した．現実を説明し，将来の出来事を予測する（ニュートンの運動法則や気体についてのボイルの法則のような）少数の数学公式が存在すると信じられていた．およそそのような予測に必要なことと言えば，これらの完全な公式一式と十分な精度で収集された関連した観測値の群だけだった．大衆文化がこの科学観に追いつくまでには 40 年以上もかかったのである．

この後，19 世紀を通じて観測誤差は認識されたが，それは測定の精度が上がれば解決されると信じられていたことが述べられ，それに次の文章が続く．

> 19 世紀末になっても，誤差は無くなるどころか増え続けた．測定が精緻になればなるほど，さらに誤差が生じたのだ．時計仕掛けの世界はめちゃくちゃになった．生物学や社会科学の法則を発見する試みは失敗に終わった．物理学や化学のよ

うな旧来の科学では，ニュートンやラプラスが用いた法則は，大雑把な近似に過ぎないことが証明されたのである．徐々に科学はより現実的な統計モデルという新しいパラダイムに動き出し始めるようになった．20 世紀末までには，ほとんどすべての科学が統計モデルを使うようになったのである．

大衆文化はこの科学革命に乗り遅れてしまった．「相関」，「オッズ」，「リスク」のようないくつかのあいまいな考え方や表現は知らず知らずのうちに日常語になり，大半の人々は，医学や経済学といった科学の一部の分野では不確実性がつきものだということに気付いているものの，科学者以外で哲学上の視点に重要な（パラダイム）シフトが生じたことを理解している人はほとんどいない．

自分が受けた理科系教育を考えても，上記のような 19 世紀的な科学観が圧倒的であり，同じ入力に対して，いくつもの異なった出力がありうるという考え方は，ほとんど教育されなかった．確率論が一連の公理に基づく数学体系として認められたのは，1933 年のコルモゴロフの業績による．また数理統計学の体系が確立されたのは，やっと 20 世紀半ばである．このようなことを考えても，科学として不確実性を取り扱う分野は，まだ世間の一般常識とはなっていないと思われる．そのような背景が，統計モデルの構造物設計への応用である信頼性設計法が，一般実務者からなかなか受容されず，敬遠される理由の一つではないかと考えている．ここでの記述が，このような不確実性を取扱う科学的な方法理解の一助となることを願っている．

2.1.2　従来の設計法と信頼性設計法

ここで従来の構造物の設計法と，信頼性設計法の差異について，本書の立場から説明する．

図-2.1 に，従来の設計と信頼性設計法の手順を，比較して示した．どちらの設計法でも，設計の諸条件が与えられるところから，設計が始まる．設計に関わるすべての変数を基本変数と呼び，これには形状，寸法，荷重条件，材料の特性等，設計に関わるほとんどの情報が含まれる．ある基本変数は与えられる必要があり，ある基本変数は設計の結果として決定される．

図-2.1(a) に示した従来の設計では，所与の情報を吟味し，設計に用いるいろいろな基本変数の値を決める．その上で構造・地盤解析，すなわち設計計算により，構造物が満たすべき性能 y について検討する．そして，最終的に設計で決めなければならない基本変数の値を決定し，これらの検討結果を，図面や設計計算書により明示して設計を終了する．

一方**図-2.1(b)** に，著者らが考える信頼性設計法の手順を示した．設計の諸条件から出発して，次のような手順に分解される：

構造・地盤解析：これは通常実務者が行う設計計算のことである．すなわち，基本変数 x を入力して，設計照査に用いる構造物の性能に関する出力 y を得る．信頼性解析では基本変数に，いろいろな値を代入して計算する必要があるので，この計

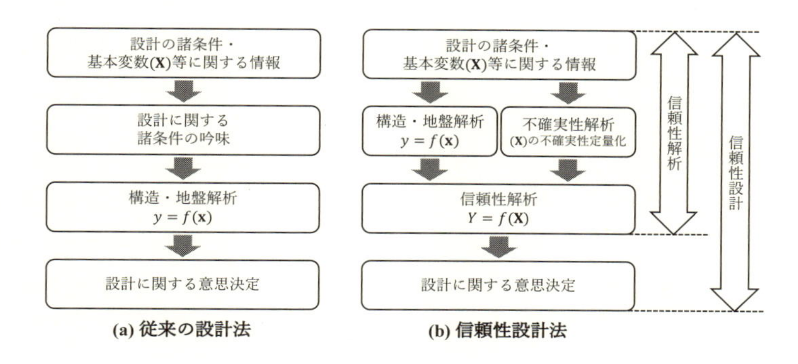

図 2.1　従来の設計法と信頼性設計法の比較

算プロセスで何が入力され，何が出力されるかを，明確に確認・吟味しておく必要がある．またこれら入力と出力の間に，どのような感度があるのかを分析しておくことも，有用な場合が多い．また設計計算が非常に複雑で，計算時間を要する場合は，この設計計算による入力と出力の関係を簡略化する，応答曲面法という方法がとられることもある．

不確実性解析：基本変数に不確実性が存在する場合，これを定量化する必要がある．著者らはこの部分こそが，信頼性解析のもっとも重要な部分であると考えている．不確実性は何らかのデータに基づいて定量化される必要がある．従ってこの入手されたデータの吟味や，そのデータにより明らかになる不確実性の範囲等，細心の注意が必要である．解析者は，入手されたデータの背景や，それに関わる専門知識に，十分精通している必要がある．不確実性の定量化は，通常統計分析により行われるので，統計学の知識も必要である．

信頼性解析：「構造・地盤解析」と「不確実解析」の結果，この構造物の信頼性解析が可能になる．信頼性解析では，設計計算というシステム中の，基礎変数が持つ不確実性の伝播を解析し，出力にどの程度の不確実性が含まれるかを評価する．著者らはこれを，モンテカルロ・シミュレーション (MCS) により行うことを推奨している．従来，この信頼性解析の部分を，その発展の歴史的経緯等のため，信頼性設計と同一視する傾向がある．しかし計算機の発展で，この部分の信頼性設計における重要度（あるいは難易度）は，相対的に小さくなったと言える．

意思決定：信頼性が評価されれば，設計が終了するわけではない．設計は，信頼性に関する情報も含めて，経済的，社会的，ときには政治的要素を勘案して下される決定である．

信頼性解析と信頼性設計：この本では，**図-2.1(b)** に示した，意思決定までのすべての手順を含めた総体を，信頼性設計と呼ぶ．一方この内，意思決定を除く信頼性解析までの部分までを，信頼性解析とも呼ぶ．これは本書独特の定義である．しかし本書の中では，いろいろな便宜のために，信頼性設計と信頼性解析を，このように区別して用いるので注意されたい．

2.1.3　本章の構成

第 1 章でも述べたように，この章では構造物の信頼性設計法を，できる限り分かりやすく，あまり数式を使わずに解説する．信頼性設計法が，設計という行為で遭遇する種々の不確実性に，どのように「科学的」に対処しようとしているのかを，読み取って頂ければ幸いである．

まず 2.2 節で，信頼性解析について触れる．信頼性設計法の発展の歴史では，複雑な構造計算を通じて，基本変数の持つ不確実性が，最終的な構造物の応答にどのように伝播するかを評価することが，最初の重要課題であった．それは確率論に基づく確率計算であり，新しい数学分野の応用という事情もあった．このような背景のため，信頼性設計法＝信頼性解析という印象を，一般技術者に与える結果になった．そのような背景もあるので，ここではまずこの信頼性解析の部分を解説する．著者らの考えでは，今日ではこの部分は，信頼性設計の重要部分ではあるが，隘路（ボトルネック）になるような部分ではない．

次に 2.3 節では，不確実性解析について解説する．まず設計と言う行為で，不確実性の要因となるものの分類を行う．構造工学や地盤工学では，それぞれに扱う問題の性質を反映した分類方法が提案されている．言うまでも無く，実際の信頼性解析では，これらの不確実性が定量化されなければ，解析を進めることはできない．

不確実性の定量化は，どのような不確実性であっても，何らかの観測値等のデータに基づいて行われることが基本である．データが存在し，統計学に精通していれば，不確実性の定量化は容易，と言った考え方は，まったく現実の不確実性解析を知らない者の空想である．実際の不確実性解析では，個々の構造物種別により得られる不確実性に関するデータは様々であり，分類通りに個々の不確実性を定量化できるとは限らない．すなわち，これらの不確実性を個々に独立に取り出すことは難しい場合も多く，複合した不確実性しか推定できない場合がしばしば生じる．さらに不確実性の二重カウントや，見逃しが疑われる場合も多い．それぞれの信頼性解析の具体的な局面で，構造物設計に関する総合的な知識と，入手データの詳細内容を考慮した，データの取捨選択を含めた適切な工学的判断が，統計的な解析に先立って，必ず求められるし，重要である．

著者らの考えでは，不確実性解析は今日では，信頼性解析のもっとも重要な部分であり，データの取得方法も含めて，今後もっとも研究を必要としている分野である．

つづいて 2.4 節では，信頼性設計法における，意思決定について解説する．本書で意思決定について解説する箇所は，この節しかないので，やや詳しい解説となっている．

最後に 2.5 節では，信頼性設計法と設計コードの関係に触れる．今日信頼性設計法の一つの大きな役割は，設計コードの開発において，そこでの安全性余裕の導入について，合理的な意思決定を支援することである．この節では，設計コード開発における概要を簡単に解説する．この詳しい解説は，第 3 部に譲る．

2.2　信頼性解析

2.2.1　基本変数空間における信頼性解析

基本変数という設計に関係するあらゆる変数を定義しておくと，議論を進める上で便利である．設計問題を，この基本変数で構成される空間内で考えることができる．それに留まらず，この基本変数空間による定式化は，確率論と大変なじみが良い定式化であり，確率計算のイメージを掴み易い．

基本変数の一部は，その不確実性を表現するため，確率変数として扱う．確率変数 (random variables) とは，「その値が，ある確率分布に従って生起する変数」(Everitt,1998) である．この対立概念が決定変数 (determinictic variables) であり，その定義は「その値が，ある唯一の値を取る変数」である[1]．従って基本変数の幾つかを確率変数とすると，設計の結果（構造物の応答）は唯一ではなく，ある確率に従って複数の結果が起こる可能性があることになる．すなわち，結果も確率変数となる．

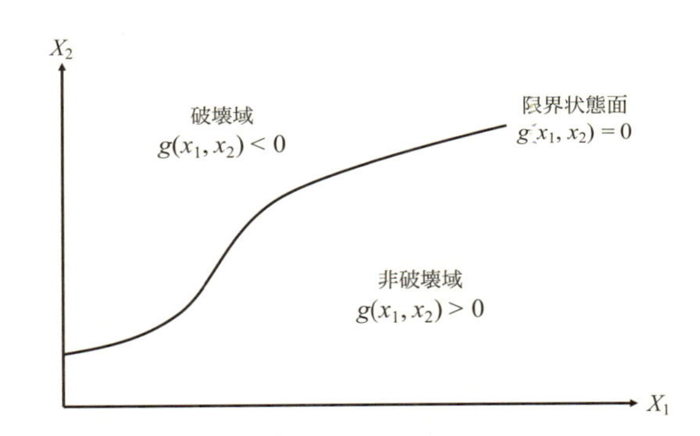

図 2.2　基本変数空間，破壊域と非破壊域，性能関数と限界状態面

図-2.2 に，基本変数が 2 つの確率変数 (X_1, X_2) よりなる基本変数空間を示す．この空間は性能関数 $g(x_1, x_2)$ により定義される限界状態面 $g(x_1, x_2) = 0$ により，破壊域と非破壊域に分けられる．実際の信頼性解析では，基本変数空間は多次元であり，設計計算モデル等により表現される限界状態面が，この多次元空間を二分する．

一方，(X_1, X_2) は確率変数であるので，それらが従う確率の分布（確率密度関数と言う）が存在する．その確率密度関数は，鉛直軸に確率密度を取った場合，一般に**図-2.3** に示すようなベル状の関数となる．確率論の公理に従って，このベル状の関数の体積は 1.0 である．この図には，限界状態面も $X_1 - X_2$ 平面上に示されている．**図-2.3** より分かるように，破壊確率とは，破壊域に入る確率密度関数の体積のことである．

[1] 確率論では，確率変数は大文字で，例えば X と表記する．一方決定変数は小文字で，例えば x と表記する．

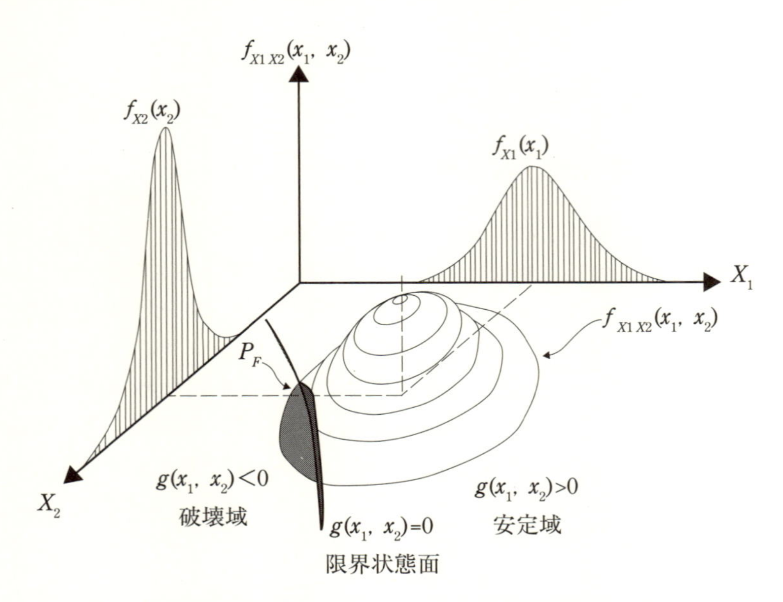

図 2.3 基本変数空間，限界状態面，確率密度関数と破壊確率

今日では破壊確率の評価はほとんどの場合，モンテカルロシミュレーション (MCS) により行われる．MCS の手順の概略は，次の通りである．[2]

Step 1: 性能関数を構成する基本変数 **X** の値を，その変数が従う確率分布に従って生成する．このように生成された確率変数の値を乱数と言い，**x** とする．

Step 2: 得られた乱数の組合せを用いて性能関数 g (**x**) を計算し，構造物が当該限界状態を超えているか否かを評価する．

Step 3: 以上の評価を多数回実施し，g (**x**) ≤ 0 となった回数を，全試行回数で除して破壊確率とする．言うまでも無く信頼性は，1.0−(破壊確率) として評価される．

確率は確率分布として基礎変数空間上で定義されるので，基礎変数空間が，限界状態面により二領域に分割され，この内破壊領域に結果が生起する確率により，破壊確率が評価されると言う説明は，確率計算のイメージを掴みやすいと思われる[3]．また上記の手順から分かるように，MCS による信頼性解析は，決定論的な性能関数の多数回の実行と言う形を取るため，直感的な意味が理解しやすい．

---

[2] MCS の詳細については，7 章を参照されたい．

[3] 確率論では，まず起こりうるすべての事象（全事象）を尽くし，全事象の上に測度として確率を定義する．確率論の公理は，次の 3 つである．

(1) ある事象 A の生起する確率は，$0 \leq Prob[A] \leq 1.0$ である．

(2) 全事象 S の生起する確率は，$Prob[S] = 1.0$ である．

(3) 排反事象 A と B に関して次の関係が成り立つ，$Prob[A \cup B] = Prob[A] + Prob[B]$．

基本変数のとりうる値の範囲は，全事象に当たる．確率密度関数は，個々の事象の生起する確率を示している．従ってここで説明してきた破壊確率評価の方法は，確率論の組立てに則している．

2.2.2　荷重 S-抵抗 R 空間における信頼性解析

前節で説明した，基本変数空間に基づく破壊確率の評価方法は，確率論の立場から確率計算のイメージを掴むには分かりやすいものであったが，性能関数を実際に扱う設計計算の立場からは，必ずしも分かりやすい説明ではない．この節では，一般の信頼性設計法の教科書の説明で多く取られる，設計計算式に即した定式化で，破壊確率評価の方法をもう一度説明する．

基本変数を $\mathbf{X} = (X_1, X_2, \cdots, X_n)$ とする．このとき安全性余裕 M を，性能関数 $g(\mathbf{X})$ として，次式を定義する．

$$M = g(\mathbf{X}) = R(\mathbf{X}) - S(\mathbf{X}) \tag{2.1}$$

ここに R は抵抗，S は荷重であり，これらは基本変数の関数である．

式 (2.1) は，設計照査で一般的に取られる抵抗と荷重の比較と言う形で性能関数を書き直したものである．抵抗と荷重の数例を挙げると，下記の通りである．

抵抗	荷重
材料の降伏（極限）強度	外力により部材に働く応力
基礎の極限支持力	外力により基礎に作用する力
許容される構造物の変位	外力により発生する構造物の変位
環境作用により劣化した材料の強度	外力により部材に働く応力

図-2.4 は，設計で想定される，構造物全体あるいはある部材の荷重-変位挙動を，概念的に示している．当初の弾性的な線形挙動から降伏点を過ぎ，徐々に塑性化して非線形挙動を示し，終局抵抗力を過ぎると崩壊に向かう．終局限界状態に対する信頼性設計を考えた場合，基本変数からそれぞれ計算された終局抵抗力と荷重は，図に示すような確率分布で概念的に示されている不確実性を持つ．

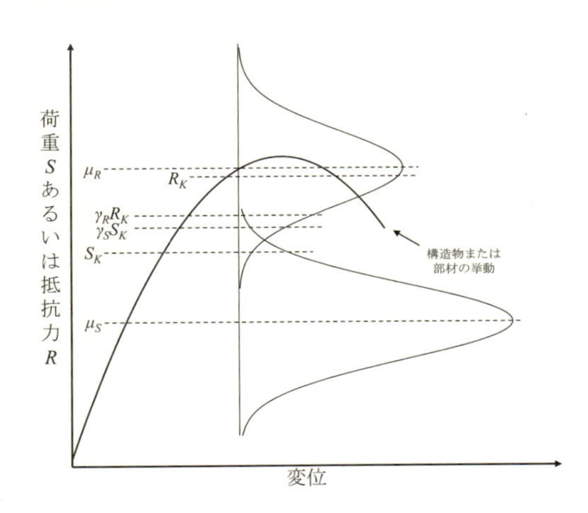

図 2.4　信頼性設計のイメージ：抵抗力と荷重

図-2.4 と同じ内容を，若干異なった表現で表したのが，**図-2.5** である．この図は $R-S$ 平面上で，終局抵抗力と荷重の関係を表したものであり，限界状態面は，$R-S=0$ という単純な線形関数になっており，非破壊域と破壊域を分ける限界状態面は，原点から45度の右上がりの直線である．図にはまた，R と S の確率の分布（同時確率密度関数）が等高線で示されている．これは，**図-2.3** で鳥瞰図として示したベル状の関数を等高線で表示したものである．当然，同時確率密度関数のほとんどの部分は，非破壊領域に存在する．（そうでなければ，構造物の破壊が頻繁に発生することになる．）

図-2.5 に図示したように，限界状態面 $R-S=0$ に直交する方向に $M=R-S$ 軸を取り，この上に安全性余裕 M の確率密度関数を描くことができる．これは等高線で示される R と S の同時確率密度関数が $m=r-s$，すなわち $s=r-m$ 線上の確率密度を足し合わせる（積分する）ことにより得られる値を，m を変化させてプロットしたものである．破壊確率は，この M の確率密度関数の $M<0$ の部分の面積である．

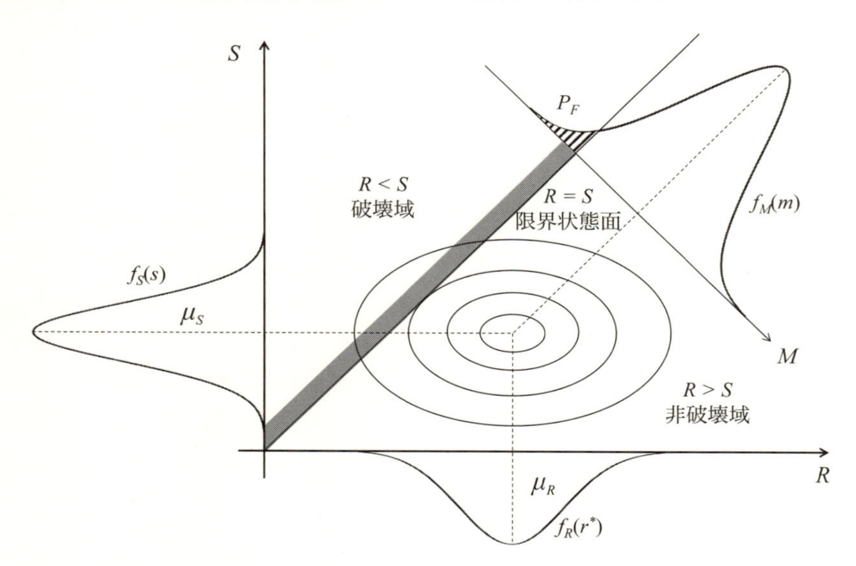

図2.5　性能関数 $M=R-S$ の場合の安全性余裕の確率密度関数

多くの構造信頼性の教科書では，**図-2.5** に示した説明の仕方をしないで，むしろ**図-2.6** に示すような荷重と抵抗の確率密度関数を同じ軸上にプロットした図から説明を始める．そして多くの実務者が，「破壊確率とは，この2つの分布の重なる部分の面積である」という，まったく誤った理解をしている．これは，この図に基づく破壊確率計算の説明の複雑さを示していると著者らには思われる．

確率論では，確率変数同士の加減乗除には，それらの操作一回ごとに一回の積分計算が必要である．この事情を説明するために，ここでは**図-2.6** に基づく破壊確率の計算方法を少し詳しく解説する．煩わしいと感じられる読者は，ここからこの節の終わりまでを読み飛ばされても，全体の理解に支障はない．

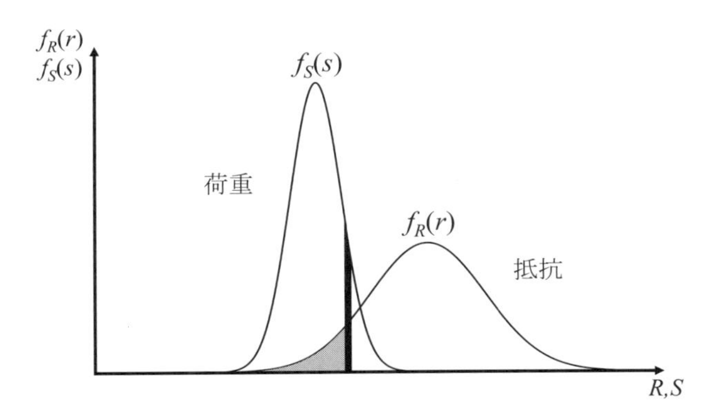

図 2.6 性能関数 $M=R-S$ の場合の安全性余裕の確率密度関数

$M=R-S$ であるので，$M<0$ で構造物は破壊することになる．従って，破壊確率を求めるには，$M<0$ となる確率を計算すればよい．

確率変数 M の確率密度関数が，ある値 $M=m$ でとる確率密度は，$S=R-M$ の関係より，次のように計算できる[4]：

$$f_M(m)=\int_{-\infty}^{\infty} f_R(u)f_S(u-m)du \tag{2.2}$$

$M<0$ であれば，破壊が生起する．また破壊確率を P_f で表す．

$$\begin{aligned}P_f=P(M<0)&=\int_{-\infty}^{0} f_M(m)dm\\&=\int_{-\infty}^{0}\int_{-\infty}^{\infty} f_R(u)f_S(u-m)dudm\\&=\int_{-\infty}^{\infty}\int_{-\infty}^{0} f_R(x+m)dmf_S(x)dx\\&=\int_{-\infty}^{\infty}\int_{-\infty}^{x} f_R(m)dmf_S(x)dx\\&=\int_{-\infty}^{\infty} F_R(x)f_S(x)dx\end{aligned} \tag{2.3}$$

ただし，$x=u-m$，すなわち $u=x+m$ と置き直している．また $F_R(x)$ は，次式で定義される．

$$F_R(x)=\int_{-\infty}^{x} f_R(m)dm \tag{2.4}$$

式 (2.3) は，**図-2.6** の通り，荷重 S が x から $x+dx$ の領域に存在する確率 $f_S(x)dx$ と，このとき抵抗力 R が x 以下になる確率 $F_R(x)$ を，x のすべての領域にわたって積分することを意味する．

[4] この積分を畳み込み積分（convolution integration）と言う．

以上のように確率変数の加減乗除は，変数に付随する確率分布のため，積分操作を伴うので，極めて煩雑である．信頼性設計理論の初期の研究は，このような煩雑な計算を避け，少しでも精度の高い近似解を得る方法の開発に傾注した．今日では計算機の発展と，乱数発生技術の飛躍的な向上により，MCS が確率計算の主流の位置を占めている．

2.2.3 確率分布によらない信頼性解析と信頼性指標

信頼性設計法では破壊確率の代わりに，信頼性指標 β がしばしば用いられる．信頼性指標は元々，前節で述べたような信頼性解析に伴う確率計算の煩雑さを回避し，近似的解析法 (FOSM 法, First Order Second Moment method) を提案した Cornell(1968) が，この方法に付随して考案した指標である[5]．それは FOSM 法が近似計算であるので，精度の高い破壊確率を求めることができないので，破壊確率に代わる信頼性を表す近似的指標として，考えられたものであった．

信頼性指標は，**図-2.5** にも示した安全性余裕 $M = R - S$ に基づいて定義された指標である．M の確率密度関数を，改めて**図-2.7** に示す．

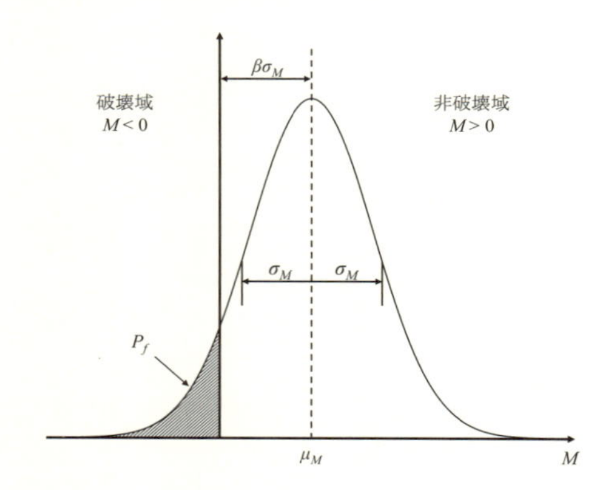

図 2.7　信頼性指標 β の定義

信頼性指標は，安全性余裕 M の平均 μ_M と分散 σ_M^2 を用いて，次式のように定義される．

$$\beta = \frac{\mu_M}{\sigma_M} \tag{2.5}$$

すなわち信頼性指標 β は，安全性余裕の平均値がその標準偏差の何倍の余裕を持っているかを示す尺度である．[6]

---

[5] FOSM 法は，確率変数をその分布は考えず，平均と分散，それに確率変数間の相関の強さを表す共分散のみにより表し，確率計算を近似的に行う方法である．この方法は，積分操作を回避して確率計算を行うことが出来る，卓越した方法であり，確率論の理解のためにも習得しておきたい知識である．このように確率分布を考えない確率計算の方法を，ノンパラメトリック法とか，分布から自由な (distribution free) 方法と言う場合もある．

[6] 若干の確率論に関する知識があれば，R の平均値を μ_R，標準偏差を σ_R，S の平均値を μ_S，標準偏差

Cornell の本来の意図は，破壊確率で表示するには精度を欠く信頼性の近似的表現として β を考えていたが，実際の応用では安全性余裕 M が正規分布すると仮定し，破壊確率と β を直接結びつける場合も多い．この場合両者の間に，次の関係が得られる．

$$P_f = \Phi(-\beta) \tag{2.6}$$

ここに Φ は，正規分布の分布関数である．この場合の両者の対応関係を，**表-2.1** に示しておく．

表 2.1　信頼性指標 β と破壊確率 P_f の関係

P_f	10^{-1}	5×10^{-2}	10^{-2}	10^{-3}	10^{-4}	10^{-5}	10^{-6}
β	1.28	1.64	2.32	3.09	3.72	4.26	4.75

2.2.4　信頼性解析の簡単な例題

信頼性解析の簡単な例題として，集中載荷を受ける単純梁の曲げ破壊の問題を考える（**図-2.8**）．この梁は長さ ℓ =5(m) で，左端から X(m) の点に，集中荷重 P(kN) を受ける．このとき梁に発生する最大曲げモーメント M_a が，梁の抵抗モーメント M_r を上回ると，梁は破壊する．従って，この問題の性能関数は，安全性余裕を M として，次式のようになる．

$$M = M_r - M_a = M_r - \frac{PX(\ell - X)}{\ell}$$

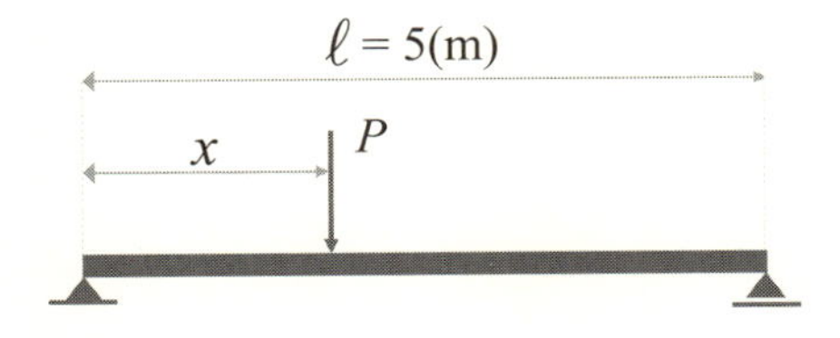

図 2.8　点 x に集中載荷 P を受ける単純梁

ここで，集中荷重 P(kN)，集中荷重作用位置 X(m) 及び梁の抵抗モーメント M_r を確率変数とする．それぞれの統計的性質は**表-2.2** に示した．P は平均 12(kN)，標準偏差 3.6(kN)（変動係数 0.3）の Gumbel 分布，X は [1,3](m) の間の一様分布で，平均 1.5(m)，標準偏差

を σ_S としたとき，確率変数 R と S が独立であれば，安全性余裕 M の平均は $\mu_M = \mu_R - \mu_S$，分散は $\sigma_M^2 = \sigma_R^2 + \sigma_S^2$ となることが理解される．従って信頼性指標は，次のようにも表記できる．

$$\beta = \frac{\mu_M}{\sigma_M} = \frac{\mu_R - \mu_S}{\sqrt{\sigma_R^2 + \sigma_S^2}}$$

0.58(m) である．一方 M_r は平均 30(kNm)，標準偏差 3(kNm)（変動係数 0.1）の正規分布とする．

なお集中荷重 P については，分布の違いによる信頼性の変化を見るため，値が大きい側に裾が厚い極値分布の典型である Gumbel 分布と，同じ平均と標準偏差を持った対数正規分布と正規分布を仮定し，比較した．3 つの分布の確率密度関数の比較を，**図-2.9** に示した．Gumbel 分布と対数正規分布は，一見余り異なったようには見えないが，Gumbel 分布の方が厚い裾野をもっている．一方正規分布は，他の分布とはかなり異なり，平均値の周りに密度が集中している．直ぐ後で見るように，この分布の違いは，信頼性にある程度影響を与える．

表 2.2　基本変数一覧表：集中荷重が作用する単純梁の曲げ破壊の例

基本変数（単位）	記号	平均	標準偏差	分布型	備考
集中荷重の大きさ (kN)	P	12	3.6	Gumbel 分布	比較のため対数正規分布，正規分布も仮定
集中荷重の作用位置 (m)	X	1.5	$(\sqrt{\frac{1}{3}}) = 0.58$	一様分布	範囲 [1,3]
梁の曲げ強さ (kNm)	M_r	30	3	正規分布	

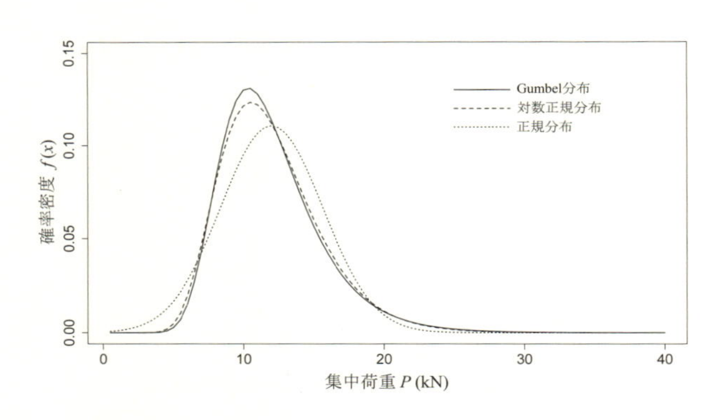

図 2.9　同じ平均と標準偏差を持つ Gumbel 分布，対数正規分布，正規分布の比較

図-2.10 には，10 万回の MCS を行った場合の，$M_r - M_a$ 空間における生成点の分布の一例を示した．この図でも分かるように，破壊領域にある点の数は，Gumbel 分布の場合多く，続いて対数正規分布の場合であり，正規分布ではその数は極めて少ない．実際 10 万回の MCS の結果の破壊点の数はそれぞれ 621,116 及び 535 であった．この計算結果より，それぞれの場合の破壊確率はおおよそ，0.006, 0.001, 0.005 であることがわかる．やはり裾の厚い分布ほど，破壊確率は高い．従って，同じ平均と標準偏差を持つ基本変数でも，確率密度関数型により信頼性は異なり，目標信頼性を満足する部材断面が異なる．

図-2.11 に，MCS により生成された M_r，M_a 及び，安全性余裕 $Z = M_r - M_a$ のヒストグラムを示した．これらはそれぞれ，先に示した**図-2.5**，**図-2.6** 及び**図-2.7** に対応するヒ

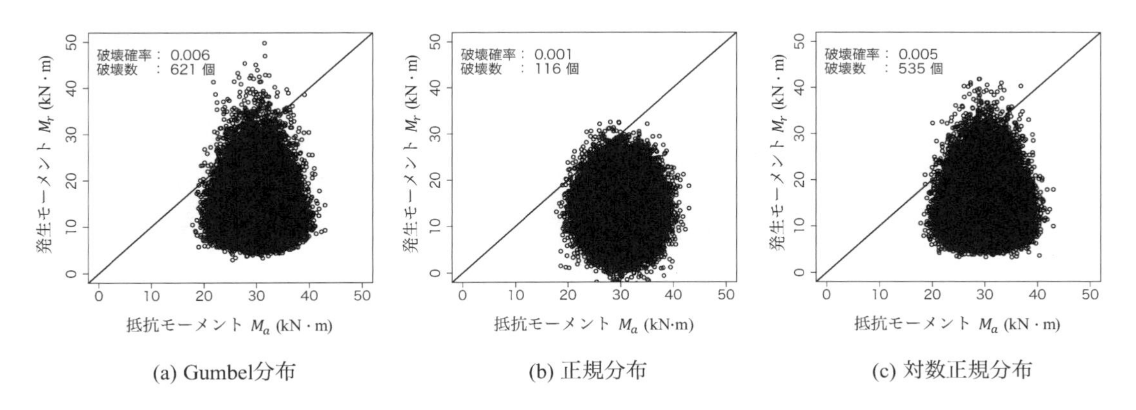

図 2.10 $M_r - M_a$ 空間における，MCS による生成点の分布例

ストグラムである．

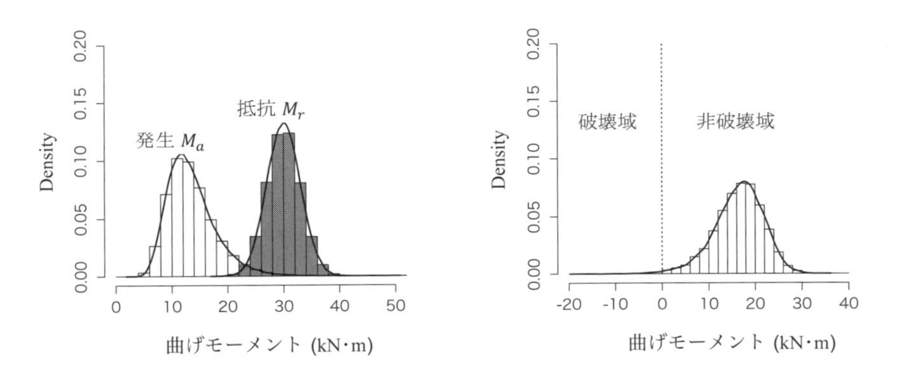

図 2.11 M_a，M_r 及び $M = M_r - M_a$ の MCS 結果のヒストグラム例

なお参考のために，この MCS を行う R 言語のプログラムの主要部分を示す．10 行ほどのプログラムで，MCS 実行可能である．(ただし，Gumbel 分布については，乱数発生のプログラムを別途与えている．)

```
------------------------------
set.seed(1234)                # 乱数発生の seed の設定
num <- 100000                 # 発生サンプル数入力
L <- 5                        # 梁の長さ (m)
P <- rgumbel(num,12,3.6)      # 載荷点荷重 (kN). Gumbel 分布 (12,3.6) 生成
x <- runif(num,1,3)           # 載荷位置の乱数発生 (m). 一様分布 [0,3] 生成
Mr <- rnorm(num,30,3)         # 梁抵抗モーメント (kN-m). 正規分布 N(30,3^2) 生成
z  <- Mr -  P*x*(L-x) / L     # 性能関数の計算
numf <- length(which(z<=0))   # 破壊領域の点数カウント
```

```
numf/num                         # 破壊確率の計算
qnorm(1-(numf/num))              # 信頼性指標βの計算
------------------------------
```

2.3　不確実性解析

2.3.1　不確実性の分類

構造工学分野の信頼性設計法に関する教科書では，問題となる不確実性は, 次の 3 つに分類するのが一般的である (例えば, Thoft-Christensen and Baker, 1982).

(1) **物理的不確実性 (physical uncertainty)**：構造物に作用する荷重，材料の力学的性質や幾何学形状・寸法等の物理量の，時空間的バラツキ.

(2) **統計的不確実性 (statistical uncertainty)**：データから, 荷重や材料の特性等のバラツキを記述する確率モデルを決定したり, そのパラメーター値を推定するときに生じる統計的推定誤差.

(3) **モデルの不確実性 (modeling uncertainty)**：単純化され理想化された荷重や強度の確率モデルや, 設計計算モデルの実現象の再現性に関する不確実性. モデル化誤差 δ_M は，多くの場合次式により定義される.

$$\delta_M = \frac{(\text{実際の構造物の応答})}{(\text{モデルで予測する応答})} \tag{2.7}$$

一方，地盤構造物の信頼性設計では，荷重に関する不確実性以外の不確実性を，次のように分類することが，提案されている（例えば，本城・大竹・加藤，2012).

(1) **計測誤差 (measurement error)**：調査や試験に含まれる，いわゆる計測に伴う誤差.

(2) **空間的バラツキ (spatial variability)**：地盤パラメータの空間的バラツキ．便宜的に確率場 (random field) として，モデル化される.

(3) **統計的推定誤差 (statistical estimation error)**：当てはめた確率場の統計量（平均，分散，相関構造等）や，指定された個々の点における地盤パラメータの値を，限られた地盤調査（サンプル）から推定するときの誤差.

(4) **変換誤差 (transformation error)**：設計で使用する地盤パラメータを，地盤調査で計測された値から変換して推定する場合，この変換で発生する誤差．例えば，N 値から，内部摩擦角，ヤング率，相対密度など多くのパラメータが推定される.

(5) **モデル化誤差 (modeling error)**：設計計算に採用されたモデルが，現実の現象を再現する精度にかかわる誤差．この誤差も，式 (2.7) によって表される.

2.3.2　不確実性解析の実際

前節で不確実性要因を分類したが，これらは定量化されてこそ意味がある．しかし，実際の不確実性の解析では，個々の構造物種別により得られる，不確実性に関するデータは様々であり，これらの分類通りに不確実性が定量化できるとは限らない．すなわち，これらの不確実性を個々に独立に取り出すことは難しい場合も多く，複合した不確実性しか推定できない場合がしばしば生じる．例えば伝統的な設計法で設計された構造物では，個々の不確実性要因の寄与は不明でも，設計法全体が持つ不確実性を，実大規模実験や被災事例から推定できる場合もある．さらに不確実性の二重カウントや，見逃しが疑われる場合にもしばしば遭遇する．それぞれの不確実性解析の具体的な局面で，構造物設計に関する総合的な知識と，入手データの詳細内容を考慮したデータの取捨選択を含めた適切な工学的判断が，統計的な解析に先立って必ず求められるし，重要である．

どの不確実性の定量化も，結局何らかの統計データから推定する必要がある．しかし周知のように，統計データには量と質に問題が付き纏う．データの数が限られているもの，数はあっても取得範囲に限界（偏り）があるものがあり，不確実性定量化のための統計解析には細心の注意が必要であると同時に，避けられない限界がある．場合によっては，データに基づく不確実性の定量化が不可能な要因も存在し，その場合には熟練技術者の工学的判断に基づく定量化を，行わざるを得ない場合もないわけではない．

以上のような，不確実性要因の分解の困難や，データ数の不足，偏って抽出されるサンプル等の，不確実性の定量化に関する問題は，個別的で多様であり，一般的な説明が難しい．そこでここでは，幾つかの例題を挙げることにより，説明を試みる．

例 2.3-1:軟弱地盤上盛土の安定性解析における不確実性解析の 2 つのアプローチ

軟弱地盤上の盛土の安定性に関する信頼性設計法の研究は，地盤構造物の信頼性設計法開発の中でも最初期から着手された問題である．この問題に対して採られた，2 つの全く異なるアプローチを紹介し，不確実性解析における解析者の工学的判断の重要性について示したい．

軟弱地盤上の盛土の安定解析におけるモデルの不確実性の問題を, 最初に系統的に研究したのは Wu and Kraft(1970) であると思われる. 彼らはまず, 滑り面の抵抗と応力に関わる不確実性要因を, 次式のように定義した.

$$
\begin{aligned}
K_i^\tau &= \frac{G_c}{G} - 1 \\
K_i^s &= \frac{G}{G_c} - 1
\end{aligned}
\qquad (2.8)
$$

ここに, K_i^τ は応力に関する第 i 番目の不確実性要因の誤差, K_i^s はせん断強度に関する第 i 番目の不確実性要因の誤差, G_c は当該要因の影響を考慮した修正安全率, G は慣用の安定解析で得られる安全率を表す.

Wu らは, 主に文献調査により, 各要因の誤差を**表-2.3** のように推定した.

表 2.3　斜面安定解析に含まれる誤差 (Wu and Kraft, 1970)

せん断強度の誤差	K_i^s	応力の誤差	K_i^τ
異方性	-0.28 ~ 0	滑り面形状	-0.05 ~ +0.15
進行性破壊	-0.10 ~ 0	端面抵抗	-0.10 ~ 0
サンプリング効果	0 ~ +0.30		
平面歪	-0.05 ~ +0.05		
ΣK_i^s	-0.43 ~ 0.35	ΣK_i^τ	-0.15 ~ 0.15

そしてこの効果を, 地盤強度の空間的なバラツキの平均化による低減と合わせて信頼性解析で考慮し, 破壊確率を計算した. Wu らは, 計算された破壊確率を, Bishop and Bjerrum(1960) で報告されている破壊例で計算された安全率のバラツキから求めた, 安全率と破壊確率の関係と比較し, だいたい一致しているとして, 彼らの行った計算を正当化している.

Wu らの業績は, 斜面安定の信頼性解析で取込むべき, 強度の空間的バラツキの平均化による低減, 種々の不確実性要因の定量的な把握, 破壊例に基づく破壊確率計算結果の検証など, この早い時期に, 多くの新しいアイディアを含む画期的なものであると評価できる.

これに対して Matsuo and Asaoka(1976) は, このように, 解析モデルの不確実性に寄与する要因を洗い出し, 個々の要因を定量化して積上げてゆくだけで, モデル化誤差を完全に定量化出来るであろうか, という疑問を提起した. すなわち, 次のようなことが, 考えられる (松尾, 1984: pp.28-31).

(1) たとえすべての要因を把握できたとしても, それらの程度は, 地盤やサンプリング等の状況が異なれば変化すると考えられる.
(2) トータル誤差が, すべての誤差の単純な和として表されるかは, はなはだ疑わしい.
(3) 一つでも要因を見逃すと, 結果的に大きな誤差を招く恐れがある.

以上の理由により, Matsuo and Asaoka(1976) は, 次式を提案して, この問題の解決を図ろうとした.

$$G_c = G + e \tag{2.9}$$

ここに, G_c は真の安全率, G は計算される安全率, e はモデル化誤差である.

そしてこの誤差を, 彼らは破壊例の調査から求めた. すなわち, 盛土が破壊した場合の真の安全率は必ず 1.0 であるとし, 既存の $\phi = 0$ 円弧滑り解析で求めたそれぞれの破壊例の計算される安全率と比較し, それらの差をモデル化誤差とした.

図-2.12 は, 国内 17 例の軟弱地盤上の盛土の破壊例のモデル化誤差（斜線のもの）と, 先に Wu らも用いた Bishop and Bjerrum(1960) の 22 例（白抜きのもの）のモデル化誤差を合わせて示している.

この図から分かることは, このモデル化誤差が, ±0.1 に分布する一様分布として表され

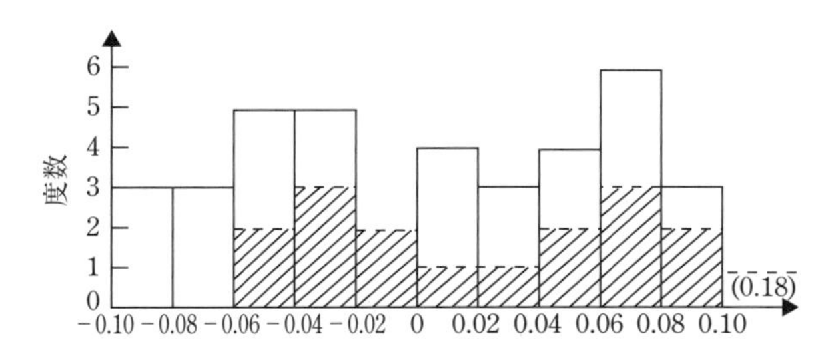

図 2.12　$\phi = 0$ 円弧滑り解析法の設計法の誤差分布．横軸は破壊例における真の安全率と計算された安全率の差を誤差としたもの（松尾, 1984）．

ることである．これは $\phi = 0$ 法を円弧滑り解析と合わせて用いた場合の設計法の誤差であり, 驚くべき精度を持っていることが分かる．

以上のようにモデル化誤差を信頼性解析に巧みに取込んだため, この信頼性解析では破壊確率の絶対値が，意味を持つと考えられる．Matsuo and Asaoka(1976) は, この結果を用いて, 従来から用いられている軟弱地盤上の盛土の安全率の検証を，期待総費用最小化の問題として取扱うことに成功した．

以上見てきたように，最終的な設計結果の不確実性を，個々の不確実性要素を細かく解析してから積上げて求めるのか，最終的に現れる全体的な不確実性を知ることができるようなデータを収集することに傾注するのか，難しい選択である．両者の折衷になる場合もある．不確実性を解析する技術者の，工学的判断のセンスに関わる問題である．

なお Wu は，2009 年に日本で開催された国際会議で主題講演を行い，非排水せん断強度を用いた $\phi = 0$ 円弧滑り安定解析法の誤差を調査した結果として，モデル化誤差の平均値は 1.0，標準偏差の範囲は 0.13～0.24 であるが，ほとんどの場合 0.15 程度としている (Wu, 2009)．松尾らの結果に近い報告である．

例 2.3-2: 杭支持力のモデル化誤差のデータ依存性

杭の支持力評価のモデル化誤差を定量化するような場合，非常に広い地域（例えば全国）から収集された杭の載荷試験結果を含むデータベースが用いられる（岡原他，1991；中谷，2009；中谷他，2009；Paikowsky,2004 等）．このようなデータベースに基づいて評価されたモデル化誤差に基づいて，杭の支持力照査式に含まれるべき安全性余裕（抵抗係数等）が，決定される．

ところで，AASHTO の基準についての研究を行った Paikowsky(2004) は，群杭に支持される基礎は，単杭に支持される基礎に対して構造物の冗長度が高いので，群杭の個々の杭の支持力は，若干少ない安全性余裕で設計しても良い（すなわち，冗長係数のようなもので，抵抗力を割り増す），と言う議論をしている．この議論は，正当なものであろうか．

Kono,Shirato と Nakatani(2009) は，土木研究所が収集した膨大な杭の載荷試験についてのデータベースにより，杭の支持力評価式の一般的なモデル化誤差を評価した場合と，特定サイトで実施された複数個の載荷試験を用いてこれを行った場合を，比較している．

その結果を，**表-2.4** に示す．一方，データベース全体より得られた，各杭種・施工法別の支持力評価式のモデル化誤差の偏差と変動係数は，**表-2.5** に示す通りである．

表 2.4　同じサイト内における杭の支持力のモデル化誤差

サイト	1a*	1b*	2	3	4	5
サイト当たりの載荷試験数	2	2	2	3	2	3
変動係数 COV_L	0.01	0.01	0.05	0.05	0.04	0.04

* 1a と 1b は，同じサイトであるが杭の長さと支持層が異なる．

表 2.5　全データより得られた杭の支持力のモデル化誤差

杭種及び施工法	載荷試験本数	偏差 λ_P	変動係数 COV_P
場所打ち杭	16	1.034	0.315
打込み鋼管杭	11	0.928	0.327
中掘り鋼管杭	9	1.225	0.323

Kono (2009) 他は，ここで得られたモデル化誤差を，次のように合成できると仮定した．

$$COV_P^2 = COV_L^2 + COV_M^2$$

ここに，COV_P は単杭支持力のモデル化誤差，COV_L はサイト内の単杭支持力のモデル化誤差，COV_M はサイトの違いによる単杭支持力のモデル化誤差．COV_P と COV_L は，既に**表-2.4** と**表-2.5** にそれぞれ示されている．

以上の結果より，杭の支持力評価のモデル化誤差は，サイトの違いに起因する不確実性が大部分であり，サイト内での杭支持力のバラツキは，極めて小さい．すなわち，同じサイトで打設された同種の杭の支持力には，極めて強い相関性がある．従って，この例題の最初で述べた AASHTO の研究のように，群杭であるから冗長性があり抵抗係数を大きめに取るという判断は，危険側の判断である．Kono 他は，この結果より，群杭と単杭で同じ抵抗係数を取ることを推奨しており，正しい判断であると言える．さらにこの事実は，あるサイトで杭の載荷試験が行われたような場合は，杭の支持力評価のモデル化誤差を，相当程度低減できることを示唆している．

以上の結果は，地盤構造物の不確実性の定量化を行おうとするとき，得られたデータが，幾つの，どのようなサイトから取られているかに，十分な注意を払う必要があることを示している．一般的な抵抗力の評価を，偏ったサイトからのデータのみで行うことは，極めて危険である．一方，大きなプロジェクトで，同一サイトで同種の構造物が多数建設されるような場合は，そのサイト固有の抵抗力に関する不確実性評価を，初期の段階でコストを掛けて行う（例えば，載荷試験を行う）ことで，より合理的・経済的な設計を行える可能性が高いことを示唆していると言える．

例 2.3-3: 液状化危険度解析における指標の選択

大竹・本城・小池 (2012)，大竹・本城 (2012b) や大竹他 (2014) では，水路や河川堤防のような線状構造物の，数十 km に渡る連続的な液状化危険度解析が実施されている．このような線状構造物の空間的に連続した危険度解析を行うとき，地盤調査の成された離散的な点における情報を内挿して，連続的な評価を行う．この内挿には，Kriging と言われる統計的手法が用いられている．

このような液状化危険度の解析を河川堤防 20km に渡って連続的に実施した事例を，本書演習問題 A2 の一つの問題として紹介している（大竹他，2014）．この事例では，道路橋示方書の液状化指数 P_L 値を，調査地点で評価し，これを Kriging で内挿することにより，堤防全線に渡る P_L 値を推定している．

一般的な河川における調査点間隔は，0.5〜数 km 程度であることが多い．この河川の場合，東日本大震災の液状化被害後に，粗密はあるものの，数十 m ごとの異例の頻度で調査が行われた．本解析は，そのようなデータを用いて，Kriging のためのもっとも重要な情報である，P_L 値の空間的な相関の強さを表すパラメータである，自己相関距離の推定を異例の正確さで行うことができた．P_L 値を液状化危険度の指標として選択し，これを直接内挿したことが，この研究がある程度成功した秘訣であった．

ところで大竹他 (2014) には，紙面の制約のため論文には記されていないが，P_L 値をまず調査地点で計算し，この値に基づいて内挿を行うという危険度解析手順は，種々の手順を試みた後，最終的に採用した手順である．当初は，液状化対象砂層の N 値や 50% 平均粒径，層厚等を個々に内挿した上で，各断面の P_L 値を計算する方法も試みた．しかしこれらの方法では，個々のパラメータで内挿をある程度有効に行えるような，ある程度長い自己相関距離を見出すことができなかった．

著者らの経験では，地盤構造物の多くの性能は，ある程度の地盤の体積についての局所平均値によっていることが多く，そのような適当な局所平均値を解析の対象とすると，点で得られるような指標よりも，そのような局所平均値は空間的相関が強く（すなわち，自己相関距離が長い），有効な内挿がしやすい場合が多い．この解析では幸い P_L 値が，地盤の液状化危険度を予測する上で，ちょうどそのような局所平均値として妥当なパラメータであり，そのために本解析がある程度成功したと考えている．

2.3.3　信頼性解析結果の有効性と限界

ここで示した不確実性解析に関する考察により，現行の信頼性解析には，多くの問題点があることが理解されたであろう．その程度は，構造種別等いろいろな条件により多種多様であるが，多くの場合，信頼性解析結果の精度を支配するのは，不確実性の定量的評価の精度である．

このような理由のため，積上げられた不確実性，すなわち破壊確率が，構造物の信頼性の絶対的尺度となっているか疑わしい場合もある．このため，構造種別間相互の信頼性の比較，信頼性を絶対的な尺度と過信した判断は，現時点では控えるべきであると，著者らは考えている．一方，同種のデータに基づいて，類似の方法により解析された信頼性は，相対的な比較には相当程度有効であると考えてよい．これは，同じ構造種別の構造物（例えば，異なる杭工法の杭の支持力）の信頼性の比較は，相当程度有効であることを意味する．

以上のように，信頼性解析の中でも不確実性解析は，いろいろな問題を抱えている．特に地盤構造物の信頼性解析では，不確実性解析は，もっとも解決されるべき問題点の多い部分であると考えている．適切なデータの蓄積と，それらのデータの統計的な解析による各種の不確実性の定量化は，地盤構造物の信頼性設計法開発の中で，もっともやりがいのある研究分野である．

2.4　信頼性設計法における意思決定

2.2 節でも述べたように，信頼性設計法は，信頼性解析で求められた当該構造物の信頼性を元に，設計における意思決定を行う設計法である．信頼性を「規定の水準」以上に保つように構造物を設計することが一般的である．この「規定の水準」を，目標信頼性と呼ぶ．目標信頼性の決定方法としては，次のようなものがある．

(1) 既存の設計コードで設計される構造物の信頼性を参考に，（多くの場合同レベルの）目標信頼性を設定する．
(2) 種々のバックグラウンドリスクとの比較により，目標信頼性を設定する．
(3) ライフサイクルコスト等の何らかの経済指標による最適化により，目標信頼性を設定する．

ここでは，これらの考え方について説明する．なお，不確実性下の意思決定については，本城 (2014) も参考になる．

2.4.1　既存構造物の信頼性による意思決定

すでに存在する構造物は，その信頼性のレベルが社会に受容されていると考え，既存構造物の信頼性レベルをもって目標信頼性とすることは，妥当と考えられる．多くの実際のコードキャリブレーションにおいて，この考え方が採用されている．既存の構造物と言うとき，それは既存の設計コードにより設計された構造物を意味する．

このような目標信頼性指標の集大成として示されているものの一つが，ISO2394（ISO, 1998）の付録 E に示された値がある（**表-2.6**）．

また ISO2394(1998) を改訂した ISO2394(2015) では，使用性と安全性に加えて，ロバスト性（robustness：敵意ある (adverse) また予測不可能な事象（火災，爆発，衝突等）またはヒューマンエラーの結果により，初めの原因に不釣合いに大きな (to an extent disproportionate) 損傷を被らないで持ち堪える (withstand)，構造物の能力）の観点の重要

表 2.6 目標信頼性指標（構造物の全供用期間について，例示）(ISO,1998)

安全対策の相対的費用	破壊による被害規模			
	極小 (little)	小 (some)	中 (moderate)	大 (great)
高い	0	A 1.5	2.3	B 3.1
中くらい	1.3	2.3	3.1	C 3.8
低い	2.3	3.1	3.8	4.3

(注)A：使用限界については，可逆的であれば 0，非可逆的であれば 1.5 とする．
(注)B：疲労限界については，点検可能性に応じて，2.3〜3.1 の値とする．
(注)C：終局限界については，3.1,3.8,4.3 を用いよ．

性が指摘されている．

目標信頼性指標については，人命リスクの観点（次節の「個人的リスク」）及び経済的観点（次節の「社会的リスク」）からの試算に基づいて，1 年あたり代表値が，それぞれ**表-2.7** と**表-2.8** 示されている．ISO2394(1998) の提案（**表-2.6**）と比較するために，両表では，供用期間 100 年間とした場合の目標安全率指標 (β_{100} で示した）も合わせて提示している．両提案は，概ね同等の値を示していると思われる．

経済的観点の試算結果（**表-2.8**）では，施設を 3 つのクラスに分けて代表値が示されている．クラス 3 が一般建築物や大規模産業施設であり，クラス 4 はそれよりも機能喪失時の社会的影響が大きい施設，クラス 2 は影響が小さい施設である．直接被害よりも間接被害のリスクが大きいクラス 3，クラス 4 では，人命のリスクの観点で求めた最低限の値よりも高い信頼性レベルを要求している．なおクラス 1 は，特に社会的影響が生じない施設であり，ここでは特に目標値を示していない．

表 2.7 人命のリスクの観点における 1 年当たりの目標信頼性指標（終局限界状態）(ISO,2015)

人命のリスクを低減させるために要する費用	最低限必要とされる信頼性指標 (1 年あたり)	最低限必要とされる信頼性指標 (100 年あたり)
高い	$\beta = 3.1$ ($P_f \fallingdotseq 10^{-3}$)	$\beta_{100} = 1.3$
中くらい	$\beta = 3.7$ ($P_f \fallingdotseq 10^{-4}$)	$\beta_{100} = 2.3$
低い	$\beta = 4.2$ ($P_f \fallingdotseq 10^{-5}$)	$\beta_{100} = 3.1$

LRFD（荷重抵抗係数法）の部分係数をキャリブレーションにより求めた著名な研究に，Elingwood 他 (1980) がる．この成果を踏襲して，数年後に作成された AISC（American Institute for Steel Construction）の鋼構造物に関する設計コードがある (AICS,1986)．このコードに用いられた目標信頼性指標の範囲について，Galambos(1982) は，鋼の梁と柱で 2.3-3.6 であったと述べている．

米国の AASHTO 道路橋基準は，1996 年に最初の LRFD 形式の基準を発行した．その元となった Kulicki and Mertz(1993) では，荷重抵抗係数のキャリブレーションは，既存

表 2.8　経済的観点における終局限界状態に対する 1 年当たりの目標信頼性指標 (ISO,2015)

安全性を達成するためにかかる費用	機能損失（限界状態超過）の影響		
	クラス 2 クラス 3 よりも機能喪失時の社会的影響が小	クラス 3 一般建築物や大規模産業施設	クラス 4 クラス 3 よりも機能喪失時の社会的影響が大
高い	$\beta = 3.1$ ($P_f \fallingdotseq 10^{-3}$) β_{100} =1.3	$\beta = 3.3$ ($P_f \fallingdotseq 5 \times 10^{-4}$) β_{100} =1.7	$\beta = 3.7$ ($P_f \fallingdotseq 10^{-4}$) β_{100} =2.3
中くらい	$\beta = 3.7$ ($P_f \fallingdotseq 10^{-4}$) β_{100} =2.3	$\beta = 4.2$ ($P_f \fallingdotseq 10^{-5}$) β_{100} =3.1	$\beta = 4.4$ ($P_f \fallingdotseq 5 \times 10^{-6}$) β_{100} =3.3
低い	$\beta = 4.2$ ($P_f \fallingdotseq 10^{-5}$) β_{100} =3.1	$\beta = 4.4$ ($P_f \fallingdotseq 5 \times 10^{-6}$) β_{100} =3.3	$\beta = 4.7$ ($P_f \fallingdotseq 10^{-6}$) β_{100} =3.7

(注) β_{100} は，供用期間 100 年に対する目標信頼性指標.

構造物の信頼性指標を求め，その結果に基づいて目標信頼性指標 (β_T) を選択するという方法が取られた（これは，「hindcasting approach」と呼ばれる）．キャリブレーションの対象となったのは，175 橋（鋼，合成，RC,PC）の，スパン 9 から 60m の橋梁の死荷重＋活荷重が作用する場合であった．この計算では，β が 2 から 4.5 に分布していることが見出した．

Kulicki and Mertz(1993) で実施されたコードキャリブレーションは，厳しい時間的な制約のもとで行われたため，データの詳細や計算の過程に不明確な点が多く，多くの問題を残した．このため Kulicki 他 (2007) では，このキャリブレーションの再検討が行われた．選定された橋梁は 124 橋梁で，その内 29 橋は実際に建設された橋梁であり，その他はキャリブレーションのために試設計された橋梁である．試算されたのは，橋梁上部構造の，死荷重と活荷重が作用した場合の，終局限界状態に対する信頼性である．試設計された橋梁では，部材寸法を丸めず，照査式を厳密に満足するように断面寸法を決めた．取り上げられたほとんどの橋梁は，LRFD 移行後の基準で設計された橋梁である．計算された β は，全体に 3.5 から 4.0 の間に分布し，前回の試算に比べてはるかに均一であった．AASHTO の道路橋示方書の LRFD への改訂の詳しい経緯は，9.2.2 節を参照されたい．

また道示も，2017(H29) 年の改定作業の中で，今回の改定で定めた部分係数法により設計された，鋼及び PC 上部構造主桁の結果的な信頼性指標の試算結果として，鋼主桁のせん断と曲げ引張で 4.0-5.0，曲げ圧縮で 5.0-6.0，また PC 主桁ではせん断，曲げともに 3.5-4.0 程度の値であったことが報告されている（白戸他，2018，p.174, 図-**2.13**）．

地盤工学の分野では，Paikowsky et al.(2004, pp.28-30) が行った AASHTO の杭設計の設計コード開発のために報告書に，目標信頼性指標についてのかなり詳細な調査がある．調査の結果，彼らは，単杭では 3.0，5 本以上の群杭で支えられる基礎については一本の杭当たり 2.33 を目標信頼性指標として採用するとしている．群杭で，目標信頼性指標を

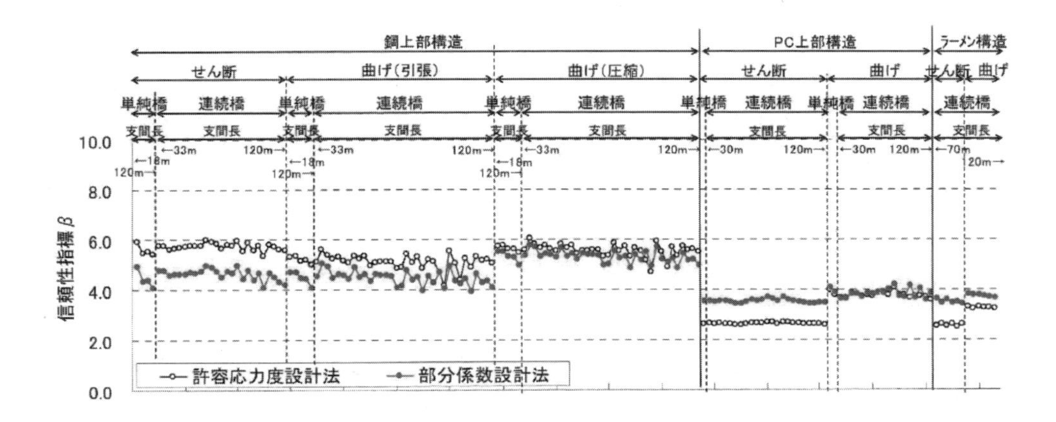

図 2.13　道路橋上部構造主桁の信頼性指標 β の算出結果（白戸他，2018,p.174)

割り引くのは，群杭は冗長度 (redundancy) の高い構造物であるからとしている．

目標信頼性指標の設定については多くの提案があるが，それがどのような材料，部材，破壊モード，限界状態，設計計算法等に対して定義されているかを十分認識して比較する必要がある．さらに信頼性指標は，全供用期間（50-100 年間）に対して定義されたものと，年間で定義されたものがあるので注意を要する．

2.4.2　バックグラウンドリスクによる意思決定

リスクは，「事象の生起確率と，もしその事象が生起したときの影響の積（Probability of an event times consequence if the event occurs)」と定義される (Baecher and Christian, 2005)．従って，リスクについて考察するときは，常に対象事象が生起する確率と，事象が生起したときの影響を同時に考える必要がある．

従って，対策を考えるときも，幾つかの選択肢があることに留意すべきである．

(1) 許容されるリスク・レベルであれば，対策をせずにリスクをそのまま保持する．
(2) 発生頻度を，減少させる対策を採る．例えば，構造物の補強等．
(3) 事象が生起したときの影響を，制御する．例えば，退避計画を十分に立てる等．
(4) リスクを他に転嫁する．具体的には，保険によるリスク転嫁が考えられる．

Diamantidis(2008) は，リスクを人の死と限定して考えたとき，許容されるリスクの基準の議論の中で，存在するリスクを利用した許容基準の設定を議論する場合，リスクを個人的リスク (individual risk) と，社会的リスク (societal risk) に分類して論じることの重要性を述べており，ここでもこの二種類に分けて，以後の議論を進める．

(1) 個人的リスク (individual risk)

個々人が，特定された被害 (consequence) にさらされる年確率を，個人的リスクと呼ぶことにする（Diamantidis, 2008）．個人的リスクの典型は，被害を死と定めた，年死亡率である．**表-2.9** に，Diamantidis（2008）がまとめた，西欧先進国を主な対象とした，各死因に対する年死亡率を示した．表の第 2 列に示めしているのは死亡事故率（Fatal Accident Rate）であり，当該作業に 1 億時間（≈ 1 万年）従事したとき発生する，死亡事故の件数である．一方，第 3 列は，当該作業に一個人が当てる時間の割合である．従って，第 4 列の年死亡率は，次式によって近似的に計算できる．

$$(\text{年死亡率}) = \frac{(\text{死亡事故率})}{(1\,\text{万年})} \times (\text{時間割合})$$

合わせて本城・伴 (2006) による，日本の統計資料から推定された，各死因に関する年死亡率を，**表-2.10** に示し，その比較可能なものは，**表-2.9** にも転記した．両者は，算定方法が異なっているので，直接の比較には注意を要するが，自動車事故による死亡率のように，大変よく一致するものもある．

許容されるリスクについて考えるとき，そこに一つの絶対的な閾値が存在すると考えるのは，適当ではない．個々人にはそれぞれのリスクに対する選好（preferences）があり，人によりそれぞれの対象に対するリスクの受容は異なっている．古くは，Starr(1969) により，受動的リスク (involuntary risks) と能動的リスク (voluntary risks) に明確な差があると言う指摘があり，Slovic(2000) は，未知性（not observable, unknown）と恐ろしさ (dread, uncontrollable) といった因子が，人のリスクの認知に大きく影響することを示した（岡本, 1992; Baecher and Christian, 2005）．

このような個人的リスク統計を参考に，目標信頼性を考えるとき，受動的リスクを基本に考えるべきであろう．また存在するリスクが，社会や個人が受容するリスクと一致するかについても，慎重に考える必要がある．

(2) 社会的リスク (societal risk)

社会的リスクを表すもっとも一般的な方法は，F-N 曲線を用いるものである．F は頻度 (frequency)，N は犠牲者数（number of fatalities）を表す．すなわち，F-N 曲線は，犠牲者 n 人以上が発生する当該ハザードの発生確率を現したもので，確率分布関数 $F_N(n)$ と次のような関係にある (Baecher and Christian, 2005)：

$$\Pr[N > n] = 1.0 - F_N(n)$$

F-N 曲線は，1970 年代に米国で原子力発電所の建設の安全性についての USNRC(1975) の報告書，通称 Wash1400 で，原子力発電所の建設に伴うリスクを，社会に存在する他のリスクと比較し，建設の安全性を主張したことにより広く知られるようになった．地盤工学の分野では Baecher が 1982 年に作成した F-N 曲線がよく知られている (Baecher and Christian, 2005, Whitman,1984).

表 2.9 先進国における個人的リスク（年間死亡率）（主に Diamantidis,2008 による）

死因	一億時間従事したときの死亡事故数	その作業に一個人が宛てる時間割合	年確率	年確率（日本の場合）
	(Diamantidis,2008)			(本城・伴,2006)
ロック・クライミング	4000	0.005	2.00×10^{-3}	
自動二輪による事故	300	0.01	3.33×10^{-4}	
スキー	130	0.01	1.25×10^{-4}	
高層建築建設労働者	70	0.2	1.43×10^{-4}	
遠洋漁業	50	0.2	1.00×10^{-3}	
海洋資源掘削用リグ作業者	20	0.2	4.00×10^{-4}	
40-44 歳の疾病による死亡率	17	1	1.67×10^{-3}	
航空機による移動	15	0.01	1.4×10^{-5}	
自動車による移動	15	0.05	7.7×10^{-5}	5.8×10^{-5}
30-40 歳の疾病による死亡率	8	1	8.3×10^{-4}	
石炭鉱山労働者	8	0.2	1.7×10^{-4}	
列車による移動	5	0.05	2.5×10^{-5}	
建設産業従事者	5	0.2	1.0×10^{-4}	9.8×10^{-4}
農業従事者	4	0.2	8.3×10^{-5}	2.2×10^{-4}
在宅時の事故	1.5	0.8	1.1×10^{-4}	
乗り合いバスによる移動	1	0.05	5×10^{-6}	
化学産業従事者	1	0.2	2×10^{-5}	2.3×10^{-4}
地震	0.2	1	2×10^{-5} (注 A)	2.4×10^{-6} (注 B)

（注 A） カリフォルニア.（注 B） 1960-2004 年自然災害平均

社会の社会的リスクの受容範囲を特定することは，大きな課題である．この課題に対する一つの提案は，英国の Health and Safety Executive(1999) による，F-N 平面を 3 つの領域に分け，社会的リスクの受容を議論するものである：

非許容リスク領域： 異常な状況を除いては，リスクが正当化されない領域．
合理的に実施できる範囲でリスクを出来る限り低減すべき領域（ALARP: as low as reasonably practicable）： もしリスクを低減する費用が，低減することのできるリスクにひどく不釣合いな場合には，リスクを許容できる領域．
無視できるリスク領域: リスクが小さい，または小さくされ，更なる低減措置が不必要である領域．

ALARP という範囲は，英国の判例（case law）では確立されており，それは「リスクを回避するために必要な対策に含まれる（金額，時間または労力における）犠牲」が，総体として得られる利益にひどく不釣合いな場合のことを意味する．ALARP 原則は，英国の安全衛生法 (Health and Safety ACT) において採用されている（GEO, 2007; Diamantidis,

表 2.10　日本における 2004 年の原因別年間死亡率 (本城・伴，2006)

死亡原因	2004 年の年間死亡率
全死因	0.80 x 10^{-2}
悪性新生物	0.25 x 10^{-2}
心疾患	0.12 x 10^{-2}
脳血管疾患	0.10 x 10^{-2}
肺炎	0.75 x 10^{-3}
労働災害	0.26 x 10^{-4}
自然災害	0.24 x 10^{-5}
交通事故	0.58 x 10^{-4}
自殺（2003 年）	0.25 x 10^{-3}

2008）.

近年いろいろなところで，F-N 曲線に基づいて，社会的リスクの上記の 3 領域が提案されている．オランダの政府関係研究グループが発表したリスク指針（Vesteeg, 1987），香港計画局の斜面崩壊リスクに関するもの（GEO,2007），大ダムに関して ANCOLD(1994) が発表したものなどである．これを重ねて示したのが，**図-2.14** である．図で，ハッチングされているのが，それぞれの ALARP 領域である．

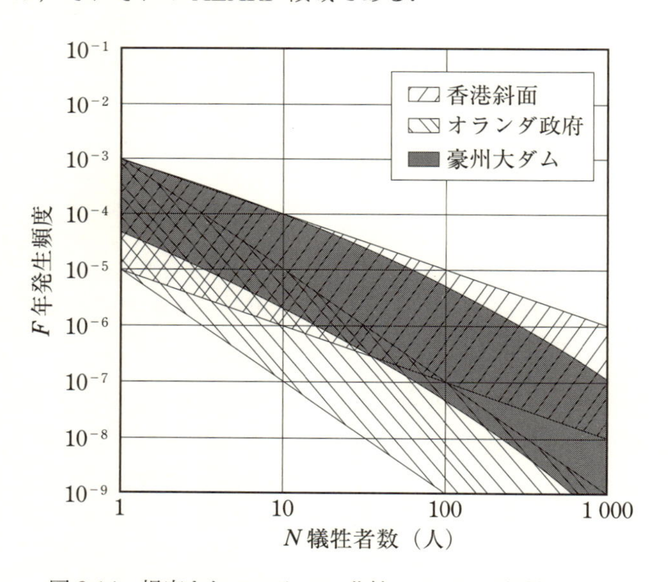

図 2.14　提案されている F-N 曲線の ALARP 領域の比較

これら 3 つの提案を比較すると，小被害（犠牲者が 1 から 10 名程度）に対する許容頻度は，比較的一致しているのに対し，大被害に対するそれは大きく異なっている．大被害－極小頻度の事象に対する，許容値の決定の困難さをうかがわせる結果となっている．

前節で示めしたような目標信頼性指数の範囲は，3.0 から 4.0 程度のものが多い．これは，破壊確率で 10^{-3} から 10^{-5} 程度である．**図-2.14** の縦軸は，年発生確率であるので，これに構造物の設計供用期間である 50 から 100 年間を考慮すると，この年発生確率に対応する破壊確率は，1 から 2 オーダー低くなる．だいたい犠牲者数 N が，数十人の ALARP 領域に一致しているようにも見える[7]．

2.4.3　経済的最適化による意思決定

設計における意思決定を，経済的な最適化により行う場合，構造物の期待総費用の最小化を計る定式化を採るものが多い（松尾，1984；Kanda，1990）．

$$ETC = C_I + C_F P_F \tag{2.10}$$

ここに，ETC は，期待総費用，C_I は，初期建設費，P_F は，構造物の（設計供用期間中）破壊確率，C_F は，構造物破壊時に発生する費用（破壊費用）である．

破壊費用に社会的割引率 r を考慮する場合は，次式のようになる．

$$ETC = C_I + \sum_{i=1}^{T} P_{Fi} C_F (1-r)^i \tag{2.11}$$

ここに，r は，社会的割引率，T は，構造物の設計供用期間，P_{Fi} は，当該構造物の i 年度の年破壊確率である．

期待総費用を最小化するときの破壊確率に基づき，目標信頼性を決定する．この方法は，2007 年に改訂された「港湾の施設の技術上の基準」において，その一部の目標信頼性の設定に使われている（尾崎・長尾・柴崎，2005）．

この規準について式 (2.10) を元に，少し考察する．まず破壊費用 C_F が，破壊確率が 0.01 に対応する初期建設費用 C_{I0} の k 倍であると仮定する．

$$C_F = kC_{I0} \tag{2.12}$$

さらに，当該構造物の破壊確率を 1 オーダー下げるときに増加する初期建設費用を，ΔC_I として，初期建設費用を破壊確率 P_F の関数として，次のように書けると仮定する．

$$\begin{aligned} C_I &= C_{I0} + \Delta C_I(-\log_{10} P_F + \log_{10}(0.01)) \\ &= (C_{I0} - 2\Delta C_I) - \Delta C_I \log_{10} P_F \end{aligned} \tag{2.13}$$

式 (2.12) と式 (2.13) を式 (2.10) に代入すると，期待総費用は，次のように表現できる．

$$ETC = (C_{I0} - 2\Delta C_I) - \Delta C_I \log_{10} P_F + kC_{I0} P_F \tag{2.14}$$

期待総費用を最小化する最適の破壊確率を得るために，式 (2.14) を P_F で微分すると，次の式が得られる．

$$\frac{dETC}{dP_F} = -\frac{\Delta C_I}{P_F \log_e(10)} + kC_{I0} \tag{2.15}$$

---

[7] ISO2394(ISO,2015) の Table G.1 に，EU 諸国についての，類似の情報がある．

式 (2.15) をゼロと置いて，期待総費用を最小にする破壊確率 P_F^* を求める．結果を整理すると，次式となる．

$$P_F^* = \frac{1}{\log_e(10)}\frac{1}{k}(\frac{\Delta C_I}{C_{I0}}) = 0.43\frac{1}{k}\frac{\Delta C_I}{C_{I0}} \tag{2.16}$$

まず，期待総費用曲線の例を示す．**図-2.15** に示すのは，k=5，$\Delta C_I/C_{I0}$=0.025，C_{I0}=1.0 の場合の，期待破壊費用，初期建設費用，期待総費用の破壊確率に関する変化である．期待破壊費用は，破壊確率の減少に伴って指数関数的に減少する．一方初期建設費用は，破壊確率の減少にともなって，その対数に比例して微増する．従って期待総費用は，破壊確率が 10^{-2} 程度までは急激に減少するが，それ以後は期待破壊費用の影響が弱まり，ほぼ初期建設費用により支配される．期待総費用を最小にする最適破壊確率は，だいたい期待破壊費用の影響がほぼ無くなるところで現れ，この場合は 2.15×10^{-3} が最適点である．

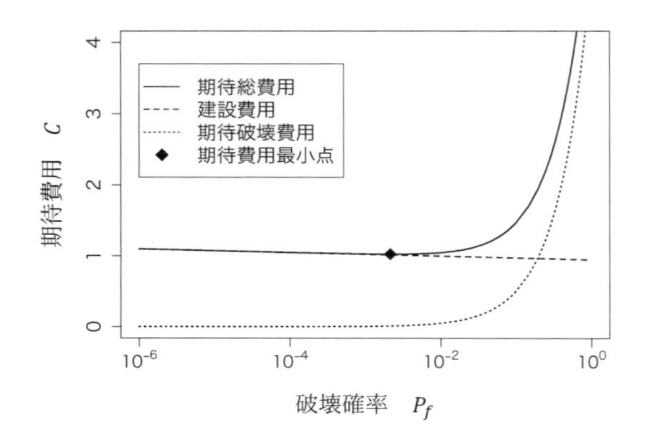

図 2.15 期待総費用曲線の例

次に式 (2.16) を用いて，破壊確率の低下に伴う初期建設費用増加率 $\Delta C_I/C_{I0}$ や，破壊費用比 $k = C_F/C_{I0}$ が，最適破壊確率に与える影響について調べる．

港湾施設について，期待総費用最小化規準を適用して，最適の破壊確率を求めようとした尾崎・長尾・柴崎 (2005) の研究を見ると，$\Delta C_I/C_{I0}$ は，0.01 から 0.05 の間，k は 1 から 5 の間の値を取っている．一方，建築構造物を対象とした Kanda(1990) の事例計算では，k を 10 から 100 までの間で変化させて計算している．以上の結果を勘案して，ここでは $\Delta C_I/C_{I0}$ を，0.01 から 0.10 の間で変化させる一方，k は 1 から 100 の間で変化させて，式 (2.16) により，最適破壊確率を算出した．

計算結果を示したのが，**図-2.16** である．まず左側**図-2.16(a)** の最適破壊確率の図を見ると，式 (2.16) の通り，k が 10 倍になると，最適の P_F は 10 分の 1 になる．一方初期建設費用増加率 $\Delta C_I/C_{I0}$ の変化に対する最適 P_F は，増加率が低い（0.03 以下）範囲では，ある程度の影響があるが，増加率が大きい範囲（0.05 以上）では，変化はそれほど大きくない．最適破壊確率の範囲は，k=1 の場合を除くと，概ね 10^{-3} から 10^{-4} の範囲にあることが分かる．

図-2.16(b) は，縦軸に最適破壊確率の代わりに，最適信頼性指標を取ったものである．この場合も k=1 の場合を除くと，最適信頼性指標は，3 から 4 の範囲にある．この範囲は，先に**表-2.6** で示した，ISO2394 の奨励値の，特に「破壊による被害額が大きい場合」のものと，大体一致しているのは興味深い．

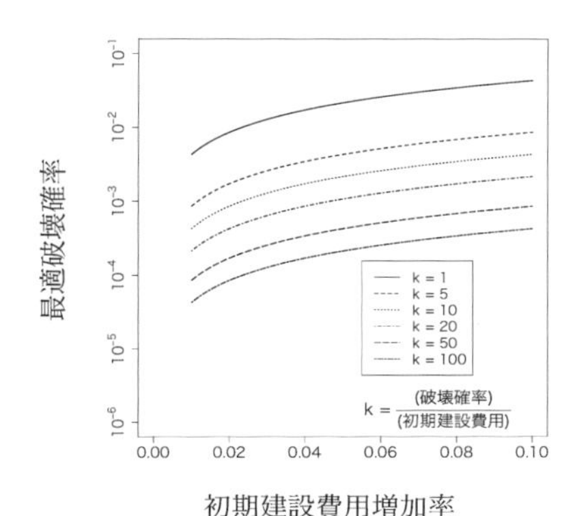

(a)破壊確率，初期建設費用，破壊費用の関係

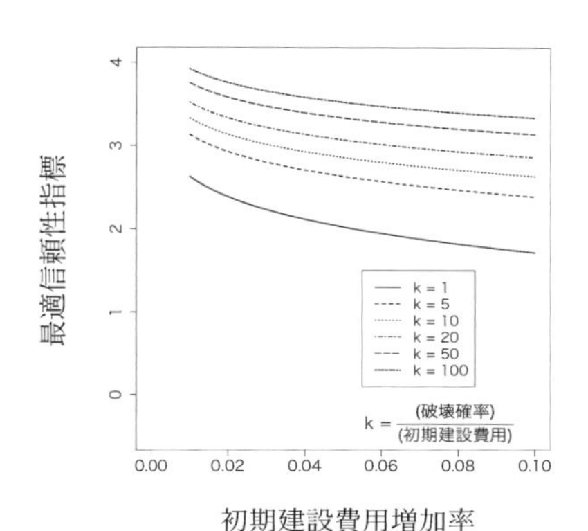

(b)信頼性指標，初期建設費用，破壊費用の関係

図 2.16　最適破壊確率（最適信頼性指標）と初期建設費用，破壊費用の関係

経済的最適化によって，目標信頼性のレベルを決定するとき注意すべき点として，次のようなことが考えられる．

(1) 期待総費用は，初期建設費用と期待破壊費用の和として計算される．この内期待破壊費用は，破壊確率と破壊費用と言う，非常に小さい値と非常に大きい値の積である点は，注意を要する．破壊確率の計算及び破壊費用の推定には，それぞれに次のような問題点がある．
   - 破壊確率の計算には，各種不確実性の定量化に伴う精度の問題，算定の準拠する仮定の妥当性等，多くの問題がある．このため，求められた破壊確率を，当該限界状態を超える事象の絶対的な発生確率と解釈してよいか，問題のある場合が多い．
   - さらに問題が大きいのが，破壊費用の算定である．当該構造物が限界状態を超えたとき，どの程度の被害額が発生するかを推定することは，非常に難しい．さらにそこでは，50 年から 100 年の供用期間を想定するので，その間の社会の変化も考えなければならない．

(2) 期待総費用の最小化では，**図-2.15** にも示したように，ある程度破壊確率が低下すると，期待総費用曲線はフラットとなり，ほぼ初期建設費用曲線と同じ値を示す．このようなフラットな曲線の極小値を求めることは，この曲線自身の確からしさから考えても，慎重である必要がある．

(3) **図-2.16** に示したように，想定される初期建設費用増加率や，破壊費用非の範囲では，信頼性指標は一般にISO等で奨励されている範囲を示す．

(4) ここでの考察では触れなかったが，費用便益分析では一般的な式(2.11)を用いた場合，その社会的割引率の取り方は議論が多い．

2.5　信頼性設計法と設計コード

信頼性設計法の設計コードへの利用に関しては，欧州統一設計コードであるEurocodesの制定が，極めて大きなインパクトを与えた[8]．Eurocodesの開発は1970年代から開始されており，その活動を理論的な面から支えたのが，JCSS(Joint Committee of Structural Safety)であった．これは欧州の有力な構造信頼性設計を研究する学者達と，各国の設計コード作成者達から構成される委員会で，信頼性設計理論の開発と普及に大きく貢献した．JCSSが1975年に提案した信頼性設計理論の大まかな分類は，広く普及し，今日でも用いられており，有用であると思われる（Thoft-Christensen and Baker, 1982)．この分類を**表-2.11**に示した．

表2.11　JCSSの信頼性設計法の分類

設計法	基本変数	安全性評価	照査
レベル1	決定変数	部分係数, 荷重係数, 抵抗係数	照査式
レベル2	確率変数 平均, 分散, 共分散	信頼性指標β	目標信頼性指標β_T
レベル3	確率変数 確率分布	破壊確率 P_F	許容破壊確率など

この分類で採用された3つのレベルの信頼性設計法の説明は，以下の通りである．

信頼性設計法　レベル1（部分係数法）：安全性余裕を確保するためにいくつかの部分係数を性能照査式に導入し，この照査式に基本変数の特性値を代入することにより，決定論的な計算で性能照査を行う信頼性設計法．部分係数法とも呼ばれる．部分係数の決定は，レベル3や2の方法を用いて行い，この作業をコードキャリブレーションと呼び，設計コード作成者が行うことが想定されている．部分係数法には幾つかの異なる形式がある．

信頼性設計法　レベル2：レベル3を簡易化した方法で，各不確実性をその平均と分散・共分散により記述（分布を無視する）し，設定された限界状態に対して，近似的な方法により信頼性指標βを算定し，このβを用いて意思決定を行う設計法．

信頼性設計法　レベル3：荷重，材料等の不確実性を確率分布により記述し，設定された限界状態に対して確率計算により破壊確率を算定し，この破壊確率を用いて意

[8] 欧州では，信頼性設計法を，限界状態設計法(limit state design method: LSD)と呼ぶ場合がある．

思決定を行う設計法.

標準的な構造物を，例えばレベル 3 の信頼性設計法を用いて行うことは，設計の経済（設計にかかる労力，時間と費用）を考えたとき，得策ではない．標準的な構造物を設計する設計コードで，部分係数法が採用されるのは自然であり，今後も当分変わらないと考えられる.

先に示した JCSS の信頼性設計法の分類は，レベル 1 の部分係数法で記述される設計照査式を導くことを前提としたものであった．つまり，部分係数法の設計照査式を採用した設計コード作成のための，信頼性設計法の分類であると言える．これは当時 Structural Eurocodes の作成を目指して活動していた JCSS の立場を考えれば，しごく当然のことである.

部分係数設計法には，少なくとも 2 種類の照査式の考え方がある．すなわち材料係数設計法[9]と荷重抵抗係数法の二つである.（これらの照査式の特徴や得失については，9 章で詳しく解説される.）歴史的には，材料係数設計法は主に欧州で開発され，荷重抵抗係数法は北米て発展してきた，という経緯がある.

信頼性設計法は，1960 年代から主に構造工学者達により本格的な研究が開始された．研究の当初は計算機も未発達であり，複雑な構造計算を介する確率計算を，如何に効率的に行うかと言うことが大きな課題であった．今日レベル 2 と言われる信頼性設計法は，レベル 3 の複雑な確率計算を回避するために提案された簡易確率計算法である．またレベル 2 の代表的な方法である FORM(First Order Reliability Mehtod) は，部分係数を決定する方法（コードキャリブレーション）の代表的な方法である設計値法との密接な関係を持って開発された.

しかし今日では，計算機の発展と乱数生成法の大幅な進歩により，確率計算はほとんど MCS により行うようになり，簡易破壊確率法の相対的な重要性は低下した．MCS はまたその計算方法が直感的で，確率論に関する初歩的な知識しかなくても，計算可能であるという利点もある．以上のような理由で，レベル 2 の信頼性設計法の重要性は，相対的に低くなった.

著者らは，部分係数設計法のコードキャリブレーションを行う手法として，MCS を用いたレベル 3 の信頼性設計法が，主流の方法となると考えている．設計コードやコードキャリブレーションの問題は，第 3 部で詳しく解説する.

2.6　2 章のまとめ

本章では，信頼性設計法の概要について，なるべく数式によらない説明を行った．信頼性設計法自身が，当初の確率計算手法の開発から，実際問題への適用の段階に入っており，このことが本書の信頼性設計法の説明を，従来の信頼性設計の教科書とはかなり異

[9] 材料係数設計法を部分係数設計法と呼ぶ場合もある．ここでは，部分係数設計法は，材料係数設計法と荷重抵抗係数設計法両者を含むと定義する.

なったものとしている．

本章では，信頼性設計法について，次のことを述べた．

(1) 信頼性解析の説明では，問題を基本変数空間，また荷重 S ー抵抗力 R 空間で，図を用いて視覚的に展開し解説した．これは，確率計算を MCS で行うことを前提とした説明であり，同時に確率変数の概念を示す目的がある．確率変数とは，「その値が，ある確率分布に従って生起する変数」であり，基本変数の多次元空間に確率分布に従って生起する．

(2) 信頼性設計法の中で，実務上もっとも重要なのは不確実性解析である．不確実性要因の分類を示すと共に，実例を紹介する中で，この解析の難しさを示した．不確実性解析では，統計学の知識ばかりでなく，それぞれの固有の問題の深い知識と理解，そしてそれに基づく工学的判断が必要であることを述べた．

(3) 信頼性設計における意思決定については，本書において，他章でこの問題を解説する箇所がないので，やや詳しい説明となっている．既存構造物の持つ信頼性レベルと同レベルの信頼性の確保，バックグラウンドリスクとの比較，経済指標による最適化の 3 つの代表的手法を，多くの参考情報と共に紹介した．

(4) 信頼性設計法と設計コードの関係については，信頼性設計法の分類を示し，レベル 1 信頼性設計法が，設計コードで用いる部分係数法に当たることを述べた．この問題に関する説明は，第 3 部で詳細に展開される．

第 3 章

地盤構造物の信頼性解析法 GRASP の概要

第 2 章では，信頼性に基づく設計計算から意思決定を含む信頼性設計法について概説した．この章では，著者らが提案する地盤構造物の信頼性解析法について，その概要を説明する．

地盤構造物の解析法は，計算機の発展と共に高度化している．例えば有限要素法を道具とした，弾塑性理論等に基づいた数値解析手法により，複雑な地盤と構造物の相互作用の問題の解析や，地震時の動的解析が日常的に行われている．これらの計算技術と比較しても，信頼性解析の計算はそれほど難解なものではない．著者らは近い将来，様々な社会の要請により，設計者自らが信頼性解析を実施するケースも増加すると予測している．ここに示す，地盤構造物の信頼性解析法は，このような需要に応えるために開発された．

著者らはこの解析法を，GRASP(Geotechnical Reliability Analysis by a Simplified Procedure) と呼称している．これは文字通り，地盤構造物に適した単純化された方法により，近似的信頼性解析を体系的に実施する手順を示したものである．それと同時に GRASP は，それぞれの地盤構造物の設計においてボトルネックとなっている不確実性要因を把握 (grasp) し，設計における地盤工学の課題を明らかにすることも，大きな目的としている．

3.1　地盤構造物設計の特徴と不確実性の分類

3.1.1　地盤構造物設計の特徴

2.3 節で既に，構造工学と地盤工学における，それぞれの不確実性の分類について，簡単に述べた．ここではさらに，地盤構造物の信頼性解析を行うに当たり考慮すべき地盤構造物設計の特徴と，それに則した不確実性の分類について考える．

地盤構造物と鋼やコンクリート構造物の設計の違いについて考えてみよう．言うまでもなく，工業製品を材料とする構造物の設計では，材料特性のバラツキは小さく，外力の不確実性が支配的な不確実性要因となる．

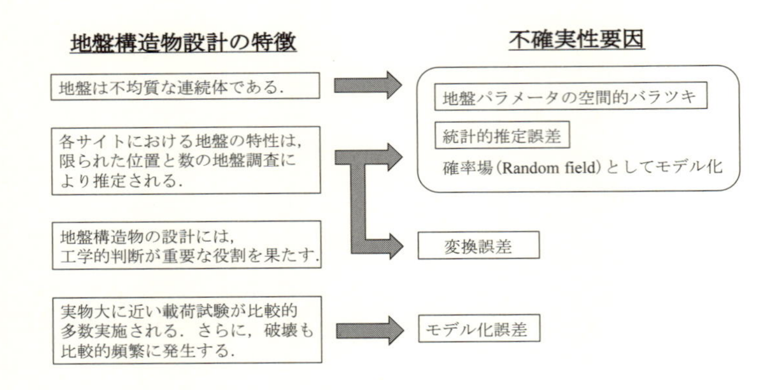

図 3.1　地盤構造物設計の特徴と不確実性要因

これに対し，地盤では，サイトごとに材料特性（以下，「地盤パラメータ」という）を調査・決定しなければならないし，それらが本来持っている空間的バラツキも，工業製品材料よりかなり大きいと考えられる．一方，荷重は，自重が相対的に大きい場合が多く，自重のバラツキは一般に小さいので，地震荷重を例外として，相対的に荷重の不確実性の程度が小さい．

本来個々の地点における地盤パラメータの値は確定値であるが，これを我々は特定できないので，空間的にバラツクものとしてモデル化する．このように我々の知識の不足のために生じる不確実性を，epistemic uncertainty と言い，偶然により生じる不確実性である aleratory uncertainty と区別する（3.1.3 節参照）．

地盤パラメータが空間的なバラツキをもって存在することは，結果的に 2 種類の不確実性を考慮する必要があることを意味する．一つは，このような空間的なバラツキが，構造物の性能に与える影響の評価である．すなわち，地盤パラメータの空間的なバラツキの影響で，例えば同一と考えられる地盤に建設された同じ諸元の直接基礎であっても，異なった極限支持力を持つと考えられる．本書ではこのような不確実性を，「地盤パラメータの空間的バラツキ」による不確実性と呼ぶ．

一方，地盤パラメータの空間的なバラツキのため，限られた数と位置で行われた地盤調査結果から，その平均値やバラツキの性質を推定するため誤差が生じる．さらに，ある特定の位置の地盤パラメータの値を推定することでも，推定誤差が生じる．このような不確実性を，「統計的推定誤差」と呼ぶ．

図-3.1 に，地盤構造物設計の特徴と，不確実性要因の関係を示した．地盤が不均質な連続体と仮定されること，さらに地盤特性を限られた数と位置の地盤調査結果から推定しなければならないという 2 つの特徴は，「地盤パラメータの空間的バラツキ」と「統計的推定誤差」という二つの不確実性と直結している．この 2 つの不確実性は，後述するように確率場の理論を用いて定量化される点でも，共通性を有している．

図-3.1 に示した，地盤構造物設計における 3 番目の特徴は，工学的判断 (engineering

judgement) の重視が挙げられる．地盤構造物の設計では，定量化することの難しい，地質学の知識や，過去の類似地盤での経験等に基づき，工学的判断によって問題の焦点を絞ったり，地盤のモデル化を工夫することが広く行われており，これは地盤工学の創始者である Terzaghi(1883-1963) 以来の伝統である．工学的判断を定式化・定量化することは困難であるが，設計では欠かすことのできない大切な要素である．信頼性設計を行う場合も，このような工学的判断を導入できる余地を十分に残しておくことが，設計法を考えるうえで重要である．

地盤構造物でもう一つ特徴的な点は，杭の載荷試験，試験盛土，平板載荷試験等，実大規模と同等もしくはそれに近い規模の載荷試験が実施されることである．さらに幸か不幸か，地盤構造物の中には比較的頻繁に破壊事例が存在するものがある．一方，鋼やコンクリートで建設される上部構造物の破壊は，皆無ではないが比較的稀であるし，載荷試験も，梁や柱といった部材単位で実施されることはあっても，不静定次数の高い構造物全体を対象として実施されることは稀である．

3.1.2 不確実性の分類

以上述べた地盤構造物設計の特徴を踏まえて，地盤構造物の信頼性設計で考慮すべき不確実性を次のように分類する．これらの不確実性は，信頼性設計の作業の中で，必要に応じて順次考慮するべきものである．荷重については，本書の対象外とする．

(1) 計測誤差 (measurement error)：

調査や試験に含まれる，計測に関連する誤差のこと．計測誤差は，独立に同一の正規分布に従って発生する (偶然誤差) とするのが，伝統的な誤差論の仮定である．一方でこの誤差には，使用機器や計測者の違いによる偏差 (系統誤差) が含まれている可能性もある．しかし，一般にこの種の誤差の定量的な解析は難しく（計測データの空間的なバラツキと一緒に現れるので，その分離が困難である場合が多い)，他の不確実性に比べて影響は小さいと考え，無視される場合が多い．本書でも，計測誤差は原則的に分離して取り扱うことはしない．

(2) 地盤パラメータの空間的バラツキ (spatial variability)：

直接的には，地盤パラメータを計測したときに経験される，空間的バラツキのこと．本書ではしばしば，この空間的なバラツキが，地盤構造物の性能に与える影響の不確実性を，この名称で呼ぶ場合がある．空間的バラツキは，便宜的に確率場 (random field) としてモデル化する．具体的には，地質学的に同一と見做せる土層ごとに，地盤パラメータ $Z(x_1, x_2, x_3)$ の空間的なバラツキの平均値を，トレンド成分として関数 $\mu_Z(x_1, x_2, x_3)$ で表し，平均値周りのバラツキを，ランダム成分として確率場 $\varepsilon_Z(x_1, x_2, x_3)$ で表す：

$$Z(x_1, x_2, x_3) = \mu_Z(x_1, x_2, x_3) + \varepsilon_Z(x_1, x_2, x_3) \tag{3.1}$$

ここに，(x_1, x_2, x_3) は，空間の座標である．$\varepsilon_Z(x_1, x_2, x_3)$ は，平均 0 の (弱) 定常確率場と仮定する．（定常確率場の定義については，4 章を参照されたい．）

(3) 統計的推定誤差 (statistical estimation error)：

空間的バラツキを当てはめた確率場の統計量（平均，分散，相関構造等）や，指定された個々の点における地盤パラメータの値を，限られた数と位置の地盤調査（サンプル）から推定するときの誤差．統計的推定誤差の定量化も，確率場としてモデル化された地盤についての統計的推測理論として展開されることになる．その場合，提案される理論は，調査の質や量，構造物の建設位置と調査位置の位置関係を考慮できるものでなければならない．

(4) 変換誤差 (transformation error)：

地盤調査の結果に基づき，設計で直接使用する地盤パラメータを推定する場合，このパラメータが直接に計測されておらず，地盤調査で直接計測された値から変換して推定する場合がきわめて多い．例えば，N 値から，内部摩擦角，地盤変形係数，相対密度など多くのパラメータが推定される．この変換には，大きな不確実性が伴う場合が多い．

(5) モデル化誤差 (modeling error)：

設計計算に採用されたモデルの，現実の現象の再現性にかかわる誤差である．設計計算モデルは，実現象を理想化・単純化して作られたものであるから，そこには必ずモデル化誤差が存在する．地盤構造物の設計では，構造工学のような部材の照査と言うよりは，構造物全体の安定性を照査する設計計算モデルが比較的多い．さらに，実大規模に近い試験（例えば，杭の載荷試験，平板載荷等）が多数なされること，実際の破壊例が比較的多い（例えば，盛土や切土等の土構造物）ことなど，モデル化誤差を定量的に求めることのできる場合が多い．

3.1.3 その他の不確実性の分類

この他，不確実性をその特徴により分類する幾つかの考え方がある．ここにその中の 2 つを示す．これらは，当該の不確実性の特性や取り扱いを考えるとき，有用な視点を与えることがある．

(1) 系統誤差と偶然誤差

計測，品質管理等多くの分野で伝統的に用いられる誤差の分類に，系統誤差と偶然誤差に分ける考え方がある (清水, 2002).

(1) **系統誤差 (systematic error)**： 偶然誤差に対する語．測定者や測定器具のくせなどが原因で生じる誤差．別の定義では，実際の値が x である変数を測定した結果が，

ある関数 f に対して $f(x)$ であるときの誤差．$x/f(x)$ を，偏差と呼ぶことがある．

(2) **偶然誤差 (random error)：** 系統誤差に対する語．測定者の側で制御することのできない偶然によって生じる誤差．別の定義では，真値 x ではなく $x+\varepsilon$ を記録することによって生じる測定誤差，ここで，ε は偶然誤差で，確率変数の実現値である．

系統誤差と偶然誤差を区別することは，実際の問題を扱う際極めて重要である．系統誤差は，その誤差の原因を特定して，対策を講じなければ低減を図ることのできない誤差であるのに対し，偶然誤差は測定回数を増加させると低減できる誤差である．

先の分類に即して言えば，変換誤差やモデル化誤差では，系統誤差が支配的である場合がある．

(2) 偶然による不確実性と知識の不足による不確実性

1990 年代から，不確実性を次のような 2 つの範疇に分類することが提唱されるようになった (Baecher and Chrisitian, 2003)。

(1) **偶然による不確実性 (aleatory uncertainty)：** ラテン語の賭博師に語源を持つ派生語であり, 同じ行為を繰り返したとき，異なる結果が現れるような現象のこと．例えば，サイコロを振るような場合に現れる不確実性を言う。

(2) **知識不足による不確実性 (epistemic uncertainty)：** ギリシャ語の知識に語源を持つ言葉で, これは「知識の不足による不確実性」を言う．例えばトランプゲームや麻雀は，相手の持ち手が分からないことでゲームが成り立っているわけで，この不確実性が典型例である．

例えば地盤構造物設計に関する不確実性の中で，計測誤差，地盤パラメータの空間的バラツキ，変換誤差は偶然による不確実性，統計的推定誤差とモデル化誤差は知識の不足による不確実性と分類できるかもしれない．

しかし，この分類は本質的に便宜的である．例えば地盤パラメータの空間的バラツキにしても，ある土層内の N 値が空間的にばらついているという認識と，土層内のある特定の位置の N 値を知りたいという場合では，対処の仕方がまったく異なる．前者は偶然による不確実性であると認識し，確率場でモデル化することで対処する．後者は明らかに知識の不足による不確実性であり，その位置を直接調査すれば，不確実性は除かれる．

3.2　地盤構造物の簡易信頼性解析法 GRASP の特徴と手順

3.2.1　GRASP の特徴

■局所平均に基づく空間的バラツキの影響評価と地盤パラメータの統計的推定誤差評価

GRASP では地盤パラメータの局所平均値（Local average）を用いることにより，地盤パラメータの空間的バラツキの近似的影響評価法と，この局所平均の平均値を推定の対象とした統計的推定誤差評価理論を提案している (本城・大竹・加藤，2012).

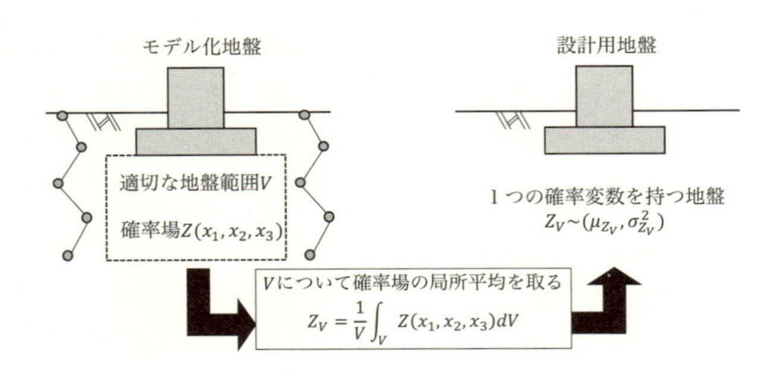

図 3.2　直接基礎を例とした，モデル化地盤，局所平均と設計用地盤の概要図

Eurocode7 に，地盤の特性値を巡って，次の一文がある (CEN，2004)：

「地盤構造物の限界状態における挙動を支配している地盤の範囲は，通常の試料や現位置試験により影響される範囲よりかなり大きい．この結果，支配的パラメータの値は，しばしばある程度の地盤の面積や体積についての地盤パラメータの平均値である．地盤パラメータの特性値は，この平均値の注意深い推定値であるべきである．」(EN1997-1, 2.3.5.2(7))

ここで述べられているのは，設計で用いられるべき地盤パラメータは，ある程度の大きさの面積や体積に関する局所平均であるということである．この見解は，GRASP で著者らが提案している考え方と軌を一にしている．

図-3.2 に，GRASP における「地盤パラメータの空間的バラツキの影響」及び「統計的推定誤差」の考え方の概念を示した (本城・大竹・加藤，2012；大竹・本城，2012)．この場合問題は単純化されており，地盤は地質学的に均質な一層の地層で構成され，構造物の性能（沈下や安定）に影響を与える地盤パラメータは一種類で，それが確率場 $Z(x_1, x_2, x_3)$ によって表される場合を考える．

要点は，次の 2 点にまとめることができる．

(1)「空間的バラツキの影響評価」については，確率場によりモデル化された地盤パラメータの，ある土質力学的に適切な範囲についての平均（局所平均）を用いることにより，近似的に評価可能である．つまり**図-3.2** に示すように，まず確率場のある適切な地盤範囲 V についての平均である局所平均を求める．「空間的バラツキの影響評価」は，地盤パラメータがこの局所平均と言う一つの確率変数で表現される値を地盤の全域で取るとして，地盤解析を行うことで評価できる．すなわち MCS により，局所平均の従う確率分布に基づいて地盤パラメータを多数生成し，このバラツキが構造物の性能に与える影響を評価すれば良い．

ここでは便宜的に，地盤パラメータを確率場によりモデル化した地盤を「モデル化地盤」，確率場を局所平均と言う確率変数で置き換えた地盤を「設計用地盤」，と呼ぶことにする．

(2) 上記のように「設計用地盤」を導入することにより，「統計的推定誤差評価」は，与えられた地盤調査データにより，局所平均を推定する問題に置き換えられる．しかも局所平均の推定誤差は，直接的に構造物の性能に影響を与えるので，統計的推定誤差が，構造物の信頼性に与える影響の評価は明解である．

■一般推定と局所推定　GRASP の地盤パラメータ推定理論のさらなる特徴的な点は，一般推定と局所推定を区別して扱っている点である．現在ほとんどの信頼性設計では，地盤調査の位置と構造物建設の位置関係を定量的に考慮して設計を実施することは行われない．しかし本来このことは，信頼性設計で考慮されるべきことで，これは設計された構造物の信頼性に大きな影響を与える．必要な地盤調査の位置や数も，このような議論から導き出されるべきものである．

すなわち，地盤パラメータの局所平均推定の問題を考えるとき，次の 2 つの問題を区別しておく必要がある．

一般推定 (general estimation)：設計に関連して，地盤パラメータの任意位置の，線，面積，または体積についての局所平均を推定する問題．この場合，地盤調査位置と構造物の建設位置の相互関係を，考慮しない点が重要である．一般推定では，局所平均の期待値は母平均となる．

局所推定 (local estimation)：設計に関連して，地盤パラメータのある指定された場所の局所平均を推定する問題．この場合，地盤調査位置と構造物の建設位置の相互関係が，具体的に考慮される点が重要である．この推定問題は，一般に Block Kriging として知られている．

一般推定は，例えば港湾地域でコンテナヤードを造成し，その一般的な地耐力が問題となるような場合が考えられる（コンテナが，ヤードの中のどの位置に積まれるか予測できない）．この場合，任意地点におけるある体積についての地盤パラメータの局所平均を推定する問題となる．また，ある地域の沖積粘性土層の非排水せん断強度の推定といった，設計コードなどで一般に問題となる設計問題も，この範疇に属すると考えられる．さらに，道路や河川など線状構造物では，その長さに比べて調査間隔が広く，便宜的に一般推定の問題として扱わなければならない場合もある．

一方，局所推定は，構造物建設地点が特定され，その直下の地盤の情報が問題となるような場合であり，その構造物が浅い基礎により支持されていれば，その位置におけるある体積についての地盤パラメータの局所平均値が，杭基礎により支持されている場合であれば，深度方向のある線について局所平均値が，あるいは支持層までの深さであれば，ある面積についての深度の局所平均値が問題となる．

一般推定と局所推定は，明示されることは少ないかもしれないが，実務においては設計者により必ず意識されている状況であると考えられる．GRASP の局所平均の統計的推定理論では，両者を区別して定式化が行われている．

3.2.2　GRASP 信頼性解析の手順

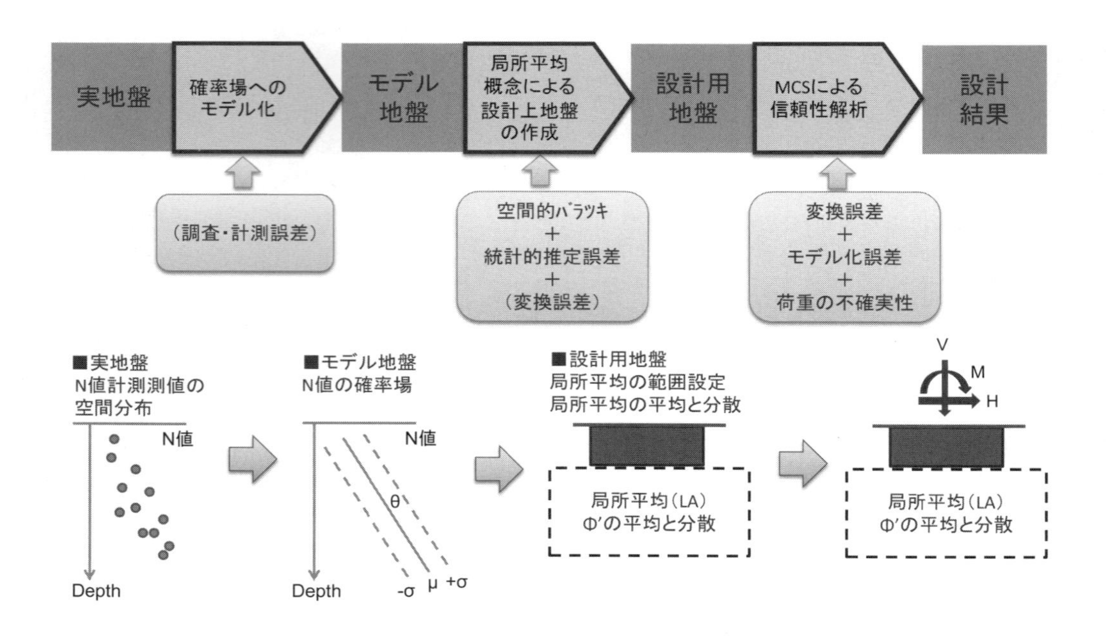

図 3.3　簡易信頼性解析法（GRASP）の手順

■解析手順　**図-3.3** に，上述した種々の不確実性が，GRASP の手順のどの段階で対処されているかを概念的に示した．

「実地盤」を調査するときに「計測誤差」が混入する．しかし GRASP では「計測誤差」は考慮していない．その影響が大きくはないと判断されることと，空間的バラツキと計測誤差を分離することが極めて困難であるためである．（結果的に空間的バラツキを過大評価している可能性は，否定できない．）

確率場を調査結果に当てはめることにより，「モデル地盤」を同定する．図では，計測された N 値を元に，この地盤の N 値のバラツキを，トレンド成分とランダム成分によりモデル化することを，模式的に示している．

「モデル地盤」に「空間的バラツキの影響」と「統計的推定誤差」を考慮して，適切な地盤範囲の局所平均を導入して，「設計用地盤」を作成する．「設計用地盤」は，「モデル地盤」と，力学的及び統計的性質において等価な地盤である．しかし「設計用地盤」では，地質学的に均質な一つの土層の各地盤パラメータは，一つの確率変数に対応している．この結果，信頼性解析における地盤パラメータの取り扱いは極めて単純，容易となる．

最後に，「設計用地盤」に「変換誤差」と「モデル化誤差」を考慮し，さらに荷重の不確実性も考慮して，当該構造物の信頼性解析を行う．このとき用いられる信頼性解析手法は，MCS である．

図-3.3 には示されてはいないが，GRASP では個々の不確実性要因が構造物の信頼性に影響を与える寄与度を簡単に評価できる．これは，当該構造物の設計でどの不確実性を低減させることが，設計改善の上でより効果的かを示す指標であり，地盤工学的観点からも，有用かつ興味深い情報を与える．

地盤構造物の信頼性解析については，多くの研究が集積されており，また現在も活発に研究が進められている．しかしそのほとんどは，先に示した不確実性の一つを対象としたものである場合が多く，信頼性解析全体の手順を提案している研究は極めて少ない．GRASP は，地盤構造物の信頼性解析の一般性のある解析手順を提案するものであり，先に示した不確実性要因が全てバランスよく考慮できるように考えられている．その中でも，空間的バラツキの影響評価と，統計的推定誤差の評価が独創的な点である．

以上 GRASP の特徴を，特に「空間的バラツキの影響評価」と「統計的推定誤差の評価」の 2 つの面を強調して述べた．しかし GRASP 開発に当たり留意した点は，これ以外にも存在する．それらを以下に列挙する．すなわち，「地盤解析と不確実解析の分離」，及び「応答曲面法」の 2 点である．

■地盤解析，不確実解析と信頼性解析の分離　著者らは，実務に携わる地盤構造物の設計者に，GRASP に基づく信頼性解析法の説明をする機会を経験してきた．そこで実務者達は，特に確率論や統計学に基礎を置く不確実性の定量的な分析や，信頼性解析の為の確率計算に話が及ぶと，かなり激しい拒否反応を示すことが多い．

このような反応を踏まえて，GRASP が「地盤解析」，「不確実性解析」及び「信頼性解析」（2.1.2 節参照）の 3 つの部分よりなることを述べた上で，それらと確率論や統計学との関係について，次のように説明している．

(1)「地盤解析」は，通常行われる設計計算のことであり，確率論・統計学の知識は必要としないこと．
(2)「信頼性解析」は，MCS を用いるので，設計計算を多数繰り返すだけであり，特別に確率論の詳細な知識は必要ないこと．
(3)「不確実性解析」には，多少の統計学の知識が必要であるが，さらに大切なのは，統計解析の対象となっているデータへの工学的理解であること．

実際に確率論・統計学の知識が必要なのは，「不確実性解析」の部分のみであり，その中でも，変換誤差やモデル化誤差については，既往の研究で定量化されているものも多く，特に深い確率論・統計学の知識は必要ないと説明している．

以上のような観点から，GRASP の信頼性解析の構成を改めて示したのが，**図-3.4** である．この図は，以下のように説明される．

解析は，基本変数 X と書かれている所から開始される．基本変数は，材料，形状，荷重等に関する，設計に必要な一切の情報の集合である．ここを出発点として，信頼性解析は，先に 2.1.2 節で述べたように，次の 3 つの部分に分割することができる．

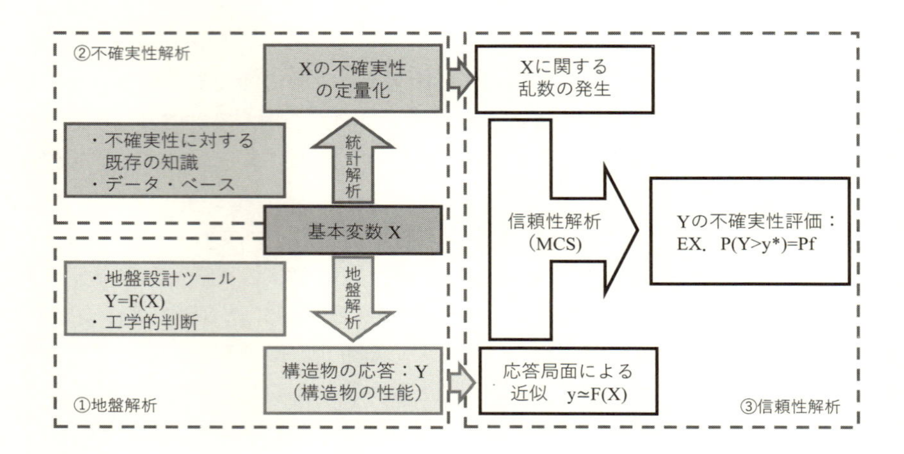

図 3.4　GRASP における信頼性解析の構成

地盤解析: 構造物の応答（y）と基本変数（$\mathbf{x}$；地盤パラメータ，外力等）を結ぶ関数関係を構築することが目的であり，設計式（例えば，支持力公式や弾性沈下計算式）のことである．設計式が比較的簡単な場合は，その関数を直接用いればよい．y と $\mathbf{x}$ が有限要素法等により複雑に結ばれている場合は，この関係を近似する応答曲面を作成することを奨励する．応答曲面については，後述する．

不確実性解析: 基本変数 $\mathbf{x}$ の不確実性を，定量化 ($\mathbf{x}$ を確率分布でモデル化) する作業である．主な定量化すべき不確実性要因としては，空間的バラツキの確率場によるモデル化，統計的推定誤差，変換誤差，モデル化誤差等がある．個々の地盤の確率場によるモデル化は，個々の問題で個別に行う必要があるが，その他の不確実性については，既往の研究の成果を利用できる場合がほとんどである．

信頼性解析: 地盤解析と不確実性解析に基づき，MCS により，構造物が限界状態に達する確率 (破壊確率) を求める．さらに必要に応じて，各不確実性要因の寄与度を推定することにより，当該構造物の設計で支配的な要因を把握する．

■応答曲面法の利用　有限要素法に代表される数値解析を信頼性解析に用いる場合の対処として提案された応答曲面（RS;Response Surface）も，GRASP の特徴的な提案の一つである．これは，数値解析を信頼性解析に直接組み込むのではなく，数値解析により対象構造物の限界状態近傍の挙動を調べ，応答値と入力値の関係を，ある関数（応答曲面）で近似するものである．著者らはまた，この応答曲面を作成する作業自体が，設計者が当該構造物の挙動を理解する上で，有用な情報を与えることも指摘しておきたい．

なお，応答曲面という言葉を提案したのは，Box and Draper(1987) である．彼らは，種々の要因に対する実験結果の内挿法として応答曲面を提案した．従ってこの応答曲面では，要因が設定された領域内で，実験結果が正確に内挿されることが前提である．Box and Draper(1987) の提案の大部分は，実験計画法を有効に利用し，いかに効率よく上記の性質を持つ応答曲面を求めるかという課題に集中している．

一方我々がここで提案する応答曲面では，設計照査の対象となる応答が，限界状態を超えるか否かのみに関心があるので，その限界状態近傍で近似精度の高い応答曲面を得ることが重要である．

3.3　3 章のまとめ

以上説明してきたような簡易地盤信頼性解析法 GRASP の特徴をまとめると，以下の通りである．

(1) 地盤パラメータの空間的なバラツキが地盤構造物の性能に与える影響を，地盤工学的に適当と考えられる地盤のある範囲の局所平均により評価できる，という近似評価法を導入している．
(2) 局所平均の導入により，統計的推定誤差評価の対象も局所平均となる．この推定誤差評価に当たり，それぞれの地盤パラメータの分散 (あるいは，変動係数) と自己相関構造は既知とし，局所平均の平均値の推定誤差のみを評価の対象としている．
(3) GRASP の局所平均の推定理論は，一般推定と局所推定という，2 つの異なる状況について定式化されている．前者は，地盤調査位置と構造物の建設位置の相互関係を考慮しない場合であり，後者はこれを考慮する場合である．
(4) 実務者の GRASP 利用に当たり，確率・統計に対する抵抗感を和らげるため，解析全体の構成を，「地盤解析」，「不確実性解析」及び「信頼性解析」の 3 つの部分に分割した．そして「地盤解析」は全く通常の設計計算と同じであること，「信頼性解析」では MCS を用いることにより確率計算が容易に実行できることを強調している．
(5) 地盤解析に有限要素法など複雑な計算方法を導入する場合，基本変数の入力値と，設計で照査の対象となる応答値を，応答曲面と言う近似関数で置き換えることを提案している．
(6) さらに，GRASP では信頼性解析を行う際，各不確実性要因の寄与度を算定することを強く奨励している．この寄与度の算定を行うことにより，現行設計法で支配的な不確実性要因が把握 (grasp) され，設計法の問題点や，取得すべき情報，改良すべき点等の優先順位が明らかになることが期待される．

なお，GRASP で提案している統計的推定誤差の評価法は，統計学の確率場への拡張である．すなわち，統計学では，独立に同一の正規分布に従う有限個の標本（サンプル）に基づいて，この正規分布の平均や分散を推定するときの誤差を，確率論に基づいて評価する．（正規母集団からの無作為な標本に基づいて，母平均や母分散の推定の精度を評価する．）これに対して GRASP では，正規確率場からの有限個の標本に基づいて，ある地盤範囲の局所平均の平均値の推定精度について，確率場の理論に基づいて評価する．ここに最も大きな特徴がある．

以上のGRASPの特徴を特に示すために，演習問題のA.1節では「GRASPによる地盤工学の幾つかの問題の統計的標準解」として，地盤工学でしばしば遭遇する問題の統計的標準解（当該地盤パラメータがGRASPが仮定している確率場に従うとした場合の解）を示しているので，合わせて参照されたい．

第 II 部

地盤構造物のための信頼性解析法

第4章

確率場による地盤パラメータの空間的バラツキのモデル化

4.1 はじめに

この章では，GRASP 理論の前提となる，確率場による地盤パラメータの空間的バラツキのモデル化について説明する．地盤パラメータは，同一地層内では連続的に変化すると考えられる．このような問題では, 対象となる確率変数 Z は空間の関数となり, その次元に応じて $Z(x)$，$Z(x_1, x_2)$ また $Z(x_1, x_2, x_3)$ と表される．1 次元の場合は確率過程 (random process), 2，3 次元では確率場 (random field) と呼ぶのが一般的なようである．(「1 次元確率場」という言い方もある．)

地盤パラメータの空間的バラツキは，トレンド成分とランダム成分の和として記述される．4.2 節では，トレンド成分について簡単に説明した後，ランダム成分について説明する．ランダム成分の説明を分かり易くするため，ここでは多変量確率分布の説明から入り，確率場について説明するという方法を取る．またデータ (標本) と，これを便宜的にモデル化する確率分布 (確率場) の関係を明確に理解頂くため，常にこの両者の関係を意識した説明を行う．

確率場の理論自身は，単なる数学的なモデルに過ぎない．このモデルのパラメータを，実際の地盤調査結果に基づき設定しなければ，確率場の理論を地盤構造物の信頼性解析に役立てることはできない．この作業は，以下に示す 2 つのステップに分かれる．

モデル・パラメータ推定の問題：所与の確率場モデル（トレンド成分の関数，自己相関関数の関数型が所与）のモデル・パラメータを，統計的な方法で推定する問題.
モデル選択の問題：考えられる幾つかの確率場モデルの内，もっとも適切であると考えられるモデルを選択する問題.

両者は密接に関連するが，4.3 節では，両者を順次説明する．

最後に 4.4 節では，通常密度のフィールドベーン試験 FVT による軟弱地盤を対象とした地盤調査結果と，極めて高密度のコーン貫入試験 CPT により調査された砂地盤のデータを取り上げ，実際の地盤の確率場によるモデル化の例を示す．

4.2　確率場による地盤パラメータの空間的モデル化

4.2.1　トレンド成分とランダム成分

地質的に同一の土層の地盤パラメータ $Z(\mathbf{x})$ の空間的バラツキは，トレンド成分 $\mu_Z(\mathbf{x}|\boldsymbol{\beta})$ とランダム成分 $\varepsilon(\mathbf{x})$ の重ね合わせにより記述する (例えば，Lumb,1974; Vanmarcke,1977; Matsuo and Asaoka,1977; 松尾,1984; Phoon and Kulhawy,1999a).

$$Z(\mathbf{x}) = \mu_Z(\mathbf{x}|\boldsymbol{\beta}) + \varepsilon(\mathbf{x}) \tag{4.1}$$

ここに，空間座標を $\mathbf{x} = (x_1, x_2, x_3)$ とする．このとき，トレンド成分を決定値（関数），ランダム成分が平均 0，分散 σ_Z^2 の定常確率場と仮定する．また $\boldsymbol{\beta}$ は，トレンド成分を記述するためのパラメータである．

4.2.2　トレンド成分

たとえば松尾 (1984) は，主に日本の沖積軟弱層の非排水せん断強度の空間的バラツキを解析し，その空間的バラツキは，典型的には，トレンド成分の形により，次の 3 つのモデルのいずれかで記述できるとした．なお，$\mathbf{x} = (x_1, x_2, x_3)$ は，地盤内の空間座標を示し，特に x_3 を，地盤の深度方向に取られた座標軸とする．

I 型：定数トレンド・分散一定モデル

$$Z(\mathbf{x}) = \beta_0 + \sigma_Z \varepsilon(\mathbf{x}) \tag{4.2}$$

ここに，β_0 と σ_Z は定数（前者が平均値を，後者が標準偏差を表わす），$\mathbf{x}$ は当該土層内の任意点の座標を，$\varepsilon(\mathbf{x})$ は後述する，平均 0，分散 1.0 の定常確率場を示す．このモデルは，土層内で平均値が一定で，定数の分散を持つ場合を表す．

II 型：線形トレンド・分散一定モデル

$$Z(\mathbf{x}) = \beta_0 + \beta_1 x_3 + \sigma_Z \varepsilon(\mathbf{x}) \tag{4.3}$$

ここに，β_0，β_1 と σ_Z は定数（β_0 は $x_3 = 0$ における平均値，β_1 は深度方向への平均値の増分値を，σ_Z は標準偏差を表わす）．このモデルは，土層内で平均値が線形に増加（又は減少）し，一定の分散を持つ場合を表す．

III 型：線形トレンド・変動係数一定モデル

$$Z(\mathbf{x}) = (\beta_0 + \beta_1 x_3) + \sigma_Z(\beta_0 + \beta_1 x_3)\varepsilon(\mathbf{x}) \tag{4.4}$$

このモデルは，土層内で平均値が深度方向に増加（または減少）し，それぞれの深度で平均値に比例する標準偏差を持つ場合であり，変動係数が一定となる．

言うまでもなく，ここに示した3つのモデルは，基本的なモデルであり，これを実際の地盤に適用する際には，その地盤の地質学的な特性なども考慮して，これらのモデルを拡張する必要のある場合も多い．

4.2.3 ランダム成分

ランダム成分 $\varepsilon(\mathbf{x})$ は，定常確率場であると仮定する．(弱) 定常の確率場とは，平均と分散が定数で，確率場の任意の 2 つの点の相関係数が，それらの座標の相対位置（すなわち距離）のみで定まる確率場である[1]．

$\varepsilon(\mathbf{x})$ は，空間内で連続な確率関数である．しかしここでは説明の便宜のため，$\varepsilon(\mathbf{x})$ は空間内の有限個の離散的な点で与えらえた確率変数ベクトルであるとして説明する．すなわち，m 個の異なる点の $\varepsilon(\mathbf{x})=(\varepsilon_1,\varepsilon_2,\ldots,\varepsilon_m)$ とし，これらの関係を記述する方法を説明する．実際の地盤の問題は，ほとんどがこのように空間内の離散的な点で与えられる，確率変数ベクトルの問題である．

次節ではまず，確率変数が 2 つの場合について説明する．実は確率変数が 2 つの場合の確率の記述の仕方を理解することは，確率変数が多数の場合，さらには確率過程や確率場における確率変数の記述の仕方を理解するための基本となる考え方を，ほとんどすべて説明することになる．

2 次元データのバラツキの統計的記述

各個体について 2 つの異なる種類の観測値がペアになったデータを，2 次元データと言い，n 組の観測値 $(x_1,y_1),\ldots(x_i,y_i),\ldots(x_n,y_n)$ により表す．

観測値を $x-y$ 平面上にプロットした図を，散布図という．2 つの変量の関係を，直感的，視覚的に把握するのに有用であり，もっとも基本的で重要なデータ解析の道具である．**図-4.1** は，散布図の一例である．

データのバラツキを解析するとき，その必要に応じて幾つかの代表値を求め，データを整理・縮約して記述する．代表値の中でもっとも重要なものは，ばらつくデータの重心である標本平均 $\bar{x}$ と $\bar{y}$ 及び，平均を中心としたバラツキの程度を表す標本分散 s_x^2 と s_y^2 であり，それぞれ次のように定義される．

$$\bar{x}=\frac{1}{n}\sum_{i=1}^{n}x_i \quad \bar{y}=\frac{1}{n}\sum_{i=1}^{n}y_i \qquad s_x^2=\frac{1}{n}\sum_{i=1}^{n}(x_i-\bar{x})^2 \quad s_y^2=\frac{1}{n}\sum_{i=1}^{n}(y_i-\bar{y})^2 \tag{4.5}$$

2 次元データの場合，単にそれぞれの標本平均と標本分散を計算するだけでなく，2 つの変量の間の関係の強さを解析することが重要である．2 次元データを解析することは，1 次元データを 2 回解析することではない．

---

[1] 相関係数及び自己相関関数については，この節を通じて詳しく説明する．なおこの節での説明は，東大教養学部統計学教室 (1991) の説明に倣うところが大きい．

相関係数 r_{xy} は，2 つの変量の間の線形関係の強さを表す指標であり，次式により定義される．

$$r_{xy} = \frac{\sum_{i=1}^{n}(x_i - \bar{x})(y_i - \bar{y})/n}{\sqrt{\sum_{i=1}^{n}(x_i - \bar{x})^2/n \sum_{i=1}^{n}(y_i - \bar{y})^2/n}} = \frac{s_{xy}}{s_x s_y} \tag{4.6}$$

ここに，

$$s_{xy} = \frac{1}{n}\sum_{i=1}^{n}(x_i - \bar{x})(y_i - \bar{y}) \tag{4.7}$$

s_{xy} は，標本共分散と言われる．

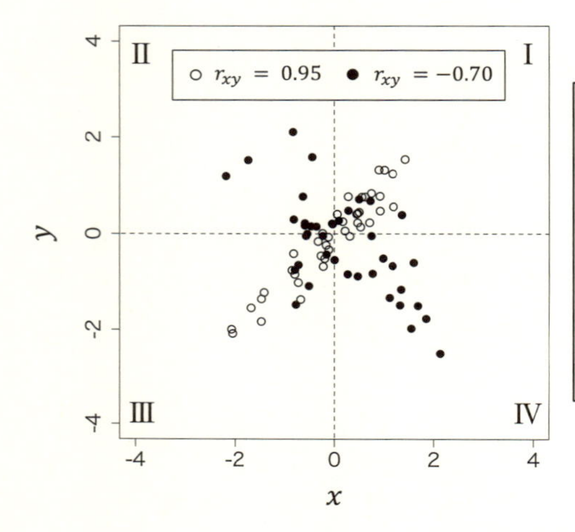

・白丸(○)のデータは，第I及び第III象限に多く存在するため$(x_i - \bar{x})(y_i - \bar{y}) \geq 0$である場合が多くなる．従って，$r_{xy} \geq 0$となる．

・一方，黒丸(●)のデータは，第II及び第IV象限に多く存在するため$(x_i - \bar{x})(y_i - \bar{y}) \leq 0$である場合が多くなる．従って，$r_{xy} \leq 0$となる．

・以上より類推されるように，(x_i, y_i)が各象限に均等に分布している場合は，正負は相殺され，r_{xy}は0に近づくと考えられる．

図 4.1　相関係数の説明

図-4.1 は，相関係数の性質を説明したものである．この図では，平均 0，分散 1.0，相関係数 0.95 の標準正規分布に基づいて生成されたデータを白丸で，同じく相関係数-0.70 で生成されたデータを黒丸で示している．

図中の説明より相関係数には，次の性質があることが，直観的に分かる．

(1) $|r_{xy}|$ が 1.0 に近いほど，二つの変数の間には直線関係に近い傾向がある．相関係数の絶対値が 1.0 に近いほど，強い相関があると言う．
(2) r_{xy} が正のとき「正の相関関係」，負のとき「負の相関関係」という．
(3) 相関係数の表すのは，直線関係のみである．
(4) $-1.0 \leq r_{xy} \leq 1.0$ であることを証明できる (例えば，東京大学教養学部統計学教室編 (1991)「統計学入門」p.49 参照)．
(5) $r_{xy} = \pm 1.0$ のとき，二つの変数は完全な直線関係で結ばれている．

2つの確率変数の不確実性の確率モデルによる記述

上では2次元データのバラツキの記述について述べた．確率論では，このようなバラツキを確率によりモデル化し，記述する．すなわち，生起した x と y の値を，確率変数 X と Y の実現値と考える．

ところで確率変数とは，「ある確率分に従って値が生起する変数」(Everitt,1998) である．従って確率変数 X と Y には，それらの同時確率密度関数 $f_{XY}(x,y)$ が存在する．**図-4.2** に，この同時確率密度関数 $f_{XY}(x,y)$ の概念図を示した．同時確率密度関数の体積は，確率の公理により 1.0 である：

$$\int_{-\infty}^{\infty}\int_{-\infty}^{\infty} f_{XY}(x,y)dxdy = 1.0 \tag{4.8}$$

同時確率密度関数を X または Y で，その全範囲にわたって積分したものを，周辺確率密度関数と言い，これは確率変数 X または Y 一つの確率分布を考えたときの確率密度関数となる：

$$f_X(x) = \int_{-\infty}^{\infty} f_{X,Y}(x,y)dy, \qquad f_Y(y) = \int_{-\infty}^{\infty} f_{X,Y}(x,y)dx \tag{4.9}$$

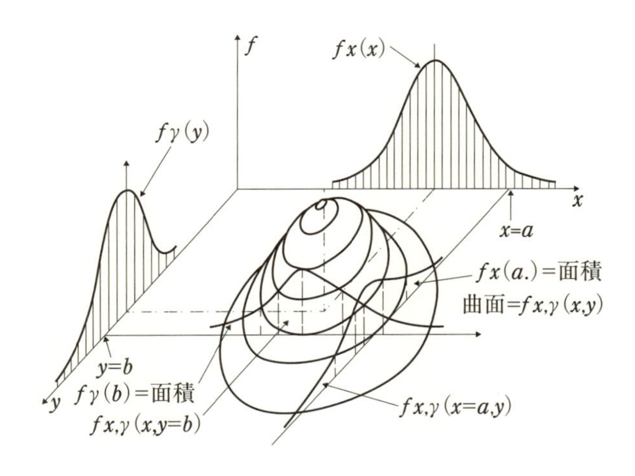

図 4.2　2変数の同時密度関数，周辺密度関数の概念図

確率変数を常に確率密度関数により取り扱うのは煩雑なので，データを縮約して標本平均や標本分散で表現したのと同様に，期待値により縮約する．確率変数 X が，確率密度関数 $f_X(x)$ を持ち，さらに $g(X)$ を X の任意の関数とするとき，次式を $g(X)$ の期待値 (expectation) という：

$$E[g(X)] = \int_{-\infty}^{\infty} g(x)f_X(x)dx \tag{4.10}$$

期待値は，多数の確率変数についても，求めることができる．例えば2確率変数の場合，これらの同時確率密度関数 $f_{XY}(x,y)$，任意関数 $g(X,Y)$ とすると，次式を $g(X,Y)$ の期待値という：

$$E[g(X,Y)] = \int_{-\infty}^{\infty}\int_{-\infty}^{\infty} g(x,y) f_{XY}(x,y)dxdy \tag{4.11}$$

期待値の特別な場合として，次のようなものがある．

(1) 平均

$g(X) = X$ のときの期待値を平均といい，μ_X で表す．

$$\mu_X = E[X] = \int_{-\infty}^{\infty} x f_X(x)dx \tag{4.12}$$

(2) 分散と標準偏差

$g(X) = (X-\mu_X)^2$ のときの期待値を分散といい，σ_X^2 で表す．

$$\sigma_X^2 = Var[X] = E[(X-\mu_X)^2] = \int_{-\infty}^{\infty}(x-\mu_X)^2 f_X(x)dx = E[X^2] - \mu_X^2 \tag{4.13}$$

分散 σ_X^2 の平方根を，標準偏差 σ_X という．標準偏差は，平均と同じ次元を持つことに注意する．

(3) 共分散と相関係数

X と Y が2つの確率変数であり，$E[X] = \mu_X$，$E[Y] = \mu_Y$ であるとき，X と Y の共分散 σ_{XY} は，次のように定義される．

$$\sigma_{XY} = COV(X,Y) = E[(X-\mu_X)(Y-\mu_Y)] = \int_{-\infty}^{\infty}\int_{-\infty}^{\infty}(x-\mu_X)(y-\mu_Y) f_{XY}(x,y)dxdy \tag{4.14}$$

共分散を分散により正規化した指標を，相関係数という．

$$\rho_{XY} = \frac{COV(X,Y)}{\sqrt{Var(X)Var(Y)}} = \frac{\sigma_{XY}}{\sigma_X\sigma_Y} \tag{4.15}$$

$COV(X,Y) \leq (Var(X)Var(Y))^{1/2}$ の関係より，$-1.0 \leq \rho_{XY} \leq 1.0$ である．相関係数は，2つの確率変数 X_1 と X_2 の間の線形的な相関の強さを表し，これが -1.0 に近いほど，負の線形的な相関関係を，1.0に近いほど，正の線形的な相関関係を表す．

以上示してきたように，2つの変数の確率モデルによる記述は，2次元データの不確実性の記述の一つのモデル化であることが分かる．そして標本平均は平均と，標本分散は分散と，標本共分散は共分散と対応している．相関係数は習慣的にデータから計算したものも，確率密度関数から計算したものも区別せずに同じ名称で呼ぶ．

2変数確率密度関数の中でもっとも広く知られ，かつもっとも利用されるのは，2変数正規分布であり，平均，分散と相関係数をパラメータとして次式により与えられる．

$$f_{X,Y}(x,y) = \frac{1}{2\pi\sigma_X\sigma_Y\sqrt{1-\rho_{X,Y}^2}} \exp\left[\frac{-1}{\sqrt{1-\rho_{XY}^2}}\left\{(\frac{x-\mu_X}{\sigma_X})^2 - 2\rho_{XY}(\frac{x-\mu_X}{\sigma_X})(\frac{y-\mu_Y}{\sigma_Y}) + (\frac{y-\mu_Y}{\sigma_Y})^2\right\}\right] \tag{4.16}$$

2変量正規分布で，平均が0，分散が1の場合（標準正規分布）で，相関係数がそれぞれ0（独立すなわち無相関），0.8（やや強い正の相関）及び-0.5（弱い負の相関）の場合の確率密度関数のコンター図を，**図-4.3** に示した．

平均 μ で，分散 σ^2 の 1 変数正規分布では，$N(\mu, \sigma^2)$ と表記する．この表記に倣って，式（4.16）の周辺確率密度関数を書くと，次のようになる．

$$f_X(x_1) = N(\mu_X, \sigma_X^2), \qquad f_Y(x_2) = N(\mu_Y, \sigma_Y^2) \tag{4.17}$$

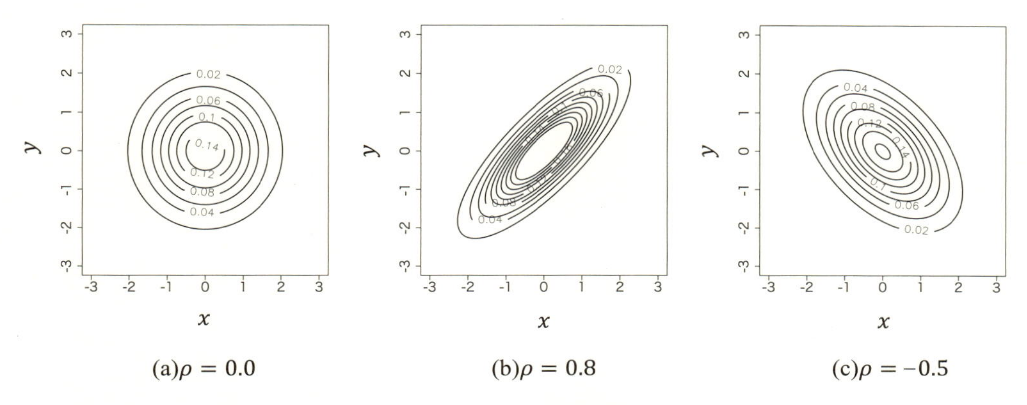

(a)$\rho = 0.0$ (b)$\rho = 0.8$ (c)$\rho = -0.5$

図 4.3 平均 0.0，分散 1.0 の二変量正規分布確率密度関数のコンター図（ρ =0.0, 0.8 及び -0.5 の場合）

n 個の確率変数の不確実性の記述

3 つ以上の確率変数を同時に考慮する場合を考える．例えばここに n 個の確率変数 $\boldsymbol{\varepsilon} = (\varepsilon_1, \varepsilon_2, \ldots \varepsilon_n)$ があるとする．これらの確率変数を完全に記述するには，これらの同時確率密度関数が分かればよいが，一般的にはこれはかなり厳しい条件である．しかし，n 個確率変数が正規分布に従う場合は，この同時確率密度関数は，次式で与えられる．

$$f_{\varepsilon_1,\varepsilon_2,\ldots\varepsilon_n}(\varepsilon_1, \varepsilon_2, \ldots \varepsilon_n) = \frac{1}{(2\pi)^{n/2} \mid \mathbf{C}_\varepsilon \mid^{1/2}} exp\left[-\frac{1}{2}(\boldsymbol{\varepsilon} - \boldsymbol{\mu}_\varepsilon)^T \boldsymbol{C}_\varepsilon{}^{-1}(\boldsymbol{\varepsilon} - \boldsymbol{\mu}_\varepsilon)\right] \tag{4.18}$$

ここに $\boldsymbol{\mu}_\varepsilon$ と $\boldsymbol{C}_\varepsilon$ はそれぞれ，$\boldsymbol{\varepsilon}$ の平均値ベクトル $\boldsymbol{\mu}_\varepsilon = (\mu_1, \mu_2, \ldots, \mu_n)^T$ と共分散行列である．

$$\boldsymbol{C}_\varepsilon = \begin{pmatrix} \sigma_1^2 & \sigma_{12} & \ldots & \sigma_{1n} \\ \sigma_{21} & \sigma_2^2 & \ldots & \sigma_{2n} \\ \vdots & \vdots & \ddots & \vdots \\ \sigma_{n1} & \sigma_{n2} & \ldots & \sigma_n^2 \end{pmatrix}$$

多変数正規分布では，平均，分散及び共分散という 2 次までの統計量で同時確率関数が完全に決定するという性質のため，多変数の問題を考えるときは，正規確率変数を仮定する場合がほとんどと言ってよい．

確率場と自己相関関数

多数の確率変数の不確実性の記述方法が定まれば，これを確率場に拡張するのは，比較的容易である．

確率場 $\varepsilon(\mathbf{x})$ の n 個の座標 $\mathbf{X}$ での値を考えると，n 個の確率変数ベクトル

$$\boldsymbol{\varepsilon} = (\varepsilon_1, \varepsilon_2, \ldots, \varepsilon_n) = (\varepsilon(\mathbf{x}_1), \varepsilon(\mathbf{x}_2), \ldots, \varepsilon(\mathbf{x}_n))$$

となる．ここに座標 $\mathbf{X}$ は，次のようになっている：

$$\mathbf{X} = \begin{pmatrix} \mathbf{x}_1 \\ \mathbf{x}_2 \\ \vdots \\ \mathbf{x}_n \end{pmatrix} = \begin{pmatrix} x_{11} & x_{12} & x_{13} \\ x_{21} & x_{22} & x_{23} \\ \vdots & \vdots & \vdots \\ x_{n1} & x_{n2} & x_{n3} \end{pmatrix}$$

確率場は定常であると仮定し，分散を定数 σ_ε^2 とすると，共分散行列は，次のように書ける．

$$\boldsymbol{C}_{\boldsymbol{\varepsilon}}(\boldsymbol{\theta}) = \sigma_\varepsilon^2 \boldsymbol{R}_{\boldsymbol{\varepsilon}}(\boldsymbol{\theta}) \tag{4.19}$$

ここに $\boldsymbol{R}_{\boldsymbol{\varepsilon}}(\boldsymbol{\theta})$ は，相関行列であり，次式で示すように，その個々の要素は，関係する2つの点の座標のみで定義される自己相関関数 $\rho_\varepsilon(\mathbf{x}_i.\mathbf{x}_j)$ で与えられる．また $\boldsymbol{\theta}$ は，後述する自己相関距離ベクトルである．

$$\boldsymbol{R}_{\boldsymbol{\varepsilon}}(\boldsymbol{\theta}) = \begin{pmatrix} \rho_\varepsilon(\mathbf{x}_1, \mathbf{x}_1) & \rho_\varepsilon(\mathbf{x}_1, \mathbf{x}_2) & \ldots & \rho_\varepsilon(\mathbf{x}_1, \mathbf{x}_n) \\ \rho_\varepsilon(\mathbf{x}_2, \mathbf{x}_1) & \rho_\varepsilon(\mathbf{x}_2, \mathbf{x}_2) & \ldots & \rho_\varepsilon(\mathbf{x}_2, \mathbf{x}_n) \\ \vdots & \vdots & \ddots & \vdots \\ \rho_\varepsilon(\mathbf{x}_n, \mathbf{x}_1) & \rho_\varepsilon(\mathbf{x}_n, \mathbf{x}_2) & \ldots & \rho_\varepsilon(\mathbf{x}_n, \mathbf{x}_n) \end{pmatrix}$$

定常確率場では，任意の2つの点の相関係数が，それらの座標の相対位置（すなわち，それぞれの座標方向の距離）のみで定まるので，任意の2点 $\mathbf{x}_i$ と $\mathbf{x}_j$ のそれぞれの座標方向の距離をベクトル $\boldsymbol{\Delta}\mathbf{x}_{ij} = |\mathbf{x}_i\text{-}\mathbf{x}_j|$ で表すと，自己相関関数は，次のように表現される．

$$\rho_\varepsilon(\mathbf{x}_i, \mathbf{x}_j) = \rho_\varepsilon(\boldsymbol{\Delta}\mathbf{x}_{ij}) = \rho_\varepsilon(\Delta x_{ij_1}, \Delta x_{ij_2}, \Delta x_{ij_3})$$

自己相関関数は, 一般に $\boldsymbol{\Delta}\mathbf{x}_{ij}$ の増加ととともに減少する．

以上より，上述の定常確率場は次のように表現される．

$$E[\varepsilon(\mathbf{x})] = \mu_Z \tag{4.20}$$

$$COV[\varepsilon(\mathbf{x}_i), \varepsilon(\mathbf{x}_j)] = \sigma_\varepsilon^2\, \rho_\varepsilon(\boldsymbol{\Delta}\mathbf{x}_{ij}) = \sigma_\varepsilon^2\, \rho_\varepsilon(\Delta x_{ij_1}, \Delta x_{ij_2}, \Delta x_{ij_3}) \tag{4.21}$$

本書で展開する理論では特に明記しない限り，地盤を表す確率場の自己相関関数は，直交する各座標軸方向に分離可能 (separable) な関数形を持つと仮定する：

$$\rho_\varepsilon(\Delta x_1, \Delta x_2, \Delta x_3) = \rho_{\varepsilon_1}(\Delta x_1) \cdot \rho_{\varepsilon_2}(\Delta x_2) \cdot \rho_{\varepsilon_3}(\Delta x_3) \tag{4.22}$$

このとき，自己相関関数の具体的な形としては，次の指数関数型とガウス関数型のいずれかが頻繁に用られる．

指数関数型

$$\rho_\varepsilon(\Delta x) = \exp\left[-\frac{\Delta x}{\theta}\right] \tag{4.23}$$

ガウス関数型

$$\rho_\varepsilon(\Delta x) = \exp\left[-\left(\frac{\Delta x}{\theta}\right)^2\right] \tag{4.24}$$

上記の自己相関関数の θ を，自己相関距離と言う．θ は，相関係数 $e^{-1} = 2.718^{-1} = 0.368$ を与える距離である．なお，地盤を確率場でモデル化することに大きな貢献をした Vanmarcke(1977) は，自己相関距離と等価な変動のスケール (Scale of fractuation) を提案した．変動のスケールは，「ある地盤パラメータの採る値が平均値より大きい（小さい）場合，変動のスケールの範囲内に近接する地盤パラメータ値も同様に平均値より大きい（小さい）事が期待される範囲を示す」と説明されている．変動のスケール δ は，指数関数型自己相関関数では $\delta = 2\theta$，ガウス関数型自己相関関数では $\delta = \sqrt{\pi}\theta$ である．

全く相関を持たない確率場を，白色雑音（ホワイトノイズ）と言う．この確率場の自己相関関数は，デルタ関数で与えられる．

デルタ関数型

$$\rho_\varepsilon(\mathbf{x}_i, \mathbf{x}_j) = \begin{cases} 1.0 & (\ \mathbf{x}_i = \mathbf{x}_j\ ) \\ 0.0 & (\ \mathbf{x}_i \neq \mathbf{x}_j\ ) \end{cases} \tag{4.25}$$

図-4.4 に，自己相関距離 θ が単位長さ (=1.0) のときの，指数関数型及びガウス関数型の自己相関関数の形状を示した．ガウス関数型では，2 点間の距離が自己相関距離より短いときに，指数型に比べて高い相関を示すが，自己相関距離を超えると，この関係が逆転する．**図-4.4** には，白色雑音の自己相関関数であるデルタ関数も示している．

図-4.5 には，平均 0，分散 1 で，自己相関関数が指数関数型，自己相関距離が 0.1，1.0 と 5.0 の場合の，1 次元正規確率場における実現値の生成結果を示した．距離 10 の区間で，0.1 間隔に 100 個の点を生成している．平均と分散が同じでも，全く異なった挙動を示すことが理解できる．

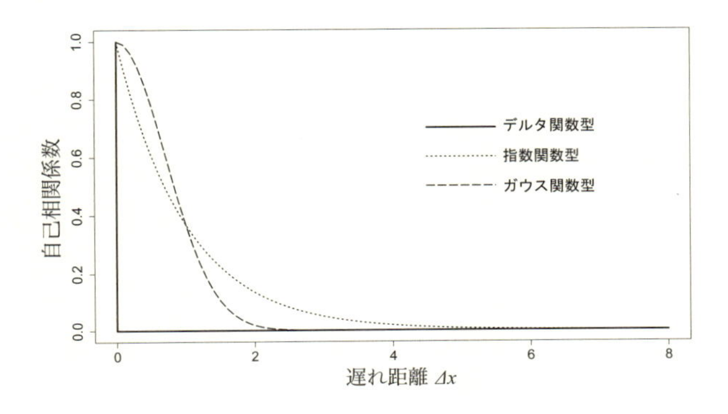

図 4.4　デルタ関数型，指数関数型，ガウス関数型の自己相関関数の比較

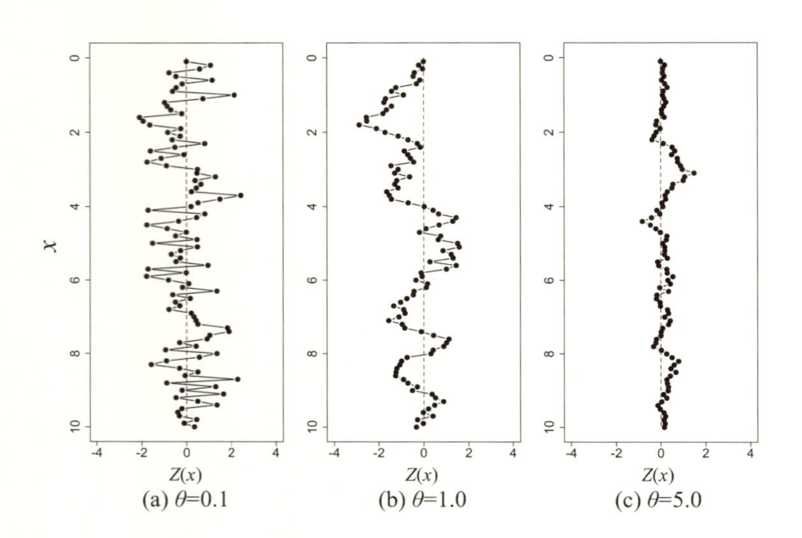

図 4.5　1次元確率場の MCS 例：自己相関距離が異なる場合の比較

4.3　モデル・パラメータの推定とモデル選択

実際の地盤データを解析し，確率場に当てはめる場合，いくつかの代替的なモデルを用意し，その中からもっとも適切なモデルを選択し，そのモデルの平均（トレンド成分），分散，自己相関などに関するいろいろなパラメータを推定する必要がある．代替的なモデルの中からもっとも適切なモデルを選択する作業をモデル選択（model selection），あるいはモデル同定（model identification）と呼ぶ．そして，そのモデルのパラメータを推定する作業をパラメータ推定（parameter estimation）と呼ぶことにする．もっともこの2つの作業は，実際の計算では切り離すことができず，同時に行われる．すなわち，用意されたいくつかの代替的なモデルについてパラメータ推定を実施し，最終的に得られた結果から，もっとも適切なモデルを選択することになる．

モデル・パラメータの推定は，統計学的には，トレンド成分の解析と，ランダム成分の解析を同時に行い，全てのパラメータを同時に推定することが正道である．しかし作業の煩雑さを避けるため，また経験的にその結果が，それほど異ならないなどの理由により，トレンド成分の解析と，ランダム成分の解析を段階的に分離して行う場合も多い．ここでは前者を同時推定法 (simultaneous estimation method)，後者を段階推定法 (stepwise estimation method) と呼ぶことにする．

この節ではまずモデル・パラメータの推定法について述べ，その後にこれに基いて行われるモデル選択について説明することにする．

4.3.1 モデル・パラメータの推定

統計学は，確率論のように，公理の上に構築された精緻な数学理論体系ではなく，与えられたデータを解析する技術 (art) の集合体である．モデル・パラメータの推定は，代表的な点推定の問題であるが，この問題も，ある統一的な推定方法が展開されるのではなく，いろいろな方法の併記である．モーメント法と最尤法が，もっとも代表的な点推定の方法である（東京大学教養学部統計学教室 (1991) 等参照）．

ここでは，方法の普遍性，後に導入する情報量基準との理論的な関連などを考慮し，最尤法によりモデル・パラメータを推定する方法を主に説明する．またモーメント法についても，一部で触れる．

同時推定法

モデル・パラメータの同時推定では，モデルに関するすべてのパラメータ値を同時に推定する．このとき推定の対象となるパラメータは，トレンド成分を記述するための（回帰）係数 $\boldsymbol{\beta}$ と，ランダム成分を記述するための分散 σ_ε^2 と，自己相関距離 $\boldsymbol{\theta}$ である．今，このモデルを一般的に次のように書くことにする．

$$Z(\mathbf{x}) = \mu_Z(\mathbf{x}|\boldsymbol{\beta}) + \varepsilon(\sigma_\varepsilon^2, \boldsymbol{\theta}) \qquad ただし, \varepsilon \sim N(0, \sigma_\varepsilon^2, \boldsymbol{\theta}) \tag{4.26}$$

ここに，

$\mathbf{x}$	:空間座標，$\mathbf{x} = (x_1, x_2, x_3)$	$\mu_Z(\mathbf{x}\|\boldsymbol{\beta})$	:トレンド成分を表す関数
$\boldsymbol{\beta}$	:トレンド成分を表す式の回帰係数	$\varepsilon(\sigma_\varepsilon^2, \boldsymbol{\theta})$	:ランダム成分を表す確率場
σ_ε^2	:ランダム成分の分散	$\boldsymbol{\theta}$	:ランダム成分の自己相関距離.

トレンド成分を記述する関数 $\mu_Z(\mathbf{x}|\boldsymbol{\beta})$ には，先に 4.2.2 節で導入した I, II 及び III 型などのモデルや，さらに複雑な関数のモデルが含まれる．

今いくつかのサンプル座標 $\mathbf{X}$ における測定値 $\mathbf{z}$ が与えたれた場合の，パラメータ $\boldsymbol{\beta}, \sigma_\varepsilon^2, \boldsymbol{\theta}$ の最尤推定について考える．尤度関数 L は，多変数正規分布の同時確率密度関数に基づき，次のように与えられる．

$$L(\boldsymbol{\beta}, \sigma_\varepsilon^2, \boldsymbol{\theta}|\mathbf{z}, \mathbf{X}) = \frac{1}{(2\pi)^{n/2} \mid {\sigma_\varepsilon}^2 \boldsymbol{R}_\varepsilon(\boldsymbol{\theta}) \mid^{1/2}} \exp\left[-\frac{1}{2}(\mathbf{z} - \mu_Z(\mathbf{X}|\boldsymbol{\beta}))^T \frac{1}{{\sigma_\varepsilon}^2} \boldsymbol{R}_\varepsilon(\boldsymbol{\theta})^{-1} (\mathbf{z} - \mu_Z(\mathbf{X}|\boldsymbol{\beta})) \right] \tag{4.27}$$

ここに ${\sigma_\varepsilon}^2$ は，確率場の分散であり，$\boldsymbol{R}_\varepsilon(\boldsymbol{\theta})$ は，観測点間の相関行列であり，対象観測点間の距離と，自己相関距離 $\boldsymbol{\theta}$ の関数として，自己相関関数により計算される．また ${\sigma_\varepsilon}^2 \boldsymbol{R}_\varepsilon(\boldsymbol{\theta})$ は，定義により，確率場の観測点間の共分散行列となる．

従って，対数尤度関数は，つぎのようになる．

$$\ell(\boldsymbol{\beta}, \sigma_\varepsilon^2, \boldsymbol{\theta}|\mathbf{z}, \mathbf{X}) = -\frac{n}{2}\ln(2\pi) - \frac{n}{2}\ln({\sigma_\varepsilon}^2) - \frac{1}{2}\ln \mid \boldsymbol{R}_\varepsilon(\boldsymbol{\theta}) \mid - \frac{1}{2}(\mathbf{z} - \mu_Z(\mathbf{X}|\boldsymbol{\beta}))^T \frac{1}{{\sigma_\varepsilon}^2} \boldsymbol{R}_\varepsilon(\boldsymbol{\theta})^{-1} (\mathbf{z} - \mu_Z(\mathbf{X}|\boldsymbol{\beta})) \tag{4.28}$$

この対数尤度関数を，最大化するパラメータの組合せが，各パラメータの最尤推定値を与える[2].

この推定では，まず自己相関距離 $\boldsymbol{\theta}$ を固定する.[3]今トレンド成分 $\mu(\mathbf{x}|\boldsymbol{\beta})$ が，回帰係数 $\boldsymbol{\beta}$ に関して線形関数 $\boldsymbol{X\beta}$ であるとすると，式 (4.26) は，次式のようになる[4].

$$Z(\mathbf{x}) = \mu_Z(\mathbf{x}|\boldsymbol{\beta}) + \varepsilon(\sigma_\varepsilon^2, \boldsymbol{\theta}) = \mathbf{X}\boldsymbol{\beta} + \varepsilon(\sigma_\varepsilon^2, \boldsymbol{\theta})$$

このとき，対数尤度関数 (4.28) を最大化する問題は，次の目的関数を最小化する問題に帰着する.

$$J(\boldsymbol{\beta}|\boldsymbol{\theta}, \mathbf{z}, \mathbf{X}) = (\mathbf{z} - \mu_Z(\mathbf{X}|\boldsymbol{\beta}))^T \boldsymbol{R}_\varepsilon(\boldsymbol{\theta})^{-1}(\mathbf{z} - \mu_Z(\mathbf{X}|\boldsymbol{\beta})) = (\mathbf{z} - \mathbf{X}\boldsymbol{\beta})^T \boldsymbol{R}_\varepsilon(\boldsymbol{\theta})^{-1}(\mathbf{z} - \mathbf{X}\boldsymbol{\beta}) \tag{4.29}$$

この式の最小化は，最小二乗法となり，$\boldsymbol{\beta}$ の最尤解（最小二乗解）は，次式により与えられる.

$$\widehat{\boldsymbol{\beta}} = \left(\mathbf{X}^T \boldsymbol{R}_\varepsilon(\boldsymbol{\theta})^{-1}\mathbf{X}\right)^{-1} \mathbf{X}^T \boldsymbol{R}_\varepsilon(\boldsymbol{\theta})^{-1}\mathbf{z} \tag{4.30}$$

同様に，対数尤度関数式 (4.28) を最大化するということから，${\sigma_\varepsilon}^2$ の最尤推定量は，次のように得られる.

$$\widehat{\sigma_\varepsilon^2} = \frac{1}{n}(\mathbf{z} - \boldsymbol{\mu}(\mathbf{X}|\widehat{\boldsymbol{\beta}}))^T \boldsymbol{R}_\varepsilon(\widehat{\boldsymbol{\theta}})^{-1}(\mathbf{z} - \boldsymbol{\mu}(\mathbf{X}|\widehat{\boldsymbol{\beta}})) \tag{4.31}$$

段階推定法

確率場モデルの全てのパラメータを同時に推定することは，多少煩雑である．そこで一般に行われるのは，トレンド成分の解析では，一般の回帰分析で仮定されるように，回帰の残差であるランダム成分は，独立に同一の分布に従う (*i.i.d.*, independently and identically distributed) と一応仮定して，トレンド成分を求め，その上でこのモデルの残差であるランダム成分の相関構造の解析を，別途行うことにより，自己相関距離を推定する方法である．ほとんどの過去の解析は，段階推定法によっているのが現状であるし，また経験的に両者の推定結果にそれほど大きな差は無いと思われる.

■トレンド成分の解析　段階推定では，残差成分の独立性を仮定するので，式 (4.26) の残差 ε は，分散一定の正規分布に従うと仮定する：

$$Z(\mathbf{x}) = \mu_Z(\mathbf{x}|\boldsymbol{\beta}) + \sigma_\varepsilon \varepsilon \qquad \text{ただし}, \varepsilon \sim i.i.d.\ N(0, 1.0) \tag{4.32}$$

---

[2] 最尤法 (the maximum likelihood method) とは，尤度関数 (またはその対数尤度変換である対数尤度関数) を最大化することにより，確率分布 (あるいは確率場) のパラメータを推定する方法である．今，多変量確率密度関数 $f_X(\mathbf{x}|\boldsymbol{\theta})$ が与えられ，また $\mathbf{X}$ の実現値である標本 $\mathbf{x} = (x_1, x_2, \cdots, x_n)$ が与えられているとする．$f_X(\mathbf{x}|\boldsymbol{\theta})$ は，$\mathbf{x}$ を変数，$\boldsymbol{\theta}$ を所与のパラメータとする関数であるが，最尤法ではこの関係を逆転し，f_X は $\mathbf{x}$ を所与とする，$\boldsymbol{\theta}$ の関数であると考える．すなわち，$L(\boldsymbol{\theta}) = f_X(\boldsymbol{\theta}|\mathbf{x})$ とし，これを尤度関数と呼ぶ．尤度関数を最大化することは，「観測値 $\mathbf{x}$ のもっともらしさ (likelihood) を最大にする $\boldsymbol{\theta}$ の値はいくらか」に応えることになる.

[3] 同時推定では，自己相関距離 $\boldsymbol{\theta}$ を固定した上で β と σ_ε^2 を推定する．色々な $\boldsymbol{\theta}$ についてこの推定を繰り返し，4.3.2 節で述べる方法により，最適の $\beta, \sigma_\varepsilon^2, \theta$ の組合せを選択する.

[4] トレンド成分を表す関数は，ほとんどが線形回帰分析の範囲で扱える.

この問題は，重回帰分析の問題に帰着し，多くの汎用的なツールを用いて解くことができる．

■ランダム成分の解析 段階推定法で自己相関距離を推定する場合多用されるのは，モーメント推定法に基づいた，自己相関係数の遅れ距離に対する散布図を用いる，直感的な方法である．この散布図は，Kriging の提案者である Mathron が Variogram Cloud と呼び，この方法を提唱した方法と本質的に同じである[5]．

1 次元確率場で，等間隔 Δx で N 個のデータが観測されている場合，$k\Delta x$ 隔たった確率場における自己相関係数は，モーメント法に基づき，次式により推定できる．

$$\widehat{\rho_\varepsilon}(k\Delta x) = \frac{\frac{1}{N-k}\sum_{i=1}^{N-k}(z(x_i)-\bar{z})(z(x_{i+k})-\bar{z})}{\sum_{i=1}^{N}\frac{1}{N}(z(x_i)-\bar{z})^2} \qquad (k=0,1,\cdots,N-k) \tag{4.33}$$

ここに N は全データ数, $\bar{z}=\frac{1}{N}\sum_{i=1}^{N}z(x_i)$ である．

式 (4.33) の計算範囲として一応 $(k=0,1,\cdots,N-k)$ と記してあるが，この推定の信頼性を向上させるためには，相当大量の観測データが必要であることが知られている[6]．

4.3.2 モデル選択

モデル選択の問題で，どのようなモデルを良いモデルとするかと言う規準は，大変難しい．パラメータ数の多い複雑なモデルは，一般に与えられたデータに対するあてはまりは良いが，予測の安定性を欠く．一方パラメータ数の少ないモデルは，予測の安定性はあるが，データへのあてはまりは必ずしも良くない．このようなトレードオフ関係の中で，どのようにモデルを選択するかと言う問題に解決を与える一つの方法は，情報量規準の考え方である．これは，仮定しているモデルと，真のモデルのある種の距離を，与えれたデータに基いて計量し，真のモデルに最も近いと考えれるモデルを選択する方法である．

赤池情報量規準（AIC）

赤池は既に 1973 年に, 予測という観点に基づいたモデル選択のための情報量規準を提案した (Akaike 1973; 赤池 1976,1980,1996). これが今日, 赤池情報量規準 (AIC) として知られる規準である．

AIC は，一般的に次のように与えられる．

$$\text{AIC} = -2(\text{当該モデルの最大対数尤度}) + 2(\text{当該モデルのパラメータ数}) \tag{4.34}$$

---

[5] もっとも，Mathron が提唱したのは，自己相関係数と等価な，Variogram$\gamma(\Delta x)$ の推定法である．Variogram と自己相関関数は，1 次元定常確率場を考えたとき，$\gamma(\Delta x)=\sigma_\varepsilon^2\{1.0-\rho_\varepsilon(\Delta x)\}$ という関係がある．

[6] 相関係数の推定の信頼性を評価する方法は，Fisher により提案されている（例えば，竹内 (1963)pp.171-175）．この理論に基づき若干の検討を行った結果（本城・鈴木，2000) によると，推定相関係数の 95% 信頼性区間は，データ数が少なく (検討例では 10)，相関係数が小さい (0.6 以下）場合，信頼区間はかなり広く，精度の高い推定は困難であることを示している．式 (4.33) で，特に組合せ個数の減少する（k が N に近付く）とき，相関係数の推定が困難であることが伺われる．

最良のモデルは, この AIC を最小化するモデルである.

この式の形から分かるように, もしモデル・パラメータ数が異なる 2 つのモデルがあり, その一方が他方に比べてデータへの当てはまりが非常に悪い場合, その違いは式 (4.34) の第 1 項に表れる. 一方, これらのモデルのデータへの当てはまりの良さにあまり差がない場合は, 第 2 項により, パラメータ数の少ないモデルが選択される. このようにして, モデルのデータへの当てはまりの良さと, モデルの安定性（単純さ）の間のトレードオフ関係は調整され, モデル選択の問題が解決される[7].

AIC の具体的な形

この節では，前節で紹介した AIC の，先のトレンド成分やランダム成分の解析に用いる，具体的な形を示す.

今，式 (4.26) の同時推定法のモデル式 $\mu(\mathbf{x}|\boldsymbol{\beta})$ に関連する各パラメータ $\boldsymbol{\beta}, \sigma_\varepsilon^2, \boldsymbol{\theta}$ の最尤推定量を $\widehat{\boldsymbol{\beta}}, \widehat{\sigma_\varepsilon^2}, \widehat{\boldsymbol{\theta}}$ とすると，対数尤度を示す式 (4.28) と，ランダム成分の分散の最尤推定量 $\widehat{\sigma_\varepsilon^2}$ を与える式 (4.31) により，AIC は次のように与えられる.

$$\begin{aligned}\text{AIC} &= -2(\text{当該モデルの最大対数尤度}) + 2(\text{当該モデルのパラメータ数})\\ &= n\ln(2\pi) + n\ln(\widehat{\sigma_\varepsilon^2}) + \ln|\boldsymbol{R}_\varepsilon(\widehat{\boldsymbol{\theta}})| + n + 2\,(dim(\boldsymbol{\beta}) + dim(\boldsymbol{\theta}) + 1)\\ &= n\ln(\widehat{\sigma_\varepsilon^2}) + \ln|\boldsymbol{R}_\varepsilon(\widehat{\boldsymbol{\theta}})| + n\{1 + \ln(2\pi)\} + 2\,(dim(\boldsymbol{\beta}) + dim(\boldsymbol{\theta}) + 1) \end{aligned} \quad (4.35)$$

一方，段階推定法では，相関行列 $\boldsymbol{R}_\varepsilon$ は単位行列となり，従って $|\boldsymbol{R}_\varepsilon| = 1.0$ であり，よって $\ln|\boldsymbol{R}_\varepsilon| = 0.0$ であるので,

$$\text{AIC} = n\ln(\widehat{\sigma_\varepsilon^2}) + n\{1 + \ln(2\pi)\} + 2\,(dim(\boldsymbol{\beta}) + 1) \quad (4.36)$$

なお，モデルのパラメータ数の項に 1 が加えられているのは，σ_ε^2 を推定パラメータとしてカウントしているためである.

4.4　地盤パラメータの空間的モデル化の例題

この節では，確率場を用いた地盤パラメータの空間的モデル化の 2 つの例題を示す.

一つは，通常の頻度のフィールドベーン試験 FVT による，軟弱地盤を対象とした地盤調査結果を用いたモデル化の例である．この例では，同時推定と段階推定両者を示す.

もう一つは，極めて高密度のコーン貫入試験 CPT により調査された砂地盤のデータを取り上げ，段階推定によるコーン貫入値の確率場による空間的モデル化の例を示す.

---

[7] AIC が 1970 年代初頭に発表されて以来今日まで，AIC を代替する多くの情報量規準が提案されている（赤池,1996；小西・北川,2004）．その中でも，Akaike(1977 発表) と Schwarz(1978 発表) により提唱された BIC (Bayesian Information Criterion) は，しばしば用いられている.

$$\text{BIC} = -2(\text{当該モデルの最大対数尤度}) + \ln(\text{データ数}) \times (\text{当該モデルのパラメータ数})$$

$\ln 7.389 = 2$ より，データ数が 8 個よりも多くなると，BIC は AIC よりもモデル・パラメータ数を増やすことによるペナルティーが大きくなる．経験的には，データ数の多い場合は，BIC は AIC より妥当なモデルを選択するようである.

4.4.1 FVT データに基づく軟弱地盤非排水せん断強度のモデル化

例題の概要

この例題は，軟弱なピート地盤上の盛土の安定に関する信頼性解析で対象となっている，ピート地盤の地盤調査結果である．地表面は水平であり，地下水面は地表面にある．地盤は，厚さ数十センチメートルの表土と正規圧密粘土，その下部に 3〜7(m) 厚のピート層，そしてその下部に更新世の砂層が存在する．

深度 2.5〜7.0(m) までの 5 本の現位置ベーン試験 FVT が，鉛直方向に 0.5(m) おきに実施され，その結果が**図-4.6(a)** に示されている．ベーン試験が実施された平面的な位置は，この問題では与えられていないので，この地盤の非排水せん断強度の深度分布特性をモデル化することが課題である．

段階推定による空間的バラツキのモデル化

表層 0.5(m) の非排水せん断強度 s_u は，下部に比べかなり大きい．表土の非排水せん断強度 s_u の平均，標準偏差と変動係数は，深度 0.5(m) で測定された 5 つの FVT 結果より，それぞれ 21.04(kPa)，3.44(kPa)，0.163 と与えられる．

段階推定により，深度 1.0m 以深ピート層の非排水せん断強度 s_u 値のトレンド成分を求めるため，計測結果を定数，1，2 及び 3 次関数の 4 種類の代替的なモデルに当てはめ，回帰分析を行った．その結果を**表-4.1** に示す．

表 4.1 ピート層 s_u の段階推定によるトレンド成分のモデル化

モデル名	モデル式	残差標準誤差	AIC
定数モデル	$s_u = 10.3$ (kPa)	2.89	196.5
1 次関数モデル	$s_u = 9.4 + 0.322z$ (kPa)	2.88	197.3
2 次関数モデル	$s_u = 14.7 - 3.51z + 0.536z^2$(kPa)	2.46	185.8
3 次関数モデル	$s_u = 18.0 - 7.24z + 1.69z^2 - 0.103z^3$(kPa)	2.45	186.4

AIC を見ると，1 次関数モデルから 2 次関数モデルになったときに大幅に改善していることが分かる．2 次から 3 次関数モデルに変化したときは，AIC は微増した．AIC は 2 次関数モデルのとき最小化されるので，このモデルが最良のモデルとして選択される．選択された 2 次関数モデル（実線）と，その平均 ± 標準偏差の範囲（点線）を**図-4.6(a)** に示した．さらに**図-4.6(b)** に，深度方向への残差を示した．残差は，深度方向に変化することなく一定のバラツキを持っていると判断される．残差は正規分布していると仮定する．

ランダム成分の自己相関構造を解析するため，式 (4.33) によりモーメント法により自己相関関数を推定した（**図-4.7**）．この図は，5 本の FVT の内，比較的深くまで調査の行われた 4 本について作成したものである．この図は，Geostatistics（地盤統計学）で，相関構造分析のため用いられる，Variogram Cloud と言われる図と本質的に等価である．

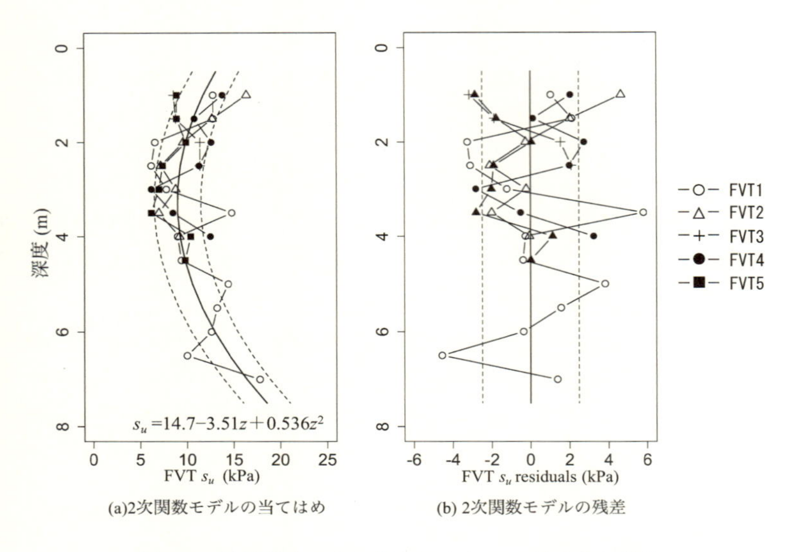

図 4.6 段階推定により得られたトレンド成分と残差

図より，遅れ距離 0.5(m) でやや相関が認められるものの，それ以上の遅れ距離では相関は認められないか，推定値のバラツキが極めて大きい．先に述べたように，自己相関関数の遅れ距離が大きくなったときの相関係数の推定精度は，特に本例のように計測長さが限られている場合，極めて低くなる．従って，遅れ距離が大きい部分の推定結果は，ほとんど意味が無いと考えてよい．遅れ距離 0.5(m) では若干の相関が認められること，また他の類似地盤の自己相関距離等より，ここでは自己相関距離を 0.5(m) と推定した．

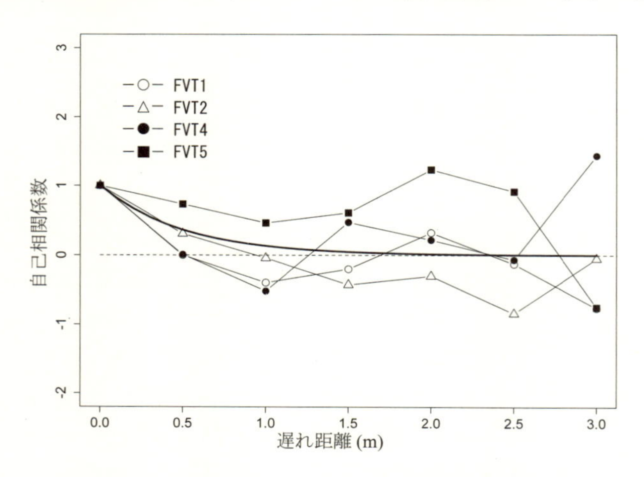

図 4.7 モーメント法による自己相関関数の推定

同時推定による空間的バラツキのモデル化

深度 1(m) 以深のピート地盤のトレンド成分とランダム成分の同時推定を行った．ランダム成分の推定では，指数関数型の自己相関関数を仮定し，その自己相関距離を 0.05(m) から 0.5(m) の範囲で 0.05(m) ピッチで変化させ，定数，1，2 及び 3 次関数モデルそれぞれで，これらの自己相関距離の中で AIC を最小にするモデルを，**表-4.2** に示した．

一方，同時推定法で計算した各モデルのトレンド成分を，計測された FVT の測定値と共に，**図-4.8** に重ね描きした．さらに**図-4.9** には，計算したすべてのモデルの AIC の値を，設定した自己相関距離との関係で示した．

これらの結果から，次のようなことが観察される．

(1) **図-4.8** から分かるように，自己相関距離のトレンド成分回帰結果に与える影響は大きくない．

(2) この例題では，定数，1，2 及び 3 次関数モデルそれぞれにおいて，最良の AIC を与える自己相関距離を推定することができた．但し，推定値は定数と 1 次関数モデルで 0.45(m)，2 及び 3 次関数モデルで 0.20～0.25(m) であり，トレンド成分のモデルに応じて，自己相関距離は大きく変化する．

(3) AIC を最小化する最良のモデルは，2 次関数モデルで，自己相関距離が 0.25(m) の場合である．同時推定においても，段階推定の場合と同様に，1 次関数モデルから 2 次関数モデルになったときの AIC の減少が大きかった．

(4) 2 次関数モデルで，自己相関距離を変化させたときの AIC の変化を見ると，実際には 0.20～0.35(m) の間の AIC の差は，無視できるほど小さい．この範囲のどの値を自己相関距離として推定するかは，所与の観測データのみでは不可能である．

表 4.2　ピート層 s_u の同時推定によるトレンド成分のモデル化

モデル名	モデル式	自己相関距離 (m)	残差標準誤差	AIC
定数モデル	$s_u = 10.5$ (kPa)	0.45	2.87	195.0
1 次関数モデル	$s_u = 9.6 + 0.306z$ (kPa)	0.45	2.84	196.3
2 次関数モデル	$s_u = 14.8 - 3.56z + 0.545z^2$(kPa)	0.25	2.36	187.8
3 次関数モデル	$s_u = 17.7 - 6.89z + 1.59z^2 - 0.0932z^3$(kPa)	0.20	2.32	188.1

まとめ

この例題により，段階推定と同時推定それぞれの解析手順や結果整理の方法，さらに解釈の仕方がある程度示されたと思われる．次のような点が，重要である．

(1) トレンド成分の推定に，自己相関距離が与える影響は大きくない．実際，工学的に

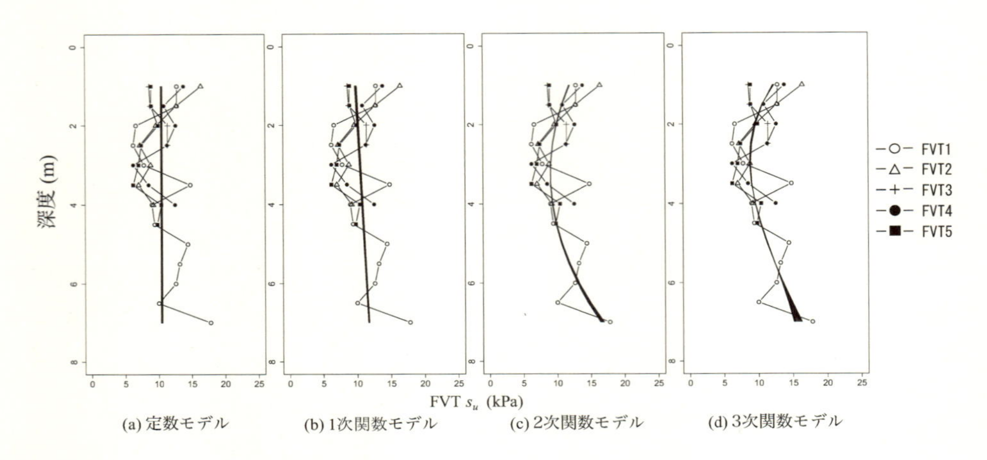

図 4.8　同時推定法により得られた各モデルのトレンド成分

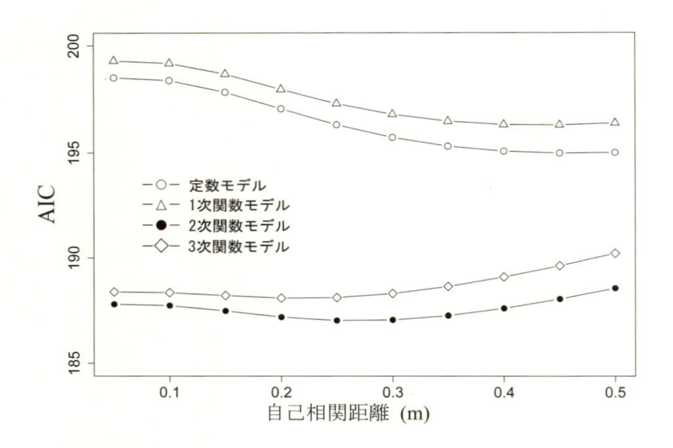

図 4.9　同時推定における AIC による最良モデルの選択

は無視できる範囲である場合が多い．このことは，段階推定適用の正当性を，ある程度支持する．

(2) 自己相関距離の推定は困難である．今回の例題では，同時推定の結果の整合性は極めて高かったが，著者らの経験によれば，すべてのデータでこのように整合性の高い結果が得られるわけではない．Geostatistics で Variogram Cloud に基づく，過去の経験を踏まえた工学的判断により自己相関距離の推定が成される背景も，ある程度理解されたと思う．

表 4.3　利根川サイト CPT 試験 q_t 値の推定パラメータ値の一覧

土層	深度 x(m)	β_0 (MPa)	β_1 (MPa/m)	$\widehat{\sigma}_Z$ (MPa)	θ (m)
第 1 砂層	3.9-9.0	-1.12	1.77	1.57	0.15
第 2 砂層	9.0-19.4	22.12	-	3.41	0.25

(注) $\mu_z(x) = \beta_0 + \beta_1 x$

4.4.2　高密度 CPT データに基づく砂地盤貫入抵抗値のモデル化

本節では，比較的均質な砂地盤で実施された高密度のコーン貫入試験（以下 CPT 試験）の貫入抵抗値 q_t(MPa) の計測結果を用いて，確率場による地盤のモデル化の例題を示す．この例題では，段階推定法を適用する（本城・大竹，2014b）．

データの説明とトレンド成分の同定

この例題で取り扱うデータは，土木研究所と全国地質調査業協会連合会が共同で行った，江戸川，利根川，名取川，全国 3 地点の河川敷で実施された地盤調査結果である．0.025(m) 間隔で連続的に測定された，高密度の CPT 試験の貫入抵抗値 q_t(MPa) 結果である (土木研究所，1998)．各サイトで 4 本ずつの CPT 試験が，半径 5 m程度の範囲で行われている．

本城・大竹 (2012) には，全てのサイトの解析結果が示されているが，ここでは紙面の制約上，利根川サイトの場合を示す．

利根川右岸の調査地点は，河口から 44km 付近（千葉県佐原市）の河川敷である．深度 4m 付近までは細粒分を多く含んだ粘土やシルトの混合層によって構成され，4m 以深は，締まった砂層が連続している．また同じ砂層でも，深度 4～10m 付近までは q_t 値は深さ方向に線形増加し，10m 以深では深さ方向に増加はせず比較的一定の値を示している．**図-4.10(a)** に，この 2 つの砂層の q_t 値の深度分布を示した．

当てはめられたトレンド成分の推定パラメータを**表-4.3** に示し，トレンド成分は**図-4.10(a)** に太い一点鎖線で示している．

自己相関関数の同定

自己相関距離を推定するため，各 CPT 試験の q_t 値の残差データに基づき，モーメント法により自己相関関数を推定した．この結果を示したのが**図-4.10(b),(c)** である．

図-4.10(b),(c) 図に，標本自己相関関数に指数型の自己相関関数を当てはめた場合の自己相関距離 θ も合わせて示してある．図中の実線で示した結果は，当該サイト当該地層でえられた複数の標本自己相関関数の平均である．これらの砂層では θ は，0.15(m) と 0.25(m) であった．

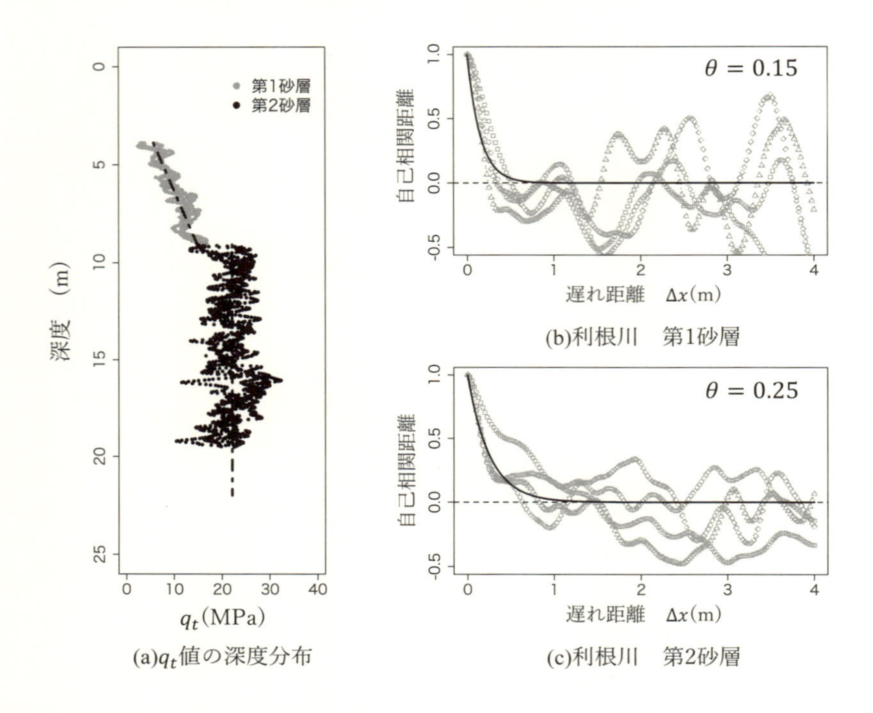

図 4.10 利根川サイトの CPT 試験 q_t 値の砂層内プロファイルと残差の標本自己相関関数

これらのサイトでは，計測密度が高いので，かなり明確に自己相関関数を当てはめ，自己相関距離を推定できる．

4.5 各地盤パラメータの代表的な統計量

本章の最後に，地盤パラメータの空間的バラツキに関する統計量（平均，分散，変動係数，自己相関距離）をまとめて示しておく．いろいろな場合に，この種のデータは，地盤パラメータの空間的モデリングで，有益な情報となる．ここに示す要約は，Phoon and Kulhawy(1999a）によるところが大きい．他のデータは，彼らが作成した表に加筆する形で示している．

最初に，地盤強度に関する地盤パラメータについて示す．これには，標準貫入試験 SPT，コーン貫入試験 CPT，現位置ベーンせん断試験等も含まれている．

次に，地盤パラメータの基本的物理量の要約を示し，最後にいろいろな地盤パラメータの自己相関距離についてまとめた．自己相関距離は，地盤構造物のいろいろな性能を評価しようとするとき，鍵となるパラメータであるが，それほど情報は多くない．ここでは，西村伸一氏のグループが実施した CPT による計測により得られた，自己相関距離の推定結果を大幅に紹介している．

4.5.1　強度に関する地盤パラメータの空間的バラツキ

表-4.4 に，強度に関する地盤パラメータの空間的バラツキの要約を示した．この表について，次のようなことが観察される．

表 4.4　強度に関する地盤パラメータの空間的バラツキの要約（Phoon and Kolhawy, 1999a の Table1 に加筆）

パラメータ (単位)（注 1)	土の種類	データ群数	群当たりの試験数 範囲	群当たりの試験数 平均	パラメータ値 範囲	パラメータ値 平均	COV(%) 範囲	COV(%) 平均
s_u(UC) (kN/m^2)	細粒土	38	2-538	101	6-412	100	6-56	33
s_u(UU) (kN/m^2)	粘土・シルト	13	14-82	33	15-363	276	11-49	22
s_u(CIUC)(kN/m^2)	粘土	10	12-86	47	130-713	405	18-42	32
s_u(kN/m^2) (注 3)	粘土	42	24-124	48	8-638	112	6-80	32
ϕ' (度)	砂	7	29-136	62	35-41	37.6	5-11	9
ϕ' (度)	粘土・シルト	12	5-51	16	9-33	15.3	10-50	21
ϕ' (度)	粘土・シルト	9	-	-	17-41	33.3	4-12	9
$\tan\phi'$ (TC)	粘土・シルト	4	-	-	0.24-0.69	0.509	6-46	20
$\tan\phi'$ (DS)	粘土・シルト	3	-	-	-	0.615	6-46	23
$\tan\phi'$ (注 3)	砂	13	6-111	45	0.65-0.94	0.744	5-14	9
s_u(UC)(kN/m^2)	粘性土 (注 5)	9	72-538	192	14.4-57.5	35.5	18.1-40.9	29
s_u(UC)(kN/m^2)	粘性土 (注 6)	6	29-60	50	14.6-39.3	20.8	24-35	28
s_u(UC)(kN/m^2)	粘性土 (注 7)	4	101-168	143	19.0-25.5	21.7	16-29	23

(注 1) s_u：非排水せん断強度；ϕ'：有効応力内部摩擦角；TC：三軸圧縮試験；UC：一軸圧縮試験；非圧密非排水三軸圧縮試験；CIUC： 等方圧密非排水三軸圧縮試験； DS： 直接せん断試験
(注 2) 「s_u(UU) (kN/m^2) 粘土・シルト」では，ロンドンクレーのデータが支配的
(注 3) 室内試験の種類が報告されていない．
(注 4) Phoon 他は，有効応力内部摩擦角については，標準偏差を一定として 1.5-5.0 度をとることを奨励している．
(注 5) 松尾稔 (1984) 表 8.4，p.66．I 型モデル（平均，分散とも深度方向に一定）
(注 6) 松尾稔 (1984) 表 8.5(道路)，p.69．II 型モデル（平均は深度方向に線形増加．分散は一定．
(注 7) 松尾稔 (1984) 表 8.5(港湾)，p.69．II 型モデル（平均は深度方向に線形増加．分散は一定．

(1) Phoon 他の収集したデータでは，粘性土の非排水せん断強度の変動係数 COV は，一軸圧縮試験 UC で 20-50%，等方圧密圧縮非排水三軸試験 CIUC で 20-40% としている．UU 試験については，データがロンドンクレーに偏っており (表の注 2 参照)，普遍的な結論は導くことができない．

(2) 我が国の地盤について，一軸圧縮試験 UC で得られた非排水せん断強度の結果を，松尾 (1984) は整理している．松尾は，トレンド成分が定数である場合 (I 型) と，これが深度方向に線形に増加し，かつ分散が一定である場合 (II 型) に分けて，ランダム成分の解析を行っている．この結果によると変動係数は，20-40% の範囲で Phoon 他が得た結果と一致している．なお，海成粘土の場合の変動係数は，15-30% であり，一般的な粘性土よりバラツキが小さい．

(3) 有効応力で整理した内部摩擦角 (ϕ') の整理結果を見ると，ϕ' の比較的小さい粘性土で変動係数 (COV) は大きく，ϕ' が比較的大きい砂で COV が小さい．粘性土の COV は 10-50%，砂のそれは 5-15% 程度に見える．

表-4.5 に，各種現位置試験に関する地盤パラメータの空間的バラツキの要約を示した．

表 4.5　現位置試験で測定される地盤パラメータの空間的バラツキの要約 （Phoon and Kolhawy, 1999a の Table3）

試験法と測定項目	土の種類	データ	群当たりの試験数		パラメータ値		COV(%)	
(単位)　(注 1)	(注 2)	群数	範囲	平均	範囲	平均	範囲	平均
CPTq_t(MN/m^2)	砂	57	10-2039	115	0.4-29.2	4.10	10-81	38
CPTq_t(MN/m^2)	シルト質粘性土	12	30-53	43	0.5-2.1	1.59	5-40	27
CPT q_{tc}(MN/m^2)	粘性土	9	-	-	0.4-2.6	1.32	2-17	8
VST s_u(kN/m^2)	粘性土	31	4-31	16	6-375	105	4-44	24
SPT N	砂	22	2-300	123	7-74	35	19-62	54
SPT N	粘性土，ローム	2	2-61	32	7-63	32	37-57	44
DMT A(kN/m^2)	砂，粘土質砂	15	12-25	17	64-1335	512	20-53	33
DMT A(kN/m^2)	粘性土	13	10-20	17	119-455	358	12-32	20
DMT B(kN/m^2)	砂，粘土質砂	15	12-25	17	346-2435	1337	13-59	37
DMT B (kN/m^2)	粘性土	13	10-20	17	502-876	690	12-38	20
DMT E$_D$(MN/m^2)	砂，粘土質砂	15	10-25	15	9.4-46.1	25.4	9-92	50
DMT E$_D$(MN/m^2)	砂，シルト	16	-	-	2.1-5.4	3.89	8-48	30
DMT I$_D$(MN/m^2)	砂，粘土質砂	15	10-25	15	0.8-8.4	2.85	16-130	53
DMT I$_D$(MN/m^2)	砂，シルト	16	-	-	2.1-5.4	3.89	8-48	30
PMT p_L(kN/m^2)	砂	4	-	17	1617-3566	2284	23-50	40
PMT p_L(kN/m^2)	粘着性	5	10-25	-	428-2779	1084	10-32	15
PMT E$_{PMT}$(MN/m^2)	砂	4	-	-	5.2-15.6	8.97	26-68	42

(注 1) CPT: コーン貫入試験; VST: 原位置ベーンせん断試験 ; SPT: 標準貫入試験 ;
DMT: ダイラトメーター試験; PMT: 孔内水平載荷試験; q_t: CPT コーン先端抵抗;
q_tc: CPT 補正コーン先端抵抗; s_u: VST による非排水せん断強度; N: 標準貫入試験 N 値;
A と B: DMT 計測値 A と B; E$_D$: ダイロトロメーター係数; I$_D$: DMT 材料インデックス;
K$_D$: DMT 水平応力インデックス; p$_L$: PMT 極限圧力; E$_{PMT}$: PMT 変形係数
q_c には，機械的計測と電気的計測が混在．q_t の COV は相対的に小さいと思われる．
(注 2) DMT については，計測されたサイトが 3 点に留まっているので，解釈に注意を要する．
(注 3) PMT については，参照された文献が 2 件であるので，解釈に注意を要する．

4.5.2　基本的物理量に関する地盤パラメータの空間的バラツキ

地盤パラメータの基本的物理量に関する空間的バラツキの統計量の要約を，**表-4.6** に，示した．この表には，Phoon 他 (1999a) が示したデータの他に，松尾による我が国の粘土に対する自然含水比と飽和単位体積重量のまとめの結果も示してある．

表-4.6 より，次のようなことが観察される．

(1) 含水比 w_n の空間的バラツキを示す変動係数は，6-30% 程度である．
(2) 単位体積重量は，その値の存在範囲も，空間的バラツキも小さい地盤パラメータで

表 4.6 基本的物理量に関する地盤パラメータの空間的バラツキの要約（Phoon and Kolhawy, 1999a の Table2 に加筆）

パラメータ	土の種類	データ	群当たりの試験数		パラメータ値		COV(%)	
(単位)（注 1)	(注 2)	群数	範囲	平均	範囲	平均	範囲	平均
w_n (%)	細粒土	40	17-439	252	13-105	29	7-46	18
w_L (%)	細粒土	38	15-299	129	27-89	51	7-39	18
w_P (%)	細粒土	23	32-299	201	14-27	22	6-34	16
PI(%)(注 3)	細粒土	33	15-299	120	12-44	25	9-57	29
LI	粘土・シルト	2	32-118	75	-	0.094	60-88	74
γ (kN/m^3)	細粒土	6	5-3200	564	14-20	17.5	3-20	9
γ_d(kN/m^3)	細粒土	8	4-315	122	13-18	15.7	2-13	7
Dr(%)(注 4,5)	砂	5	-	-	30-70	50	11-36	19
Dr(%)(注 4,6)	砂	5	-	-	30-70	50	49-74	61
w_n(%)(注 7)	海成粘土	8	22-113	58	60.6-104.6	76.7	8.4-20.5	13
γ (kN/m^3)(注 8)	飽和粘土	9	25-114	48	14.9-16.3	15.7	2.0-4.1	3

(注 1) w_n: 自然含水比; w_L: 液性限界; w_P: 塑性限界; PI: 塑性指数; LI: 液性指数;
γ_t: 全単位体積重量; γ_d: 乾燥単位体積重量; Dr: 相対密度;
(注 2) 細粒土は，氷河性堆積土，レス，熱帯地方の土などいろいろ な土が含まれている．
(注 3) 標準偏差一定モデルを推薦．SD=3-12%
(注 4) 相対密度についてはデータ不足である．標準偏差一定モデルか．
(注 5) 室内試験により直接求められた相対密度．
(注 6) 標準貫入試験の N 値より，間接的に推定された相対密度．
(注 7) 松尾稔 (1984) 表 8.2，p.62
(注 8) 松尾稔 (1984) 表 8.3，p.63

あり，一般に COV は 10% より小さいと考えてよい．表に示した日本の飽和粘土の単位体積重量の COV は 2-4.1% で，非常に小さい．

(3) 収集された相対密度 Dr に関するデータでは，元データの情報が欠損しており，個々のデータ群に，元々いくつのデータが含まれていたかは不明である．当然であるが，室内試験で直接測定された Dr の方が，N 値換算で推定された Dr より，はるかにバラツキが小さい．

4.5.3 地盤パラメータの自己相関距離

表-4.7 に，主に地盤強度に関係する地盤パラメータの，鉛直及び水平方向の自己相関距離の推定結果の一覧を示した．自己相関構造は，本書で紹介したいろいろな地盤のモデル化の要になる事項であり，特に自己相関距離が鍵となるパラメータであるため，できるだけ多くの事例を収集するように努力した[8]．

表-4.7 に関する，コメントを箇条書きで示す．

[8] 特に，岡山大学の西村伸一氏から多大な協力を得た．ここに深謝の意を表したい．

表 4.7　各種地盤パラメータの自己相関距離

パラメータ (注 1)	土の種類	研究例数	自己相関距離 θ(m) 範囲	平均	備考
鉛直方向 (Phoon 他 (1999a)Table4 に加筆)(注 2)					
s_u	粘性土	5	0.4-3.05	1.25	5 群 (3 文献) の UC 試験結果より推定された研究の要約.
q_t	砂，粘性土	7	0.05-1.1	0.45	北米地域の 7 文献の要約.
q_{tc}	粘性土	10	0.1-0.25	0.15	Kulhawy et.al.(1992) の文献の10 群のデータより推定.
s_u(VST)	粘性土	6	1.0-3.1	1.9	北米地域の 4 文献の 6 群のデータ解析結果を要約.
N	砂	1	-	1.2	Vanmark(1977) の結果のみ.
w_n	粘性土，ローム	3	0.8-6.35	2.85	3 つの古典的な 3 文献結果を要約.
w_L	粘性土，ローム	2	0.8-4.35	2.6	2 つの古典的な文献結果を要約.
γ'	粘性土	1	-	0.8	Lumb(1974) の海成粘土に基づく.
γ	粘性土，ローム	2	1.2-3.95	2.6	1970 年代の 2 文献による.
鉛直方向（その他の文献）					
s_u	粘性土	19	0.6-1.4	(1.0)	松尾 (1984)8.4.2 節
s_u	粘性土	1	0.6-1.0	0.7	Honjo & Kazumba(2002) 3 地点
q_t	砂質土	2	0.49-0.97	0.79	アースダム 今出他 (2015a,b)
q_t(注 3)	砂質土	1	-	0.69	アースダム 西村伸一（未発表）
q_t	砂質土	1	0.15-0.25	0.20	本城・大竹 (2012)，3 地点@2 土層
N(注 4)	砂質土	1	-	0.54	アースダム 今出他 (2015c)
N(注 5)	砂質土	1	-	0.66	アースダム 今出他 (2015c,2016)
N(注 5)	砂質土・シルト (互層)	1	-	0.48	河川堤防 西村他 (2016)
N(注 6)	砂質土	4	0.6-2.0	1.0	アースダム 西村他 (2011)(注 6)
水平方向 (Phoon 他 (1999a)Table4 に加筆.)(注 2)					
q_t	砂，粘性土	11	1.5-40.0	24.0	北米地域の 5 つの文献による.
q_{tc}	粘性土	2	11.5-33.0	22.25	Nadim(1986) による.
s_u(VST)	粘性土	3	23.0-30.0	25.4	北米地域の 3 つの文献による.
w_n	粘性土	1	-	85.0	Wu(1974) による.
水平方向（その他の文献）					
s_u	粘性土	1	-	330	松尾 (1984)8.4.2 節．海成粘土
s_u	粘性土	1	-	52	松尾 (1984)8.4.2 節．有機質粘性土
q_t	砂質土	2	50-77	59	アースダム 今出他 (2015a,b)
q_t(注 3)	砂質土	1	-	13	アースダム 西村伸一（未発表）
N(注 4)	砂質土	1	-	57	アースダム 今出他 (2015c)
N(注 5)	砂質土	1	-	6.2	アースダム 今出他 (2015c,2016)
N(注 5)	砂質土・シルト (互層)	1	-	10	河川堤防 西村他 (2016)
N(注 6)	砂質土	4	6-27	17	アースダム 西村他 (2011)(注 6)

(注 1) s_u: 室内試験（UU）による非排水せん断強度; s_u(VST): 原位置ベーンせん断試験による非排水せん断強度; s_u(UC):一軸圧縮試験による非排水せん断強度;
q_t:CPT コーン先端抵抗; q_{tc}:CPT 補正コーン先端抵抗; N: 標準貫入試験 N 値;
w_n: 自然含水比; w_L: 液性限界; γ: 全単位体積重量; γ': 有効単位体積重量;
(注 2) 本表の表記では，変動のスケールを，自己相関距離に変換した.
(注 3)$log_e q_t$ でデータを整理.
(注 4)q_t からの換算 N 値
(注 5)q_t からの換算 N 値．$log_e N$ でデータを整理.
(注 6) スウェーデン式サウンディング (SWS) からの換算 N 値

(1) Phoon 他 (1999a) では，Vanmarcke(1977) により導入された 変動のスケール．(scale of flactuation)δ が，示されていた（4.2.3 節参照）．この表の表記は，変動のスケールを，自己相関距離に変換してある（**表-4.7** の注 2 参照）．δ と自己相関距離 θ の間には，自己相関関数が指数型 $\exp[-\Delta x/\theta]$ のとき，$\delta = 2\theta$ の関係がある．

(2) 粘性土の非排水せん断強度 s_u は．鉛直方向に 1m 前後 (0.5-1.5m) の，比較的長い自己相関距離を持っていることが観察される．これらは，比較的多くの研究結果から得られた結果である．

(3) コーン貫入試験の貫入抵抗 q_t については，鉛直方向の自己相関距離は，特に砂層において比較的短い．数十 cm(0.1-0.5m) の範囲にあるものが多いと思われる．

(4) 西村他は，特にアースダム（農業用水関連）や河川堤防等の盛土の相関構造を，数多く研究している．これら盛土では，鉛直方向の N 値の自己相関距離は，0.5-0.8m の範囲が多いことが報告されている．

(5) 自然含水比や単位体積重量等の土の物理量は，非排水せん断強度，コーン貫入抵抗値，N 値等の強度に関係する地盤パラメータよりも，長い鉛直方向の自己相関距離を持つと思われる．

(6) 地盤調査はどの調査でも，通常鉛直方向に行われる．従って，鉛直方向の自己相関距離の推定に比べ，水平方向のそれは推定が困難である．その上で，水平方向の自己相関距離について，以下のような報告，また観察がある．

(7) 水平方向の自己相関距離について Phoon 他 (1999a) は，どの地盤パラメータでも，鉛直方向の自己相関距離に比較して，1 オーダー以上長くなっている場合が多く，20-30m のものが多いと述べている．

(8) 今回収集された日本のデータを見ると，水平方向の自己相関距離は，鉛直方向のそれに比較して，2 オーダー（100 倍）程度になるものが多い．海成粘土につういいてはさらに長く，数百倍に達すると予測させるデータもある．これは，たまたま調査した地盤が沖積性の均質な地盤であったり，人工盛土地盤であったりしたことが原因であるかもしれない．

4.6　4章のまとめ

本章では，地盤パラメータの空間的バラツキのモデル化について，次のことを述べた．

(1) 地盤パラメータの空間的バラツキは，トレンド成分とランダム成分の重ね合わせにより表現される．

(2) ランダム成分は，確率場としてモデル化される．確率場の確率論的な構造を，多変数同時確率密度関数の応用として説明した．すなわち，空間内の有限個の離散点における確率場の値が，多変数同時確率密度関数を構成することが説明された．この場合，任意の 2 つの確率変数の相関関係（具体的には相関係数）を把握することが，モデル化の本質的部分を構成することを強調した．すなわち確率場では，自己相関関数の推定が，重要である．

(3) パラメータ推定については，トレンド成分とランダム成分を同時に推定する同時推定と，これらを段階的に推定する段階推定を紹介した．

(4) モデル選択には，情報量基準 AIC が有効であることを述べた．しかし，AIC が唯一のモデル選択の方法である，と著者らが主張しているわけではない．

(5) 軟弱地盤の非排水せん断強度を FVT で調査した例題と，砂地盤の高密度 CPT 試験データを例題として，確率場による，地盤パラメータの空間的バラツキのモデル化例を示した．

(6) 最後に，文献調査に基づいて要約された，多くの地盤パラメータの統計量の一覧表を示した．多くの成果は，Phoon and Kulhawy(1999a) に基づくが，日本の研究者によるデータをこれに加えた．自己相関距離は，本書で提案している多くの手法で鍵となるパラメータであるため，特に多くの結果の収集に心掛けた．

(7) 自己相関関数の同定，自己相関距離の推定は，観測データ数の制約のため，困難なことが多い．既存の研究結果や，類似サイトでの解析結果などを参考にするとよい．このために特に 4.5.3 節の，**表-4.7** は有用であると考える．

第5章

空間的バラツキの影響評価と統計的推定誤差評価

5.1 はじめに

本章では，「地盤パラメータの空間的バラツキの影響評価」と，「地盤パラメータの統計的推定誤差評価」の双方を，地盤構造物の性能に影響を与える適当な地盤範囲の局所平均に着目して処理する，という GRASP の中心となる理論を説明する．この 2 つの課題を同じ章で扱うのは，これらがいずれも確率場の局所平均を焦点に展開されるからである．局所平均に着目すれば，統計的推定誤差の問題が，地盤構造物の信頼性評価に直結し，一貫した信頼性評価手順を構成することができる．

著者らはこの方法に，GRASP(Geotechnical Reliability Analysis by a Simplified Procedure) と言う呼称を付けた．この呼称にもあるように，ここで提案する方法は，簡易評価（近似）理論である点に，まず注意して頂きたい．著者らは，この理論がその詳細さや正確性で評価されるよりも，特に地盤構造物の信頼性評価を，統一的・総合的に実施する一貫した手順の提案，として評価されることを望むものである．事実この GRASP と言う命名には，個々の地盤構造物設計問題の不確実性の構造を把握する (grasp)，という意味が込められている．

空間的バラツキの影響評価では，この影響を正確に評価するための局所平均の範囲をどのように設定するかに焦点がある．結論的には，土質力学のメカニズムに則った極めて常識的な範囲を取ることが提案される．

統計的推定誤差評価の為の統計的推測の理論は，読者に確率論・統計学の予備知識がまったくない場合は，式の誘導等の詳細な理解が難しいかもしれない．しかし提案の結論は，関数の形にまとめられており，著者らが公開している URL に，R 言語による計算プログラムも提供されている．引数の意味さえ理解すれば，計算は比較的容易に行うことができる．確率論・統計学の予備知識については，著者らが同じ URL で公開している資料の他，いろいろ優れた教科書レベルの文献があるので，それらで知識を補って頂きたい．

GRASPは，地盤構造物の信頼性評価における，標準的な統計理論を提案することを目標の一つとしている．著者らの知る限りでは，現在そのような理論は存在しない．一方統計学では，正規標本論（5.3.1節参照）と言われる標準理論がある．この理論の実際問題の適用に当たり，対象とする母集団が，仮定されている正規母集団であるか否かは不明であっても，この理論により多くの標準的な解を得ることができ，それは一つの基準を与え有効であることが多い．GRASPが目指しているのも，そのような地盤工学の諸問題に，統計的に有効な標準解を提供することである．演習問題A1で，そのような標準的な例題のいくつかを示す．GRASPによる本格的な信頼性解析の例題は，演習問題A2を参照されたい．

5.2 空間的バラツキが地盤構造物の性能に与える影響評価

5.2.1 局所平均による影響評価理論

この節では，主にVanmarcke(1977)が提案した方法に従い，局所平均の平均と分散を評価する具体的な方法を示す．

確率場の基本仮定

地盤パラメータの空間的バラツキを単純化・理想化するために，同一地層内について，次のような仮定を設ける．

【仮定1】：対象とする土層は，地質学的にみて均質であり，地盤パラメータの値Zは，トレンド成分とランダム成分の和として表され，ランダム成分は(弱)定常確率場によって記述される．従って，ここで考える確率場は，次式により記述される．

$$Z(\mathbf{x}) = \mu_Z(\mathbf{x}) + \varepsilon(\mathbf{x}) \tag{5.1}$$

ここに，$Z(\mathbf{x})$は確率場，$\mathbf{x} = (x_1, x_2, x_3)$は空間座標，$\mu_Z(\mathbf{x})$はトレンド成分を表す$\mathbf{x}$の関数，$\varepsilon$はランダム成分を表す定常確率場であり，その平均は0，分散はσ_ε^2，自己相関関数は$\rho(\Delta\mathbf{x}|\boldsymbol{\theta})$である．なお$\boldsymbol{\theta} = (\theta_1, \theta_2, \theta_3)$は，それぞれの軸方向の自己相関距離である．さらに，ランダム成分は正規確率場であると仮定し，$\varepsilon(\mathbf{x}) \sim N(0, \sigma_\varepsilon^2, \boldsymbol{\theta})$と表す．

【仮定2】：ランダム成分の分散と自己相関構造(すなわち，自己相関関数の関数型及び自己相関距離)は既知である．さらに，多次元のときは，自己相関関数は分離可能(separable)である．

$$COV(\mathbf{x}, \mathbf{x} + \Delta\mathbf{x}) = \sigma_Z^2 \rho(\Delta\mathbf{x}) = \sigma_Z^2 \rho_1(\Delta x_1)\rho_2(\Delta x_2)\rho_3(\Delta x_3) \tag{5.2}$$

ここに，$\rho_{x_1}(\Delta x_1), \rho_{x_2}(\Delta x_2)$及び$\rho_{x_3}(\Delta x_3)$は，それぞれの座標軸方向の自己相関関数．

なお，地盤が多数の土層から構成される場合は，それぞれの土層を上記のようにモデル化すればよい．

局所平均と分散関数

1 次元確率場の局所平均は，x をその局所平均の中心位置座標，V を局所平均を取る長さとして，次式で表される．

$$Z_V(x) = \frac{1}{V}\int_{x-\frac{V}{2}}^{x+\frac{V}{2}} Z(u)du \tag{5.3}$$

3 次元の場合も同様に中心位置座標を $\mathbf{x} = (x_1, x_2, x_3)$，局所平均の体積 $V = V_1 \cdot V_2 \cdot V_3$ とすると，以下の式で表される．

$$Z_V(\mathbf{x}) = \frac{1}{V}\int_{x_1-\frac{V_1}{2}}^{x_1+\frac{V_1}{2}}\int_{x_2-\frac{V_2}{2}}^{x_2+\frac{V_2}{2}}\int_{x_3-\frac{V_3}{2}}^{x_3+\frac{V_3}{2}} Z(\mathbf{u})du_1du_2du_3 \tag{5.4}$$

以下まず，1 次元確率場の場合について考える．

定常確率場においては，局所平均の期待値は，確率場の母平均に一致する：

$$E\left[Z_V(x)\right] = E\left[\frac{1}{V}\int_{x-\frac{V}{2}}^{x+\frac{V}{2}} Z(u)du\right] = \frac{1}{V}\int_{x-\frac{V}{2}}^{x+\frac{V}{2}} \mu_Z(u)du \tag{5.5}$$

さらに局所平均の分散は，σ_ε^2 と V/θ の関数として記述される．Vanmarcke (1977) は，この局所平均の分散を記述する関数として，次の分散関数 $\Gamma^2(V/\theta)$ を提案した：

$$\begin{aligned}
\sigma_{Z_V}^2 &= E\left[\left(\frac{1}{V}\int_{x-\frac{V}{2}}^{x+\frac{V}{2}}(Z(u)-\mu_Z(u))du\right)\left(\frac{1}{V}\int_{x-\frac{V}{2}}^{x+\frac{V}{2}}(Z(v)-\mu_Z(v))dv\right)\right] \\
&= \frac{1}{V^2}\int_{x-\frac{V}{2}}^{x+\frac{V}{2}}\int_{x-\frac{V}{2}}^{x+\frac{V}{2}} E\left[\left(Z(u)-\mu_Z(u)\right)\left(Z(v)-\mu_Z(v)\right)\right]dudv \\
&= \frac{\sigma_\varepsilon^2}{V^2}\int_{x-\frac{V}{2}}^{x+\frac{V}{2}}\int_{x-\frac{V}{2}}^{x+\frac{V}{2}} \rho(|u-v|)dudv = \sigma_\varepsilon^2\Gamma^2(V/\theta)
\end{aligned} \tag{5.6}$$

従って，分散関数は次のように定義される．

$$\Gamma^2(V/\theta) = \frac{1}{V^2}\int_{x-\frac{V}{2}}^{x+\frac{V}{2}}\int_{x-\frac{V}{2}}^{x+\frac{V}{2}} \rho(|u-v|)dudv \tag{5.7}$$

$\Gamma^2(V/\theta)$ は，仮定される自己相関関数の関数形に応じて，解析的に求められる．自己相関関数が，指数関数型あるいはガウス関数型である場合の，分散関数は，次のようになる．

指数関数型の自己相関関数の場合：

$$\Gamma^2(\frac{V}{\theta}) = \left(\frac{\theta}{V}\right)^2\left[2\left(\frac{V}{\theta} - 1 + \exp\left(-\frac{V}{\theta}\right)\right)\right] \tag{5.8}$$

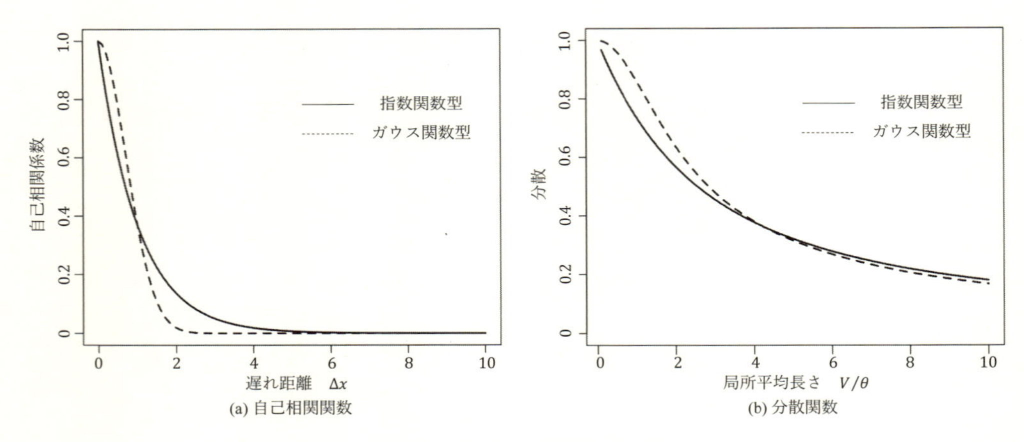

(a) 自己相関関数　(b) 分散関数

図 5.1　自己相関関数と分散関数

ガウス関数型の自己相関関数の場合：

$$\Gamma^2(\frac{V}{\theta}) = \left(\frac{\theta}{V}\right)^2 \left[\frac{V}{\theta}\sqrt{\pi} erf\left(\frac{V}{\theta}\right) + \exp\left\{-\left(\frac{V}{\theta}\right)^2\right\} - 1\right] \tag{5.9}$$

ただし，

$$erf(u) = \frac{2}{\sqrt{\pi}}\int_0^u e^{-t^2} dt = \frac{2}{\sqrt{2\pi}}\int_0^{\sqrt{2}u} e^{-\frac{s^2}{2}} ds \tag{5.10}$$

図-5.1 に，自己相関距離が単位長さ (=1) のときの，指数型及びガウス型自己相関関数及びそれぞれから得られる分散関数を示した．**図-5.1(a)** に示した自己相関関数の減衰に比べ，**図-5.1(b)** に示した局所平均長さの増加による分散関数の減衰は，かなり遅い[1]．

自己相関関数の分離可能性を仮定しているので，分散関数は 3 次元確率場に容易に拡張できる．3 次元確率場の局所平均の分散は，次式で評価できる．

$$\sigma_V^2 = \sigma_\varepsilon^2[\Gamma^2(V_1/\theta_1)\Gamma^2(V_2/\theta_2)\Gamma^2(V_3/\theta_3)] \tag{5.11}$$

影響評価の方法

最後に，局所平均による地盤パラメータの空間的バラツキが，構造物の性能に与える影響評価の方法について述べる．

上記の議論より，局所平均の平均と分散について，次の二つのことが分かった．

(1) 局所平均の期待値は，母平均と一致する（式 (5.5)）．

(2) 局所平均の分散は，分散関数で評価できる（式 (5.6)）．

---

[1] なお Vanmarcke(1977) は，自己相関距離でなく，これと等価な変動のスケール（scale of fractuation）を用いている．変動のスケールは，指数関数型の自己相関関数では 2θ，ガウス関数型の自己相関関数では $\sqrt{\pi}\theta$ である．

これらに基づいて，空間的バラツキの影響を，次のようにMCSにより評価する．なお，**図-3.2**を参照すると，この手順のイメージがつかみやすいと思われる．

Step 1: 構造物の性能に影響を与える，適切な地盤範囲（「局所平均範囲」）V を決める．

Step 2: V についての局所平均の分散を分散関数を用いて $\sigma_{Z_V}^2 = \sigma_\varepsilon^2 \Gamma^2(V/\theta)$ により計算する．

Step 3: 乱数 $\varepsilon_{Z_V} \sim N(0, \sigma_{Z_V}^2)$ を生成し，地盤パラメータを $\mu_Z(\mathbf{x}) + \varepsilon_{Z_V}$ として地盤解析を行い，構造物の性能を評価する．

Step 4: **Step 3** を必要回数繰返し，性能のバラツキを評価することにより，空間的バラツキの影響評価を行う．

この手続きに関して，次のような点に注意する必要がある．

(1) **Step 1** の適切な地盤範囲（「局所平均範囲」）の決定方法については，次節（5.2.2 節）で示す．

(2) **Step 3** と **Step 4** は，MCS の手順である．普通の GRASP の解析では，空間的バラツキの他に，他の不確実性要因も採り入れた MCS 解析を行うことになる．

(3) 局所平均を一つの値とせず，トレンド成分の座標に依存する性質 $\mu_Z(\mathbf{x})$ を考慮し，このトレンド成分を ε_{Z_V} づつ変化させながら MCS を行うのは，地盤パラメータの空間的な分布は，構造物の性能に大きな影響を与えるためである．例えば，深度方向に強度が増加する地盤と，深度方向に強度が一定の地盤，それぞれの上に建設される盛土の安定性を考えれば，このことは明らかであると思う．

(4) 地盤が多数の土層で構成される場合，適切な地盤範囲内にあるすべての土層について，土層ごとに，その大きさに応じて局所平均の評価を行う．異なる土層間の地盤パラメータは，それぞれ独立（相関が無い）であるとして解析する．

(5) 局所平均をとる適切な地盤範囲の範囲外の地盤パラメータについては，範囲内に含まれている土層であれば，生成されたその土層の地盤パラメータ値を用い，範囲外の土層であれば，平均値を確定値として入力しておく．いずれにしても，適切な地盤範囲外の地盤パラメータの値の構造物の性能への影響は，極めて限定的である．

5.2.2　局所平均をとる適切な地盤範囲（「局所平均範囲」）の設定

本節では，前節で定義した局所平均を取る適切な地盤範囲（「局所平均範囲」）の設定方法について述べる．ところで，地盤構造物の設計問題の中には，この「局所平均範囲」が先験的に明らかな問題もある．例えば杭の側面抵抗を評価しようとする場合，一つの土層内の杭長について，杭に沿って線状に 1 次元の局所平均を取ればよいことは，容易に理解される．一方地盤上に建設される盛土や浅い基礎の，安定性，変位，支持力等を検討する場合は，この「局所平均範囲」の設定は，それほど容易に答えられる問題ではない．

本節では，典型的な例に基づいて，この「局所平均範囲」の設定法を考える．例題は，次の3つである．

例題 5.2-1 杭の側面抵抗力評価に関する例題．確率場で記述される強度分布を持つ地盤に打設された杭の側面抵抗力を，MCSにより確率場を生成して求めた側面抵抗力と，簡易法により評価されたものを比較し，簡易法の有効性を示す．

例題 5.2-2 軟弱地盤上盛土の円弧滑り解析の例題．確率場で記述される強度分布を持つ軟弱地盤上に建設された盛土の安定性を，円弧滑り解析により評価する．MCSにより確率場を生成して求めた安定性率のバラツキと，簡易法により評価されたものを比較し，簡易法の有効性を示す．この場合「局所平均範囲」として，平均値で解析したときの臨界円を包含する矩形範囲を取った．

例題 5.2-3 確率有限要素法を用いて計算された，弾塑性地盤上の浅い基礎の支持力の問題で．有限要素法の解を正解とし，提案する近似解法と比較する．「局所平均範囲」は，それぞれの問題の古典的解で重要とされる範囲と一致することを確かめた（大竹・本城，2012a；Honjo and Otake，2013）．

例題 5.2-1 杭の鉛直周面抵抗力

厚さ L=10m の均一な砂層に，打設された杭の周面抵抗力推定の問題を考える．この杭は，プレボーリング工法により打設された周面長 U=1m の杭であるとすると，次式により，周面摩擦力を推定できる．

$$R_s = UfL = U(5N)L$$

ここに，R_s は総周面抵抗力 (kN)，U は杭の周面長 (m)，L は杭長 (m)，$f = 5N$ は単位面積当たりの周面摩擦力 (kN/m^2)，N は標準貫入試験値である．

このとき対象となる均質な砂層の N 値は，平均 10，標準偏差 3 であるとする．またその自己相関距離 θ_z は，パラメトリックに，0.5, 2.0,5.0(m) の 3 つの値に変化させる．また自己相関関数は，指数関数型及びガウス関数型それぞれ設定し，それらの違いも観察する．

杭の周面摩擦力は，次式により計算できる．

$$R_s = \int_0^L U5N(x)dx = 5U\int_0^L N(x)dx = 5ULN_L$$

ここに，

$$N_L = \frac{1}{L}\int_0^L N(x)dx$$

であり，これは N 値の杭全長 L に渡っての局所平均値である．

局所平均 N_L の平均値は，次のように計算できる．

$$\mu_{N_L} = E\left[\frac{1}{L}\int_0^L N(x)dx\right] = \frac{1}{L}\int_0^L E[N(x)]dx = \mu_N$$

従って，先の周面摩擦力の評価式に，砂層 N 値の平均値を代入すれば，周面摩擦力の平均値は求められる：

$$\mu_{R_s} = 1.0 \times 5 \times 10 \times 10 = 500(\text{kN})$$

表 5.1　埋め込み杭の側面支持力の MCS 結果と理論解の比較

母平均 (kN)	母集団 *COV*	自己相関距離 (θ_z)(m)	関数型	局所平均範囲 (m)	MCS 平均 (kN)	MCS *COV*	理論平均 (kN)	理論 *COV*
500	0.3	0.5	指数型	10.0	501.1	0.093	500	0.092
500	0.3	0.5	ガウス型	10.0	499.5	0.089	500	0.088
500	0.3	2.0	指数型	10.0	503.3	0.168	500	0.170
500	0.3	2.0	ガウス型	10.0	499.1	0.173	500	0.168
500	0.3	5.0	指数型	10.0	498.0	0.237	500	0.226
500	0.3	5.0	ガウス型	10.0	501.1	0.250	500	0.239

一方，N 値の標準偏差を σ_N とすると，N_L の標準偏差は，分散関数により次のように評価される．

$$\sigma_{N_L} = \Gamma(\frac{L}{\theta_z})\sigma_N$$

実際に L=10m, θ_z=0.5，2.0 及び 5.0m を代入して，式 (5.8) と式 (5.9) により分散関数を計算する．例えば，指数関数型で，自己相関距離が 0.5m の場合は，次のようになる．

$$\sigma_{N_L} = \Gamma(10/0.5) \times 3.0 = \sqrt{0.095} \times 3.0 = 0.308 \times 3 = 0.924$$

従って，変動係数 (*COV*) は，$\sigma_{N_L}/\mu_{N_L} = 0.924/10 = 0.092$ となる．以上のようにそれぞれ場合の *COV* は，指数関数型の自己相関関数で 0.092,0.170,0.226，ガウス関数型で 0.088, 0.168,0.239 となる．これらの値は，**表-5.1** の最後のコラム，「理論 *COV*」に書かれている値である．

3 つの自己相関距離 θ_z=0.5，2.0 及び 5.0m と，2 種類の自己相関関数の関数型を組合わせると，全部で 6 ケースとなる．これら 6 つのケースについて，MCS により，周面摩擦力を評価した．MCS では L=10m を厚さ 0.02m の 500 個の層に離散化し，この 500 個の要素に，与えられた確率場の性質に従って N 値を生成し，これより杭の側面抵抗力を式 (5.2.2) により評価した．すなわち，それぞれ 1000 個のサンプルを生成し，周面摩擦力を計算し，その総摩擦抵抗力の平均と標準偏差，変動係数 (*COV*) を求めた．その結果を示したのが，**表-5.1** である．

表-5.1 の「MCS 平均」のコラムから分かるように，MCS の 6 ケースすべてで，周面摩擦力の平均値は，ほぼ理論値 500(kN) になっている．一方，「MCS *COV*」のコラムと，「理論 *COV*」のコラムの値を比較すると，すべて 6 ケースで，自己相関距離が短くなるほど *COV* は減少し，またそれぞれのケースで，非常に近い値を示している．両者はよく一致していると言える．また，自己相関関数の関数型の影響は，自己相関距離の影響に比べ非常に小さい．

以上の結果より，この場合のように 1 次元の単純な局所平均が問題となる場合，分散関数を用いた簡易理論による局所平均のバラツキ低減効果は，相当正確に評価できることが分かった．またこの場合，局所平均を取る「適当な地盤範囲」は，先験的に明確である．

例題 5.2-2 円弧滑り解析による軟弱地盤上盛土の安定性評価

■問題の設定と円弧滑り解析法　沖積粘性土地盤上の盛土の安定の問題を考える（中瀬 (1966) の例題 1）．盛土高さは 5m であり，その単位体積重量は $18\mathrm{kN/m^3}$，その斜面勾配は 3:2 である．さらにこの地盤は，次式で示される非排水せん断強度を持つと仮定する．

$$c_u = 15 + 1.5x_3 \ \ (\mathrm{kN/m^2})$$

ただし，x_3 は深度 (m) であり，地表面で x_3 =0(m)，x_3 軸は下向きに取られているので，強度は深度と共に増加する．

なお，破壊時に盛土内に鉛直方向のクラックが発生すると仮定し，盛土は荷重としてのみ考慮される．起動モーメントは，荷重としての盛土によってのみ発生する．一方抵抗モーメントは，円弧を角度に基づいて等分割し（ここでは 50 分割とした），個々の分割された円弧の中心位置での地盤の非排水せん断強度にその分割円弧長を乗じ，これらを総計して半径を乗じることにより，計算している．結果的にフェレニュース法による，全応力解析を採用していることになる．言うまでもなく安全率は，抵抗モーメントを起動モーメントで除した値である．

中瀬 (1967) に示されている安定計算式のプログラムを作成し，臨界円弧を探索した結果，論文で示されているのと同じ臨界円弧を得た（**図-5.2**）．

この臨界円弧を内包する矩形範囲を，局所平均を取る適切な地盤範囲とする．

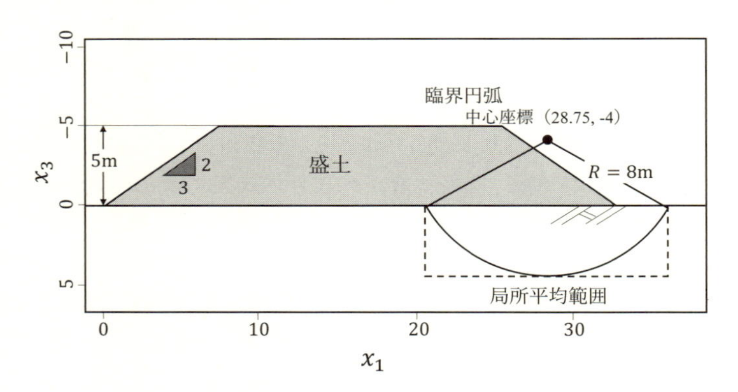

図 5.2　臨界円弧 (F_s =1.30) と局所平均範囲

この臨界円について，若干の感度解析を行い，次の結果が観察された．

(1) 最大起動モーメントは，斜面中央に滑り円の中心があるときに発生し，左右いずれに中心がずれても，急激に減少する．

(2) 臨界円の中心に滑り円中心を固定し，半径を臨界円の半径 8m から ±1m 程度増減しても，安全率はほとんど変化しなかった．

(3) 滑り円弧中心を，臨界円弧中心付近で上下し，それぞれの中心点で，最小の安全率を与える円弧を求めた．最小安全率を与える円弧は，どれも深度 4m でかつ，臨界円弧の安全率 1.30 にきわめて近い安全率を，広い範囲にわたって取った．

以上の結果を勘案すると，地盤強度の空間的なバラツキを考慮した場合，臨界円弧中心の x_1 座標（水平座標）は，斜面中央点に固定してよいが，x_3 座標（鉛直座標）及び円弧半径 R は，平均値を確定値とした場合の臨界円弧付近数メートルの範囲で類似の安全率を取るので，バラツキの影響で，臨界円弧がこの範囲で変化する可能性が高いことが予測される．

このため，以下に行う MCS による地盤強度の空間的バラツキが，円弧滑り解析結果に与える影響評価では，次の二つの場合を考えることとする．

(1) 円弧の中心点や半径を固定せず，生成された確率場で最小の安全率を持つ臨界円弧を，生成確率場ごとに探索し，最小安全率を求める．
(2) 平均値を用いて確定論的に求めた臨界円弧を常に用いて，生成された確率場で安全率の計算を行う．

■空間的バラツキの影響評価（臨界円弧を固定しない場合）： MCS では，まず水平方向への自己相関距離は，特に沖積地盤ではかなり長く，ここで考慮する滑り円の範囲では，水平方向の地盤強度の変化はないと考える．従って，地盤の空間的バラツキは，鉛直方向への 1 次元確率場としてモデル化され，次式のように表現される．

$$c_u = 15 + 1.5x_3 + \varepsilon \qquad (\mathrm{kN/m^2}) \tag{5.12}$$

ここに，ε は平均 0，分散 3^2，鉛直方向の自己相関距離 θ=0.1,0.25,0.5,1.0 あるいは 2.0(m) の，ガウス型自己相関関数を持つ確率場である．

鉛直方向について，粘性土層を等間隔 Δx_3（0.05m とした）に分割し，これにランダム成分について設定された分散と自己相関距離に応じた確率場を生成し，これをトレンド成分に加えることにより確率場のサンプルを作成する．このサンプル確率場を強度に持つ地盤に対して，円弧滑り解析を実施する．

表-5.2 に MCS 結果を示した．(a) 欄に，中瀬が導いた解析解を示した．臨界円弧は，中心座標 (x_{10}, x_{30}) =(28.75,4.0) で，半径 R =8 であるが，(x_{10}, x_{30}) =(28.75,4.5)，R =8.5 の円弧であっても，安全率は同じ 1.30 である．

自己相関距離 θ_z=0.1,0.25,0.5,1.0 あるいは 2.0(m) と変化させた場合の，それぞれ 10000 回の MCS の結果を，**表-5.2**(b) 欄に示した．これより，次のようなことが指摘できる．

(1) 一般に空間的バラツキを考慮した円弧滑り解析では，平均値を確定値として行った解析より，安全率が低くなる傾向が見られる（安全率の平均値が低い）．この例題の場合，大体 0.03 程度の低下が見られる．これは，バラツキのある地盤では，確定解析の場合の臨界円弧付近の円弧の中で，相対的に強度の小さい層を選んで臨界円弧を選択するので，安全率が相対的に小さくなるためと考えられる．このことは，臨界円弧中心の x_{30} 座標の COV や，円弧半径 R の COV が，特に自己相関距離 θ

表 5.2 円弧滑り解析による安定性評価 (臨界円弧を固定しない場合)

ケース	Δx_3 (m)	c_u(SD) (kN/m^2)	θ (m)	F_s (平均)	F_s (COV)	P_F	x_{30}(m) (平均)	x_{30} (COV)	R(m) (平均)	R (COV)
(a) (x_{30}, R) のときの中瀬の解析解										
(4.5,8.5)	-	-	-	1.30	-	-	4.5	-	8.5	0
(4.0,8.0)	-	-	-	1.30	-	-	4.0	-	8.0	0
(b) 10000 回の MCS 結果										
θ=0.10	0.05	3	0.1	1.27	0.038	0	4.11	0.121	8.12	0.088
θ=0.25	0.05	3	0.25	1.27	0.056	2e-04	4.14	0.09	8.14	0.081
θ=0.50	0.05	3	0.5	1.27	0.076	0.004	4.19	0.062	8.19	0.076
θ=1.0	0.05	3	1.0	1.26	0.101	0.022	4.24	0.059	8.24	0.080
θ=2.0	0.05	3	2.0	1.28	0.13	0.051	4.26	0.059	8.24	0.085
(c) GRASP による簡易評価 (10000 回の MCS)										
θ=0.10	-	3	0.1	1.30	0.033	0	4.50	0	8.5	0
θ=0.25	-	3	0.25	1.30	0.052	0	4.50	0.008	8.50	0.008
θ=0.50	-	3	0.50	1.30	0.071	7e-04	4.49	0.017	8.48	0.020
θ=1.0	-	3	1.0	1.30	0.098	0.0086	4.46	0.029	8.46	0.035
θ=2.0	-	3	2.0	1.30	0.13	0.0354	4.43	0.039	8.42	0.048

が短いとき，大きいことによっても推測される．

(2) 自己相関距離 θ が長くなると，安全率の COV は大きくなり，一方安全率の平均値は，θ の大きさの影響を受けない．この結果，θ の長い場合のほうが，破壊確率は高くなる．この例題の θ の変化範囲でも，数オーダー異なる破壊確率となり，θ の破壊確率に与える影響は大きい．

局所平均を用いて簡易的に信頼性解析を行う GRASP では，地盤のせん断強度の空間的バラツキを，次の一確率変数のモデルで置き換え，MCS により信頼性解析を行う．

$$c_u = 15 + 1.5x_3 + \varepsilon_V \qquad (\mathrm{kN/m^2}) \tag{5.13}$$

ここに，ε_v は平均 0，分散 $3^2\Gamma^2(V/\theta)$ である正規確率変数．

例えば，自己相関距離 θ=1.0(m) の場合，ε_v の分散は，局所平均を取る範囲 V を，臨界円弧の深度 4.0m であるので，局所平均範囲 V=4.0m とすると，次式により計算される．

$$\sigma_V^2 = \sigma_\varepsilon^2\Gamma^2(V/\theta) = 3^2\Gamma^2(4.0/1.0) = 3^2 \times 0.617^2 = 1.85^2$$

すなわち，$\varepsilon_V \sim N(0, 1.85^2)$ の正規確率変数となり，トレンド成分 $c_u = 15 + 1.5x_3$ を，この確率変数に従って左右にシフトすることにより MCS を行い，盛土安定性の信頼性解析を行うこととなる．

10000 回の MCS 解析結果を，**表-5.2**(c) 欄に示した．これらの結果より，次のことが言える．

(1) GRASP で求められる安全率は，平均値を確定値として求めた安全率 1.30 と一致する．これは自己相関距離 θ に関係しない．

(2) 安全率の変動係数 (COV) は，(b) 欄の結果と比較して，それぞれの θ について，ほぼ同じである．表には示していないが，これを計算された標準偏差で比較すると，その値はさらに類似していることが分かる．（簡易法では，安全率の平均値が大きいので，COV は低めに評価される．）強度の空間的バラツキが，安全率のバラツキに与える程度の評価は，かなり正確に行われていることが分かる．

(3) 破壊確率は，GRASP による場合やや低めに評価されるが，その差は数倍程度であり，信頼性解析の工学的に要求される精度から言えば，十分な精度の破壊確率が求められていると考えられる．

■空間的バラツキの影響評価（臨界円弧を固定した場合）：　前節と同様に MCS によって盛土安定性の信頼性解析を行うが，この解析では臨界円弧を，平均値を確定値とした解析で求めた臨界円弧に固定し，解析を行う．臨界円弧を固定している以外は，MCS の手順は前節と全く同様である．

10000 回の MCS 解析結果を**表-5.3**(b) 欄に，GRASP による簡易法による解析結果を同表 (c) 欄に示した．この結果より，次のことが言える．

(1) 安全率の平均値は，いずれの場合も 1.30 であり，平均値を確定値として安定解析を行った場合の値と一致している．これはもちろん，臨界円弧を固定しているためである．

(2) 自己相関距離 θ が長くなると，安全率の変動係数 (COV) は大きくなり，これに従って破壊確率も大きくなる．計算された破壊確率は，それぞれのケースについて，先に**表-5.2** で示した，臨界円弧を固定しない場合と比較して，若干小さいが，そのオーダーはいずれの場合も同じである．

(3) 臨界円弧を固定した場合の結果では，確率場を直接生成した MCS と GRASP による MCS 結果がほぼ一致した．

表 5.3　円弧滑り解析による安定性評価 (臨界円弧を固定した場合)

ケース	Δx_3 (m)	c_u(SD) (kN/m^2)	θ (m)	F_s (平均)	F_s (COV)	P_F	x_{30}(m) (平均)	z_{30} (COV)	R(m) (平均)	R (COV)
(a) (x_{30}, R) のときの中瀬の解析解										
(4.0,8.0)	-	-	-	1.30	-	-	4.0	-	8.0	-
(b) 10000 回の MCS 結果										
θ=0.10	0.05	3	0.10	1.30	0.041	0	4.0	-	8.0	-
θ=0.25	0.05	3	0.25	1.30	0.059	0	4.0	-	8.0	-
θ=0.50	0.05	3	0.50	1.31	0.078	8e-04	4.0	-	8.0	-
θ=1.0	0.05	3	1.0	1.30	0.099	0.013	4.0	-	8.0	-
θ=2.0	0.05	3	2.0	1.30	0.125	0.028	4.0	-	8.0	-
(c) GRASP による簡易評価 (10000 回の MCS)										
θ=0.10	-	3	0.10	1.30	0.034	0	4.0	-	8.0	-
θ=0.25	-	3	0.25	1.30	0.052	0	4.0	-	8.0	-
θ=0.50	-	3	0.50	1.30	0.072	4e-04	4.0	-	8.0	-
θ=1.0	-	3	1.0	1.30	0.100	0.011	4.0	-	8.0	-
θ=2.0	-	3	2.0	1.30	0.127	0.036	4.0	-	8.0	-

■まとめ　**表-5.2** と**表-5.3** の結果の中で，安全率が平均値を確定値とした場合の安全率 1.30 の臨界円弧と異なるのは，**表-5.2**(b) 欄のみであった．このような結果が得られたのは，臨界円弧を固定しない解析では，地盤強度に空間的バラツキのある地盤では，臨界円弧付近の円弧の中で，相対的に強度の小さい層を通過する円弧を選択するためである．

以上の結果より，このように地盤強度の空間的バラツキを考慮し計算された最小安全率こそ，不均質な地盤の真の安全率であり，均質な地盤を仮定した円弧滑り解析では安全率の過大評価が避けられない，という結論を主張する向きもあるであろう．しかし著者らは，次のように考える．

信頼性解析では，解析法のモデル化誤差を必ず考え，これを定量化する．特に全応力法に基づく円弧滑り解析法は，このようなモデル化誤差の定量化の研究が，もっとも進んでいる事例の一つである（2.3 節例 **2.3-1** 参照）．そこでモデル化誤差を定量化する場合，破壊事例を収集し，そのときの真の安全率は 1.0 であったとして，安定計算の再計算結果から得られた安全率と，真の安全率 1.0 を比較することにより，モデル化誤差が定量化される．

このような破壊例における安全率の再計算において，地盤強度として仮定される値は果たして，ここで我々がモデル化しているトレンド成分であろうか，あるいは破壊箇所のトレンド成分とランダム成分を合わせた詳細な地盤強度分布であろうか．もし前者であれば，ここで行った「臨界円弧を固定しない場合」の解析の結果得られた安全率の偏差は，モデル化誤差の一部を成すと解釈することが妥当であろう．

このような立場に立つと，地盤強度の空間的バラツキを考慮した信頼性解析は，臨界円弧を，平均値を確定値として得られたものに固定して安定解析をおこなっても，差し支えないと言える．読者はどのように考えられるであろうか．

例題 5.2-3 剛塑性体上の浅い基礎の支持力

■検討の方法　この剛塑性体上の浅い基礎の支持力の例題は，大竹・本城 (2012a) 及び Honjo and Otake(2013) で詳細に述べられている．従って本書では，そこで得られた結果の概要を要約・紹介するに留める．例題では，確率有限要素法により設定した条件の正解を得，これを GRASP の考え方に基づく簡易解と比較し，その解の精度を検証している．

空間的バラツキのある地盤強度パラメータ（内部摩擦角や粘着力）を持つ地盤上の，浅い基礎の支持力の正解のバラツキ，及び支持力問題に対する適切な局所平均範囲を得るために，2 次元弾塑性有限要素法解析プログラム RBEAR2D(Fenton and Griffith, 2008; 以下，RBEAR と呼称）を用いた．この解析プログラムは，浅い剛体基礎の極限支持力計算に特化し，地盤のせん断強度（粘着力 c，内部摩擦角 ϕ），ダイレイタンシー係数 ψ を基本変数として，MCS により極限支持力の評価を行うことができる．

土の破壊基準は，Mohor-Coulomb の破壊基準を用い，土の塑性ポテンシャルとしては Drucker-Prager 式を用いている．なお，関連流れ則 (すなわち $\psi=\phi$) を仮定した．この仮定は，せん断によるすべり面上の膨張角が ϕ に等しいことを意味しており，膨張量が実際よりも過大に評価されることが指摘されている．しかしここでの目的は，浅い基礎の設計に用いられる古典的な支持力公式を 信頼性解析に活用することを念頭においており，関連流れ則を仮定した 古典的な剛塑性理論による支持力公式との整合性に配慮した．

水平成層地盤の上端中央部から剛体要素を介して変位を与え，変位制御のプッシュオーバー解析を行った．なお，Fenton and Griffiths(2008) にならい，1mm 単位 (基礎幅 B の 1/2000) で変位を増加させ，単位変位増分に伴う応力増分が 0.01kN/m^2 以下となった時点を極限支持力度と判定している．

解析モデルの解析範囲は，変形に影響しない範囲として，水平方向は基礎幅 B の 20 倍，鉛直方向は B の 4 倍とした．拘束条件は，側面の水平方向を固定し，底面は鉛直，水平を固定している．

表 5.4　空間的バラツキを持つ成層地盤上の浅い基礎の支持力評価の設定ケース

ケース名	パラメータ	設定値	備考
粘性土地盤 (1)	粘着力 c(kN/m^2)	μ_c =30, COV_c=0.10,0.15,0.20	対数正規分布
粘性土地盤 (2)	粘着力 c(kN/m^2)	μ_c=30,40,50, COV_c=0.10	対数正規分布
砂質土地盤	内部摩擦角 ϕ(°)	μ_ϕ=30,35,45, COV_ϕ=0.10	対数正規分布
中間土地盤	c(kN/m^2)	μ_c=30,COV_c=0.10	対数正規分布
	ϕ(°)	μ_ϕ=30,COV_ϕ=0.10	対数正規分布
上記すべてのケースで，自己相関距離は次のように設定する．			
水平ケース	水平自己相関距離 θ_h(m)	θ_h=1.0,5.0,10.0,20.0, 30.0,50.0	θ_v=10000(m)
鉛直ケース	鉛直自己相関距離 θ_v(m)	θ_v=0.1,0.5,1.0,1.5, 2.0,5.0,10.0	θ_h=10000(m)

検討ケースを，**表-5.4** 上段に示す. 粘性土地盤では，粘着力 c とその変動係数 COV_c を，パラメトリックに変化させている．一方砂地盤では，変動係数を一定とし，内部摩擦角 ϕ についてパラメトリックに変化させる．中間土は，c と ϕ 両者を持つ地盤について，その局所平均範囲について，確認計算を行うために設定したものである．

それぞれのケースの自己相関距離のとり方については，**表-5.4** 下段に示す. 水平と鉛直それぞれの方向への地盤パラメータのバラツキを，分離して検討しており，それぞれを「Horizontal Case」及び「Vertical Case」と呼ぶ.

■支持力のバラツキ　**図-5.3(a)** は，粘性土地盤で μ_c = 30(kN/m^2)，COV_c=0.10，ϕ=0 の場合の，RBEAR の解析結果を示している．鉛直方向の自己相関距離 θ_v に着目して，θ_v=0.5m,1.0m,5.0m,10000m の 4 ケースを示した．θ_v=10000m は，Primitave Case の場合である．ここに Primitive Case とは，その自己相関距離の設定からも分かるように，地盤全体を，与えられた設定値の平均と COV で生成した 1 つの確率変数でモデル化し，MCS を行った場合である．

一方，**図－ 5.3(b)** は，砂質土地盤で μ_ϕ=30°，　COV_ϕ=0.10，c=1(kN/m^2) の場合の RBEAR の解析結果を示している．鉛直方向の自己相関距離 θ_v に着目して，θ_v=0.5m,1.0m,5.0m,10000m の 4 ケースを示した．θ_v=10000m は，Primitive Case の場合である．

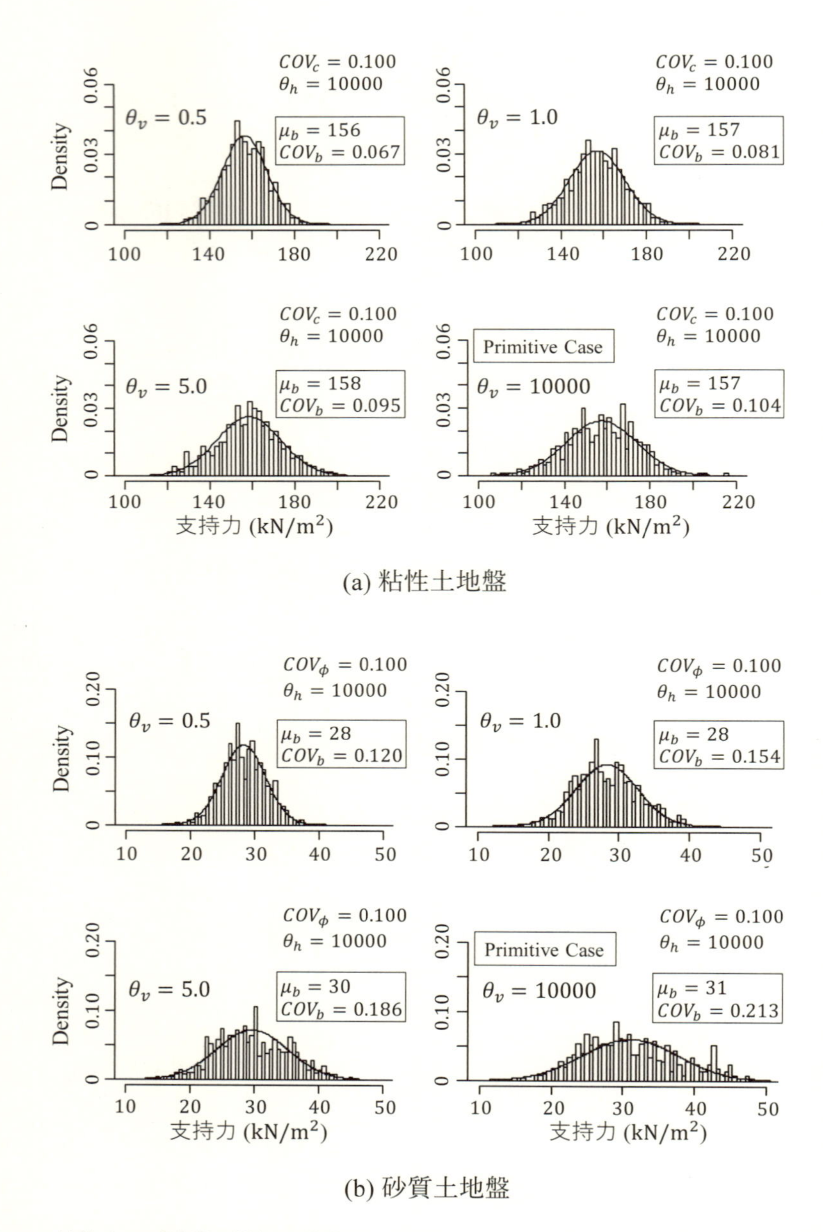

図 5.3　粘性土及び砂質土地盤上基礎の支持力度のヒストグラム：自己相関距離の影響

以上の計算結果から，次のようなことが観測される．

(1) **図－5.3(a)** で，c に与えた平均と分散は同一であるが，計算された極限支持力度は，自己相関距離（θ_v）により異なり，θ_v が小さいほど，極限支持力度の分散が小さいことが分かる．

(2) **図－5.3(a)** で．Primitive Case の支持力のバラツキは，COV_b=0.104 であり，COV_c=0.100 と本質的に同じである．これは，粘着力のみを考慮した塑性論では，支持力は粘着力に比例するためである．このことは，この図に示したどのケースでも，支持力度の変動係数 COV_b が，COV_c=0.100 を超えないことにも現れている．（つまり，局所平均の COV は，COV_c より必ず等しいか小さい．）

(3) **図－5.3(b)** で，ϕ に与えた平均と分散は同一であるが，計算された極限支持力度は，自己相関距離（θ_v）により異なり，**図－5.3(a)** と同様に，θ_v が小さいほど，極限支持力度のバラツキが小さい．

(4) **図－5.3(b)** で，Primitive Case の支持力のバラツキは，COV_b=0.213 であり，COV_ϕ=0.100 よりかなり大きい．さらに砂質土地盤の支持力度では，支持力度の変動係数 COV_b が，内部摩擦角の変動係数 COV_ϕ より大きくなっている．これは，内部摩擦角に関する支持力係数が，ϕ の非線形関数であるため，内部摩擦角のバラツキが，拡大されるためである．

■**適切な局所平均範囲の設定**　**図－5.4(a)** と **(b)** は，**表－5.4** 粘性土地盤 (1) のケース，すなわち c の変動係数 COV_c と自己相関距離をパラメトリックに変化させて解析を行い，その結果を整理した図である．RBEAR による MCS より得られたいろいろなケースの極限支持力度の変動係数 (COV_b) を，Primitive Case の場合の支持力度の変動係数 COV_{bo} で正規化した値（変動係数の低減率）と，基礎幅 B を自己相関距離で正規化した値との関係を示している．これは分散関数 $\Gamma^2(V/\theta)$ により表される，局所平均の操作による，局所平均の分散の確率場の分散からの低減率を，自己相関距離により正規化された局所平均の大きさ (V/θ) に対して表した**図－5.1(b)** に倣ったものである．**図－5.1(b)** では，横軸は V/θ で表現されたが，この場合は V が不明であるため，その代用として B を採用し，B/θ を横軸とした．これは，V を B で正規化して整理することを考えているためでもある．図にはまた，指数関数型の自己相関関数を仮定した場合の，分散関数 $\Gamma(V/\theta)$ の低減を，V に，図中に示した基礎幅 B の倍数を代入した場合を示してある．

これを見ると，局所平均をとるべき範囲 V は，COV_c や自己相関距離によらず，概ね一定であることが読み取れる．またこの結果をよく説明できる局所平均範囲 V は，水平方向で基礎幅 B の約 2 倍，鉛直方向で約 0.7 倍程度であると判断される．

図－5.4(c) は，ϕ=0 の Prandtl 型のすべり線に V の範囲を重ねて示したものである．局所平均範囲は，滑り線の主要領域を包含し，V の物理的意味は明快である．粘着力のみを持つ地盤では，**図－5.4(c)** のすべり線は，粘着力の大きさに依存しないので，粘着力の大きさにより局所平均範囲は変化しないことが予想される．事実，粘着力をパラメトリッ

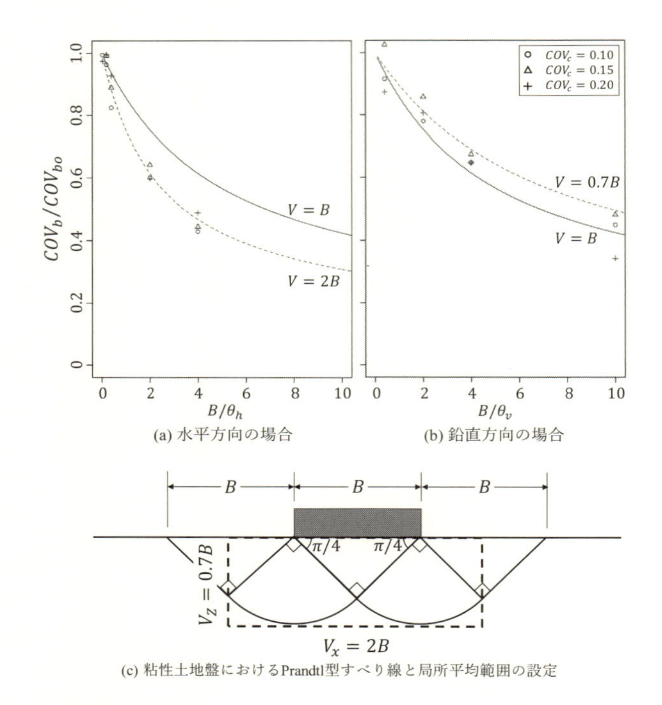

図 5.4　粘性土地盤における Prandtl 型すべり線と局所平均範囲の設定

クに変化させた粘性土地盤 (2) のケースでも，局所平均範囲は変化しないことを確認している．

図－ 5.5 は，**表－ 5.4** 砂質土地盤のケース，すなわち内部摩擦角 ϕ の変動係数 COV_ϕ=0.1 で，ϕ の大きさと自己相関距離をパラメトリックに変化させて解析を行い，その結果を整理した図である．

粘性土地盤の場合と異なり，それぞれの結果に適合する局所平均範囲 V は，内部摩擦角 ϕ に依存することが認められる．すなわち，ϕ が大きいほど V は大きくなる傾向がある．一方 V は，自己相関距離によらず概ね一定である．図には，ϕ=30,35,45(°) それぞれの場合の，鉛直及び水平方向の，推定された局所平均範囲の大きさも示されている．

図－ 5.6(a) には，摩擦性材料 ϕ=30,35,45(°) の場合の，Prandtl 型のすべり線解を示した．これに加えて，**図－ 5.5** で推定した，それぞれの ϕ に対する局所平均範囲 V を重ねがきしてある．この図より V はどの場合も，対数らせんすべり線の最下端位置と地表面を結んだ範囲と，概ね対応していることが分かり，V の物理的意味は明快である．

図－ 5.6(b) は，ϕ に応じたすべり線の最下端位置を，鉛直と水平方向について Prandtl 解で計算し，ϕ との関係を示したものである．局所平均範囲決定において，有効に活用できると考えられる．

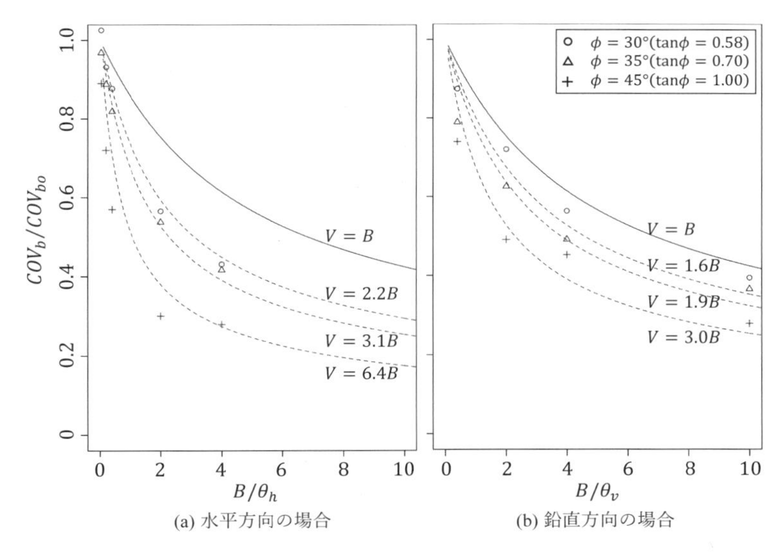

図 5.5　砂質土地盤のケースにおける局所平均範囲の設定

■まとめ　以上示したのは，大竹・本城 (2012a) で行われている検討の一部である．その内容を，既に述べた事項も含め，以下に要約する．

(1) 大竹・本城 (2012a) は，上記のように求められた局所平均範囲を用いて，GRASP の近似解法と，確率有限要素法による解を，幾つかのケースで比較し，GRASP の有効性を確認している．従って，GRASP で提案している近似解法，すなわち地盤パラメータの適切な範囲の局所平均に地盤全体を置き換えていることにより，地盤パラメータの空間的バラツキの構造物の性能に与える影響を評価する方法は，支持力問題のような塑性解析を用いる問題でも有効であることが，確認された．
(2) 局所平均範囲 V は，せん断強度の変動係数，自己相関距離によらず，概ね一定である．
(3) 粘性土地盤の場合，V は強度によらず一定であり，概ね V_h=2B,V_v=0.7B である．
(4) 砂質土地盤の場合，V は ϕ が大きいほど大きくなり，Prandtl 型すべり線の最下端と地表面を結ぶ範囲と概ね一致する．**図－ 5.6(b)** が，局所平均範囲の決定に役立つ．
(5) c と ϕ の両成分をもつ中間土地盤の場合は，砂質土地盤の場合と同様に，V は ϕ に従って決めればよい．

5.3　局所平均の統計的推定誤差評価

今日の統計学の中心を成す統計的推測の理論 (小標本論) では，理想化・単純化された統計モデルに基づいて，確率論により精緻な理論を展開し，有用な結果を得ている．その

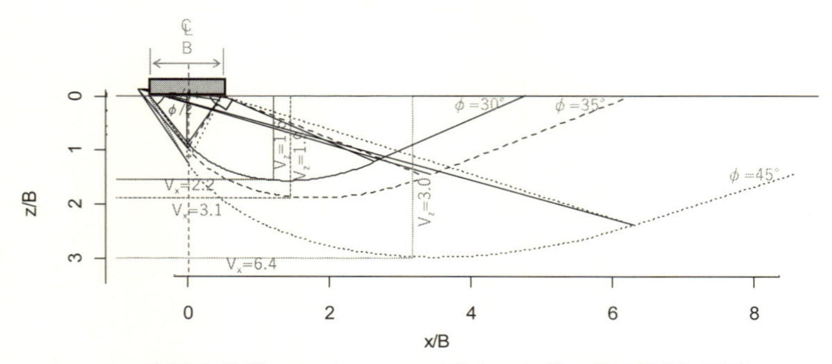

(a) 砂質土地盤におけるPrandtl型すべり線と局所平均範囲

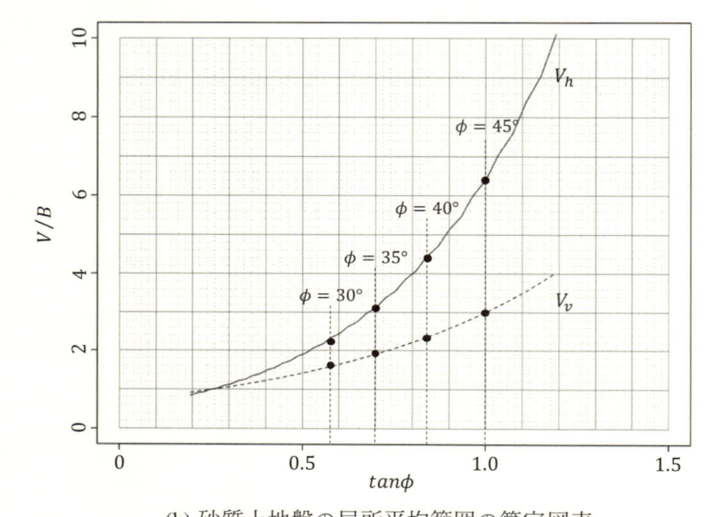

(b) 砂質土地盤の局所平均範囲の算定図表

図 5.6　砂質土地盤における Prandtl 型すべり線と局所平均範囲

典型例は，正規母集団を仮定し，そこから独立，無作為に標本を抽出していると仮定し，その標本に基づいて，母集団の種々の性質がどの程度正確に推測できるかを計算し，あるいは母集団のある性質をある精度で知るためには，どの程度の数の標本を抽出する必要があるかを示すことができる，正規標本論である．

一方，地盤調査により地盤パラメータの性質を把握し，構造物の設計・建設・維持を行うことを生業とする地盤工学では，このような統計的な考え方は，ほとんど応用されていない．ここで導入しようとする理論は，このような状況を打破するために，地盤を理想化・単純化した正規確率場としてモデル化した場合の，統計的推測の理論開発の第一歩になることを，目的の一つとして考えられたものである．

このためにまず 5.3.1 節で，正規母集団からの無作為抽出標本に基づく，母平均の推定の問題（母分散既知の場合）を示す．これは 5.3.1 節以後に展開される，確率場からの標本に基づく局所平均の平均値の推定の問題の，統計的推測の基本的形式を示す問題である．これら 2 つの問題は，説明の中で類比的に考えられている．

5.3.2 節から 5.3.4 節では，局所平均の平均値の統計的推定誤差評価の理論が展開される．続いて 5.3.5 節は，4.4.2 節で示した，砂地盤の高密度 CPT データを用いて，5.3.2 節から 5.3.4 節で展開した理論の検証を行った結果の要旨を紹介する．

5.3.1 正規標本論における平均値の推定誤差

統計的推測の理論（小標本論）では，母集団から無作為に標本を抽出して，この標本に基づいて母集団の性質を推測する．**図-5.7** は，これを模式的に示したものである．

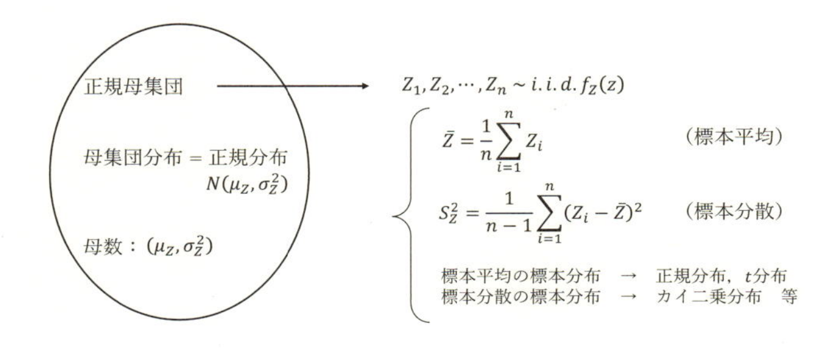

図 5.7 正規母集団からの標本の抽出と統計量

(1) 母集団の，今問題になっている属性は，ある確率分布 $f_Z(z)$ に従う．この確率分布 $f_Z(z)$ を，**母集団分布**（population distribution）という．さらに，母集団分布が正規分布であると仮定する場合，これを**正規母集団**と呼ぶ．

(2) **標本**(sample)$Z_i(i = 1, \ldots, n)$ は，それぞれ**独立に同一の**母集団分布 $f_Z(z)$ に従う，確率変数である[2]．これを，次式のように記述する．

$$Z_i \sim i.i.d. f_Z(z)$$

(3) 標本抽出は，**単純無作為抽出**(simple random sampling）による．すなわち，どの要素がとられるかは，等確率である．

(4) この分布の**母数**(parameter) を推測することが問題となる．母数とは，例えば母平均 μ_Z や母分散 $\sigma_Z{}^2$ のことである．ここでは，母分散は既知であるとして，母平均を推定する問題を考える．

[2]「独立に同一の分布に従う」ことを，英語では independently identically distributed と言い，*i.i.d.* と略記する．

母数を推測するために用いられる，標本 $Z_i(i = 1,\ldots,n)$ の種々の要約値を，**統計量**（statistics）と言う．例えば，**標本平均**（sample mean）は，次のように，定義される．

$$\overline{Z} = \frac{1}{n}\sum_{i=1}^{n} Z_i \tag{5.14}$$

標本平均は，確率変数 Z_i の関数なので，確率変数である．

さらに，母数を推定するために標本から求められた統計量を，**推定量**(estimator) と呼ぶ．式 (5.14) は，標本平均であると同時に，平均値の推定量でもある．また，推定量により具体的な観測値から計算された値を，**推定値**(estimate) と呼ぶ．

次に，この確率変数である標本平均の，平均と分散を計算する．

■ $\bar{Z}$ の平均

標本平均の平均は，次のように計算される．

$$E\left[\bar{Z}\right] = E\left[\frac{Z_1 + \ldots + Z_n}{n}\right] = \frac{1}{n}E\left[Z_1 + \ldots + Z_n\right] = \mu_Z \tag{5.15}$$

従って，$E[\bar{Z}] = \mu_Z$ で，標本平均の期待値は母平均である．このように，期待値が真のパラメータに一致する性質（この場合は，標本平均の期待値が，真の平均 (=母平均) に一致）を，**不偏性**（unbiasness）という．

■ $\bar{Z}$ の分散

標本平均の分散は，次のように計算される．

$$\begin{aligned} Var\left[\bar{Z}\right] &= E\left[(\bar{Z} - \mu_Z)^2\right] = E\left[(\frac{Z_1 + \ldots + Z_n}{n} - \mu_Z)^2\right] \\ &= \frac{1}{n^2}\sum_{i=1}^{n} E\left[(Z_i - \mu_Z)^2\right] + \frac{2}{n^2}\sum_{i=1}^{n}\sum_{j=i+1}^{n} E\left[(Z_i - \mu_Z)(Z_j - \mu_Z)\right] = \frac{1}{n}\sigma_Z^2 \end{aligned} \tag{5.16}$$

以上の誘導で，Z_i と Z_j の共分散 $\sigma_{Z_iZ_j} = E\left[(Z_i - \mu_Z)(Z_j - \mu_Z)\right] = 0$ となるのは，Z_i と Z_j が独立であり，独立な確率変数間の共分散は 0 であるからである．すなわち，

$$E\left[(Z_i - \mu_Z)(Z_j - \mu_Z)\right] = \begin{cases} \sigma_Z^2 & (i = j \text{ のとき}) \\ 0 & (i \neq j \text{ のとき}) \end{cases} \tag{5.17}$$

が成り立っている．

以上の結果より，**母分散 σ_Z^2 が既知のとき**，標本平均の平均は母平均 μ_Z に等しく，標準偏差は，$\sigma_Z/\sqrt{n}$ であることが分かる．さらに母集団分布が正規分布であるので，標本平均は，平均 μ_Z，標準偏差 $\sigma_Z/\sqrt{n}$ の正規分布に従う．統計量の従う確率分布を，その統計量の**標本分布**(sample distribution) と呼ぶ．従ってこの場合，標本平均の標本分布は，平均 μ_Z，標準偏差 $\sigma_Z/\sqrt{n}$ の正規分布である．

以上より，正規母集団を対象とした場合，母平均の推定を次のように定式化できる．

【定式 I】 正規母集団の平均値推定 (分散既知)

標本抽出条件：
独立に同一の正規分布 $N(\mu_Z, \sigma_Z^2)$ から，n 個の標本 $(Z_1, Z_2, \cdots, Z_n)$ を，単純無作為抽出する．
平均値の推定量 (標本平均):
$$\bar{Z} = \frac{1}{n}\sum_{i=1}^{n} Z_i$$
平均値推定量 (標本平均) の標本分布:
$$\bar{Z} \sim N(\mu_Z, \sigma_Z^2/n)$$
備考:
この事実に基づき，推定された平均値の信頼性，さらに抽出標本数と推定値の信頼性についての議論が可能となる．確率場の局所平均の一般推定及び局所推定の定式との対比のために示す．

例 5.3-1:正規母集団の推定平均値の信頼性

最後に簡単な例を示す．今母集団分布が N(10,3^2)，すなわち平均 10，分散 3^2 の正規分布であるとする．これより n=9 個の標本を抽出した結果が，次の通りであったとする．

11.30 12.45 3.92 12.07 8.96 16.81 14.81 8.51 10.35

この標本平均を計算すると 11.02 となる．またこの標本分布の分散は母分散を既知とすると，式 (5.16) より，$3^2/9=1^2$ となる．この情報に基づき，例えば平均値の 90% 信頼性区間は，$[11.02 - 1.65 \times 1, 11.02 + 1.65 \times 1] = [9.37, 12.67]$ となる[3]．

逆に，90% 信頼性区間の幅を 2.0 以下に抑えたい場合に必要な標本数は，次のように計算される．

$$1.65 \times \frac{3}{\sqrt{n}} \leq 1.0 \qquad \text{すなわち，} \quad (1.65 \times 3)^2 = 24.5 \leq n$$

従って，25 個以上の標本が必要である．■

以上，標本平均に関するもっとも基本的な，統計的推測の理論の概要を述べた．これから述べる局所平均の推定分散に関する理論は，この理論の確率場からの標本（地盤調査）への拡張である．

5.3.2 局所平均の推定分散

この節では説明の便宜上，1 次元確率場に限定して，理論展開を行う．3 次元確率場への拡張は，5.3.4 節で説明する．

1 次元確率場で，長さ L の側線から，等間隔で n 個採取されたサンプル（標本）$Z(x_i)$ $(i = 1, \cdots, n)$ の重み付き平均から，その中心位置座標 x で長さ V の局所平均，$Z_V(x)$ を推定す

[3] 今，$\bar{Z} \sim N(\mu_Z, \sigma_Z^2)$ より，$\mu_Z - 1.65 \times \frac{\sigma_Z}{\sqrt{n}} \leq \bar{Z} \leq \mu_Z + 1.65 \times \frac{\sigma_Z}{\sqrt{n}}$．この式を変形すると，90% 信頼性区間を与える次式を得る．$\bar{Z} - 1.65 \times \frac{\sigma_Z}{\sqrt{n}} \leq \mu_Z \leq \bar{Z} + 1.65 \times \frac{\sigma_Z}{\sqrt{n}}$．なお，$[-1.65, 1.65]$ は，標準正規分布 $N(0, 1)$ の 90% 信頼性区間である．

る問題を考える（式 (5.3) 参照）．この $Z_V(x)$ の推定量として，次のサンプルの重み付き平均を考える．

$$\widehat{Z}_V(x) = \sum_{i=1}^{n} \nu_i Z(x_i) \tag{5.18}$$

ここに，ν_i は，各サンプルの重みであり，すぐに式 (5.20) で示すように，$\sum_{i=1}^{n} \nu_i = 1.0$ の条件を満足する．$\nu_i = 1/n$ のとき，$\widehat{Z}_V(x)$ は，標本平均式 (5.14) と一致する．

また，x_i はサンプルを得た点の座標であり，実務上の使い勝手の良さを考慮して，便宜的に次のように設定する．

$$x_i = (x_{obs} - (L/2)) + (i - 0.5)\frac{L}{n} = (x_{obs} - (L/2)) + (i - 0.5)\Delta L \qquad (i = 1, \cdots, n) \tag{5.19}$$

ここに，L はサンプルを取る側線長，x_{obs} は側線の中心位置座標，ΔL はサンプル間隔であり $\Delta L = L/n$ である．n=2,3,4,5 の場合の，x_{obs}，L 及び x_i の関係を，**図-5.8** に示した[4]．

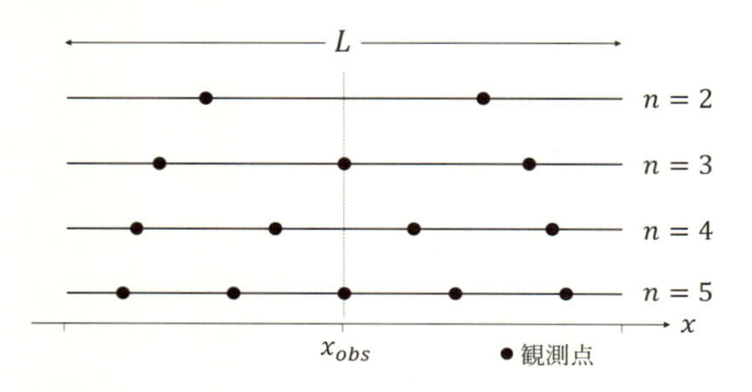

図 5.8　サンプル点座標 x_i，測線長 L，側線中央座標 x_{obs}，サンプル点数 n の関係

$\widehat{Z}_V(x)$ の期待値は，$\sum_{i=1}^{n} \nu_i = 1.0$ の条件の下で，次式より分かるように，母平均になる．

$$E[\widehat{Z}_V(x)] = \sum_{i=1}^{n} \nu_i E[Z(x_i)] = \sum_{i=1}^{n} \nu_i \mu_Z = \mu_Z \tag{5.20}$$

この式から理解されるように，$\sum_{i=1}^{n} \nu_i = 1.0$ の条件は，$Z_V(x)$ の推定量である式 (5.18) が，不偏性を満たすための条件であることが分かる．不偏性は，推定量に好ましい性質なので，以降この条件を満たすように理論を展開する．

以上の準備の下で，本節の本題である $\widehat{Z}_V(x)$ の統計的推定の不確実性を表す平均推定分散 σ_V^2 は，推定量 $\widehat{Z}_V(x)$ と確率変数である真値 $Z_V(x)$ の差の 2 乗の期待値として，次のように定義される．

$$\sigma_V^2 = E\left[\left\{\widehat{Z}_V(x) - Z_V(x)\right\}^2\right] = E\left[\left\{\sum_{i=1}^{n} \nu_i Z(x_i) - Z_V(x)\right\}^2\right] \tag{5.21}$$

[4] サンプルを等間隔で取るのは，著者らの経験に基づく使用の利便性を考慮した便宜である．理論的には任意間隔のサンプリングでも全く問題ない．演習問題 A.2 の中には，不規則間隔のサンプルに基づく推定の問題も含まれている．

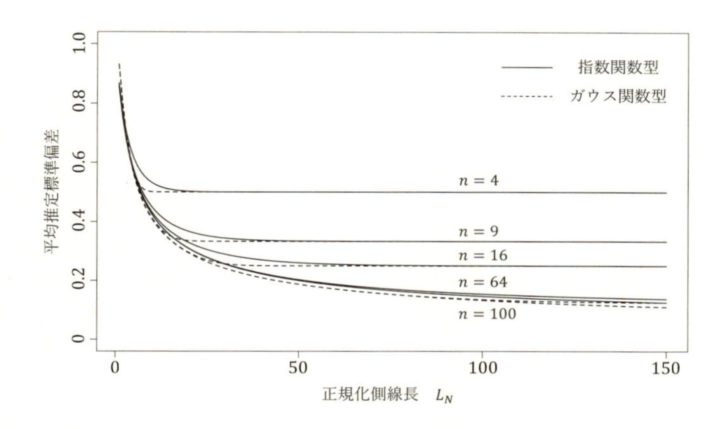

図 5.9　平均推定標準偏差と正規化側線長，サンプル数の関係 ($\nu_i = 1/n$)

なお，この平均推定分散は，側線長 L と自己相関距離 θ の比の関数となるので，自己相関距離によって正規化された側線長 L_N を定義する．L_N を，正規化側線長と呼ぶ．

$$L_N = \frac{L}{\theta} \tag{5.22}$$

さらにこの平均推定分散は，次のように展開される．

$$\begin{aligned}
\sigma_V^2 &= E\left[\left(\sum_{i=1}^{n} \nu_i Z(x_i) - Z_V(x)\right)^2\right] = E\left[\left\{\sum_{i=1}^{n} \nu_i (Z(x_i) - \mu_Z) - (Z_V(x) - \mu_Z)\right\}^2\right] \\
&= E\left[(Z_V(x) - \mu_Z)^2\right] + \sum_{i=1}^{n} \sum_{j=1}^{n} \nu_i \nu_j \cdot E[(Z(x_i) - \mu_Z)(Z(x_j) - \mu_Z)] \\
&\quad -2 \sum_{i=1}^{n} \nu_i E[(Z_V(x) - \mu_Z)(Z(x_i) - \mu_Z)]
\end{aligned} \tag{5.23}$$

(1) 式 (5.23) 右辺の第 1 項

式 (5.23) 右辺の第 1 項は，式 (5.6) と式 (5.7) より，

$$(\text{第 1 項}) = E\left[(Z_V(x) - \mu_Z)^2\right] = \sigma_Z^2 \Gamma^2(V/\theta) \tag{5.24}$$

従って第 1 項は，局所平均を取ることによる分散の低減を表している．

(2) 式 (5.23) 右辺の第 2 項

式 (5.23) 右辺の第 2 項は，母平均の推定誤差を表しており，次の推定分散関数 Λ^2 を導入し，次式のように定義する．

$$(\text{第 2 項}) = \sum_{i=1}^{n} \sum_{j=1}^{n} \nu_i \nu_j COV(x_i, x_j) = \sum_{i=1}^{n} \sum_{j=1}^{n} \nu_i \nu_j \sigma_Z^2 \rho(x_i, x_j) = \sigma_Z^2 \Lambda^2(n, L_N, \nu) \tag{5.25}$$

ここに，$COV(x_i, x_j)$ は，$Z(x_i)$ と $Z(x_j)$ の共分散関数，$\rho(x_i, x_j)$ は，同じく相関関数である．$COV(x_i, x_j) = \sigma_Z^2 \rho(x_i, x_j)$ の関係がある．

従って，（平均）推定分散関数 Λ^2 は，次のように定義される．

$$\Lambda^2(n, L_N, \boldsymbol{\nu}) = \sum_{i=1}^{n} \sum_{j=1}^{n} \nu_i \nu_j \rho(x_i, x_j) = \boldsymbol{\nu}^T \mathbf{R} \boldsymbol{\nu} \tag{5.26}$$

なお Λ^2 が，サンプル点数 n，正規化側線長 L_N，重み $\boldsymbol{\nu}$ のみの関数で，側線位置 x_{obs} の関数ではないのは，この関数の値は，調査点の相対的な位置のみで決まり，予測点の位置 x や，測線の絶対的な位置 x_{obs} には依存しないからである．なお，$\mathbf{R}$ は，$n \times n$ の相関係数行列である．

図-5.9 は，$\nu_i = 1/n\ (i = 1, 2, \cdots n)$ のときの，式 (5.26) の平均推定分散 $\Lambda^2(n, L_N, \boldsymbol{\nu})$ の平方根である平均推定標準偏差 Λ と，正規化側線長 L_N，サンプル数 n の関係を，自己相関関数が指数関数型及びガウス関数型の場合について比較して示したものである．平均推定標準偏差は，サンプル点の配置と数により，母平均の推定精度が，どのように変化を示すかを表す関数である．

L_N が大きくなると，独立に同一の分布からサンプルした状態に近づくので，Λ は，$1/\sqrt{n}$ に漸近する．逆に，L_N が小さいとき，n が増加しても，Λ の低減は少ない．これは，サンプル間の相関が高く，Λ が低減しないためである．

(3) 式 (5.23) 右辺の第 3 項

式 (5.23) 右辺の第 3 項は，関数 γ_V を導入して，次式のように書く．

$$(\text{第 3 項}) = E[(Z_V(x) - \mu_Z)(Z(x_i) - \mu_Z)] = \sigma_Z^2 \gamma_V(Z_V(x), Z(x_i)) \tag{5.27}$$

ここに，γ_V は，$Z_V(x)$ と $Z(x_i)$ の相関関数であり，次のように与えられる．

$$\gamma_V(Z_V(x), Z(x_i)) = \frac{1}{\sigma_Z^2} \frac{1}{V} \int_{x-\frac{V}{2}}^{x+\frac{V}{2}} E[(Z(u) - \mu_Z)(Z(x_i) - \mu_Z)]du$$

γ_V は，具体的には次のように計算できる．

$$\gamma_V(Z_V(x), Z(x_i)) = \begin{cases} \frac{1}{V}\left\{H(-x + \frac{V}{2} + x_i) - H(-x - \frac{V}{2} + x_i)\right\} & (x + \frac{V}{2} \leq x_i \text{ の場合}) \\ \frac{1}{V}\left\{H(-x + \frac{V}{2} - x_i) - H(x - \frac{V}{2} - x_i)\right\} & (x - \frac{V}{2} \geq x_i \text{ の場合}) \\ \frac{1}{V}\left\{H(-x + \frac{V}{2} + x_i) + H(x + \frac{V}{2} - x_i)\right\} & (\text{その他の場合}) \end{cases} \tag{5.28}$$

ここに関数 $H(x)$ は，それぞれ指数関数型及びガウス関数型の自己相関関数に対して，以下に示すように与えられる．

指数関数型自己相関関数の場合：

$$H(x) = \int_0^x exp[-\frac{u}{\theta}]du = \theta\left(1 - exp[-\frac{x}{\theta}]\right) \tag{5.29}$$

ガウス関数型自己相関関数の場合：

$$H(x) = \int_0^x exp[-(\frac{u}{\theta})^2]du = \sqrt{\pi}\theta\Big(\Phi(\frac{\sqrt{2}x}{\theta}) - 0.5\Big) \tag{5.30}$$

なお，$\Phi(u)$ は，標準正規分布 $N(0,1)$ の分布関数である．

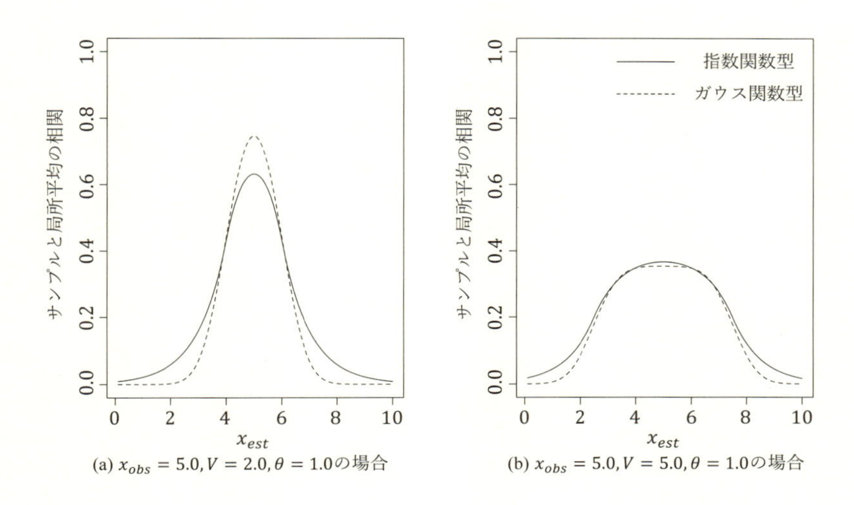

図 5.10 $Z_V(x_{est})$ と $Z(x_{obs})$ の相関関数．x_{obs}=5.0 で，V=2.0 あるいは 5.0．x_{est} を 0 から 10 の範囲で移動．

図-5.10 に，式（5.28）に示した，$Z_V(x)$ と $Z(x_{obs})$ の相関関数 $\gamma_V(Z_V(x), Z(x_i))$ の具体的な計算例を示した．この図では，観測点 $x_{obs} = 5.0$ であり，局所平均の幅 V=2.0 あるいは 5.0，局所平均の中心点 x_{est} は，0 から 10 の範囲を移動する．

V が小さいと，相関関数は $x_{obs} = 5.0$ 付近で，より集中した範囲で強い相関を示すが，V が大きくなると，より広い範囲で相対的に弱い相関を示す．ガウス関数型は指数関数型より，より集中した範囲で相関を示すこともわかる．

式 (5.23) より分かるように，第 3 項は負号の付いた項である．これは，サンプル点が当該局所平均に近い場合，推定分散が低減する，その程度を決定するのが第 3 項であるためである．**図-5.10** に示したように，この低減の程度は，サンプル点と局所平均の相対位置，局所平均範囲の大小により，複雑に変化する．

最後に，式 (5.24), (5.25) 及び (5.27) を，式 (5.23) に代入すると，

$$\sigma_V^2 = \sigma_Z^2\{\Gamma^2(V/\theta) + \Lambda^2(n, L_N, \nu) - 2\sum_{i=1}^{n} \nu_i\gamma_V(Z_V(x), Z(x_i))\} \tag{5.31}$$

と書き直すことが出来る．

式 (5.31) の各項は，次のように解釈できる．

(1) 第 1 項 $\Gamma^2(V/\theta)$ は，式 (5.6) で定義した分散関数であり，局所平均を取る長さ V による，局所平均の分散の低減を表している．
(2) 第 2 項は，観測による母平均 μ_Z の推定分散を示す, 推定分散関数である．
(3) 第 3 項は，サンプル点と推定点の相対的な位置関係により変化する，観測値の局所平均推定への寄与による推定分散の低減を表している．

5.3.3　一般及び局所推定分散関数

この節では，先に 3 章で定義した，局所平均の一般推定及び局所推定を，数式により具体的に定義する．定義に当たり焦点となるのは，次の 2 点である．

(1) 重み付き平均 $\widehat{Z}_V = \sum_{i=1}^{n} \nu_i Z(x_i)$ の重み ν_i をどのような規準により決定するか．
(2) 一般及び局所推定それぞれの推定分散関数の形及びその解釈．

一般推定分散関数

先に 3 章で述べた一般推定の考え方，すなわち「一般推定では，サンプル位置と局所平均推定位置の相対的な位置関係を考慮しない」に従うと，一般推定の分散関数では，式 (5.31) の第 3 項はゼロとなる．なぜならば，サンプルと局所平均の相対的な位置関係は不明であり，両者に相関関係は無いと考えるのが自然だからである．この場合の推定分散を，一般推定分散関数 $\Lambda_G^2(V, n, L, \theta)$ として，次のように表すことにする．

$$\sigma_V^2 = \sigma_Z^2 \Lambda_G^2(V, n, L, \theta) \tag{5.32}$$

ここに，

$$\Lambda_G^2(V, n, L, \theta) = \Gamma^2(V/\theta) + \Lambda^2(n, L_N, \mathbf{1}/n) \tag{5.33}$$

なお，$\mathbf{1}/n = (1/n, 1/n, \cdots, 1/n)^T$ なる n 次元ベクトル．Λ^2 の重み $\boldsymbol{\nu}$ を $\mathbf{1}/n$ と置くことについては，すぐ下で説明する．

上式の意味は，次の通りである．

(1) 第 1 項は，局所平均を取る長さ V による，局所平均の分散の低減を表している．$\Gamma^2(V/\theta)$ は，式 (5.6) で定義した分散関数である．
(2) 第 2 項は，式 (5.25) に示した，観測による母平均 μ_Z の推定分散の低減を示す，推定分散関数である．
(3) ここに定義した一般推定分散関数 Λ_G^2 は，観測が等間隔に行われる場合，側線長 L，観測点数 n，局所平均を取る長さ V 及び自己相関距離 θ の 4 つの変数の関数として求められる．ただし，先に定義したように $L_N = L/\theta$ である．

一般推定を行う場合の重み $\boldsymbol{\nu}$ 決定の一つの方法は，式 (5.33) で定義される推定分散を最小にする $\boldsymbol{\nu}$ を求めることである．ただしこのとき，$\sum_{i=1}^{n} \nu_i = 1$ という制約条件を考慮する必要がある[5].

しかしここでは，一般推定量の重みとして，重みを等分して，$\nu_i = 1/n\ (i = 1, \cdots, n)$ とすることを提案する．この提案の理由は，次の点にある．

(1) 観測値が独立である場合，$\nu_i = 1/n\ (i = 1, \cdots, n)$ は厳密に成り立つ．また観測値の独立性が高い場合，すなわちサンプル間隔が，自己相関距離よりある程度大きい場合，重みの分布は等分布に速やかに近づく．
(2) ここでは，簡易的な評価方法を提案することを目標としており，ν_i の分布を厳密に決定しても，ほとんどの場合等分布とした場合と実質的な差異は少ない．

以上の議論より，局所平均の一般推定の推定を，次のように定式化できる．

【定式 II】局所平均の一般推定 (分散，自己相関距離既知)

標本抽出条件：

σ_Z^2 と θ が既知の正規確率場 $N(\mu_Z, \sigma_Z^2, \theta)$ から，長さ L の側線に沿って，等間隔で n 個の点 $x_i\ (i = 1, \cdots, n)$ でサンプル $Z(x_i)\ (i = 1, \cdots, n)$ を抽出する．

局所平均推定量:

$$\widehat{Z}_V = \frac{1}{n}\sum_{i=1}^{n} Z(x_i)$$

局所平均推定量の標本分布:

$$\widehat{Z}_V \sim N(\mu_Z, \Lambda_G^2(V, n, L, \theta) \cdot \sigma_Z^2)$$

ここに，$\Lambda_G^2(V, n, L, \theta)$ は，式 (5.33) により与えられる．

$$\Lambda_G^2(V, n, L, \theta) = \Gamma^2(V/\theta) + \Lambda^2(n, L_N, \mathbf{1}/n)$$

備考:

一般推定では，任意位置の長さ V についての確率場の局所平均を推定する．この推定は，母平均の推定となる．正規標本論の場合と比較すると，$1/n$ が Λ_G^2 で置き換えられている．これは，確率場からのサンプルでは，それらの相関を考慮する必要があるからである．

図-5.11 に，式（5.33）の計算例を示した．この例では，θ=1.0, n=4 と 64, V=1.0 と 5.0 の場合について，L_N を 0 から 100 まで動かしてその変化を見た．

式（5.33）の第一項は，分散関数 Γ^2（式 (5.7)）であり，局所平均を取ることによる分散の低減を表す項である．V が 1.0 から 5.0 と変化すると，**図-5.11**(a) と (b) の Γ を比較すると分かるように，V が大きくなると，分散関数の標準偏差 Γ は減少する．局所平均を取ることによる分散の低減は，L_N に対しては変化しない．

[5] この定式化は，本城・大竹・加藤 (2012) の付録で解説している「平均値の Kriging」の場合に一致する．この定式化に従うと，重み ν_i を求めるために解くべき連立方程式が得られる．

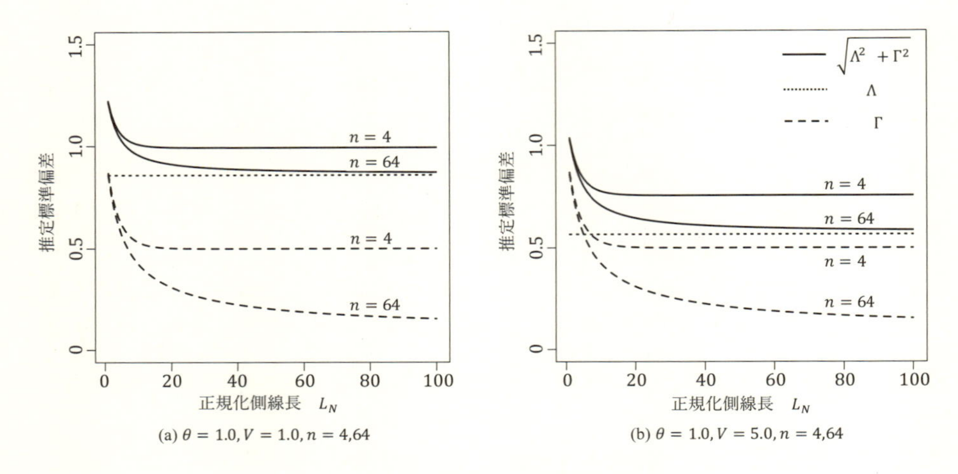

図 5.11　一般推定分散関数の計算例

一方第 2 項は，式 (5.25) の推定分散関数 Λ^2 で $\nu_i = 1/n$ とした場合であり，この標準偏差 Λ_G は L_N に対して減少する．正規化測線長 L_N が長くなると，サンプルの独立性が高くなり，最終的には $1/\sqrt{n}$ の値に収束する．

一般推定の分散は，第一項と第二項の和として与えられる．**図-5.11** に示すように，正規化測線長 L_N が短く，サンプル数 n が小さい場合は，分散関数と一般推定分散関数の和は，1.0 を超える場合もある．

局所推定分散関数

■最良線形不偏推定量 (Best Linear Unbiased Esimator; BLUE)　正規確率場 $N(\mu_Z, \sigma_Z^2, \theta)$ で，σ_Z^2 と θ が既知，その中心座標 x_{obs}，長さ L の側線に沿って，等間隔で n 個のサンプル $Z(x_1), Z(x_2), \ldots, Z(x_n)$ が抽出されている．このとき，中心座標 x_{est}，局所平均範囲 V の局所平均 $Z_V(x_{est})$ を推定する，最良線形不偏推定量 (以下 BLUE と呼ぶ) を求める問題を考える．

BLUE とは，推定量がサンプルの線形関数で表され，その期待値が母平均に一致（不偏性）する推定量の中で，推定分散を最小にする推定量のことである．推定量が BLUE であるためには，次の 3 つの条件を満足している必要がある[6]．

(1) 線形推定量：局所平均の推定量 $\widehat{Z}_V(x_{est})$ は，n 個の観測値 $Z(x_1), Z(x_2), \ldots, Z(x_n)$ の重み付き線形和 によって推定される．

$$\widehat{Z}_V(x_{est}) = \sum_{i=1}^{n} \nu_i Z(x_i) \tag{5.34}$$

[6] ここで提案する局所平均の局所推定は，Kriging の応用である．Kriging とは，当該確率場の統計量（平均，分散と自己相関等）と，得られている幾つかのサンプル点での観測値に基づいて，確率場の特定位置における値を推定する方法である．ここでの提案と，Kriging との関係の詳細については，本城・大竹・加藤 (2012) を参照されたい．

(2) 不偏推定量：推定量 $\widehat{Z}_V(x)$ の期待値は，母平均となる．

$$E[\widehat{Z}_V(x_{est})] = \mu_Z \tag{5.35}$$

(3) 最小推定分散：推定量 $\widehat{Z}_V(x)$ は，真値と推定値の残差の二乗和の期待値を最小にする推定量である．

$$\min_{\nu_i} \sigma_V^2 = \min_{\nu_i} E\left[\left(\widehat{Z}_V(x_{est}) - Z_V(x_{est})\right)^2\right] \tag{5.36}$$

式 (5.35) に式 (5.34) を代入することにより，先に式 (5.20) で示したのと同様に，$\sum_{i=1}^{n} \nu_i = 1$ が式 (5.34) で与えられる推定量の，不偏性の条件であることが分かる．

一方，式 (5.36) より，式 (5.23) が導かれることは，先に示した通りである．

従って，推定分散が最小になるような推定量 $\widehat{Z}_V(x_{est})$ は，$\sum_{i=1}^{n} \nu_i = 1$ の制約のもとで，式 (5.23) を最小にするような ν_i $(i = 1, \cdots, n)$ を求め求めればよい．これは，目的関数及び等式制約条件が以下のように与えられる，最小化問題である．

目的関数：

$$\min_{\nu_i} \ \Gamma^2(V/\theta) + \sum_{i=1}^{n}\sum_{j=1}^{n} \nu_i \nu_i \rho(|x_i - x_j|) - 2\sum_{i=1}^{n} \nu_i \gamma(Z_V(x_{est}), Z(x_i)) \tag{5.37}$$

制約条件：

$$\sum_{i=1}^{n} \nu_i = 1 \tag{5.38}$$

この問題は，ラグランジェ未定乗数法によって解くことができ，ラグランジェの未定定数を λ とすると，次の連立方程式を解くことに帰着する．

$$\begin{cases} \sum_{i=1}^{n} \nu_i \rho(|x_i - x_j|) - \lambda = \gamma(Z_V(x_{est}), Z(x_i)) & (j = 1, \cdots, n) \\ \sum_{i=1}^{n} \nu_i = 1.0 \end{cases} \tag{5.39}$$

この連立方程式を満たす ν_i と λ は，推定分散を最小にするという意味で最適の重みである．求められた ν_i を式 (5.34) に代入することにより，$Z_V(x_{est})$ の推定量 $\widehat{Z}_V(x_{est})$ が求められ，またこのときの推定分散は，ν_i を式 (5.23) に代入することにより求められる．

これ以後の記述で特に断らない限り，局所平均の局所推定の推定量 $\widehat{Z}_V(x_{est})$ は，この最良重み ν_i により求められた重み付き平均値である．

■局所推定分散関数　局所推定の推定量の重みは BLUE の考え方に基づき，$\widehat{Z}_V(x_{est})$ は，連立方程式 (5.39) を解き，式 (5.34) により求める．

局所推定の場合，サンプル位置と局所平均位置の相対的な関係は非常に多様なので，一般推定のように，実用的でかつ簡単化した推定分散関数を与えることは難しい．ここでは，式 (5.39) の解ベクトルを $\boldsymbol{\nu}$，観測線長を L，観測点数を n 個，観測線の中心座標を x_{obs}，n 個の観測点の座標 x_i を，n，L と x_{obs} より決定される値，確率場の分散を σ_Z^2，自

己相関距離を θ とする，これらの記号を用いて，局所推定分散関数 $\Lambda_L^2(x_{est}, V, n, x_{obs}, L, \theta)$ を，式 (5.23) に基づき，次のように定義する．

$$\sigma_V^2 = \sigma_Z^2 \Lambda_L^2(x_{est}, V, n, x_{obs}, L, \theta) \tag{5.40}$$

ここに，

$$\Lambda_L^2(x_{est}, V, n, x_{obs}, L, \theta) = \Gamma^2(V/\theta) + \Lambda^2(n, L_N, \nu) - 2\sum_{i=1}^{n} \nu_i \gamma_V(Z_V(x_{est}), Z(x_i)) \tag{5.41}$$

式 (5.41) の各項の意味は，既に 5.3.2 節で述べているので，ここでは繰り返さない．
以上の議論より，局所平均の局所推定を，次のように定式化できる．

【定式 III】局所平均の局所推定 (分散，自己相関距離既知)

標本抽出条件：

σ_Z^2 と θ が既知の正規確率場 $N(\mu_Z, \sigma_Z^2, \theta)$ から，その中心座標 x_{obs}，長さ L の側線より，等間隔で n 個のサンプルを抽出する．サンプル点の座標 x_i $(i = 1, 2, \cdots, n)$ は，次式（式 (5.19)）で与えられる．

$$x_i = (x_{obs} - (L/2)) + (i - 0.5)\frac{L}{n} \qquad (i = 1, \cdots, n)$$

局所平均推定量:

$$\widehat{Z}_V(x_{est}) = \sum_{i=1}^{n} \nu_i Z(x_i)$$

ここに，x_{est} は，局所平均の推定位置の中心座標，V は，局所平均範囲，ν_i は，次の連立方程式（式 (5.39)）を解くことにより得られる各サンプルの重みである．

$$\sum_{i=1}^{n} \nu_i \rho(|x_i - x_j|) - \lambda = \gamma(Z_V(x_{est}), Z(x_i)) \qquad (j = 1, \cdots, n)$$

$$\sum_{i=1}^{n} \nu_i = 1.0$$

局所平均推定量の標本分布:

$$\widehat{Z}_V(x_{est}) \sim N(\sum_{i=1}^{n} \nu_i Z(x_i),\ \Lambda_L^2(x_{est}, V, n, x_{obs}, L, \theta) \cdot \sigma_Z^2)$$

ここに，Λ_L^2 は，式 (5.41) により与えられる．

$$\Lambda_L^2(x_{est}, V, n, x_{obs}, L, \theta) = \Gamma^2(V/\theta) + \Lambda^2(n, L_N, \nu) - 2\sum_{i=1}^{n} \nu_i \gamma_V(Z_V(x_{est}), Z(x_i))$$

備考：

局所推定では，推定位置とサンプル位置が相互に関係するので，定式化は複雑となる．正規標本論の $1/n$ は，Λ_L^2 で置き換えられる．

図-5.12 に，式（5.41）の計算例を示した．局所推定分散関数 Λ_L^2 の挙動は，関係するパ

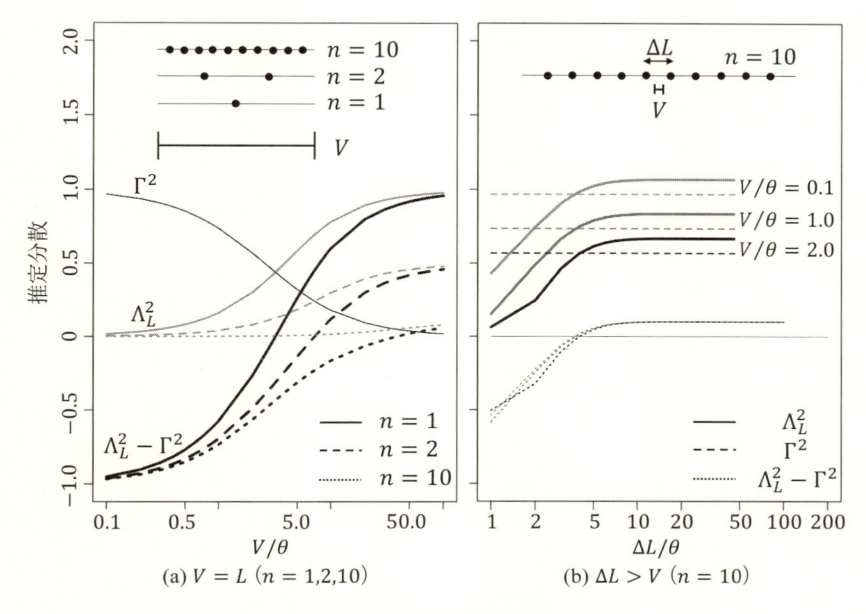

図 5.12 局所推定分散関数の計算例

ラメータが多く，一般推定分散関数 Λ_G^2 に比較して，その挙動は相当複雑である．ここでは，2 つの典型的な状況について，パラメトリックスタディーを行っている．

図-5.12(a) は，ある局所平均範囲 V の中（すなわち，$V = L$）で，観測を行った場合，Λ_L^2 が，観測点の数 n や $V/\theta = L/\theta$ により，どのように変化するかを検討している．これは，ある局所平均範囲の局所平均値を，その場所でどのように観測すると，どの程度の精度の推定値を得ることができるかという問題で，演習問題 **A.1-1** 等に示すような状況が想定されている．この場合，$V = L$ とし，従って $x_{obs} = x_{est}$ に設定し，観測点数は $n = 1, 2, 4, 10$ としている．結果は，縦軸に推定分散 (Λ_L^2,Γ^2,$\Lambda_L^2 - \Gamma^2$)，横軸に V/θ を取り，サンプル数 n をパラメータに取って示している．

一方**図-5.12(b)** は，連続的に等間隔で観測値が得られているとき，観測間隔 ΔL より短い局所平均範囲 V の局所平均の推定問題であり，線状の長い構造物（例えば，河川堤防，道路盛土等）の地盤調査間隔の決定のような，演習問題 **A.1-2** 等に示すような状況が想定されている．この場合，$\Delta L > V$ とし，$x_{obs} = x_{est}$ で，観測点数は $n = 10$ としている．これは，線状に長い構造物の地盤調査を等間隔で行ったとき，観測点の中間点（すなわちもっとも推定誤差が大きくなる位置）の局所平均の推定分散を，評価するものである．$n = 10$ は，便宜的な数字であり，調査が無限長続いていることを模擬している．結果は，縦軸に推定分散 (Λ_L^2,Γ^2,$\Lambda_L^2 - \Gamma^2$)，横軸に $\Delta L/\theta$ を取り，V/θ をパラメータとして示している．$\Delta L > V$ の条件より，V/θ=2 の場合，$\Delta L/\theta$ <2 では，この条件を満たさなくなることに注意が必要である．

これら両図では，式（5.41）の全体を Λ_L^2，第 1 項を Γ^2，第 2 項と第 3 項の合計値を

$\Lambda_L^2 - \Gamma^2$ で表している．言うまでも無く，第1項は局所平均を取ることによる分散の低減を，第2項と第3項の合計値は，観測による推定分散の低減を表す．

図-5.12(a) より，次のようなことが観察される．

(1) 分散関数 Γ^2 は，V/θ の関数であり，V/θ が大きくなると低減する（5.2.1 参照）．

(2) $\Lambda_L^2 - \Gamma^2$ は，V/θ が小さいとき，観測数 n に関係なく小さい．これは V に対して θ が大きいとき，局所平均範囲内の地盤パラメータ値の相関は強く，少数の観測値で，局所平均値を正確に推定できるためである．

(3) 逆に $\Lambda_L^2 - \Gamma^2$ は，V/θ が大きいとき，その推定精度に観測値の数 n が大きく影響する．そして最終的にその値は $1/n$ に収束して行く．これは，観測点間隔 ΔL が自己相関距離 θ に比較して大きくなるため，各観測値が独立（無相関）となり，推定分散 σ_V^2 が母分散 σ_Z^2 の $1/n$ になるためである．

(4) Γ^2 と $\Lambda_L^2 - \Gamma^2$ の合計である Λ_L^2 は，V/θ が小さい範囲では $\Lambda_L^2 - \Gamma^2$ が小さく，V/θ が大きい範囲では Γ^2 が小さい．この影響により，Λ^2 は，適切な観測数 n を確保すれば，十分小さくすることができる．また，V/θ が小さい範囲では，観測数 n を増加させても，観測値間の相関が強いため，推定分散を減少させる効果は弱い．

また**図-5.12(b)** より，次のようなことが観察される．

(1) 分散関数 Γ^2 は，V/θ の関数であり，パラメータ V/θ の大きさに従った一定値を，$\Delta L/\theta$ の値に関係なく示す（5.2.1 参照）．V/θ が小さいほど，Γ^2 は 1.0 に近い値を取る．また，$V/\theta < 1$ の範囲では，局所平均化による分散の低減は小さい．

(2) $\Lambda_L^2 - \Gamma^2$ は，V/θ が 1.0 より小さい場合，$\Delta L/\theta$ のみの関数となり，$\Delta L/\theta$ が 5 より小さい領域で急激に減少する一方，5 より大きい範囲では $1/n = 1/10 = 0.1$ の一定値を取る．これは，$\Delta L/\theta < 5$ の範囲では観測値が推定量に対してある程度の相関を持ち，その推定誤差の低減に寄与しているのに対して，$\Delta L/\theta > 5$ の範囲ではこの相関は失われ，独立な観測値による母平均の推定 (一般推定) の状態となるためである．

(3) Γ^2 と $\Lambda_L^2 - \Gamma^2$ の合計である Λ_L^2 は，上記の関係を反映して，$\Delta L/\theta$ が 5 より小さい領域で急激に減少する一方，5 より大きい範囲では一定値を取る．また，Λ_L^2 の取る領域は，V/θ が 1.0 より小さい場合，図で V/θ が 1.0 と 0.1 で挟まれる比較的狭い範囲となる．（V/θ が 0.1 より小さくなっても，Γ^2=1.0 は変化せず，$\Lambda_L^2 - \Gamma^2$ も変化しない．）

(4) 以上の観察より，**図-5.12(b)** で想定しているような，線状に長い構造物の地盤調査間隔を検討するような問題では，自己相関距離の 5 倍以上の調査点間隔が開いてしまうと，局所推定の意味は失われ，一般推定で母平均を推定する問題に置き換わってしまうことが分かる．

最後に，**図-5.13** に，一般推定分散関数 Λ_G^2 と，局所推定分散関数 Λ_L^2 の比較を示した．このとき $x_{est} = x_{obs}$ 及び $V = L_N$ に設定されている．

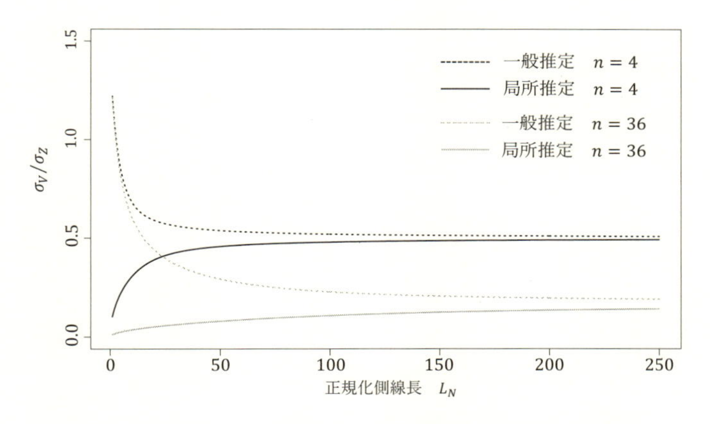

図 5.13 一般推定分散関数と局所推定分散関数の比較

図に明確に示されているように，局所平均の一般推定と局所推定は，特に正規化測線長 L_N が短い場合，まったく反対の性質を示す．すなわち L_N が短いとき，一般推定ではサンプル数にあまり関係なく推定誤差が大きいが，局所推定では非常に小さい．

一方 L_N が長くなると，いずれの場合も $1/\sqrt{n}$ に収束する．これは，サンプルの状態が独立で同一の分布からのサンプルによる推定に，サンプリングの条件が近付くためである．

5.3.4 3 次元確率場への理論の拡張

提案した簡易評価法を 3 次元確率場に拡張する場合，局所平均を取る長さ V が，局所平均を取る体積 $V_1 \cdot V_2 \cdot V_3$ に置き換えられる．本書では，自己相関関数が分離可能であると仮定している．すなわち式 (5.2) に示したとおり，次式が成り立つ．

$$\rho(\mathbf{\Delta x}) = \rho_1(\Delta x_1)\rho_2(\Delta x_2)\rho_3(\Delta x_3)$$

さらに空間におけるサンプリングを，格子状に行うことを仮定している

これらの条件のもとでは，3 次元の推定量は，1 次元の場合の重ね合わせで表現でき，さらに推定分散関数，一般推定分散関数，局所推定分散関数のすべてで，各項は 1 次元の場合の積として表現することができる[7]．

ここでは，導出された結果のみを，一般推定と局所推定それぞれの場合について示す．なお，座標 x，側線長 L，正規化側線長 L_N，サンプル数 n，局所平均範囲長 V，自己相関距離 θ，推定量の各観測値への重み $\boldsymbol{\nu}$ については，サフィックス 1,2,3 により，3 次元空間

[7] これらの事が可能であることは，推定量については問題定式化の線形性から，推定分散関数については，体積積分と期待値を取るための積分の順序を入れ替え，分離可能の仮定を適用して，式を再整理することにより，煩雑ではあるが，比較的容易に導くことができる．導出の詳細については，本城・大竹・加藤 (2012) 等を参照されたい．

の各直交座標軸の方向を示す．また，局所平均の中心座標を $\mathbf{x_{est}} = (x_{1est}, x_{2est}, x_{3est})$，各方向の側線の中心座標を $\mathbf{x_{obs}} = (x_{1obs}, x_{2obs}, x_{3obs})$ で表す．

■一般推定　推定量は，次のようになる．

$$\widehat{Z}_V(\mathbf{x_{est}}) = \sum_{i=1}^{n_1}\sum_{j=1}^{n_2}\sum_{k=1}^{n_3}\frac{1}{n_1}\frac{1}{n_2}\frac{1}{n_3}Z(x_{1i}.x_{2j}, x_{3k}) \tag{5.42}$$

ここに，$(x_i.x_j, x_k)$ は，各サンプル点の座標である．

3次元確率場の一般推定分散関数は，1次元の場合の分散関数（式(5.7)）と，1次元の場合の推定分散関数（式(5.26)）を用いて，次のように書くことができる．

$$\sigma_V^2 = \sigma_Z^2\Lambda_G^2(V_1, V_2, V_3, n_1, n_2, n_3, L_{n1}, , L_{n2}, L_{n3}) \tag{5.43}$$

ここに，

$$\begin{aligned}&\Lambda_G^2(V_1, V_2, V_3, n_1, n_2, n_3, L_{n1}, L_{n2}, L_{n3}) \\ &= \Gamma^2\,(V_1/\theta_1)\,\Gamma^2\,(V_2/\theta_2)\,\Gamma^2\,(V_3/\theta_3) + \Lambda^2\,(n_1, L_{n1}, \mathbf{1/n_1})\,\Lambda^2\,(n_2, L_{n2}, \mathbf{1/n_2})\,\Lambda^2\,(n_3, L_{n3}, \mathbf{1/n_3})\end{aligned} \tag{5.44}$$

■局所推定分散関数　推定量は，次のようになる．

$$\widehat{Z}_V(\mathbf{x_{est}}) = \sum_{i=1}^{n_1}\sum_{j=1}^{n_2}\sum_{k=1}^{n_3}\nu_{1i}\nu_{2j}\nu_{3k}Z(x_{1i}.x_{2j}, x_{3k}) \tag{5.45}$$

ここに，$\boldsymbol{\nu_1}$ は，x_1 方向のサンプル点位置と局所平均位置の相対的位置関係から，BLUE として連立方程式(5.39)を解くことによって決まる，各サンプル点の重みである．$\boldsymbol{\nu_2}$ と $\boldsymbol{\nu_3}$ についても，同様である．

局所推定分散関数は，次のように書くことができる．

$$\sigma_V^2 = \sigma_Z^2\Lambda_L^2(\mathbf{x_{est}}, V_1, V_2, V_3, \mathbf{x_{obs}}, n_1, n_2, n_3, L_{n1}, L_{n2}, L_{n3}) \tag{5.46}$$

ここに，

$$\begin{aligned}&\Lambda_L^2(\mathbf{x}_{est}, V_1, V_2, V_3, \mathbf{x}_{obs}, n_1, n_2, n_3, L_{n1}, L_{n2}, L_{n3}) \\ &= \Gamma^2\,(V_1/\theta_1)\,\Gamma^2\,(V_2/\theta_2)\,\Gamma^2\,(V_3/\theta_3) + \Lambda^2\,(n_1, L_{n1}, \boldsymbol{\nu_1})\,\Lambda^2\,(n_2, L_{n2}, \boldsymbol{\nu_2})\,\Lambda^2\,(n_3, L_{n3}, \boldsymbol{\nu_3}) \\ &\quad - 2\left(\sum_{i=1}^{n_1}\gamma_V\,(Z_V(x_{1est}), Z(x_{1i}))\right)\left(\sum_{j=1}^{n_2}\gamma_V\left(Z_V(x_{2est}), Z(x_{2j})\right)\right)\left(\sum_{k=1}^{n_3}\gamma_V\,(Z_V(x_{3est}), Z(x_{3k}))\right)\end{aligned} \tag{5.47}$$

■3次元確率場の格子状サンプル点配置　最後に，3次元確率場の格子状のサンプル点配置について，簡単に説明する．これは先に式(5.19)で定義した，1次元確率場のサンプル点配置の，単純な3次元への拡張である．水平面上で直交する x_1 と x_2 軸方向への側線長をそれぞれ L_1 と L_2，それぞれのサンプル点の数を n_1 と n_2 とする．それぞれの側線の中心点座標は，x_{1obs} と x_{2obs} である．またこの水平面に直交する鉛直下向きを x_3 軸とし，その側線長を L_3，サンプル点の数を n_3 とする．この側線の中心点座標は，x_{3obs} である．これらにより構成される格子のすべての交点が，サンプル点である．

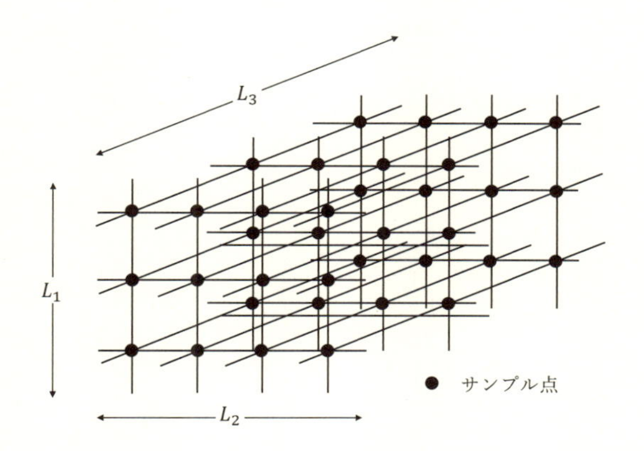

図 5.14　3 次元確率場の格子状サンプル点の例（n_1=3,n_2=4,n_3=3 の場合）

図-5.14 に，n_1=3,n_2=4,n_3=3 の場合の 3 次元格子状サンプル点配置の例を示した．各々の方向でのサンプル間隔は，等間隔で無ければならないが，各方向で異なるサンプル間隔を採ることができる．

5.3.5　局所平均の統計的推定誤差評価理論の検証

この節では，5.3.2 節と 5.3.3 節で展開された，局所平均の平均値推定理論の検証について考える．例えば MCS で種々の確率場を生成し，それを元に理論の検証を行うことは可能であるが，理論が数学的な誤りを犯していない限りは，理論通りの結果が出るのは当たり前である．実際に採取された詳細な地盤調査データに基づき，地盤パラメータを確率場に当てはめ，その上で詳細なデータから推定される真の局所平均値と，提案された理論により，少数のデータから推定された局所平均値を比較する．その推定精度が，理論的に予測される統計的誤差と一致するかを見ることこそが，この理論の地盤データへの適用可能性を検証する上で適切であると考えられる．

本城・大竹 (2012) は，先に 4.4.2 節で地盤の確率場によるモデル化の例題とした高密度のコーン貫入試験（以下 CPT 試験）の貫入抵抗値 q_t(MPa) の計測結果 (土木研究所，1998) を用いて，局所平均の統計的推定理論の検証を行っている．検証の方法は一種の交互照査 (cross verification) 法である．すなわち，高密度 CPT 計測データから実際に計算される局所平均を，少数のデータから提案された理論により推定し，これを高密度データから求められた真値と比較し，その的中の程度（推定誤差の分散）を調べることにより検証を行う．

ここでは，推定分散関数 Λ^2 について，その検証のごく一部を紹介する．より詳細な検証の結果については，本城・大竹 (2012b) を参照されたい．ここで紹介するのは，データ長がもっとも長い，利根川第 2 砂層（0.025m 間隔で 420 個，10.50m 厚，4 本）と名取川第 2 砂層（0.025m 間隔で 450 個，11.25m 厚，4 本）に関する CPT 試験の q_t 値を用いた検証結果である．

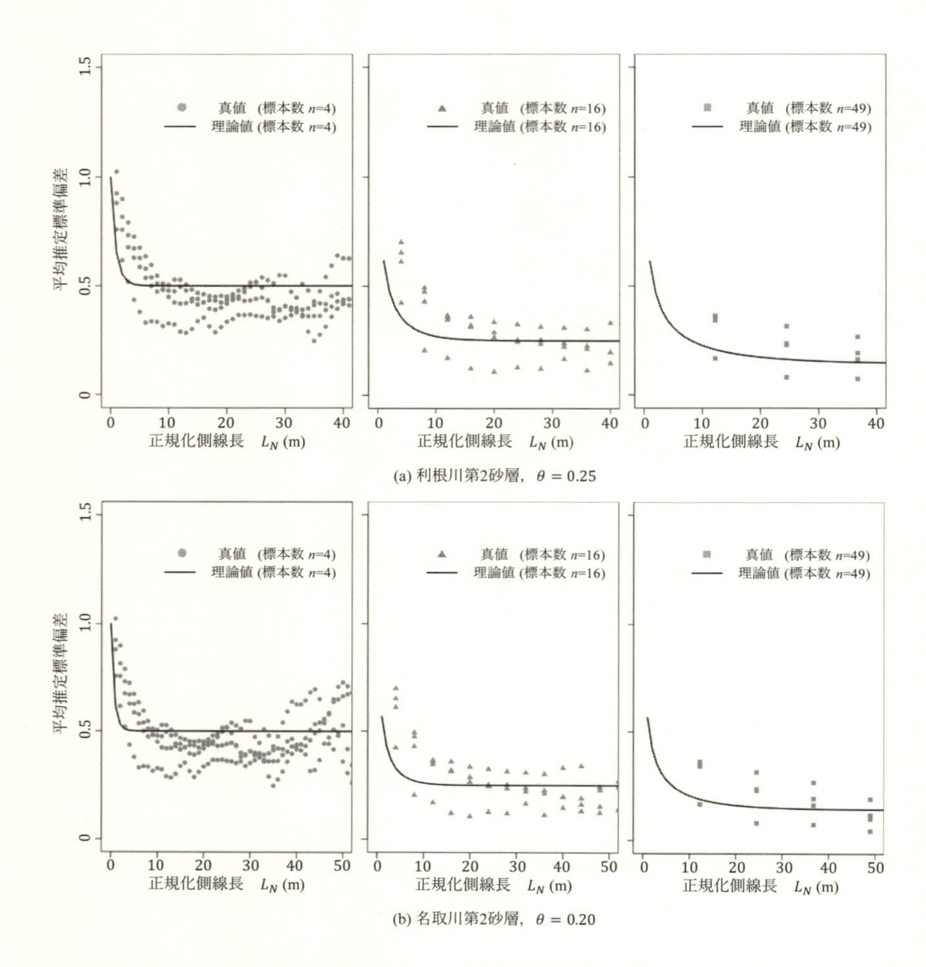

図 5.15　利根川第 2 砂層と名取川第 2 砂層の標本推定分散関数と理論推定分散関数の比較

図-5.15 は，計測値から直接計算された標本推定分散関数であり，先に理論的に求められた**図-5.9** と比較されるべき結果である．ここでは，標本数 n=4,16,49 に対する結果が比較されている．

利根川第 2 砂層の 1 本の CPT 試験結果を除いては，特に正規化側線長 L_N が短い範囲で，真値と理論値はよく一致している．L_N が長くなると，標本推定分散関数を計算できる実測値の組合せの数が減少するので，推定精度が低下し，バラツキが大きくなる．

5.4　5 章のまとめ

本章では，地盤パラメータの空間的バラツキが構造物に与える影響の評価方法と，地盤パラメータの局所平均値の統計的推定誤差について，次のことを述べた．

(1) 定常な確率場の局所平均は，その平均値は母平均，その分散は Vanmarke が提案した分散関数 $\Gamma^2(V/\theta)$ に従って母分散から低減する．
(2) 適切な局所平均範囲を取れば，その局所平均の平均値と分散値を持つ 1 つの確率変数で地盤パラメータの空間的バラツキを置換え，構造物の性能に与える影響を，近似的に評価することができる．
(3) 適切な局所平均範囲は，力学的なメカニズムで支配的な範囲と一致する．例えば，次のような範囲である．
   - 杭の周面摩擦力であれば，杭に沿った地盤パラメータの線平均．
   - 円弧滑り安定解析であれば，地盤パラメータの平均値を用いて求められた臨界円弧を包含する矩形範囲．
   - 剛塑性体地盤上の浅い基礎の支持力であれば，古典的な滑り線法で仮定される滑り線を概ね包含する矩形範囲．
   - 弾性体地盤上の浅い基礎の変形問題であれば，弾性解で荷重度の 10% の鉛直応力球根を概ね包含する矩形範囲（大竹・本城 (2012a) 参照）

   複雑な土層構成，形状，境界条件等を含む問題であれば，当該地盤パラメータの平均値で，有限要素法等で解を求め，その解に基づいて局所平均範囲を決めるのも一法であると考えられる．
(4) 局所平均の平均値の推定は，推定位置と観測位置の関係を考慮しない一般推定と，両者の関係を考慮する局所推定に分けて定式化された．
(5) それぞれの平均値の推定分散は，一般推定では一般推定分散関数 $\Lambda_G^2(V, n, L, \theta)$ として，局所推定では局所推定分散関数 $\Lambda_L^2(x_{est}, V, n, x_{obs}, L, \theta) \cdot \sigma_Z^2)$ として表現された．
(6) それぞれの定式化は，正規標本論の分散既知で母平均を推定する問題 (**定式 I**) に対応する形式で，一般推定は (**定式 II**) として，局所推定は (**定式 III**) として定式化された．
(7) 提案された一般推定及び局所推定は，自己相関関数が各座標軸について分離可能であれば，容易に多次元に拡張できる．
(8) 本章のまえがきでも述べたとおり，適切な局所平均範囲についての局所平均値に焦点を当てて，地盤パラメータの空間的バラツキ評価の問題と，統計的推定誤差の問題を扱うことにより，両者は共通の土俵に乗り，直接構造物の信頼性解析に結びつけることができる．この点は，本提案の最も重要な点である．

なおこの章で導入した統計的推定に関わるすべての関数は，すべて R 言語によりコンパクトなプログラムが作成されており，パラメータを定めれば，容易に計算可能である．

第 6 章

変換誤差とモデル化誤差

6.1　はじめに

本章では，地盤構造物に焦点をあて，主に日本国内の主要な設計基準の設計計算法の，変換誤差とモデル化誤差を包括的に整理し，信頼性解析を合理的に行うための基礎資料を作成することを目的とする．本書の主要部分は，大竹・本城 (2014a)，大竹・本城 (2014b) にある．これに加えて，変換誤差やモデル化誤差を実際に定量的に求める方法についても解説する．

6.2　変換誤差

6.2.1　変換誤差の定義

地盤構造物の設計では，設計計算に実際に用いられる地盤パラメータと，地盤調査で直接計測される地盤パラメータが異なる場合がしばしばある．例えば，標準貫入試験の N 値より，地盤の強度や変形に関するパラメータを推定し，設計計算に用いる場合がこれに当たる．両者の相関は完全ではないので，そこに変換誤差が生じ，これが，信頼性設計で支配的な不確実性要因の一つとなる場合がある．本節では，このような変換誤差を取り上げ，主として国内の設計基準で用いられている変換式の変換誤差を包括的に整理する．

ここでは，変換誤差 δ_T を地盤パラメータを直接計測した真値と，地盤調査等により計測された他の地盤パラメータからの推定値の比として，次のように定義する．

$$\delta_T = \frac{\text{地盤パラメータの真値}}{\text{他の地盤パラメータからの変換式による推定値}} \tag{6.1}$$

ここで分母に，「他の地盤パラメータからの変換式による推定値」を取るのは，推定値に変換誤差 δ_T を乗じれば，対象量の真値が得られると言う理由による．

変換誤差 δ_T の平均を bias_T，標準偏差を $\mathrm{bias}_T \cdot COV_T$ で表す．平均値を bias_T と書くのは，これが変換誤差の偏差の平均値を表すからである．COV_T は，変換誤差の変動係数である．

ここでは，変換誤差定量化の分かりやすい例題として，福井他 (2002) が行った N 値から内部摩擦角を推定する問題を紹介する．また大規模なデータベースに基づく，大竹他 (2017a) の種々の地盤調査から地盤変形係数 E への変換誤差評価の例を説明する．

最後に，大竹・本城 (2014b) でまとめられた，主として国内の設計基準で用いられている変換式の変換誤差を包括的に整理した．

6.2.2 標準貫入試験 N 値からの内部摩擦角 ϕ への変換

N 値から内部摩擦角 ϕ（°）への変換式は数多く提案（例えば，道示（日本道路協会，2002），港湾基準式（港湾協会，2007）等）されているが，ここでは，変換式の基データの詳細が示されている道示式（福井他，2002) を例に，変換誤差を定量化する．

福井他 (2002) が回帰分析に用いたデータは，凍結サンプリングにより採取され，三軸圧縮試験により内部摩擦角が計測された 34 データである．N 値は拘束圧の影響を受けるので，これを補正するため式 (6.2) に従って，有効上載圧 σ'_v=100(kN/m^2) 相当の N 値（N_1）に変換・補正した N_1 を求め，この N_1 と内部摩擦角との相関を分析している点に特徴がある．N 値の有効応力により補正式は，次の通りである．

$$N_1 = \frac{170N}{\sigma'_v + 70} \tag{6.2}$$

内部摩擦角 ϕ（°）に対する，補正 N 値 N_1 の対数を取った説明変数 $\ln(N_1)$ の回帰分析結果は，$\phi = 23.2 + 4.7\ln(N_1)$ で与えられる．このときの，重相関係数は 0.656，推定値の標準誤差は 2.38(°) であった．

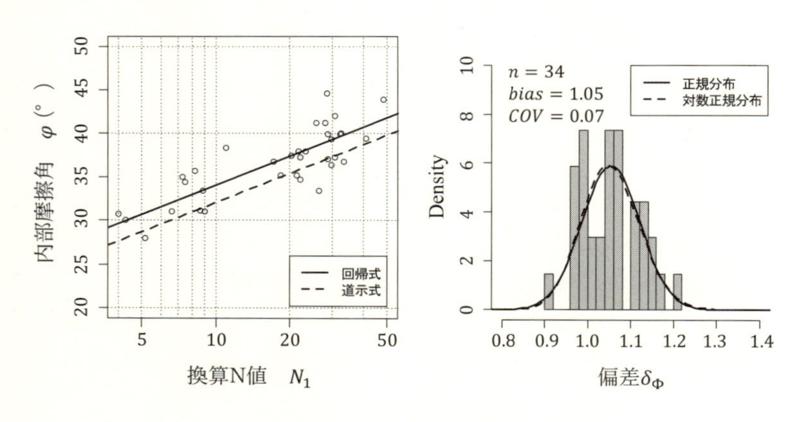

図 6.1　N_1 と ϕ の関係

図-6.1 の左図は，内部摩擦角 ϕ と $\ln(N_1)$ の散布図に，回帰分析結果を合わせて実線で示している．N_1 は，3〜50 の範囲に概ね一様頻度で分布している．一方道示式は，次式で与えられる．

$$\phi = 21 + 4.8\ln(N_1) \qquad (6.3)$$
$$COV_{\phi}^2 = 0.07^2$$

図-6.1 の左図には，道示式も点線で併記されている．回帰分析の結果，推定値の標準誤差は先に示した通り 2.38（°）であり，道示式は，回帰式から大体 1 標準誤差低減した式となっている．

図-6.1 の右図は，計測値と道示式の変換値の比のヒストグラムに，対数正規分布および正規分布の確率密度関数を併記した図である．bias_{ϕ} は 1.05，COV_{ϕ} は 0.07 が得られた．正規分布と対数正規分布は概ね一致する．しかし，一般に正規分布でモデル化すると，信頼性解析を行う際に，計測値と変換値の比が負になる可能性があり，対数正規分布でモデル化する方が得策である．

6.2.3 各種の地盤調査から地盤変形係数 E への変換

土木研究所が収集した大規模な地盤調査データベースを基に大竹他 (2017a) は，地盤変形係数 E_{eq} の推定式を開発した．このデータベースは，日本全国 5995 箇所の橋梁設計現場で実施された様々な原位置試験・室内試験の結果が含まれている．原位置試験は，標準貫入試験 5193 本，孔内水平載荷試験（PMT）2022 箇所，PS 検層（PSL）318 箇所，平板載荷試験（PLT）23 箇所である．室内試験は，一軸圧縮試験（UCT）2000 箇所，三軸圧縮試験（TCT）1596 箇所，超音波試験 302 箇所が含まれている．なお，解析にあたっては，次のスクリーニングを施している．

- 三軸圧縮試験の試験条件は，粘性土 : UU 試験，砂質土及び礫 : CD 試験に限定する
- ひずみ（軸ひずみ，孔壁ひずみ等）の計測値が得られているものに限定する．
- N 値は，粘性土：$1 \leqq N \leqq 25$，砂質土及び礫：$1 \leqq N < 50$ の範囲とし，自由落下方式のみに限定する．

本解析の特徴は，地盤変形係数のひずみレベル依存性を考慮している点にある．軸ひずみを指標として，地盤変形係数のひずみ依存性を下記のようにモデル化することにより，様々なひずみレベルに対応した地盤変形係数 E_{eq} が設定できるように配慮されている．

地盤変形係数 E は，それぞれの試験の調査方法における最大主応力と同方向のひずみの比として定義される．地盤変形係数とヤング率の関係は，それぞれの試験・調査の境界条件により異なる．詳細は，大竹他 (2017a) を参照されたい．

$$E_{eq} = E_1\left(\frac{\varepsilon_{eq}}{\varepsilon_1}\right)^b = E_1\left(\frac{\varepsilon_{eq}}{0.01}\right)^b \qquad (6.4)$$

ここで，E_1 は軸ひずみ ε_1=0.01（1%）の時の地盤変形係数で，基準変形係数と呼称する．地盤変形係数 E_{eq} は，任意の軸ひずみ ε_{eq} に対応する地盤変形係数に容易に変換できる．**図-6.2** は，両対数表示の地盤変形係数と軸ひずみとの関係を示している図で

表 6.1　粘性土の N 値変換式の変換誤差

推定式	n	bias	COV	N 値適用範囲	d 適用範囲
E_1^{PMT}=4000$N^{2/3}$	61	1.53	1.16	1-15	<15m
E_1^{UCT}=650$N^{1/4}d^{2/3}$	298	1.24	0.73	1-25	<60m
E_1^{TCT}=4000$N^{1/2}$	175	1.13	0.54	1-15	<15m

表 6.2　砂質土の N 値変換式の変換誤差

推定式	n	bias	COV	N 値適用範囲	d 適用範囲
E_1^{PMT}=2700$N^{3/4}$	68	1.17	0.61	1-50	<30m
E_1^{PMT}=1200$N^{2/3}d^{1/2}$	68	1.15	0.57	1-50	<30m

あるが，土質区分によらず，係数 b は-1/2 となることが確認された．この図より，軸ひずみ 0.2%～2% 程度の範囲においては，変換精度は，上記のような簡便なモデル化でも高い精度で変換できることが分かる．変換精度は，粘性土の場合，一軸圧縮試験で bias=1.01，COV=0.11，三軸圧縮試験で bias=0.96，COV=0.06，砂質土の場合，三軸圧縮試験で bias=0.98，COV=0.13 が得られている．

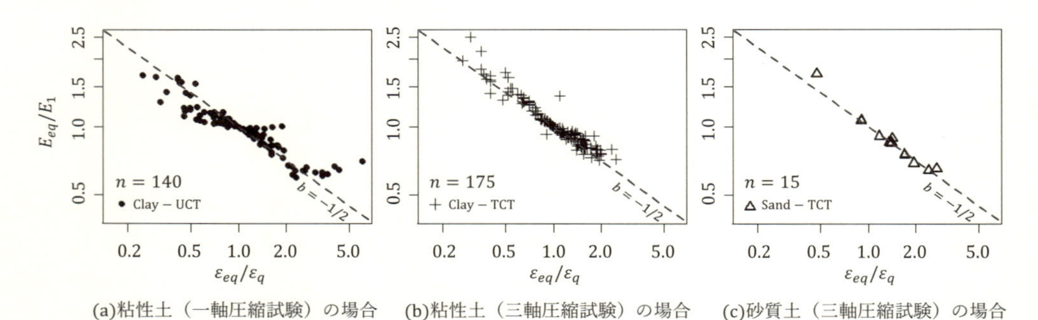

(a)粘性土（一軸圧縮試験）の場合　(b)粘性土（三軸圧縮試験）の場合　(c)砂質土（三軸圧縮試験）の場合

図 6.2　地盤変形係数のひずみ依存性

地盤変形係数は，一般的に E_{50} などの指標が用いられ設計に用いられるが，そのひずみレベルは，調査される場所，土質により異なり，0.1%～15% まで大きくばらついている．この変換式を用いることにより，地盤変形係数をひずみレベルで補正することにより，基礎構造物の変位照査等を合理的に実施できると考えられる．

また，標準貫入試験 N 値および調査深度 d を指標とした基準地盤変形係数の変換式が提案されている．それぞれの調査法別に，ひずみレベル補正なしの地盤変形係数 E_m と N 値のみの変換式（Eq1），ひずみレベル補正ありの地盤変形係数 E_1 と N 値のみ（Eq2），ひずみレベル補正あり地盤変形係数 E_1 と N 値と d（Eq3）の 3 種類の回帰方程式を用いて，変換誤差（回帰誤差），情報量基準 AIC 等を参考にして，土質区分および調査法別に**表-6.1**，**表-6.2** に代表的な変換式が示されている．

$$Eq1 : E_m = \beta_0 N^1 d^{\beta_2} \tag{6.5}$$
$$(\ln E_m = \ln\beta_0 + \ln N + \beta_2 \ln d)$$
$$Eq2 : E_1 = \beta_0 N^{\beta_1} \tag{6.6}$$
$$(\ln E_1 = \ln\beta_0 + \beta_1 \ln N)$$
$$Eq3 : E_1 = \beta_0 N^{\beta_1} d^{\beta_2} \tag{6.7}$$
$$(\ln E_1 = \ln\beta_0 + \beta_1 \ln N + \beta_2 \ln d)$$

地盤調査法に応じて変換精度は異なり，大きいもので COV が 1.00 以上，小さいもので 0.50 程度となる．**図-6.3** には，一軸圧縮試験 UCT により得られた地盤変形数を対象に 3 種類の回帰式における散布図と残差分布図，残差のヒストグラムが示されている．ひずみレベルを考慮すること（$Eq2$，$Eq3$）により変換精度が改善していること，残差は対数正規分布することが分かる．

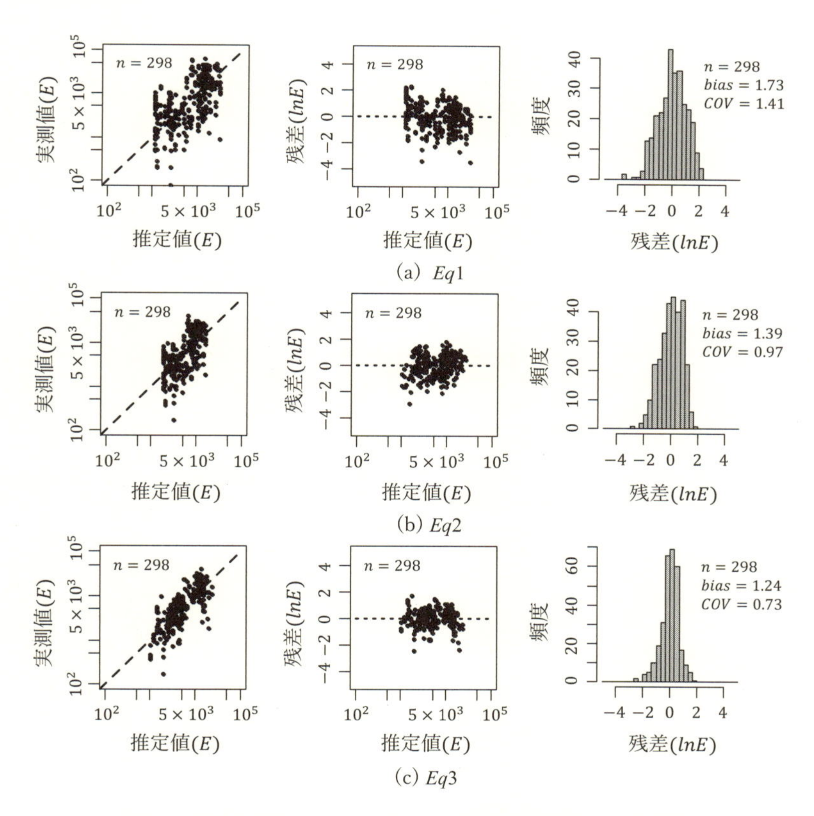

図 6.3　回帰分析結果の例：粘性土一軸圧縮試験 TCT の場合

6.2.4　変換誤差の一覧

取り上げた変換式の変換誤差の一覧を，**表-6.3**，及び**図-6.4** に示した．**表-6.3** の図番は，**図-6.4** の番号と対応しており，相互比較が行えるように $\pm 1\sigma_T$ の範囲を COV_T で図化している．

なお，変換誤差は対数正規分布に従うものと仮定する．この場合，よく知られている次の関係が有用である．

$$E[\ln \delta_T] = \mu_{\ln \delta_T} = \ln \mu_{\delta_T} - \frac{1}{2}\sigma^2_{\ln \delta_T} \tag{6.8}$$

$$Var[\ln \delta_T] = \sigma^2_{\ln \delta_T} = \ln\left[1+\left(\frac{\sigma_{\delta_T}}{\mu_{\delta_T}}\right)^2\right] \approx \left(\frac{\sigma_{\delta_T}}{\mu_{\delta_T}}\right)^2 = COV^2_{\delta_T} \tag{6.9}$$

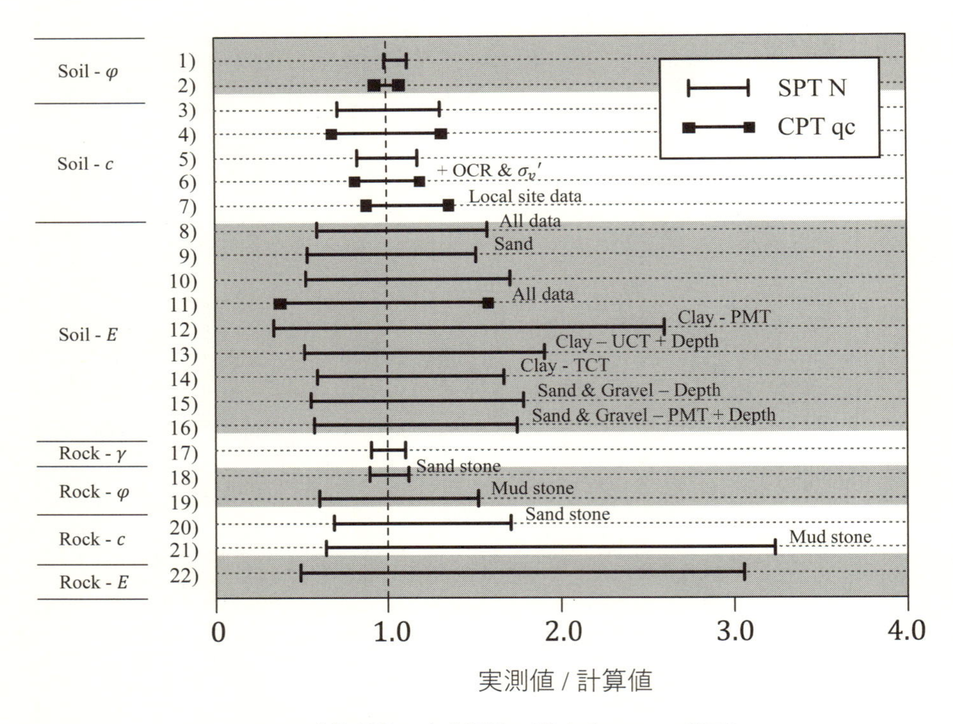

図 6.4　変換誤差の変動係数の範囲（COV_T の範囲）

以上の結果を通じて，次のことが理解される．

(1) 標準貫入試験 N 値や，コーン貫入試験 q_c 値から，内部摩擦角 ϕ への変換は，変動係数 0.1 以下で，予想以上に正確である．ただしこのとき，拘束圧 σ'_V による補正を行うことが重要である．

表 6.3 変換誤差一覧表

地盤パラメータ	貫入試験	地盤分類	データ数 n	$bias_T$	COV_T	付加指標	文献／備考	図番
■ 地盤								
内部摩擦角	SPT	砂質土	34	1.05	0.07	σ'_v	福井他 (2002)	1)
(ϕ)	CPT	砂質土	633	1.0	0.07		Marchetti(1985), Kulhawy and Mayne(1990)	2)
粘着力	SPT	粘性土	194	1.01	0.31		Hara et al.(1974), Ching et al.(2010)	3)
(c)	CPT	粘性土	-	1.00	0.34		Konrad and Law(1987), Ching et al.(2010)	4)
	SPT	粘性土	-	1.00	0.18	OCR,σ'_v	Ching et al.(2010)	5)
	CPT	粘性土	-	1.00	0.19	OCR,σ'_v	Ching et al.(2010)	6)
	CPT	粘性土	93	1.12	0.22		室町 (1957), 大竹・本城 (2013)	7)
変形係数	SPT	全土質	55	1.09	0.52		中谷 (2009)	8)
(E)	SPT	砂質土	71	1.03	0.56		中谷 (2009)	9)
	SPT	砂質土	370	1.89	1.13		Ohya et al.(1982), Kulhawy and Mayne(1990)	
	SPT	粘性土	23	1.13	0.64		中谷 (2009)	10)
	SPT	粘性土	443	1.94	1.15		Ohya et al.(1982), Kulhawy and Mayne(1990)	
	CPT	全土質	67	1.14	0.82		NCHRP(2007), 本城他 (2011)	11)
	SPT	粘性土	61	1.53	1.16		大竹他 (2017a) / PMT	12)
	SPT	粘性土	298	1.24	0.73	Depth	大竹他 (2017a) / UCT	13)
	SPT	粘性土	175	1.13	0.54		大竹他 (2017a) / TCT	14)
	SPT	砂・礫質土	68	1.17	0.61		大竹他 (2017a) / PMT	15)
	SPT	砂・礫質土	68	1.15	0.57	Depth	大竹他 (2017a) / PMT	16)
■ 岩盤					NEXCO 設計要領第 2 集 (2007)，大竹 (2012)			
単位体積重量	SPT	全岩種	208	1.00	0.10			17)
内部摩擦角	SPT	砂岩	61	1.00	0.11			18)
	SPT	安山岩	17	1.00	0.26			
	SPT	泥岩	45	1.00	0.49			19)
粘着力	SPT	砂岩	60	1.13	0.48			20)
	SPT	安山岩	22	1.48	0.74			
	SPT	泥岩	44	1.64	0.96			21)
変形係数	SPT	全岩種	239	1.45	1.14			22)

(2) 標準貫入試験 N 値や，コーン貫入試験 q_c 値から，粘着力 c への変換は，変動係数 0.3 程度の変換誤差がある．しかし，拘束圧 σ'_V や OCR 等を考慮すると，変換の精度を上げることができる．同一のサイトの同じ土層での変換式を作成すると，変換誤差は低減できる．

(3) 標準貫入試験 N 値や，コーン貫入試験 q_c 値から，地盤変形係数 E を求めようとすると，大きな変換誤差がある．変動係数が 1 以上になる場合もあり，地盤変形係数のオーダーを推定できる程度である．

(4) 岩盤では，粘着力，地盤変形係数ともに，非常に大きな変換誤差がある．

(5) 変換式は，与えられたデータに強く依存する．使用したデータにより，得られた変換式の適用範囲は，厳しく限定される．変換式の適用に当たっては，それがどのようなデータから得られたものであるか慎重な吟味を要する．

(6) 上記のことと表裏の関係であるが，限定されたデータから導出された変換式は，その限定された範囲においては有効な関係を与える．限定されたデータによる変換式は，一般的にその不確実性も小さい．このことは，ローカルな情報に精通した地盤技術者は，より正確な予測ができるという経験的な事実と符合する．

6.3　モデル化誤差

6.3.1　モデル化誤差の定義

不確実性の定量化を目指す信頼性設計法では，それぞれの設計計算モデルの精度は，客観的データに基づいて定量化されなければならない．この設計計算モデルの精度は，先にも述べたようにモデル化誤差（Model Error）と呼称される．

モデル化誤差 δ_M は，ここでは原則的に，照査の対象となっている量（安全率，変位，応力等）の載荷試験，破壊例等より得られた真値と，その量の設計計算値との比として，次のように定義する．

$$\delta_M = \frac{\text{照査対象量の真値}}{\text{照査対象量の設計計算値}} \tag{6.10}$$

ここで分母に，「照査対象量の設計計算値」を取るのは，計算値にモデル化誤差 δ_M を乗じれば，対象量の真値が得られると言う理由による．

モデル化誤差 δ_M の平均を bias_M，標準偏差を $\text{bias}_M \cdot COV_M$ で表す．平均値を bias_M と書くのは，これがモデル化誤差の偏差の平均値を表すからである．bias_M が 1.0 よりも大きい場合には，計算値が真値を過小に評価していることを示し，1.0 よりも小さい場合には，計算値が真値を過大に評価していることを示す．COV_M は，モデル化誤差の変動係数である．

鋼やコンクリート等を対象とした信頼性設計では，一般にモデル化誤差の定量化はかなり難しいと考えられている．これは，梁，柱と言った部材レベルであれば，載荷試験等により，設計計算式の精度を評価することは可能であるが，不静定次数の高い一般的な構造物では，実際の破壊で問題となるのは，ジョイント部等，強度評価の困難な部分が多く，また不静定次数の高い構造物のシステム破壊の問題は，現実的な解を求めることが困難である，と言った理由が存在する．また構造物の抵抗の不確実性に対し，外力側の不確実性が圧倒的に大きく，モデル化誤差の定量化の重要性が大きくないことも，定量化が進みにくい理由の一つと考えられる．

これに対して，地盤構造物のモデル化誤差は，次のような理由で，重要であり，また定量化が可能である場合が多い．

(1) 本書で示す種々の地盤構造物の信頼性解析結果の，各不確実性要因の寄与度を見ると，多くの場合，モデル化誤差は支配的，あるいは支配的要因の一つである．

(2) 上部構造物と異なり，下部構造物では杭や平板載荷試験，試験盛土施工等，実大規模に近い状態での，限界状態を直接対象とした試験が数多く行われる．また，施工中の観測も，多くの工事で実施され，データが蓄積されている．

(3) 地震や豪雨などの災害時に，多くの地盤構造物が破壊し，調査が行われる．これらのデータも，蓄積されている．

地盤構造物の伝統的な設計計算法におけるモデル化誤差に関しては，多くの優れた研究があり，実大規模に近い試験（例えば，杭や盛土の載荷試験，平板載荷試験等）や実際の破壊例を多数収集し，誤差の定量化がなされている．

例えば，土木研究所が実施した道路橋示方書の直接基礎，杭基礎の設計方法の定量化検討は，道路橋示方書の設計方法に従って信頼性解析を実施する上では不可欠な情報である（岡原他 (1991)，Shirato et al. (2009)，Kohno et al. (2009)，中谷 (2009)，中谷他 (2009))．

また，米国 AASHTO 関連の道路橋の設計基準では，杭基礎に関しては Paikowsky(2004)，直接基礎に関しては Paikowsky et al. (2010) の研究が有用である．

土構造物に目を移すと，軟弱粘性土地盤上の盛土の円弧すべり計算に関しては，盛土の施工時の破壊例からモデル化誤差の定量化が行われている（Wu and Kraft (1970)，Matsuo and Asaoka (1977)，松尾 (1981)，Wu (2009)）．これに関しては，2.3 節の**例 2.3-1** で，既に触れている．

ここでは，地盤構造物に焦点をあて，まず道路橋示方書の液状化判定式のモデル化誤差についての簡単な解析例を紹介する．続いて，最近大竹らが行った，杭の横方向地盤反力係数のモデル化誤差に関する研究について述べる．さらに，余り他に例の無い河川堤防の浸透安定性照査式のモデル化誤差の解析例を紹介する．最後に，主に日本国内の主要な設計基準の設計計算法のモデル化誤差を，包括的に整理した結果を示す．

6.3.2　液状化懸念層の液状化判定

液状化判定は，道路橋示方書 V 耐震設計編（以下，道示 V（2002）と呼称する)，港湾基準 (2007)，建築基礎 (2001)，いずれでも導入されている．判定方法の考え方も概ね同一で，動的せん断強度比 R と地震時せん断応力比 L の比（F_L）を用いて計算される．この判定結果は，杭基礎の設計における地盤反力係数の低減などに用いられ，地震時の設計において重要な位置づけにある．ここでは，道示 V(2002) の考え方に基づいて判定方法の概要を示す．

$$F_L = R/L \tag{6.11}$$
$$R = c_w/R_L$$

ここで，c_w：地震動の種類により決まる係数，R_L：繰り返し三軸強度比である．繰り返し三軸強度比は直接土質試験から設定できるが，ほとんどの場合実務では，N 値と関係づけられた次の推定式が用いられる．

$$R_L = 0.0882\sqrt{N_a/1.7}\ \ (N_a < 14) \tag{6.12}$$
$$R_L = 0.0882\sqrt{N_a/1.7} + 1.6/10^6(N_a - 14)^{4.5}\ \ (14 \le N_a)$$

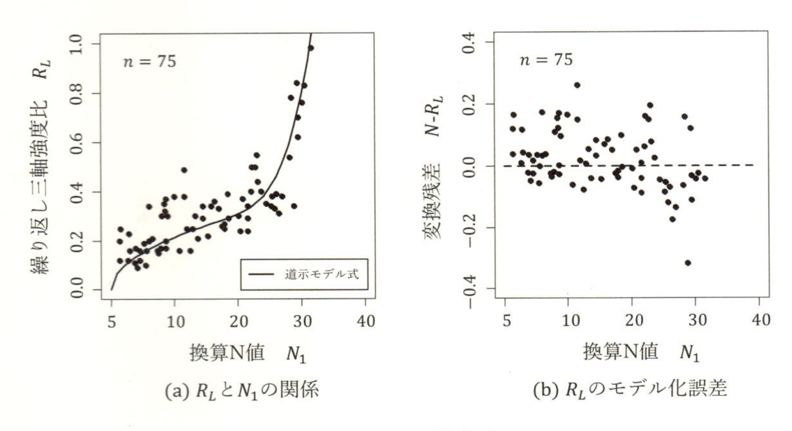

(a) R_LとN_1の関係　　(b) R_Lのモデル化誤差

図 6.5　R_Lの推定式

ここで，N_a は，粒度の影響を考慮した補正 N 値であり，N_1 は有効上載圧 100kN/m^2 相当に換算した N 値である．それぞれ，$N_a = c_1N_1 + c_2$，$N_1 = 170N/(\sigma'_V + 70)$ で計算され，c_1，c_2 は細留分含有率から決まる係数である．係数の設定方法など詳細については，道示 V（2002) を参照されたい．

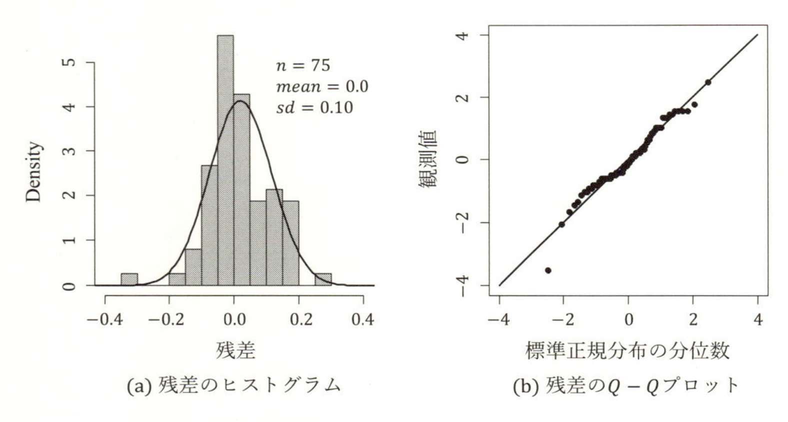

(a) 残差のヒストグラム　　(b) 残差の$Q-Q$プロット

図 6.6　R_L 推定式のモデル化誤差

大竹・本城・小池 (2012) は，**図-6.5** に示す式 (6.12) と，実験データとの残差を分析することにより，N 値から繰り返し三軸強度比 R_L を推定する際の，モデル化誤差の定量化を行った．このデータは，道示 V（2002）に示されているデータで[1]，原位置から高品質の不攪乱資料を得ることができる凍結サンプリング法により資料を採取し，繰り返し動的三軸試験により R_L を求め，砂質土の換算 N 値との関係を整理したものである．

図-6.6 に示すように，残差は正規分布でモデル化でき，残差の標準偏差は 0.10 が得られた．R_L=0.25 の場合の変動係数 COV_{R_L} を計算すると 0.40 が得られる．

[1] 同示方書，資料編「6. 液状化の判定法に関する資料 (2002)」pp.349-362.

6.3.3 杭の水平方向地盤反力係数

大竹他 (2017b) は，多数の杭基礎の水平載荷試験から地盤反力係数の推定式を導出した．地盤反力係数は，載荷試験により得られる荷重度 p-変位 δ 曲線の割線勾配として定義される．中谷他 (2012)，大竹他 (2017b) により地盤変形係数 E_{eq}(kN/m^2) と地盤反力係数 k_{eq}(kN/m^3) は，下式に従うことが分かっている．

$$E_{eq} = E_1\left(\frac{\varepsilon_{eq}}{\varepsilon_1}\right)^{-1/2} \tag{6.13}$$

$$k_{eq} = k_1\left(\frac{y_{eq}}{y_1}\right)^{-1/2} \tag{6.14}$$

ここで，E_1 は，基準地盤変形係数であり，軸ひずみ $\varepsilon_1 = 0.01(1\%)$ の時の地盤変形係数を意味する．k_1 は，基準地盤反力係数であり，構造物変位率 $0.01(1\%) = y_1$ の時の地盤反力係数を意味する．k_{eq} が基礎の荷重度と変位から定義されるのに対して，E_{eq} は地盤のひずみレベルにより定義されるため，k_{eq} に対応する E_{eq} を設定するためには，着目する基礎の変位レベルにおいて，周辺の地盤がどの程度の平均的なひずみレベルに達するかを知る必要がある．ただし，両者の関係は不明であるので，それぞれに便宜的な基準値（基準地盤反力係数；基礎幅の 0.01(1%) と基準地盤変形係数；軸ひずみ 0.01(1%)）を設け，両者を回帰分析で関係づけることを考える．従って，この不整合を調整するための比例係数 ω（これを等価近似係数と呼称する）を導入することで，弾性論に基礎をおいた下記の回帰方程式を設定した．

$$k_1 = \alpha_{eq}\frac{\omega E_1}{D} = \alpha_{eq}\omega\frac{E_1}{D} \tag{6.15}$$

$$k_{eq} = k_1\left(\frac{y_{eq}}{y_1}\right)^{-1/2} = \alpha_{eq}\frac{\omega E_1}{D}\left(\frac{y_{eq}}{y_1}\right)^{-1/2} = \alpha_R\frac{E_1}{D}\left(\frac{y_{eq}}{y_1}\right)^{-1/2} \tag{6.16}$$

ここで，D(m) は杭径，$\alpha_R = \alpha_{eq}\omega$ は回帰係数であり，弾性論から解釈される係数 $\alpha_{eq}=1/I_p(1-\nu^2)$ と等価近似係数 ω の積となる．回帰分析に用いたデータは，中谷他 (2012) が整理した杭の水平載荷試験データ（36 現場）である．これは，日本全国の橋梁架設地点において実施された杭の水平載荷試験を収集整理したものである．杭形式の構成割合は，鋼管杭が 20 現場，PC・PHC 杭が 4 現場，鋼管ソイルが 5 現場，回転杭が 7 現場のなっており，杭径は 0.51m～1.22m，杭長は 8m～49m の範囲のデータが収録されている．解析にあたって，下記の基準によりスクリーニングが実施されている．

- 荷重変位関係に非線形性が確認できる．
- 地盤面から載荷点までの高さが杭径以下である．

表 6.4　粘性土主体現場（14 現場，41 データ）における推定式

推定式	n	bias	COV	変位レベルの範囲
提案式	22	1.10	0.46	0.01-0.035
道示 2012	22	2.51	0.94	0.01-0.035

表 6.5　砂質土主体現場（22 現場，62 データ）における推定式

推定式	n	bias	COV	変位レベルの範囲
提案式	14	1.09	0.44	0.01-0.035
道示 2012	14	0.92	0.69	0.01-0.035

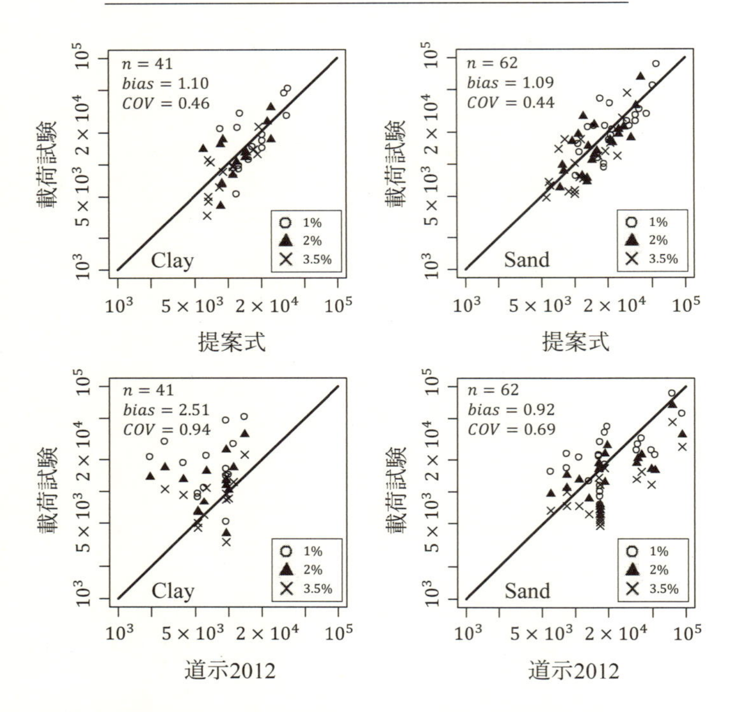

図 6.7　載荷試験結果と推定式の関係（上：提案式，下：既存式道示 2012）

- ワイブル関数へのフィッティングによって得られた弾性限界点の荷重 R_0 の 1.2 倍以上の荷重が載荷されている（$1.2R_0$ の荷重が作用したときに杭体が降伏していない）.
- 地盤データ（土層構成，N 値）が存在し，かつ地盤種が岩盤ではなく，また，N 値がゼロではない.

なお，ここでは，杭の水平載荷試験から，水平変位が $0.01D$，$0.02D$，$0.035D$ における地盤反力係数の逆算値を目的変数とし，N 値から推定した基準地盤変形係数を説明変数と

して下式を得た．

$$k_{eq} = 2.6\frac{E_1}{D}\left(\frac{y_{eq}}{y_1}\right)^{-1/2} \tag{6.17}$$

なお，FEM解析による考察を踏まえて，杭基礎の水平載荷問題では，下記の通り弾性論に基づく式として表現することができることが示されている．照査したい基礎の変位レベル y_{eq} により，それに対応した地盤のひずみレベル ε_{eq} が設定でき，弾性論に基づく下式から適切な地盤反力係数が設定できる．詳細は，大竹他 (2017b) を参照されたい．

$$k_{eq} = \alpha_{eq}\frac{E_{eq}}{D} \tag{6.18}$$

$$\alpha_{eq} = 0.83E_{eq} = E_1\left(\frac{\varepsilon_{eq}}{\varepsilon_1}\right)^{-1/2} \tag{6.19}$$

$$\varepsilon_{eq} = 0.10y_{eq} \quad = (1/\omega)^2 y_{eq} \tag{6.20}$$

図-6.7 は，提案式と水平載荷試験からの逆算値（載荷試験），既存式（道示 2012）と逆算値（載荷試験）の関係を示した散布図である．**表-6.4**, **表-6.5** は，式と逆算値との残差の統計量（bias と COV）が示されており，既存式に比べて変換精度が大きく改善している事がわかる．また，**図-6.7** から，既存式では，地盤反力係数が小さいところでは過小に評価し，地盤反力係数が大きいところでは過大に評価する傾向がある．しかし提案式ではそれが補正され，地盤反力係数の特性を全体的に適切にモデル化できていることが分かる．

物事を予測する上で，bias（トレンド）が小さく，適用範囲で一様であることが重要であることに留意しなければならない．信頼性評価において不確実性を考える時，分散（COV）ばかり目が行くが，bias が最も大きな影響を及ぼすためである．また，データを解析する際には，得られた平均特性（トレンド）に力学的な意味付けをする作業も重要である．導出された式の汎用性や適用限界を考える上での重要な情報を得ることができる．

6.3.4　河川堤防の浸透安定性計算

我が国の河川堤防は，長く「形状規定方式」と呼ばれる，堤防の諸元や斜面勾配といった，堤防の形状で設計を規定する方法が取られてきた．これに対し 2002(H14) 年に示された「河川堤防設計指針」（国土交通省河川局治水課，2002,2007）に基づき，「河川堤防の構造検討の手引き」（国土技術研究センター，2002）により，土質力学の諸原理に基付く，河川堤防の安全性照査手法や強化工法の設計法が，用いられるようになった．なお「手引き」は，2012 年に若干の改定が行われており，現在設計照査に用いられているのは，2012 年度改訂版である．

このように，河川堤防に対する土質力学に基付く設計法の導入が，他の構造物に比較して遅れたため，その設計法のモデル化誤差の定量化の研究は，それほど多くない．

松尾と上野（1978，1979，1980）は，自然斜面や河川堤防を対象として，信頼性設計や崩壊予知に関する一連の研究を行っている．松尾と上野 (1979) は，河川堤防を対象として，河川水や降雨による浸潤面の変化や，それに伴うせん断強度の変化を考慮した堤体の破壊確率の計算方法を提案した．この方法を過去に豪雨を経験した14例の崩壊事例と，11例の未崩壊事例へ適用し，手法の検証を行っている．

対象となった堤体の土質材料は，主として砂質土や砂質ロームであるが，粘性土やロームなども一部含まれている．計算された破壊確率は，未崩壊堤防で0%-12%の範囲，崩壊堤防で8%-20%の範囲が得られ，8%-12%の範囲においては，崩壊と未崩壊の堤防が混在するものの，両者はある程度明瞭に分離されている．この結果から，砂質土盛土についても，円弧すべり解析の精度は比較的高いことが示唆された．

現行の「河川堤防の構造検討の手引き」(国土技術研究センター，2002) に基付く，河川堤防の浸透に関する安定性照査法の，モデル化誤差の定量化を試みた研究としては，大竹・本城・平松 (2015) の研究がある[2]．この研究では，菊森 (2008) にある23地点の河川堤防の被災事例と解析結果の一覧を基礎に，モデル化誤差について検討している．これらの事例は，被災した堤防の断面形状，土質構成，地盤パラメータ，外力条件が分かっており，被災が発生した当時の状況を設計計算で再現させ，その時の円弧すべり安全率，局所動水勾配 (パイピング)，G/W(盤ぶくれ) の値が計算され一覧にまとめられている．

大竹他 (2015) の研究では，まず計算された安全性指標 (円弧すべり安全率，局所動水勾配，盤ぶくれ) の値から，すべり破壊の指標と浸透破壊の指標に分け，これらの指標の中で，もっとも安全性余裕の少ない指標が当該断面の不安定を引き起こした要因であると仮定し，その安全性指標の値を，当該断面の支配指標と仮定した．この操作の結果，23地点中13地点において，浸透に伴う斜面安定性の過失が，支配要因であると判定された．

この13地点における，円弧滑り解析の安全率の平均は0.95，COV は0.18で，その分布は，左右対称の正規分布で近似できると判断された．この結果は，上記の ϕ=0 円弧すべり解析法の設計モデル化誤差と比較すると，やや精度が劣るものの，モデル化誤差の精度としては決して低いとは言えず，設計法のある程度の妥当性を示していると思われる．なお収集事例は少ないが，Wu(2009) による研究でも，(c', ϕ') 円弧滑り解析法のモデル化誤差の COV を，0.16 としており，この面からも，求められたモデル化誤差のある程度の妥当性を示している．とは言え，上記結果にはまだまだあいまいな点が多く，今後の研究が必要である．

6.3.5　モデル化誤差の一覧

主に日本国内の主要な設計基準の設計計算法のモデル化誤差を包括的に整理し，信頼性解析を合理的に行うための基礎資料を作成することを目的とする．また，これらを総合的に評価し，モデル化誤差の観点から地盤構造物の設計を向上させるための課題について述べる．

なお，対象とした荷重作用状態は，主として道路橋示方書耐震編 (2002) の常時・レベル

[2] 著者らの手違いで，本論文は現時点で未発表である．

1 地震時，港湾基準の技術上の基準 (2007) における変動・永続作用相当とした．

整理したモデル化誤差はまとめて**表-6.6** と**表-6.7**，**図-6.8** に示した．**表-6.6** と**表-6.7** の図番は，**図-6.8** の番号と対応しており，ここでは，相互比較が容易に行えるように COV の範囲（平均 $\pm 1\sigma$ の範囲）を図化した．なお，モデル化誤差は対数正規分布に従うものと仮定している．

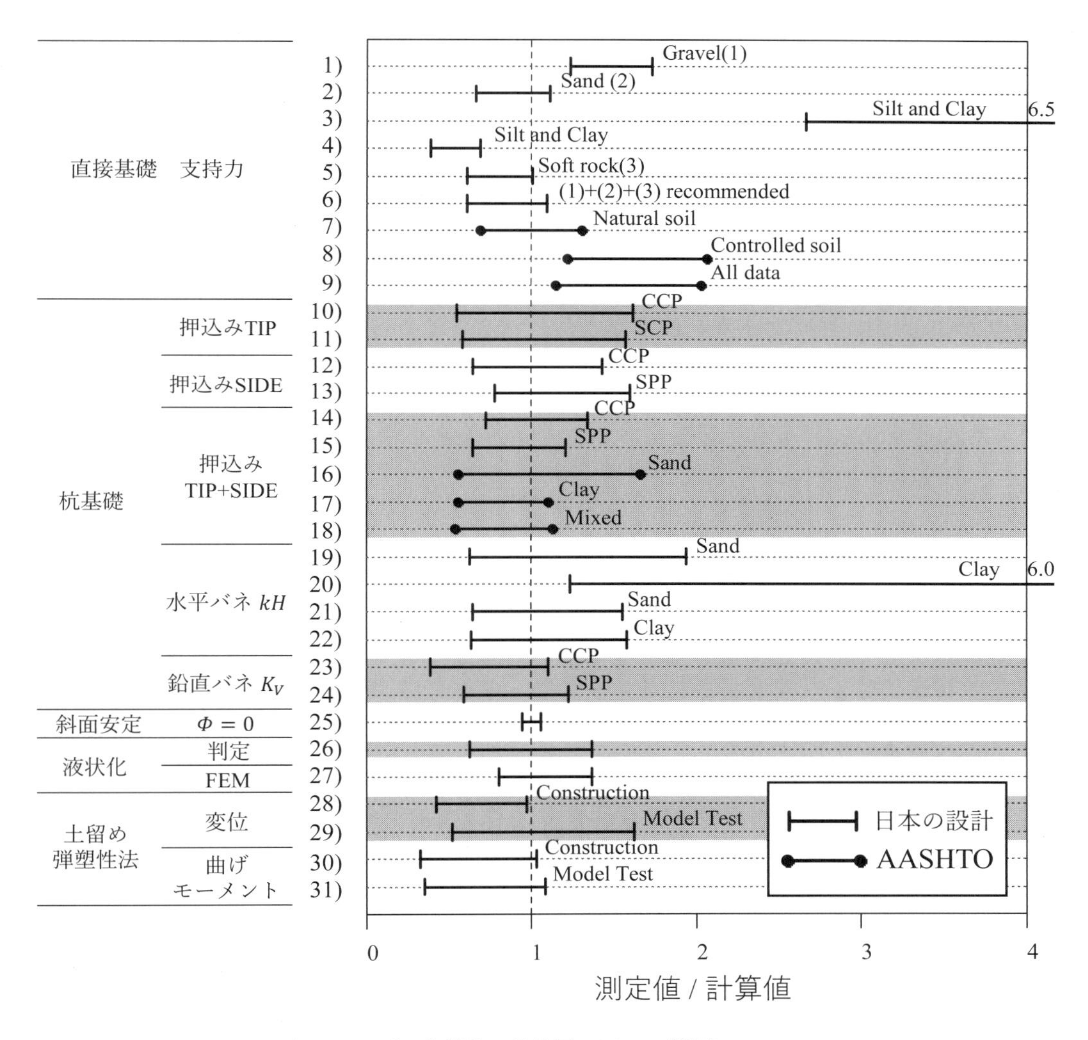

図 6.8　モデル化誤差の比較図 (COV の範囲)

モデル化誤差に関して，つぎのようにまとめられる．

(1) 構造物基礎（直接基礎と杭基礎）については，安定照査では，bias_M が概ね 1 で，COV_M は 0.30 程度を示す．一方，変形照査は，bias_M，COV_M が照査方法で大きく

表 6.6　モデル化誤差一覧表 (1)：浅い基礎・深い基礎

照査項目	地盤分類	データ数 n	$bias_M$	COV_M	文献／備考	図番
浅い基礎（直接基礎）						
鉛直支持力（支持力公式 *1）						
	礫	8	1.48	0.17	Kohno et al.	1)
	砂	13	0.89	0.26	(2009)	2)
	シルトと粘土	4	4.60	0.47	一面せん断試験	3)
	シルトと粘土	6	0.54	0.29	三軸圧縮試験	4)
	軟岩	6	0.81	0.25		5)
	シルトと粘土以外	27	0.85	0.30	奨励値	6)
鉛直支持力 (AASHTO)						
	(Natural Soil)	(14)	(1.00)	(0.33)	Paikowsky et al.	7)
	(Controlled Soil)	(159)	(1.64)	(0.27)	(2010)	8)
	(All Soil)	(173)	(1.59)	(0.29)		9)
深い基礎（杭基礎）						
先端支持力 TIP (支持力推定式 *1)						
場所打ち杭 支持杭	全土質	16	1.12	0.63	岡原他 (1990)	
(CCP) 摩擦杭	全土質	16	1.06	0.54		
合計	全土質	32	1.09	0.58		10)
鋼管杭 支持杭	全土質	14	1.03	0.53	岡原 (1990)	
(SPP) 摩擦杭	全土質	12	1.13	0.54		
合計	全土質	26	1.08	0.53		11)
周面摩擦力 SIDE (支持力推定式 *1)						
場所打ち杭 支持杭	全土質	16	1.07	0.46	岡原他 (1990)	
CCP 摩擦杭	全土質	16	1.01	0.36		
合計	全土質	32	1.04	0.41		12)
鋼管杭 支持杭	全土質	14	1.17	0.36	岡原他 (1990)	
SPP 摩擦杭	全土質	12	1.21	0.39		
合計	全土質	26	1.19	0.37		13)
全鉛直支持力 TIP+SIDE (支持力推定式 *1)						
場所打ち杭 (CCP)	全土質	11	1.03	0.32	中谷 (2009)	14)
打込み鋼管杭 (SPP)	全土質	16	0.93	0.33		15)
中掘り鋼管杭	全土質	9	1.23	0.32		
全鉛直支持力 TIP+SIDE (AASHTO)						
Piles	(Sand)	(74)	(1.12)	(0.59)	Paikowsky et al.	16)
	(Clay)	(52)	(0.83)	(0.35)	(2004)	17)
	(mixed Soil)	(146)	(0.84)	(0.39)		18)
杭の水平方向地盤反力係数 k_H(変位法 *1)						
全杭種	砂地盤	22	1.29	0.62	中谷 (2009)	19)
	粘性土地盤	14	4.34	0.94	中谷 (2009)	20)
	砂地盤	22	1.09	0.44	大竹他 (2017b)	21)
	粘性土地盤	14	1.10	0.46	大竹他 (2017b)	22)
軸方向バネ定数 K_V(変位法 *1)						
場所打ち杭	全土質	59	0.75	0.56	中谷 (2009)	23)
鋼管杭 打ち込み杭	全土質	90	0.91	0.38		24)
中掘り杭	全土質	87	0.88	0.40		
回転杭	全土質	20	0.73	0.31		

*1　日本道路協会：道路橋示方書・同解説 (2002) の設計計算手法

表 6.7 モデル化誤差一覧表 (2)：斜面安定・液状化・山留め壁

照査項目	地盤分類	データ数 n	bias_M	COV_M	文献／備考	図番
斜面安定解析:（修正）フェレニウス法						
軟弱地盤上盛土	粘性土	39	1.00	0.06	Matsuo and Asaoka(1976)	25)
	粘性土		0.98	0.067	Wu(2009)	
			-1.0	-0.087		
河川堤防	全土質	13	0.95	0.18	大竹他 (2015)	
液状化判定(液状化強度推定式 *1)						
繰返し三軸強度比	砂	75	1.00	0.40	大竹・本城・小池 (2012)	26)
液状化変形解析(有効応力動的 FEM 解析 *2)						
地震後の残留変形 (盛土，地中ボックスカルバート)	砂	33	1.09	0.27	大竹・本城 (2012b,2014a)	27)
山留め壁						
壁体最大水平変位 (弾塑性法 *3)						
	全土質	58	0.70	0.43	施工データに基づく	28)
		38	1.08	0.62	模型実験データに基づく 大竹・本城 (2014a)	29)
壁体最大曲げモーメント (弾塑性法 *3)						
	全土質	42	0.69	0.62	施工データに基づく	30)
		21	0.73	0.60	模型実験データに基づく 大竹・本城 (2014a)	31)

*1 日本道路協会：道路橋示方書・同解説 (2002) の設計計算手法
*2 国土交通省河川局治水課：河川構造物の耐震性能照査指針・同解析 (2001) の設計計算手法
*3 日本道路協会：道路土工仮設構造物工指針 (1999) の設計計算手法

異なり，bias_M=0.70–3.66，COV_M=0.42–0.93 の範囲にある．

(2) 土構造物を対象とした円弧すべり計算は，非排水せん断強度に基づく全応力解析が適用される軟弱粘性土地盤を対象とした安定照査では，精度が極めて高い．しかし有効応力解析や，浸透解析と安定解析を組み合わせた場合のモデル化誤差は，今後解明される必要がある．

(3) 液状化に関連した照査方法について，一応のモデル化誤差の定量化結果を示した．得られた結果は，経験に照らして不合理とは思われないが，さらなるデータの蓄積と解析が必要である．

(4) 仮設土留めについては，施工時データと模型実験データを多数収集し，統計解析に基づいてモデル化誤差の定量化を行った．掘削深度 40m 程度以浅，鉛直方向の切梁間隔が 6m 以下で計算される土留めの変位率（土留めの最大変位／掘削深度）が 2% 以下の比較的標準的な現場であれば，提案しているモデル化誤差で設計の信頼性を評価して大きな問題は無いと考えている．

6.4 第 6 章のまとめ

本章では，地盤構造物設計における変換誤差とモデル化誤差について，次のことを述べた．

(1) 変換誤差およびモデル化誤差の定義を推定値と真値の比として定義し，日本国内の主要な設計基準で用いられる変換式や設計式にかかわる誤差を整理した．
(2) せん断強度定数の変換式の変換誤差は比較的小さいが，地盤変形係数や岩盤の変換式は，非常に大きな変換誤差があることが示された．
(3) 構造物基礎の安定照査における設計モデル化誤差は，バイアスが概ね 1.0，変動係数で 0.30 程度であるのに対して，変位照査における設計モデル化誤差は，バイアスが 0.70-3.66，変動係数で 0.42-0.93 の範囲にあることが示された．
(4) 伝統的な設計として位置づけられる，安定照査の変換式や設計式は，設計で許容できる程度の誤差の範囲であると考察された．しかし，変形照査における変換式や設計式は大きな誤差を有しており，変形照査における設計上の不備が指摘された．
(5) 限られたデータであるが，有効応力解析などの数値解析におけるモデル化誤差について記述した．数値解析を設計計算に導入するためには，モデル化誤差の定量化が重要になると考えられ，さらなるデータの蓄積が必要であることを指摘した．
(6) ここで，示した変換誤差とモデル化誤差に関する情報は，地盤構造物の信頼性解析を行う上で重要な基礎資料になると考えられる．

第 7 章

MCS による信頼性解析

7.1 はじめに

この章では，地盤構造物の信頼性解析を対象としたモンテカルロシミュレーション (Monte Carlo Simulation, MCS) について述べる．MCS は，「数学的あるいは統計学的な問題で，解析的には解くことが著しく困難なものを，統計モデルと人工的な (擬似) 乱数を使って解く方法をいう」(清水，2002).

まず 7.2 節では，MCS の基礎となる，任意の確率分布に従った乱数の生成の問題を説明する．この分野は近年長足の発展があった分野である．

先に 4 章で，確率場は離散的な点で発生する確率変数の集合と見れば，多変数確率分布として考えることができることを述べた．これを受け 7.3 節では，まず多変数確率分布に従う乱数の生成方法について説明する．すなわち，相関行列の固有値分解を用いた多変数正規分布に従う乱数生成の方法を説明する．さらに，確率場を直接生成する方法の概要を述べる．

7.4 節では，次に列挙するような，MCS により信頼性解析を行う場合留意すべき，幾つかのポイントについて解説している．

(1) MCS を効率的に行うために，多くの技法が開発されている．この中で代表的な重点抽出法 (Importance Sampling) について説明する．技法にはそれぞれ特徴があり，その特徴と解析しようとする問題の性格を十分考慮した上で，これらの技法を用いないと，思わぬ陥穽に陥ることがあるので，注意が必要である．

(2) 有限要素法など高度な数値解析手法が性能関数に含まれるような場合，これを計算機の計算能力に依存した力尽くで MCS を行うよりも，性能関数の限界状態付近の，入力と出力の関係を近似する応答曲面 (Response Surface: RS) を作成して MCS を行うことも，選択肢であることを紹介する．

(3) 各不確実性要因が，設計結果にどのように寄与しているかを分析することは，地盤構造物の設計を合理的に行うためにきわめて重要である．寄与度の定義と，その MCS による近似的な評価方法を提案する．

(4) 最後に，通常 (Ordinary) の MCS の，シミュレーション回数と結果の精度の関係について，少し詳しく説明する．結論的には，低い確率で生起する破壊ケースを，50 から 100 ケース程度生成させる MCS を行うことが必要であることを示した．

7.2　乱数の生成

モンテカルロシミュレーション (Monte Carlo Simulation, MCS) では，任意の確率密度関数に従った乱数を生成する必要がある．しかし，例えば区間 $[0,1]$ に分布する一様乱数を生成することができれば，このような任意確率密度関数に従う乱数を生成することは比較的容易である

以上のような理由で，この章ではまず区間 $[0,1]$ に分布する一様乱数を生成することをまず考える．それに続いて，任意の確率密度関数に基づいた乱数の生成方法について示す．

7.2.1　一様乱数の生成

$U \subset [0,1]$ 間に，一様分布に従う確率変数の実現値として生成される一連の数値を，一様乱数と言う．一様乱数は，擬似乱数により，例えば 32 ビットの一様乱数 $U \subset [0,1]$ として生成される．擬似乱数とは，「一定の数学アルゴリズムに従って計算機で生成される数字の系列で，統計的手段でランダムであるとみなされるものをいう．決定論的に与えられるという意味で乱数ではないが，乱数のようなふるまいを期待されるものである」（清水，2002).

一般に，擬似乱数の満たすべき条件としては，次のようなものが考えられている．

(1) 多数個の乱数をすみやかに生成できること．
(2) 生成される乱数に周期がある場合は，これが十分に長いこと．
(3) 生成に再現性があること．
(4) 生成された乱数は，良好な統計的性質を持つこと．一般にこれは，一様分布への当てはまりの良さを統計的に検定することにより行われる．

伝統的な疑似乱数の生成法としては，平方採中法 (middle-square method) や，線形漸化式 (linear recurrence relations, 合同法 (congruential method) と呼ばれることもある) がある．

平方採中法は，Von Neumann にまでさかのぼる乱数の生成方法で，例えば $2a$ 桁の乱数 x_n から，次の乱数 x_{n+1} を生成する場合，x_n を二乗して $4a$ 桁の数字を作り，この最初の a 桁と，最後の a 桁を捨てて，$2a$ 桁の乱数 x_{n+1} を生成する．これを繰り返す方法である．しかしこの方法は，周期がそれほど長くはなく，また統計的性質も好ましいものではない場合が多いので，現在ではほとんど用いられていない．

一方，線形漸化式を用いる方法の一般系は，次のように与えられる．

$$x_{n+1} = a_0 x_n + a_1 x_{n-1} + \ldots + a_j x_{n-j} + b \qquad (mod\ P) \tag{7.1}$$

ここで $mod\ P$ は，P の整数倍は捨てるという意味である．

式 (7.1) のもっとも簡単な場合は，

$$x_{n+1} = x_n + x_{n-1} \qquad (mod\ P) \tag{7.2}$$

でフィボナッチ (Fibonacci) 法と呼ばれる．このとき，生成する乱数を 10 進法で 2 桁として，仮に $x_1 = 11, x_2 = 36, P = 100$ とすると，生成される乱数は，$47, 83, 30, 13, 43, \ldots$ となる．

式 (7.1) の変形に，乗積合同法 (multiplicative congruential method) や混合合同法 (mixed congruential metnod) があり，これらは 1990 年代初頭まで，疑似乱数の発生に用いられていた（例えば，小柳，1989）．

擬似乱数の生成は，1990 年代に整数論や素数論を応用した目覚しい進歩があり，例えば現在 R,MATLAB,C++ 等の計算言語に標準装備されている，Matsumoto and Nishimura(1998) により開発されたメルセンヌ・ツイスタ (Mersenne twister) は，周期が非常に長い（2^{19937}-1），高次元（623 次元）に均等分布する，生成速度が極めて速い等の性質を持ち，通常我々が計算する MCS では，乱数の生成についてほとんど心配する必要のない環境を提供している[1]．

1980 年代までは，特に大規模な MCS 等を実施する場合，生成される乱数の周期や，その統計的性質にある程度の配慮が必要であったが，最近ではこのような配慮はほとんど必要がなくなったと言える．

擬似乱数は，数学的アルゴリズムに従って乱数を生成するので，シードを固定すれば，同じシリーズの乱数を何回でも発生させることができる．

7.2.2 任意の確率密度関数に従う乱数の生成

この節では，任意の一変数確率密度関数に従う乱数を生成する方法について述べる．このもっとも一般的な方法は，逆変換法 (inverse transformation method) である．

今 X を確率変数とし，これが従う確率分布関数を $F_X(x) = p$ とする．$F_X(x)$ は，非減少関数であるので，$0 \le p \le 1.0$ である p に対して，次の逆変換が必ず存在する (Rubinstein, 1981) [2]：

$$F_X^{-1}(p) = \inf\,[x : F_X(x) \ge p] \qquad 0 \le p \le 1.0 \tag{7.3}$$

この逆変換を利用して，$(0, 1)$ に分布する一様乱数 U を用いて，確率分布関数 $F_X(x)$ に従う確率変数 X を生成することができる (図-7.1 参照)．

$$X = F_X^{-1}(U) \tag{7.4}$$

[1] Rubinstein and Kroese(2017) の pp.49-55 には，メルセンヌ・ツイスタが詳細に紹介されている．

[2] inf は，下限値を表す．従ってこの式は $x \subset F_X(x) \ge p$ の x の集合の中の下限値を取る事を意味する．

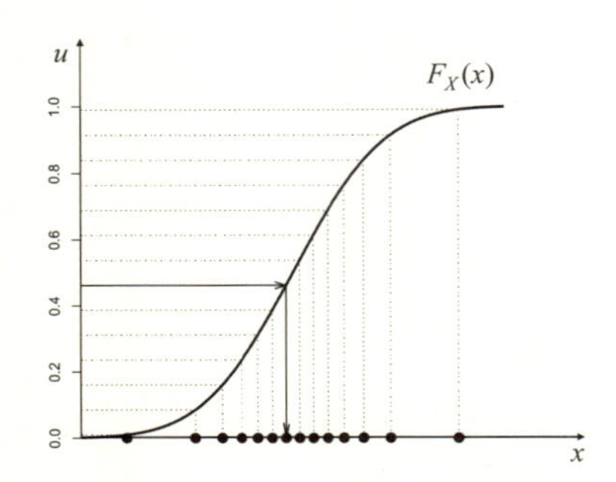

図7.1　一様分布から逆変換により任意分布に従う乱数を生成する方法（逆変換法）の概念図

このような逆変換は，我々がしばしば利用する各確率分布に関して，求められている．以下に，幾つかの分布の逆変換を示す (Rubinstein, 1981; Reiss and Thomas, 1997)．ここに U は，(0, 1) に分布する一様乱数である[3]．

指数分布:

$$F_X(x) = 1 - exp[-\lambda x] \qquad (x \geq 0)$$

$$X = F_X^{-1}(U) = -\frac{1}{\lambda} ln(1 - U)$$

実用的には，次のように書いてもよい．

$$X = F_X^{-1}(U) = -\frac{1}{\lambda} ln(U)$$

Caucy 分布:

$$f_X(x) = \frac{\alpha}{\pi\{\alpha^2 + (x - \lambda)^2\}} \qquad \alpha > 0, \lambda > 0, -\infty < x < \infty$$

$$F_X(x) = \frac{1}{2} + \pi^{-1} tan^{-1}\left(\frac{x - \lambda}{\alpha}\right)$$

$$X = F_X^{-1}(U) = \lambda + \alpha\, tan\left[\pi(U - \frac{1}{2})\right]$$

Gumbel 分布:

$$F_X(x) = exp\left[-exp\{-a(x - b)\}\right] \qquad (-\infty < x < \infty)$$

$$X = F_X^{-1}(U) = -\frac{1}{a} ln\,(-ln(U)) + b$$

[3] 指数分布とコーシー分布は，見本として示した．それら以外の，いわゆる極値分布に属する確率分布を取り上げたのは，これらはR言語では，その乱数発生関数が標準的には装備されていないためである．

Frechet 分布:

$$F_X(x) = exp\left[-\left(\frac{\nu}{x-\varepsilon}\right)^k\right] \qquad (\varepsilon < x < \infty)$$

$$X = F_X^{-1}(U) = \nu\,(-ln(U))^{-1/k} + \varepsilon$$

Weibull 分布:

$$F_X(x) = exp\left[-\left(\frac{\omega - x}{\omega - \nu}\right)^k\right] \qquad (-\infty < x < \omega)$$

$$X = F_X^{-1}(U) = (\omega - \nu)\,(ln(U))^{1/k} + \omega$$

一般化 Pareto 分布:

$$F_X(x) = 1 - \left(1 + \gamma\frac{x-\mu}{\sigma}\right)^{-1/\gamma} \qquad (\mu \le x)$$

$$X = F_X^{-1}(U) = \frac{\sigma}{\gamma}\left[(1-U)^{-\gamma} - 1\right] + \mu$$

乱数の中で，一様乱数に次いで利用頻度が高いと考えられる正規乱数（すなわち，正規分布に従って生成される乱数）は，正規分布の逆変換が解析的に記述できないので，普通は逆変換以外の方法で生成される．この内，もっとも頻繁に用いられるのが Box と Muller の方法であり，ここでもこれを紹介する (詳細は，Rubinstein(1981)p.86-87 参照).

今 U_1 と U_2 を，それぞれ独立に生成された一様乱数とするとき，次の変換式により，2 つの独立な標準正規乱数 Z_1 と Z_2 を得ることができる．

$$\begin{aligned} Z_1 &= (-2\ \ln(U_1))^{1/2}\cos(2\pi U_2) \\ Z_2 &= (-2\ \ln(U_1))^{1/2}\sin(2\pi U_2) \end{aligned} \tag{7.5}$$

7.3 多変数確率分布と確率場の生成

実際の MCS の応用では，相関した多数の確率変数の生成や，確率場の生成が必要な場合もある．ここでは，多変数正規分布に基づく確率変数の生成，多次元確率場（確率過程や確率場）の生成方法について紹介する．

7.3.1 多変数正規分布の生成と応用

n 次元の確率変数ベクトル $\mathbf{Y}$ を，平均 0, 分散 1，相関行列 $\mathbf{R}$ を持つ，多変数正規確率変数ベクトルとする．言うまでもなく，$\mathbf{R} = E[\mathbf{Y}\mathbf{Y}^T]$ である．このとき $\mathbf{R}$ は正値対称行列であるので，次のように固有値分解できる．

$$\mathbf{A}^{\mathrm{T}}\mathbf{R}\mathbf{A} = \mathbf{\Lambda}$$

ここに，$\mathbf{A}$ は，その列に固有ベクトルを持つ固有ベクトル行列であり，$\mathbf{\Lambda}$ は，その対角項に固有値，非対角項はすべて 0 の固有値行列である．

ここで，$\mathbf{W} = \mathbf{A}^T\mathbf{Y}$ という，n 次元確率ベクトル間の線形変換を考える．この確率変数ベクトル $\mathbf{W}$ の相関行列を計算する．

$$E[\mathbf{W}\mathbf{W}^T] = E[\mathbf{A}^T\mathbf{Y}(\mathbf{A}^T\mathbf{Y})^T] = E[\mathbf{A}^T\mathbf{Y}\mathbf{Y}^T\mathbf{A}] = \mathbf{A}^T E[\mathbf{Y}\mathbf{Y}^T]\mathbf{A} = \mathbf{A}^T\mathbf{R}\mathbf{A} = \mathbf{\Lambda}$$

すなわち $\mathbf{W}$ は，n 次元で独立（共分散がすべて 0）な確率変数ベクトルで，その個々の要素の分散は，固有値 $\lambda_i(i = 1, \cdots n)$ で与えられる．

以上の考察より，相関する n 次元の正規確率変数ベクトル $\mathbf{Y}$ を，n 個の独立な正規確率変数ベクトル $\mathbf{U}$ から，次のようにして生成することができる．

Step 1: 相関行列 $\mathbf{R}$ の固有値分解

$\mathbf{R}$ を固有値分解して，固有値行列 $\mathbf{\Lambda}$ と固有ベクトル行列 $\mathbf{A}$ を求める．ここに，

$$\mathbf{A}^T\mathbf{R}\mathbf{A} = \mathbf{\Lambda}$$

Step 2: 独立正規確率変数ベクトル $\mathbf{U}$ の生成

平均 0，分散 $\lambda_i(i = 1, \cdots n)$ の独立な n 個の正規確率変数よりなる確率ベクトルの実現値 $\mathbf{u}$ を生成する．

Step 3: 正規確率変数ベクトル $\mathbf{Y}$ への変換

$\mathbf{y} = (\mathbf{A}^T)^{-1}\mathbf{u}$ という変換により，$\mathbf{u}$ より確率ベクトルの実現値 $\mathbf{y}$ を生成する．ここに，$\mathbf{y}$ は，平均 0，分散 1，相関行列 $\mathbf{R}$ を持つ，多変量正規確率変数ベクトルの実現値となる．

Step 4: 必要個数の $\mathbf{y}$ の生成

Step 2 と **Step 3** を，必要回数繰り返す．（**Step 3** の $(\mathbf{A}^T)^{-1}$ は，1 回だけ計算すればよい．）

例題 7.3-1：1 次元確率場の生成

4 章の確率場導入の説明で，座標の離散点における確率場の値を考えれば，それらが多変数分布に従うことを述べた．従って，座標の離散点における確率場の値を，MCS により生成したい場合，上記のアルゴリズムを使うことができる．

$Z(x)$ は，平均 $\mu_Z(x)$，$Z(x) - \mu_Z(x)$ すなわち残差の平均 0，分散 σ_Z^2，任意の 2 点 x_i と x_j の相関関数を $\rho(|x_i - x_j|)$ で与えられた定常確率場とする．またこの確率場を生成したい各離散点の座標を，$\mathbf{x} = (x_1, x_2, \cdots, x_n)$ とする．

まず，すべての離散点の組合せを考慮した相関行列 $\mathbf{R}$ を作成する．相関行列は，次のように与えられる．

$$\mathbf{R} = \begin{bmatrix} \rho(|x_1 - x_1|) & \rho(|x_1 - x_2|) & \ldots & \rho(|x_1 - x_n|) \\ \rho(|x_2 - x_1|) & \rho(|x_2 - x_2|) & \ldots & \rho(|x_2 - x_n|) \\ \cdots & \cdots & \cdots & \cdots \\ \rho(|x_n - x_1|) & \rho(|x_n - x_2|) & \ldots & \rho(|x_n - x_n|) \end{bmatrix}$$

もし $(x_1, x_2, \cdots, x_n)$ が，等間隔 Δx である場合は，上式は次のようになる．

$$\mathbf{R} = \begin{bmatrix} \rho(0) & \rho(\Delta x) & \ldots & \rho((n-1)\Delta x) \\ \rho(\Delta x) & \rho(0) & \ldots & \rho((n-2)\Delta x) \\ & \cdots\cdots\cdots\cdots\cdots\cdots & & \\ \rho((n-1)\Delta x) & \rho((n-2)\Delta x) & \ldots & \rho(0) \end{bmatrix}$$

以上の相関行列に基づいて，上記のアルゴリズムに従って生成された，平均 0，分散 1 の確率ベクトル $\mathbf{Y}$ の実現値を $\mathbf{y}$ とすると，確率場 $Z(x)$ の座標 $(x_1, x_2, \cdots, x_n)$ における実現値ベクトル $\mathbf{z}$ は，次式によって与えられる．

$$z(\mathbf{x}) = \mu_Z(\mathbf{x}) + \sigma_Z \mathbf{y}$$

上記の操作を必要回数繰り返すことにより，必要数の確率場 $Z(x)$ の実現値を生成できる．このアルゴリズムは，例えば**図-4.5** の生成にも使われている．■

例題 7.3-2：多変数確率分布としての 2 次元確率場の生成

多次元確率場も，1 次元確率場の場合と全く同様に生成することができる．ただし，相関行列の作成が，1 次元の場合よりも煩雑になる．

図-7.2 に，平均 10，標準偏差 2.0，(a) では $\theta_x = \theta_y = 0.02$, (b) では $\theta_x = 0.2, \theta_y = 0.02$ の，指数関数型，x 方向と y 方向にそれぞれ分離可能な自己相関関数を持つ確率場を，50×25 のメッシュ上に生成した例を示す．■

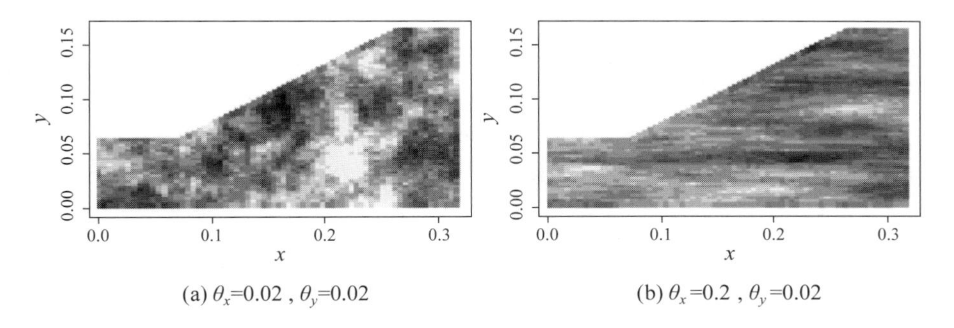

(a) θ_x=0.02 , θ_y=0.02　　(b) θ_x=0.2 , θ_y=0.02

図 7.2　多変数確率分布としての 2 次元確率場生成例 (μ_Z=10，σ_Z=2.0，θ_x=20，θ_y=10,50×25=1250 点で生成)

この方法の短所は，発生させようとする点の数が多くなると，固有値分解の対象となる行列が非常に大きくなり，計算が非効率，場合によっては不可能になってしまう点である．このために，次節で紹介する確率場生成のためのいろいろな方法が必要となる．

7.3.2　確率過程と確率場の生成

前節で示した相関行列に基づく多変数正規分布に基づく確率変数の実現値生成の方法は，離散化された多次元確率場（確率過程や確率場）の生成にも応用可能である．しかし，この方法では大きな相関行列の計算が必要であり，使い勝手が悪い．連続的あるいはサイズの大きい多次元確率場の生成には，以下の方法が使われることが多い．

多次元確率場を生成する主要な方法には，次のようなものがある．

(1) Frequency domain technique (FDT) (Shinozuka, 1971; Shinozuka and Jan, 1972).
(2) Turning bands method (TBM)（Matheron, 1973; Jounel and Huijbregts, 1978).
(3) Local average sub-division (LAS) (Fenton and Vanmarcke, 1990).

FDTは，確率過程のシミュレーションでよく用いられる，自己共分散関数とパワースペクトル密度関数が，フーリエ変換／逆変換の関係で一意的に対応する（Wiener-Khintchineの公式）ことを用いて，確率過程を生成する方法の多次元確率場への拡張である (星谷, 1974). パワースペクトル密度関数の離散化などに十分な注意を払えば，比較的簡単に確率場を生成できる．著者らも長年この方法を用いている．**表-7.1**に，FDTにより1,2及び3次元定常等方正規確率場を生成する場合のスペクトル密度関数と，これを用いた確率場Zの生成式を示した[4]．この結果は，等方の指数関数型自己相関関数を仮定した場合のものである．

なお**表-7.1**に示したのは，等方の確率場を生成する方法である．異方性のある確率場を生成する場合は，等方確率場を生成後に，当該方向に当該座標を引き伸ばすことにより，所定の確率場を得ることができる．

TBMは，Geostatisticsの創始者であるMatheronにより提案された確率場の生成方法である．この方法では，まず空間内にいくつかの直線に沿った1次元確率場を生成し，任意点の確率場の値は，これら生成された多数の1次元確率場の合成により生成する方法である．この方法の欠点は，生成された確率場にstreaking（汚れた筋）と呼ばれる特異な模様（これは生成に用いられた1次元確率場の影響による）が残ることである．適切な確率場の生成には，生成する1次元確率場の数やそれらの相対的な位置などに種々のノウハウが必要であると思われる．

FDTやTBMが本来の確率場を生成することを目的としているのに対して，LASは本質的に確率場の局所平均場を生成するアルゴリズムである．この方法では，空間を階層的に分割しながら，分割されるセル同士の局所平均の値が，仮定された確率場の相関構造を満たし，かつそれらの平均値が分割される前のセルの平均値と一致する等の条件を満たすように，局所平均場が生成される．確率場の生成は，基本的に今生成されようとするセルの局所平均値の一段階前に生成された確率場の値の条件付き確率密度関数から生成するアルゴリズムとなっている.（正規確率場が仮定されているので，2次までの統計量で，確率密度関数が完全に記述される).

1次元確率場であればセルは半分づつに階層的に分割され，2次元確率場であればセルは4分割，3次元確率場であれば8分割される．分割したセルの生成された値の平均値が，分割される前のセルの値と一致するようにするために，条件付き密度関数に基づいて

[4] この表の詳細な説明は，Rungbanaphan(2010)pp.103-112を参照されたい．

表 7.1　1,2,3 次元におけるスペクトル密度関数と FDT による正規定常確率場 Z の生成

次元	FDT による正規確率場とそのスペクトル密度関数
1 次元	$Z(x) = \sum_{j=1}^{M} \sqrt{2S(\omega_j)\Delta\omega} \cdot \cos(\omega_j x + \phi_j)$ スペクトル密度関数：$S(\omega) = \dfrac{1}{\pi\eta\left(\frac{1}{\eta^2} + \omega^2\right)}$ ここに，x は空間座標，η は自己相関距離，$\Delta\omega = 2\,\omega_0/M$, $\omega_j = -\omega_0+(j\text{-}1/2)\Delta\omega$, ϕ_j は位相角であり，一様確率変数で独立に $(0,2\pi)$ に分布する． $S(\omega)$ は，$[-\omega_0, \omega_0]$ の範囲外では，その値を無視できるほど小さい． M は，領域 $[-\omega_0, \omega_0]$ を等分する数．
2 次元	$Z(x_1, x_2) = \sum_{k=1}^{M_2} \sum_{j=1}^{M_1} \sqrt{2S(\omega_{1j}, \omega_{2k})\Delta\omega_1\Delta\omega_2} \cdot \cos(\omega_{1j}x_1 + \omega_{2k}x_2 + \phi_{jk})$ スペクトル密度関数：$S(\omega_1, \omega_2) = \dfrac{1}{2\pi\eta\left(\frac{1}{\eta^2} + \left(\omega_1^2 + \omega_2^2\right)\right)^{3/2}}$ ここに，(x_1, x_2) は座標，η は自己相関距離，$\Delta\omega_1 = 2\omega_{1,0}/M_1$, $\Delta\omega_2 = 2\omega_{2,0}/M_2$, $\omega_{1j} = -\omega_{1,0}+(j\text{-}1/2)\Delta\omega_1$, $\omega_{2k} = -\omega_{2,0}+(k\text{-}1/2)\Delta\omega_2$. ϕ_{jk} はランダムな位相角であり，$(0,2\pi)$ 間に独立かつ一様に分布する． $S(\omega_1, \omega_2)$ は，領域 $[-\omega_{1,0},\omega_{1,0}]$ 及び $[-\omega_{2,0},\omega_{2,0}]$ の外では無視できるほど小さい． M_1 と M_2 は，それぞれ領域 $[-\omega_{1,0},\omega_{1,0}]$ 及び $[-\omega_{2,0},\omega_{2,0}]$ を等分する数である．
3 次元	$Z(x_1, x_2, x_3) = \sum_{l=1}^{M_3} \sum_{k=1}^{M_2} \sum_{j=1}^{M_1} \sqrt{2S(\omega_{1j}, \omega_{2k}, \omega_{3l})\Delta\omega_1\Delta\omega_2\Delta\omega_3} \cdot \cos(\omega_{1j}x_1 + \omega_{2k}x_2 + \omega_{3l}x_3 + \phi_{jkl})$ スペクトル密度関数：$S(\omega) = \dfrac{1}{(2\pi)^2\,\omega} \cdot \dfrac{1}{\frac{1}{\eta^2} + \omega^2} \cdot \sin\left(2\arctan(\eta\omega)\right)$ ただし，$\omega = \left(\omega_1^2 + \omega_2^2 + \omega_3^2\right)^{1/2}$ ここに，(x_1, x_2, x_3) は座標，η は自己相関距離， $\Delta\omega_1 = 2\omega_{1,0}/M_1$, $\Delta\omega_2 = 2\omega_{2,0}/M_2$, $\Delta\omega_3 = 2\omega_{3,0}/M_3$, $\omega_{1j} = -\omega_{1,0} + (j\text{-}1/2)\Delta\omega_1$, $\omega_{2k} = -\omega_{2,0} + (k\text{-}1/2)\Delta\omega_2$, $\omega_{3k} = -\omega_{3,0} + (l\text{-}1/2)\Delta\omega_3$. ϕ_{jkl} はランダムな位相角であり，$(0,2\pi)$ 間に独立かつ一様に分布する． $S(\omega_1, \omega_2)$ は，領域 $[-\omega_{1,0}, \omega_{1,0}]$, $[-\omega_{2,0}, \omega_{2,0}]$, 及び $[-\omega_{3,0}, \omega_{3,0}]$, の外では無視できるほど小さい． M_1, M_2, M_3 は，それぞれ領域 $[-\omega_{1,0}, \omega_{1,0}]$, $[-\omega_{2,0}, \omega_{2,0}]$, $[-\omega_{3,0}, \omega_{3,0}]$ を等分する数である．

生成される．分割されたセルに割り当てられる生成値は，1 次元では 1 個，2 次元では 3 個，3 次元では 7 個であり，残りの 1 つは分割される前のセルの値に局所平均値が一致するように算術的に計算される．LAS による局所平均確率場の生成は，地盤パラメータの空間的ばらつきの影響を評価するために，有限要素法を用いて地盤構造物の性能を評価する MCS 解析において特に有効であると開発者の Fenton は述べている．

これらの方法の比較を行った結果 (Fenton, 1994; Fenton and Griffiths, 2008) によると，注意深く用いられれば，これらの方法の差はほとんどないとされている．計算時間には 50-200% 程度の差はあるが，確率場生成後のいろいろな処理に用いられる計算時間（例え

ば有限要素法による計算）と比較すれば，無視できる程度の差である．

7.4 MCSによる信頼性解析

7.4.1 通常のMCS法 (Ordinary Monte Carlo Simulation, OMCS)

この節では，以下の式で表される積分について考える．

$$P_f = \int \cdots \int I\left[g\left(\mathbf{x}\right)\right] f_X\left(\mathbf{x}\right)\mathbf{dx} \tag{7.6}$$

ここで，f_X は，確率変数ベクトル $\mathbf{X}$ の確率密度関数であり，I はインジケーター関数と呼ばれ，以下のように定義される．

$$I\left(g(\mathbf{x})\right) = \begin{cases} 1 & (g(\mathbf{x}) \leq 0) \\ 0 & (g(\mathbf{x}) > 0) \end{cases} \tag{7.7}$$

このように，インジケーター関数は積分領域を識別する．関数 $g(\mathbf{x})$ が，信頼性解析で定義する性能関数であり，$\mathbf{X}$ が基本変数であれば，この積分の解は，破壊確率 P_f となる（**図-2.3** 参照）．なお，積分はすべての基本変数のすべての定義域について行うものとする．

今MCSによって，N 組のサンプルベクトル $\mathbf{x}_j\ (j = 1, \cdots, N)$ が生成されたとする．破壊確率 P_f は以下のように推定される．

$$\widehat{P}_f \approx \frac{1}{N}\sum_{j=1}^{N} I\left[g(\mathbf{x}_j)\right] = \frac{N_f}{N} \tag{7.8}$$

ここに，，$N_f = \sum_{j=1}^{N} I\left[g(\mathbf{x}_j)\right]$ である．

通常のMCS(以下OMCS)を利用する際，重要な問題の1つは，一定の精度を与えるために必要なサンプル数の評価である．この検討の詳細は，本章末の「7.6　付録：MCSの必要回数についての考察」に示した．その結論は，次の通りである．

(1) MCSによる破壊確率の計算精度は，破壊サンプル点数 NP_f で評価できる．ここに N はMCSの総試行回数，P_f は，破壊確率である．

(2) 通常の信頼性解析であれば，50から100個以上の破壊サンプル点数が生起するMCSを行うと，ある程度の精度の解が得られる．すなわち，$P_f \approx 10^{-3}$ であれば10万回程度，$P_f \approx 10^{-4}$ であれば100万回程度のMCS試行回数が必要である．

7.4.2 重点抽出法 (Importance Sampling; IMS)

OMCSでは，特に P_f が小さくなると必要シミュレーション数が非常に大きくなる．しかも，我々が対象としている信頼性解析で問題となる P_f は多くの場合，10^{-4} 以下であり，この問題は特に深刻である．このような問題を緩和する 1 つの方法に，重点抽出法 (Importance Sampling; IMS) がある．この節ではこの方法について述べる．

■理論 式 (7.6) の破壊確率 P_f は，以下のように書き換えることができる．

$$P_f = \int \cdots \int I[g(\mathbf{v})] \frac{f_X(\mathbf{v})}{h_V(\mathbf{v})} h_V(\mathbf{v}) \mathbf{dv} \tag{7.9}$$

ここに $\mathbf{v}$ は，確率密度関数 h_V の確率変数ベクトルである．

これを MCS により評価すると，$\mathbf{v}_j$ $(j = 1, \cdots, N)$ なる，N 個の確率密度関数 h_V に基づいて生成されたサンプルベクトルに基づいて，次式により評価することになる．

$$P_f \approx \frac{1}{N} \sum_{j=1}^{N} I[g(\mathbf{v}_j)] \frac{f_X(\mathbf{v}_j)}{h_V(\mathbf{v}_j)} \tag{7.10}$$

となる．ここで，h_V は Sampling 関数と呼ばれ，IMS の効率を支配する重要な関数である．

さらに，最適な h_V は以下の式であることが，知られている (Rubinstain(1981),pp.122-124).

$$h_V(\mathbf{v}) = \frac{I[g(\mathbf{v})] \cdot f_X(\mathbf{v})}{P_f} \tag{7.11}$$

1 変数の場合の，この最適 Sampling 関数 $h_V(v)$ の概念図を**図-7.3** に示す．この $h_V(v)$ は，破壊域でのみ 0 でない確率密度を持ち，その値は元の確率密度関数 $f_X(x)$ の確率密度の $1/P_f$ 倍の確率密度である．

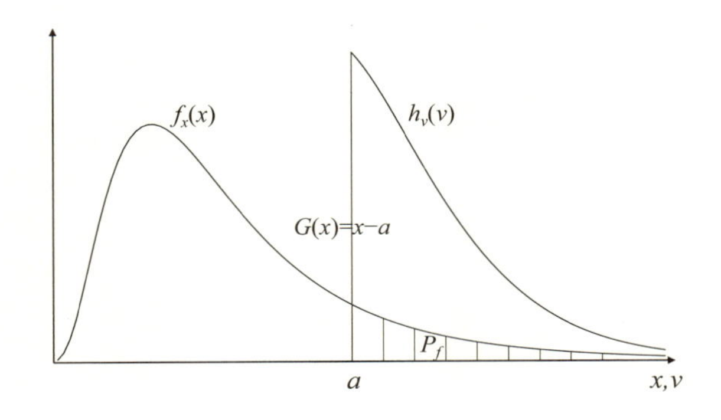

図 7.3　1 変数の場合の最適 Importance Function の概念図

式 (7.11) に示した $h_V(\mathbf{v})$ を，Sampling 関数に用いた場合，次のように，分散 0 で P_f を推定できることが示される．

式 (7.10) を適用すると，まず $\mathbf{v}_j$ $(j = 1, \cdots, N)$ なる，N 個の確率密度関数 h_V に基づいて生成されたサンプルベクトを生成する．式 (7.11) に示した $h_V(\mathbf{v})$ を Sampling 関数に用いた場合，生成されるすべての $\mathbf{v}_j$ は，破壊域に生成され，従って $I\left[g(\mathbf{v}_j)\right]$ は，常に 1 であることに注意する．この点を強調するため，以下の計算では積分域を $\mathbf{v} \subset \{g(\mathbf{v}) \le 0\}$ とする．

さらに，破壊確率の推定量を $\widehat{P}_f$ で表すと，この $\widehat{P}_f$ の平均と分散は，次のように計算される．

$$E\left[\widehat{P}_f\right] = \int \dots \int_{\mathbf{v}\subset\{g(\mathbf{v})\le 0\}} I[g(\mathbf{v})]\frac{f_X(\mathbf{v})}{h_V(\mathbf{v})}h_V(\mathbf{v})\mathbf{dv}$$
$$= \int \dots \int_{\mathbf{v}\subset\{g(\mathbf{v})\le 0\}} I[g(\mathbf{v})]\cdot f_X(\mathbf{v})\left[\frac{I[g(\mathbf{v})]\cdot f_X(\mathbf{v})}{P_f}\right]^{-1} h_V(\mathbf{v})\mathbf{dv}$$
$$= \int \dots \int_{\mathbf{v}\subset\{g(\mathbf{v})\le 0\}} P_f h_V(\mathbf{v})\mathbf{dv} = P_f \tag{7.12}$$

$$Var\left[\widehat{P}_f\right] = \int \dots \int_{\mathbf{v}\subset\{g(\mathbf{v})\le 0\}} \left\{I[g(\mathbf{v})]\frac{f_X(\mathbf{v})}{h_V(\mathbf{v})} - P_f\right\}^2 h_V(\mathbf{v})d\mathbf{v}$$
$$= \int \dots \int_{\mathbf{v}\subset\{g(\mathbf{v})\le 0\}} \left\{I[g(\mathbf{v})]\cdot f_X(\mathbf{v})\left[\frac{I[g(\mathbf{v})]\cdot f_X(\mathbf{v})}{P_f}\right]^{-1} - P_f\right\}^2 h_V(\mathbf{v})\mathbf{dv}$$
$$= \int \dots \int_{\mathbf{v}\subset\{g(\mathbf{v})\le 0\}} \left(P_f - P_f\right)^2 h_V(\mathbf{v})d\mathbf{v} = 0 \tag{7.13}$$

すなわち，この Sampling 関数を選べば，MCS を実行することなく P_f が求まる．しかし実際の場合，P_f は未知であり，この結果にはあまり実際的な意味がない．しかしより良い h_V は，式 (7.11) に示した $h_V(\mathbf{v})$ に近いものを選択することが重要である．選択が悪い場合，推定量の期待値に偏差が生じ，いくらシミュレーション回数を増やしても真値に収束しなくなったり，分散が増大し，必要なシミュレーション回数が多くなったりする．

■Sampling 関数の選択と例題　信頼性解析では，重要性の高い範囲は $g(\mathbf{x}) \le 0$ の領域である．この領域の中で最も大きい $f_X(\mathbf{x})$ の値（確率密度）を持っている点 $\mathbf{x}^*$ は，設計点として知られている．設計点は，10 章のコードキャリブレーションを説明するとき，大変重要な役割を果たす点である．Sampling 関数 h_V を選ぶための 1 つアプローチは，**図-7.4(a)** に示すように，その設計点 $\mathbf{x}^*$ に平均を持つ Sampling 関数を使うことである (Melchers, 1999).

例題 7.4-1:設計点を平均とする Sampling 関数

図-7.4(a) に示すのは，性能関数 $M = R - S$ であり，R と S が，それぞれ標準偏差 1.0 の正規分布をする場合の，信頼性解析の問題である．設計点が $(R, S) = (10, 10)$ にあり，R と S の同時確率密度関数の平均点が，そこから標準偏差の 4 倍離れた (12.82,7.17) にある．この場合の破壊確率の真値は，3.17×10^{-5} である．

Sampling 関数を，その平均を設計点 (10,10)，標準偏差を 1.0 の正規分布とする．このときの IMS による MCS を 5 から 1000 まで変化させ，1000 点の場合で 100 回の MCS を行い，それぞれの場合の結果を，真の破壊確率で正規化した bias^{-1}=(推定値) ／ (真値)

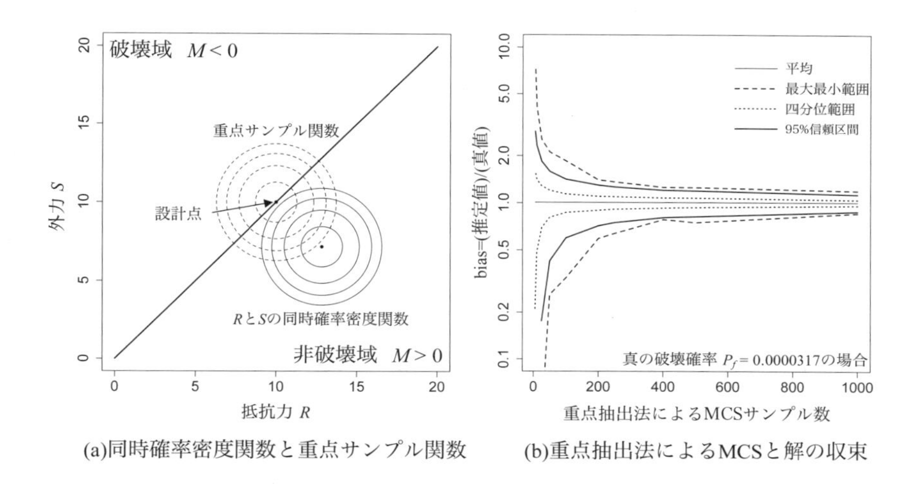

(a)同時確率密度関数と重点サンプル関数　(b)重点抽出法によるMCSと解の収束

図 7.4　性能関数が $M = R - S$ のときの重点抽出法による MCS と解の収束（例題 7.4-1)

に変換し，その最大値，第 3 四分位点，平均値，第 1 四分位点，最小値について示したのが，**図-7.4(b)** である．

その破壊確率の真値より，通常の MCS であれば，数千万回程度の計算回数が必要であるが，IMS による MCS では，1000 回程度で，かなりの精度の計算結果が得られることが示されている．図には，MCS 結果により得られた結果の標準偏差に基づく，95% 信頼区間も示してある．■

現実の問題では，この例題のように，当初から設計点の位置が既知ではないので，段階的に設計点の位置を探査しながら，IMS による MCS を実行する必要がある．設計点は，「破壊領域にある点の中で，もっとも確率密度の高い点」であるので，プログラムの最大値探査機能等を用いれば，段階的な IMS による MCS のアルゴリズムを組み立てることは，さほど困難でない．次に，このような例題を示す．

例題 7.4-2:設計点を段階的に探査しながら行う重点抽出法による MCS

仮想的な，杭の鉛直支持力の信頼性解析の問題を考える．杭の鉛直支持力に関する，性能関数が，次式で与えられている．

$$M = R_{tip} + R_{side} - S_d - S_e$$

ここに，それぞれの項の内容と，記号，統計量，確率分布は，以下のように与えられる．

項目	記号	平均	標準偏差	変動係数	分布型
杭先端支持力	R_{tip}	1600	480	0.30	正規分布
杭側面支持力	R_{side}	2500	500	0.20	正規分布
死荷重による鉛直荷重	S_d	1000	100	0.10	正規分布
地震荷重による鉛直荷重	S_e	800	240	0.30	Gumbel 分布

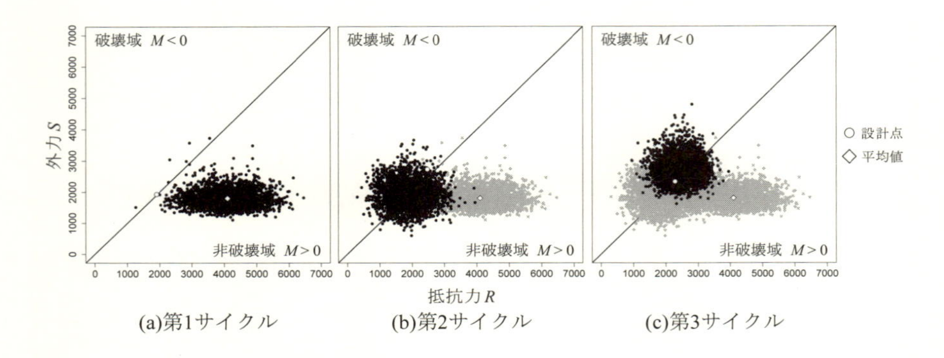

図 7.5　段階的重点抽出法による MCS(例題 7.4-2)

この計算では，第 1 サイクルの MCS は，通常の MCS を行い，2 回目からは前サイクルで行った MCS の破壊領域に入った点の中で，最大の尤度を与えた点に Sampling 関数の平均を移して，IMS による MCS を，それぞれ 3000 回づつ，第 3 サイクルまで実行した．Sampling 関数のそれぞれの変数の確率分布は，それぞれの元分布と同じ分布型を用いている．

図-7.5 は，そのように実行した IMS による MCS の結果の一例である．大体 0.0005 程度の破壊確率が得られる．■

性能関数の性質が複雑になったり，基礎変数の数が増えたりすると，適切な Sampling 関数の設定は簡単ではない．いろいろな適応型の方法が提案されているが，それらの効率的な使用は，問題の性質に依存し，どのような問題にも適応できる Sampling 関数の設定方法は，存在しないと言える．

最後に，重点抽出法による MCS 実施の留意点をまとめておく．

(1) 個々の生成される点の重みは 1 ではなく，$f_X(v)/h_V(v)$ である．一般にこれは大変小さな値である．計算上，桁落ちに注意する必要がある．
(2) 尤度により設計点を探査する場合，$f_X(v)$ は非常に小さな数なので，これを掛け合わせると桁落ちば起こる場合が多い．対数を取って，積を和に変換するなのど計算の工夫が必要である．
(3) Sampling 関数の分散は，もとの密度関数と同等か，それ以上に取る方が経験的に正確に計算できると言われている．

(4) IMS による MCS の結果の評価は，何回か実行して結果の安定性を確かめる等，慎重に行う必要がある．OMCS で示したような，シミュレーション回数と解の精度についての一般的な原則は，IMS の性格上存在しない．

なお，重点抽出法の一つの発展系として，2003 年に Au と Beck(2003) により提案された Subset MCMC がある．この方法では，生成したサンプルに基づいて，次のステップで発生させるサンプルの領域を，設計点に段階的に集中させてゆく Subset 法と，任意の分布関数に従うサンプル生成法として知られていた Markov Chain Monte Carlo（MCMC）法（例えば，Gilks et al,1996）を組み合わせて，効率的でフレキシビリティーの高い信頼性解析の方法を提案した. 興味ある読者は，Au と Beck(2003) の他，吉田・佐藤 (2005b), Honjo(2008) 等も参照されたい.

7.4.3 応答曲面法

MCS により信頼性解析を実施しようとするとき，性能関数に有限要素法に代表される，計算時間のかかる数値解析手法が含まれている場合がある．このような場合，計算機の計算能力に依存した力尽くの解析を行うよりも，当該性能関数の限界状態付近の挙動を近似した，応答曲面（RS; Response Surface）を用いた信頼性解析を行うことを，著者らは推奨している (Honjo (2011)，大竹・本城 (2012b)).

応答曲面法では，数値解析手法を信頼性解析に直接組み込むのではなく，数値解析手法により，対象構造物の限界状態近傍の挙動を調べ，応答値と入力値の関係を，応答曲面と呼ばれる関数（RS）で近似する．応答曲面法は，基本的に回帰分析であるが，回帰分析の対象となる観測データを解析者自身が作成できると言う点に特徴があり，このために実験計画法の考え方などを導入して，効率的に観測データを生成することを考える場合もある．

なお，応答曲面という言葉を提案したのは，Box and Draper(1987) である．彼らは，種々の要因に対する実験結果の内挿法として応答曲面を提案した．従って，この応答曲面では，要因が設定された領域内で，実験結果が一様に正確に内挿されることが前提である．一方我々がここで提案する応答曲面では，設計照査の対象となる応答値が，限界値を超えるか否かのみに関心があるので，その限界値近傍で近似精度の高い応答曲面を得ることにのみ関心がある点は，応答曲面の作成に当たり留意する必要がある．

著者らの経験によれば，作成された応答曲面が数パーセントの誤差 (変動係数) を持つ場合でも，この誤差を明示的に信頼性解析に持込んで，解析を行うことができる．この程度の誤差であれば，他の不確実性と比較して相対的に小さいため，信頼性解析結果にほとんど有意な影響を与えない場合が多い．

著者らはまた，この応答曲面を作成する作業自身が，設計者が当該構造物の挙動を理解する上で，大変有用な情報を与えると，我々自身の経験に基づいて考えている．

例題 **7.4-3:**弾性地盤上の浅い基礎の沈下量に関する応答曲面(本城・大竹・原,2011)

岩盤上の層厚 8m の密で均質な砂層上に，根入れ 0.8(m) の正方形の浅い基礎を設計することが課題である．基礎は，沈下が 25mm 以下であることが要求されている．地盤には 4 本の CPT 試験が実施され，深度方向に貫入抵抗が線形に増加している．CPT 試験から地盤変形係数への変換により，ポアソン比を仮定して，深度方向に線形に増加するヤング率が推定されている．(これは演習問題 **A.1-5** のデータである．)

3 次元 FEM 解析により，正方形基礎のサイズ B を 4，3，2，1 及び 0.5(m) に変化させ，推定されたヤング率分布の平均値を用い，さらに荷重の特性値を用いて，沈下量を計算した．これは，正方形基礎の 3 次元効果，8(m) の砂層厚とその下の岩盤（剛体）による境界条件を考慮した沈下量である．結果を回帰分析すると，沈下量 s と B の間に，次の関係を得た．

$$s = 17.0 - 9.73 \log(B)$$

この場合の決定係数 0.989 であり，ほぼ完全なデータへの当てはまりを示した．

弾性体の性質上，形状や境界条件が変化しなければ，沈下量はヤング率が半分になると二倍，二倍になると半分という関係がある．つまり，次式となる．

$$s = (17.0 - 9.73 \log(B))/IE$$

ここに IE は，正規化されたヤング率であり，1.0 のとき平均値であるとする．ヤング率の変換誤差 δ_E，また荷重の不確実性を表す確率変数を δ_Q, その特性値を Q_k とする．任意の荷重に対する沈下量は，荷重特性値の倍数に比例した沈下量になるから，最終的に沈下量の不確実性は，次のように表現される

$$s = \frac{17.0 - 9.73 \log(B)}{IE\delta_E} \frac{20B^2 + Q_k\delta_Q}{20B^2 + Q_k}$$

ただし 20(kN) は，浅い基礎の単位面積当たりの自重であり，確定値とする．以上のようにして，基本変数による沈下量の応答曲面が作成された．

7.5　MCS を用いた各不確実性の寄与度分析

定量化した各不確実性が設計結果（破壊確率；P_f）に与える寄与度が分かれば，設計を改善するための具体的な対応策を考える上で，重要な情報となる．

次式のような，非常に簡単な性能関数により問題が定式化されている場合の寄与度の定義について，まず説明する．

$$M = \sum R_i - \sum S_i \tag{7.14}$$

ここに，R_i と S_i は，それぞれ抵抗と外力に関する項である．

$\bar{R}$ と $\bar{S}$ を，それぞれ各抵抗値と各外力値の平均の合計値とすると，信頼性指標 β は，次のようになる．

$$\beta = \frac{\bar{R} - \bar{S}}{\sqrt{\sigma_1^2 + \sigma_2^2 + \cdots + \sigma_n^2}} = \frac{\bar{R} - \bar{S}}{\sqrt{\sigma_M^2}} \tag{7.15}$$

ここに，σ_M^2 は全体の分散（すなわち，M の分散），σ_i^2 は i なる抵抗値または外力値の分散である．

寄与度は，抵抗値と外力値の差である安全性余裕の分散に対する，個々の抵抗値や外力値の分散の割合として定義される．

$$\alpha_i^2 = \frac{\sigma_i^2}{\sigma_M^2} \tag{7.16}$$

よって，$\sigma_M^2 = \sum_{i=1}^n \sigma_i^2$ の関係より，$\sum_{i=1}^n \alpha_i^2 = 1.0$ である．

寄与度は第 10 章の設計コードのキャリブレーションで説明する，設計値法における感度係数 α_i の二乗と同じものであり，寄与度は α_i^2 と表記する．

寄与度を MCS により求めるときの一つの方法として，著者らは，次の方法を提案している．まず次のような，不確実性要因を一つづつ取り除いた場合の信頼性指標を計算する．

$$\beta_{-i} = \frac{\bar{R} - \bar{S}}{\sqrt{\sigma_1^2 + \cdots + \sigma_{i-1}^2 + \sigma_{i+1}^2 + \cdots + \sigma_n^2}} \tag{7.17}$$

ここで，β_{-i}：i 項の不確実性 (分散) を除いた場合の信頼性指標である．

以上のように計算された信頼性指標を用いて，寄与度 α_i^2 を，次のように計算できる：

$$\alpha_i^2 = \frac{\sigma_i^2}{\sigma_M^2} = \frac{\dfrac{1}{\beta^2} - \dfrac{1}{\beta_{-i}^2}}{\dfrac{1}{\beta^2}} = 1 - \frac{\beta^2}{\beta_{-i}^2} \tag{7.18}$$

例題 7.5-1:性能関数 $M = R - S$ の場合の R と S の寄与度

性能関数が $M = R - S$ で，$R \sim N(\mu_R, \sigma_R^2), S \sim N(\mu_S, \sigma_S^2)$ の場合の寄与度は，次の通りである．

$$\alpha_R^2 = \frac{\sigma_R^2}{\sigma_R^2 + \sigma_S^2},\quad \alpha_S^2 = \frac{\sigma_S^2}{\sigma_R^2 + \sigma_S^2},$$

今，μ_R=10,σ_R^2=2^2,μ_S=5,σ_S^2=1^2 とすると，

$$\alpha_R^2 = \frac{2^2}{2^2 + 1^2} = \frac{4}{5} = 0.8,\quad \alpha_S^2 = \frac{1^2}{2^2 + 1^2} = \frac{1}{5} = 0.2 \ \blacksquare$$

実際の設計問題では，性能関数はここに示したような簡単な式ではない．そのような場合，寄与度を MCS を用いて，次のように近似計算する．

Step 1: β **の計算**

今 n 個の確率変数である基本変数 $X_1, X_2, \cdots, X_n$ により定義される性能関数 $g(x_1, x_2, \cdots, x_n)$ により定義される設計問題がある．この問題を MCS により解

析し，破壊確率を求め，これを正規分布関数の逆関数を用いて，信頼性指標 β に変換する．

Step 2: β_{-i} の計算

n 個の基本変数 $X_1, X_2, \cdots, X_n$ を，一つづつ決定変数とし，その値をその変数の平均値として MCS を行い，破壊確率を求め，これを正規分布関数の逆関数を用いて信頼性指標 β_{-i} に変換する．全部で n 個の β_{-i} が得られる．

Step 3: α'^2_i の計算

式 (7.18) にならい，次式により近似的な寄与度 α'^2_i を計算する．

$$\alpha'^2_i = |1 - \frac{\beta^2}{\beta^2_{-i}}|$$

ここで右辺の絶対値を取っているのは，β や β_{-i} が負になっても，感度の計算を有効にするための処置である[5]．

Step 4: α'^2_i の標準化による α^2_i の計算

α'^2_i は近似的に計算された値なので，すべての寄与度の合計が 1.0 になるという性質を満たしていない．この点を補正するため，次式により寄与度の標準化を行う．

$$\alpha^2_i = \frac{\alpha'^2_i}{\sum_{i=1}^{n} \alpha'^2_i}$$

このように標準化した寄与度を，寄与度の近似値とする．

ここで計算される寄与度の精度は，性能関数が複雑な場合は，必ずしも高くはない．しかしながら著者らは，現行設計の課題考察や追加調査，設計法の改善などを考えるための情報としては，十分意味のある情報を与えると，経験に基づいて考えている．

例題 7.5-2： 2.2.4 節の単純梁の曲げ破壊例題の寄与度の計算

2.2.4 節で取り上げた，単純梁の曲げ破壊例題を取り上げ，そこで示した寄与度の計算の詳細を，ここで説明する．この寄与度の計算は，上記の近似法に従っている．

表 7.2 多変数確率分布としての 2 次元確率場生成例

基本変数 (単位)	記号	平均	標準偏差	分布型	P_{f-i}	β_{-i}
全基本変数を考慮	-	-	-	-	4.47×10^{-3}	2.61
集中荷重の大きさ (kN)	P	12	3.6	Gumbel 分布	1.0×10^{-6}	4.75
集中荷重の作用位置 (m)	X	1.5	0.58	一様分布	2.59×10^{-3}	2.80
梁の曲げ強さ (kNm)	M_r	30	3	正規分布	3.03×10^{-3}	2.74

[5] β が正で，β_{-i} が負といった場合には，計算に注意が必要である．

表-7.2 に，上記の手順に従って計算した，各基本変数を平均値に固定して行った MCS による信頼性解析結果を示した．それぞれの基本変数の寄与度は，次のように近似計算される．

$$\alpha'^2_{-P} = 1 - \frac{\beta^2}{\beta^2_{-P}} = 1 - \frac{2.61^2}{4.75^2} = 0.697$$

$$\alpha'^2_{-X} = 1 - \frac{\beta^2}{\beta^2_{-X}} = 1 - \frac{2.61^2}{2.80^2} = 0.125$$

$$\alpha'^2_{-Mr} = 1 - \frac{\beta^2}{\beta^2_{-Mr}} = 1 - \frac{2.61^2}{2.74^2} = 0.093$$

これらの合計は 1.0 にならないので，標準化すると，次の結果を得る．

$$\alpha^2_{-P} = \frac{\alpha'^2_{-P}}{\alpha'^2_{-P} + \alpha'^2_{-X} + \alpha'^2_{-Mr}} = \frac{0.697}{0.697 + 0.125 + 0.093} = 0.762$$

$$\alpha^2_{-X} = \frac{\alpha'^2_{-P}}{\alpha'^2_{-P} + \alpha'^2_{-X} + \alpha'^2_{-Mr}} = \frac{0.125}{0.697 + 0.125 + 0.093} = 0.137$$

$$\alpha^2_{-Mr} = \frac{\alpha'^2_{-P}}{\alpha'^2_{-P} + \alpha'^2_{-X} + \alpha'^2_{-Mr}} = \frac{0.093}{0.697 + 0.125 + 0.093} = 0.101$$

以上のように計算された寄与度を図化したのが，**図-7.6** である．■

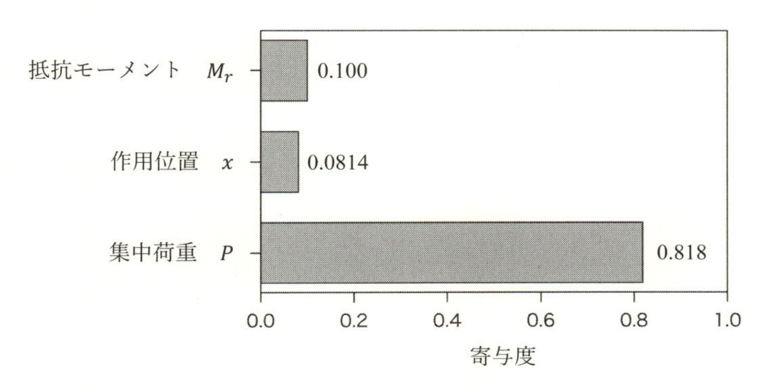

図 7.6 単純梁の例題の各基本変数の寄与度

7.6 付録：MCS の必要回数についての考察

OMCS によるシミュレーション回数は，次のように評価できる．(Rubinstain, 1981; pp.115-118)．N 回試行したときの N_f 回の破壊が生起する確率は，次の二項分布（ベルヌーイ試行）により求めることができる．

$$Prob[N_f = n_f] = \binom{N}{n_f} P_f^{n_f} (1 - P_f)^{(N-n_f)}$$

二項分布の平均と分散が，それぞれ NP_f と $NP_f(1-P_f)$ であることより，$\widehat{P}_f$ の平均と分散は，それぞれ次のようになる．

$$E\left[\widehat{P}_f\right] = \frac{1}{N}E\left[N_f\right] = \frac{NP_f}{N} = P_f \tag{7.19}$$

$$Var\left[\widehat{P}_f\right] = Var\left[\frac{N_f}{N}\right] = \frac{1}{N^2}Var\left[N_f\right] = \frac{1}{N^2}NP_f\left(1-P_f\right) = \frac{1}{N}P_f\left(1-P_f\right) \tag{7.20}$$

ここで，$\left|P_f - \widehat{P}_f\right| \leq \varepsilon$ となる確率を，$100(1-\alpha)$ % 以上とする条件を求める．すなわち，

$$Prob\left[\left|P_f - \widehat{P}_f\right| \leq \varepsilon\right] \geq 1-\alpha \tag{7.21}$$

この対偶も，これと同値であり，次のように表される．

$$Prob\left[\left|P_f - \widehat{P}_f\right| > \varepsilon\right] < \alpha \tag{7.22}$$

このとき次の 2 つの方法を用いて，必要な MCS 回数を求める．

(1) 中心極限定理に基づく近似を用いる場合

中心極限定理によれば，二項分布はその試行回数 N が大きくなると，平均 NP_f，分散 $NP_f(1-P_f)$ の正規分布で近似できる[6]．この関係を用いると，式 (7.22) の条件は，正規分布の信頼区間を求める考え方より，次のように書き直すことができる．

$$Prob\left[\left|P_f - \widehat{P}_f\right| \geq z_{\alpha/2}\sqrt{\frac{P_f(1-P_f)}{N}}\right] \leq \alpha \tag{7.23}$$

ここに $z_{\alpha/2}$ は，標準正規分布の $100(1-\alpha/2)$ パーセント点である．これを変形して，次式を得る．

$$Prob\left[\delta = \frac{\left|P_f - \widehat{P}_f\right|}{P_f} \geq z_{\alpha/2}\frac{1}{P_f}\sqrt{\frac{P_f(1-P_f)}{N}}\right] \leq \alpha$$

ここに $\delta = |P_f - \widehat{P}_f|/P_f$ は，推定される P_f が真値にどの程度近いかを表す指標である．上式が成り立つための条件は，

$$\delta \geq z_{\alpha/2}\frac{1}{P_f}\sqrt{\frac{P_f(1-P_f)}{N}}$$

これを変形して，この条件を満たすために必要な，試行回数 N の条件を求める．

$$N \geq \frac{z_{\alpha/2}^2}{\delta^2}\frac{P_f(1-P_f)}{P_f^2} = \frac{z_{\alpha/2}^2(1-P_f)}{\delta^2 P_f} \approx \frac{z_{\alpha/2}^2}{\delta^2 P_f} \tag{7.24}$$

---

[6] DeMoivre-Laplace の定理．正確には，$NP_f(1-P_f) >> 1$ の条件が必要であり，NP_f が非常に小さい場合は，この近似の成立に問題がある (パポリス，1965；p.61)．なおこの定理は，中心極限定理の最初の発見と見なされている（清水，2002）．

最後の近似は，$P_f << 1.0$ であることにより成り立つ．式 (7.24) は，さらに次のように変形しておくと便利である．

$$NP_f \geq \frac{z_{\alpha/2}^2}{\delta^2} \tag{7.25}$$

ここに NP_f は，この MCS を実施したときに，要求された精度を確保するために必要な，破壊サンプル点の数である．本書ではこの数を，**必要破壊サンプル点数**と呼ぶことにする．式 (7.25) から分かるように，この必要破壊サンプル点数は，破壊確率 P_f にも，MCS の総試行数 N にも依存せず，解の精度に関係するパラメータ δ と α にのみ依存する数であり，利用勝手が良い．すなわち，どのような MCS であっても，破壊サンプル点数をある数以上になるように試行数を決めるだけで，所定の精度を確保した解を得ることができる．

(2) チェビシェフ (Chebyshev) の不等式を用いる場合

中心極限定理よりはるかに成立条件の緩いチェビシェフ (Chebyshev) の不等式より，次の関係が得られる (パポリス，1965；p.147))．

$$Prob\left[\left|P_f - \widehat{P}_f\right| < \varepsilon\right] \geq 1 - \frac{Var\left[\widehat{P}_f\right]}{\varepsilon^2} \tag{7.26}$$

式 (7.21) と (7.26) より，式 (7.20) を用いて，以下の関係が得られる．

$$1 - \alpha \leq 1 - \frac{Var\left[\widehat{P}_f\right]}{\varepsilon^2} = 1 - \frac{1}{N\varepsilon^2}P_f\left(1 - P_f\right)$$

これより，

$$\alpha \geq \frac{1}{N\varepsilon^2}P_f\left(1 - P_f\right)$$

よって，

$$N \geq \frac{P_f\left(1 - P_f\right)}{\alpha\varepsilon^2} \tag{7.27}$$

上式より，ε と α を与えれば，P_f の値に応じて必要なサンプル個数 N を求めることができる．先のように，

$$\varepsilon = \delta P_f = \frac{|P_f - \widehat{P}_f|}{P_f}P_f$$

とすると，必要回数 N は

$$N \geq \frac{P_f\left(1 - P_f\right)}{\alpha\delta^2 P_f^2} = \frac{(1 - P_f)}{\alpha\delta^2 P_f} \approx \frac{1}{\alpha\delta^2 P_f} \tag{7.28}$$

さらに式 (7.25) の場合と同様に，必要破壊サンプル点数を求める式が得られる．

$$NP_f \geq \frac{1}{\alpha\delta^2} \tag{7.29}$$

■$\delta = |P_f - \widehat{P}_f|/P_f$ **の許容範囲**　具体的なOMCSの必要破壊サンプル点数の検討に入る前に，式(7.25)や式(7.29)で，推定の精度を規定している$\delta = |P_f - \widehat{P}_f|/P_f$の特長について，考えておく．

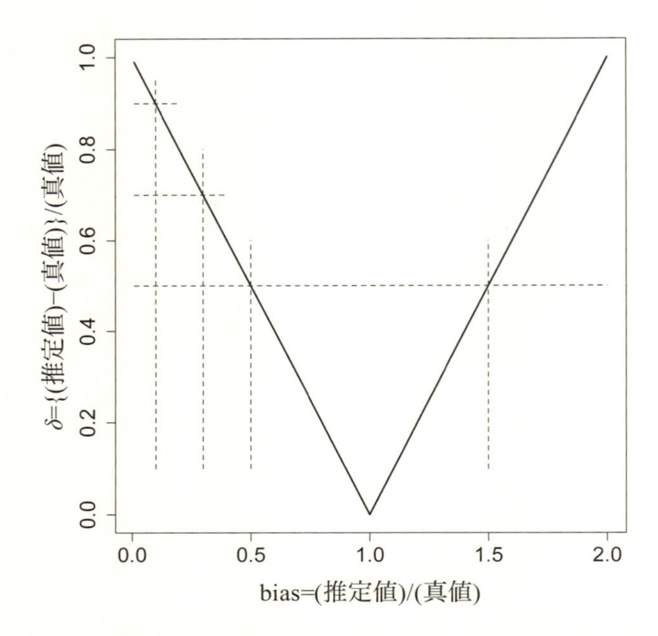

図7.7　δ =|(真値)-(推定値)|/(真値) と bias=(推定値)/(真値) の関係

図-7.7に，δと，P_fの推定値と真値の比，すなわち$\text{bias}^{-1} = \widehat{P}_f/P_f$の関係を示した[7]．図から分かるように，$\delta$がそれぞれ，0.5，0.7及び0.9を取る場合，$\widehat{P}_f > P_f$のときは，$\text{bias}^{-1}$は1.5，1.7及び1.9であり，これは推定値が真値のそれぞれ1.5倍，1.7倍及び約2倍以下であることを保証することを意味する．一方，同様のδの値に対して$\widehat{P}_f < P_f$のときは，bias^{-1}はそれぞれ0.5，0.3及び0.1となり，これは推定値が真値の半分，3分の1及び10分の1（桁落ち）以上であることを保証することを意味する．

以上より分かるように，式(7.25)や式(7.29)で導入されたδに基づくNP_fに関する規準は，実質的にP_fの過小評価に対する規準である．すなわち，δに基づく規準は，どのくらいの破壊サンプル点数NP_fがあれば，どの程度のP_fの過小評価に留まるかを示していると言える．一方，δを過小評価の基準として決めてしまえば，P_fの過度な過大評価は，ほとんど生起しない．

一般的に破壊確率の推定偏差(bias)が半分から1.5倍($\delta \leq 0.5$)，あるいは3分の1から1.7倍($\delta \leq 0.7$)程度であれば，信頼性解析の精度としては十分と考えてよいのではないか，と著者らは考える．この範囲のδに対応した，必要破壊サンプル点数を求めること

[7] bias^{-1}=(推定値)/(真値)と定義したのは，6章等で，bias=(真値)/(推定値)と定義していることと，整合性を取るためである．

が，一つの目安になるとして，以後の議論を進める．

■必要破壊サンプル点数 **表-7.3** と**図-7.8** に，α と δ の組合せに応じた，必要破壊サンプル点数 NP_f を，それぞれチェビシェフ不等式と中心極限定理近似で評価した場合について示した．例えば**表-7.3** で，α=0.05 と δ=0.5 の場合，NP_f=80 または 11 となっているが，これは $\delta \leq 0.5$ の範囲に，推定した P_f が 95% 以上の確率で入るためには，破壊サンプル点数がチェビシェフ不等式で評価した場合は 80 個以上，中心極限定理近似の場合は 11 個以上必要であることを示している．

表 7.3　チェビシェフの不等式と中心極限定理から得られる必要破壊サンプル点数 NP_f

α	0.01			0.05			0.1		
δ	0.5	0.7	0.9	0.5	0.7	0.9	0.5	0.7	0.9
bias^{-1}	0.5	0.3	0.1	0.5	0.3	0.1	0.5	0.3	0.1
チェビシェフの不等式	400	205	124	80	41	25	40	21	13
中心極限定理	22	12	7	11	6	4	7	4	3

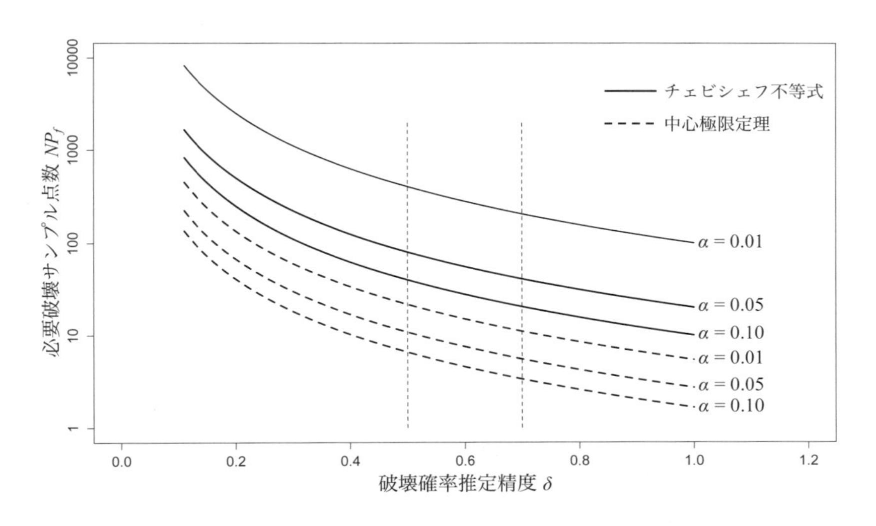

図 7.8　δ と必要破壊サンプル点数の関係

この表と図より，次のようなことがいえる．

(1) 式 (7.24)，式 (7.28) 双方で，必要個数は，$1/P_F$ 及び $1/\delta^2$ に比例して増加する．これを必要破壊サンプル点数 NP_f の観点から見ると，$1/\delta^2$ に比例して増加する．**図-7.8** は，この関係を示している．

(2) チェビシェフ不等式は，中心極限定理近似より一般的な条件から導かれているため、前者で必要個数が多くなるのは当然であると言える．この差は，$z^2_{\alpha/2}$ と $1/\alpha$ の違いにより生じている．

(3) 先に述べたように，δ が 0.5 あるいは 0.7 程度以下の範囲に，適当な信頼性（α=0.05 あるいは 0.01）以上で入るためには，50 個から 100 個以上の破壊サンプル点数 NP_f が必要ではないかと考えられる．これは，チェビシェフ不等式による評価は NP_f を過大に，中心極限近似では過少に評価していることを考慮した結果である．

■MCS による必要破壊サンプル点数の検討　最後に，MCS により以上の結果を確かめた例題を紹介する．

この MCS では，$M = R - S$ なる性能関数を仮定し，抵抗 $R \sim N(\mu_R, \sigma_R^2)$，外力 $S \sim N(\mu_S, \sigma_S^2)$ なる正規分布にそれぞれ従うとする．破壊確率 P_f を与え，これに応じて所与の μ_R に対して，μ_S を決定する．すなわち，$\mu_R, \sigma_R^2, \sigma_S^2$ 所与の元で，与えられる P_f に応じて，μ_S は，次のように設定される．

$$\mu_S = \mu_R - \beta_T \sqrt{\sigma_R^2 + \sigma_S^2} \qquad ここに, \beta_T = \Phi^{-1}(1 - P_f)$$

この MCS では，計算しようとする最大の必要破壊サンプル点数 NP_f に対して，この MCS を 100 回行うとして，性能関数の MCS 計算回数を決めている．すなわち NP_f の最大値を 300 個とした場合，性能関数の計算回数は，次のようになる．

$$(計算回数) = \frac{300}{P_f} \times 100$$

つまり，P_f=0.01 及び 0.0001 の場合，計算回数はそれぞれ，300 万回と 3 億回となる．

計算結果が出てから，想定した NP_f に応じて，結果を整理する．すなわち，NP_f が 300 の場合は 100 組の MCS 結果が，100 個の場合は 300 組，10 個の場合 3000 組が得られる．この関係を，ここで計算したすべての NP_f について示すと，次の通りである．

NP_f	300	150	100	75	60	50	30	20	15	10	5
MCS 回数	100	200	300	400	500	600	1000	1500	2000	3000	6000

それぞれの MCS 結果は，P_f の真値が分かっているので，$\delta = (P_f - \widehat{P_f})/P_f = 1-\text{bias}$ を計算できる．それぞれの NP_f に対する δ のばらつきを整理したのが，**図-7.9** である．このとき δ の計算で，分子の絶対値を取らずに δ を求めている点は，注意されたい．この結果，P_f を過大評価した場合は δ は正に，過小評価した場合は負になる．

図-7.9 では，それぞれの破壊サンプル点数 NP_f に対する δ の，最大値，第 3 四分位点，平均，第 1 四分位点，最小値を連続的に示している．図ではまた (a) と (b) それぞれに，破壊確率 P_f を 0.01 と 0.0001 に設定した場合の結果を示している．

なお，**図-7.9** には，NP_f に応じた δ の 95% 信頼区間（α=0.05 とした場合）を，チェビシェフの不等式と中心極限定理近似に基づく場合について示してある．

図-7.9 から，次のようかことが言える．

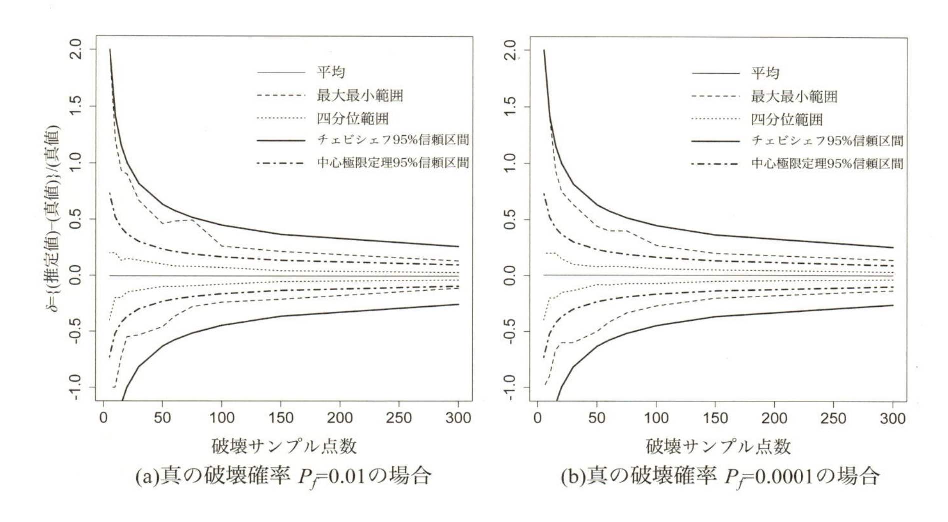

(a)真の破壊確率 P_f=0.01の場合　(b)真の破壊確率 P_f=0.0001の場合

図 7.9　MCS による必要破壊サンプル点数と δ の関係

(1) MCS の全体的な結果は，式 (7.24) や式 (7.28) で示された結果と全体的に極めて類似しており，ここで行っている推定誤差評価方法の妥当性を示している．

(2) 式 (7.24) や式 (7.28) で示された通り，必要破壊サンプル点数 NP_f は，破壊確率に依存しないことが，**図-7.9**(a) と (b) を比較することで明らかである．

(3) チェビシェフ不等式による 95% 信頼区間は，ほぼすべての MCS 結果の最大値と最小値を包含している．特に NP_f が小さいとき，δ の最大値がこの信頼区間の上限に近付くのは，先にも説明したとおり，NP_f が小さいときに MCS の計算回数が大きくなるからである．100 回の MCS の最大値と，6000 回の MCS の最大値では，その意味がまったく異なる．これに対して，第 1 及び第 3 四分位点の δ の値は，信頼性区間の境界線と平行で，MCS 結果と，式 (7.24) や式 (7.28) で得られる結果の，整合性を示唆している．

(4) 中心極限定理近似による 95% 信頼区間は，チェビシェフ不等式によるそれのはるかに内側で，これは後者が前者よりはるかに緩い条件下で成立つことを反映している．中心極限定理近似による 95% 信頼区間は，第 1 及び第 3 四分位点の δ の値を内包しており，またこれらと平行である．このことは，この近似のある程度の妥当性を示唆していると考えられる[8]．

以上の結果より，前節でも示唆した通り，推定された P_f の δ が，0.5 程度以下の範囲に，適当な信頼性（α=0.05 あるいは 0.01）以上で入るためには，50 個から 100 個以上の破壊サンプル点数 NP_f が必要ではないかと考えることは，妥当である．

[8] この例題が，正規確率変数よりなる非常に簡単な性能関数に基づいていることに注意する必要がある．これらの条件が満たされない場合は，中心極限定理近似の妥当性も吟味が必要となり，注意する必要がある．

7.7　7章のまとめ

本章では，MCSによる信頼性解析について，次のことを述べた．

(1) 一様乱数の生成について簡単に説明し，今日ではMersenne twisterに代表される極めて性能の高い乱数生成アルゴリズムが開発され，かつプログラムに標準装備されており，ほとんどの場合乱数の生成について心配する必要は無いことを述べた．また一様乱数より，任意の分布に従う確率変数の実現値の生成が可能である．
(2) 先に4章で実際の地盤を確率場で表現するとき多くの場合，地盤パラメータを，空間内で離散した多数の点の相関した確率変数として扱うことができることを示した．このことに基づき，任意の相関を持った多変数正規確率変数の生成の方法を説明した．さらに，連続的な確率場生成方法の概要を述べ，特にFDT(Frequency Domain Technique)について，具体的な生成式を示した．
(3) MCSによる信頼性解析を行う場合，必要な精度を得るために必要なサンプル生成数について，やや詳しい説明を行った．精度は，計算しようとする破壊確率の大きさに係わらず，必要破壊サンプル点数NP_fにより支配されることを示した．中心極限定理に基づく近似，あるいはチェビシェフの不等式を用いた場合，おおよそ50から100個程度の破壊サンプル点数が生起する程度のサンプルの生成が必要であると結論付けられた．その他，MCSを効率化する方法の一つとして，重点抽出法の考え方を説明した．
(4) 性能関数が，有限要素法の計算を含む等複雑で計算時間を要する場合，応答曲面で性能関数を近似するのも一法であることを述べた．
(5) MCSを用いた，各不確実性要因の寄与度を分析する方法を説明し，例題を示した．

第 III 部

性能設計・設計コードとコードキャリブレーション

第 8 章

性能設計

8.1 はじめに

性能設計 (Performance Based Design) は，「構造物をその仕様によってではなく，その社会的に要求される性能から規定し設計する，設計の考え方」と定義できる (地盤工学会, 2004). 1990 年代後半から「性能設計」あるいは「性能規定」という言葉が，頻繁に登場するようになった．これは後述するように，WTO（世界貿易機構）の TBT 協定（貿易の技術的障害に関する協定）が，1995 年に発効したことと深く関係している．とは言え，性能設計の考え方自身は，それ以前から世界の幾つかの箇所で，いろいろな形で，いろいろな動機の元に，提案されていた．8.2 節では，性能設計の起源の代表例である，北欧諸国で提案された Nordic 5 levels System，また米国カリフォルニア州の構造技術者協会 (SEAOC) で提案された性能マトリックスの考え方を説明する．さらに性能設計普及の背景となった，WTO/TBT 協定の内容を簡単に述べ，その我が国の設計コードに与えた影響についても触れる．

続いて 8.3 節では，我が国における性能設計の展開について述べる．1990 年代後半から 2000 年代前半に，いろいろな学会や協会で，性能設計が議論され，報告書やモデル設計コードのようなものが幾つか提案された．ここでは主に著者が関わったと言う理由により，地盤工学会の通称「地盤コード 21」と，土木学会の「Code PLATFORM」を取り上げ，そこで提案された性能設計の概念について説明する．また，性能設計と設計コード，さらに信頼性設計法の関係について述べる．ここで提案された性能設計の基本的な考え方はその後，8.4 節以下で説明するように，「港湾の施設の技術上の基準」や「道路橋示方書」に踏襲された．

8.4 節と 8.5 節では，「港湾の施設の技術上の基準」と「道路橋示方書」に，性能設計の考え方がそれぞれどのように反映されているかを見る．性能設計における要求性能の階層的記述，性能マトリックスの考え方の適用，要求性能に対して有効で性能照査可能な性能規定をどのように規定するか，さらに要求性能と性能規定のギャップに対する説明，と言った問題が，実構造物を設計する設計コードで，どのように取り扱われているかを見る．

最後に 8.6 節では，性能設計概念から見たときの，我が国の社会基盤施設の要求性能の将来に関する著者らの私見を述べる．

8.2　性能設計の起源と背景

8.2.1　Nordic Five Level System

性能設計の考え方の一つの起源は，建築物の規則の国際的調和のための方法としてその開発と導入が始まった．その最初のものは，北欧 4 カ国の建築物に関する規則の統一を目指して導入された，Nordic Five Level System であると考えられる（NKB, 1978)．この報告書では，このように規定を構成することの目的をそのまえがきで，次のように述べている．

> 現在北欧諸国の建築物を支配している規則は，法律，規定，その他の規則からなっている．北欧閣僚協議会の北欧諸国の建築物規制の協力に関する活動プログラム (NU 1977:32) では，規則の体系はその包括的な目的から始まって，技術的な解決方法に至るような，一連の限られた数のレベルよりなる規則として構成されることを，最重要事項と定めた．このようにすれば，国ごとに管理のシステムが異なっていたとしても，協力が促進される．(NKB(1978),p.23)

以上より明らかなように，Nordic Five Level System は，国ごとに異なる「記述的 (prescriptive)」な技術基準や規制制度の違いを統合し，国際的調和を推し進めるためのフレームワークとして提案されていたことが分かる．

このような性能設計の各国の現状と展望を述べたレポートに，CIB(1997) がある．このレポートによれば，Nordic Five Level System に代表される階層構造は，次のように構成されている．

Level 1 目的 (Goals/Objectives)　建設される建築物に関する，公共の本質的な要求 (interest)

Level 2 機能規定 (Functional Requirements/Functional Statements)　建築物とその要素に対する具体的な，しかし定性的な要求．

Level 3 要求性能 (Operational Requirements/Performance Requirements) または性能規定 (Performance Criteria)　より詳細な規定により表された実体的要求．

Level 4 照査 (Verification)　規定を満していることを照査するための指示または指針．

Level 5 許容される方法の例 (Examples of Acceptable Solutions)　規定の付帯文章で，規定を満足すると見なされる方法の例題が載せられる．

この考え方は，ニュージーランド，オーストラリア，カナダ，イギリス等で，いろいろなバリエーションを持って展開された．

構造物の性能が規定された性能を満たしているかを確認 (compliance) する方法は，しばしば大きな関心事となる．CIB(1997) では，一般に次の 3 つの方法があるとしている．

- 認められた照査方法により，証明する．これに含まれるのは，項目チェックにより抜けがないことを確かめたり，寸法を検査することを含む．また現位置での非破壊試験，供試体を用いた実験室内の破壊試験，数学的モデルを用いた計算などである．
- 要求される性能を満足することを慣用的に検証できると認められた，技術的な方法を記述した規格，またはこれに類する参考資料を，提供する．このような技術的な方法は，型認定，適合見なし規定，許容される方法，資格認定 (accreditation) などと呼ばれる．
- 性能は，評価機関または他の専門家による評価と検証により認定する．

8.2.2 SEAOC 性能マトリックス

耐震設計における性能設計を有名にしたのは，1995 年に SEAOC (カリフォルニア構造技術者協会) より発行された，Vision2000 という報告書により示された，性能マトリックスの考え方である (SEAOC, 1995)．性能マトリックス (performance matrix) は，建築物の耐震性能を，荷重頻度と性能レベルをそれぞれ縦横軸として，構造物の重要度をパラメータとして表示することを提案したものである (**図-8.1**)．

ここで特に注目すべき点は，この性能マトリックスが提案されてきた経緯である．そもそも Vision2000 は，カリフォルニアを 1989 年に襲ったロマプリータ地震と 1994 年に襲ったノースリッジ地震で，人命はともかく，物的に予想以上の被害があったことに端を発している．前者では 70 億ドル，後者で 300 億ドルの経済被害があり，これは地震の規模に対応して社会が許容できる被害規模ではないと考えられたことが，報告書作成の大きな動機になった (Hamburger,1997)．

また同時に多くの建築物で，所有者が意図していた耐震性能と，設計者が目指していた耐震性能が大きく異なり，両者の間にコミュニケーション・ギャップがあったことが明らかになったことも，重大な反省点として認識された．

特に後者のギャップを埋めるために提案されたのが，この性能マトリックスであった．すなわち建築物の所有者 (従って，発注者）は，設計者に対し自らが望む建築物の性能を，それぞれの荷重頻度に対し示し，設計者はその性能を確保できるように建築物を設計する．これは従来のように，設計基準に書かれた仕様を満足するように設計するだけでは，その結果設計された建築物がどのような具体的な性能を満足しているのか明確でなく，所有者と設計者は建物の性能について明確な合意に達した上で設計を行うべきである，と言う思想に立っている．

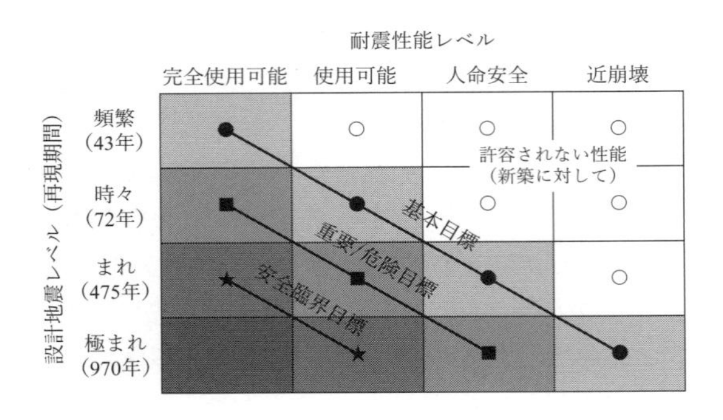

図 8.1 SEAOC 性能マトリックス (SEAOC,1995)

8.2.3 WTO/TBT 協定とその影響

我が国で性能設計が注目される直接的な発端の 1 つが，1995 年に締結された「貿易の技術的障害に関する協定」（以下 WTO/TBT 協定）であることは疑いない．この協定の内容を，簡単に見てみよう．

その前文は，次の通りである（日本工業標準調査会（JISC)URL 参照)．

> 加盟国は，ウルグアイ・ラウンドの多角的貿易交渉に考慮を払い，1994 年のガットの目的を達成することを希望し，国際規格 (標準) 及び国際適合性評価制度が生産の効率を改善し及び国際貿易を容易なものにすることによりその目的の達成に重要な貢献をすることができることを認め，よって，国際規格 (標準) 及び国際適合性評価制度の発展を奨励することを希望し，あわせて，強制規格 (標準) 及び任意規格 (標準) 並びに，強制規格 (標準) 又は任意規格 (標準) の適合性評価手続が国際貿易に不必要な障害をもたらすことのないようにすることを確保することを希望し，（中略）ここに，次のとおり協定する．

この前文に 15 条より成る本文と 3 つの付属文書が続く．

本文では，「工業品及び農産物を含め，すべての産品は，この協定の規定の適用を受ける．」こと，国際規格（standards，標準）と国内規格 (標準) の関連等に触れている．特に強制規格 (標準) の関わりでは, 2.4 項と 2.8 項が重要と思われる（平野・山本・西川, 2002)．

> 2.4 加盟国は, 強制規定 (標準) を必要とする場合において, 関連する国際規格 (標準) が存在するとき又はその仕上がりが目前にあるときは, 当該国際規格 (標準) 又はその関連部分を強制規定 (標準) の基礎として用いる．（以下省略）
>
> 2.8 加盟国は，適当な場合は，デザイン又は記述的に示された特性よりも性能に着目した要件に基づき強制規格 (標準) を定める．

ここには, 強制規定（標準）について「国際規格 (標準) の尊重」と「性能による規定」の 2 つのことが明確に示されている．その他, 適合性評価では結果受入の確保, 任意標準でも国際標準との整合性が求められている．

WTO/TBT 協定は，従来の仕様規定に基づいた設計標準の欠点を克服し，新技術の導入期間の短縮，地域間標準の共通化などを通して，市場の開放性を高め，自由競争原理が機能し，高い経済効率が市場において得られることを最終的な狙いとしていると理解される[1]．

日本政府は1995年のWTO/TBT協定発効に伴い，一連の規制緩和政策を進めた．1999年度からの「規制緩和3カ年計画」，2002年度からの「規制改革推進3ヵ年計画」等の施策がこれにあたる．特に後者では，技術基準認証等について抜本的な見直しを行うことを決定し，その中で，基準の国際整合化，性能規定化，重複検査の排除等を推進するとした．これを受けて国交省では「公共事業コスト構造改革プログラム」の一環として，2002年10月の「土木・建築にかかる設計の基本」制定(国交省，2002)，道路橋示法書の検討，港湾の施設の技術上の基準の性能規定化が決定，実施された．2007年4月の港湾基準の性能規定化，信頼性設計法の導入は，その顕著な現れの一つであり，その後設計基準を巡る状況は，東日本大震災の影響，老朽化する社会基盤施設の維持管理・補修の必要性の一層の顕在化等，多少の変化はあるが，基本的な方向性は変化していないと考えられる．

8.2.4 性能設計と設計コード

性能設計ではその開発の当初から，この新しい考え方に基づいて書かれた設計コード（これを「性能規定型設計コード」と呼ぶ）が，従来の設計コードに比較して，どのような利点を持つかと言うことに，大きな関心が寄せられた．例えば，CIB(1997)報告書で，この問題がどのように取り上げられているかを簡単に見てみよう[2]．

設計コードの構成

設計コードの理解しやすさを支配する二大要素は，設計コードの構成(framework)と言葉遣い(language)である．性能規定型設計コードは，次のような利点を持つことが期待されている．

(1) 規定の意図を理解することが容易である．
(2) 代替案相互の評価に透明性と説明性が高い．
(3) コードの使用者に対して，記述表現の一貫性を保ちやすい．
(4) IT(情報技術)による表示や配布，検索の容易性．

このような目的を達するために，性能規定型設計コードの構成に関して，次のようなことが，行われている．

(1) 目的と手段よりなる階層(hierarchy)を持つ，トップダウン構造．
(2) 記述構造(presentation structure)の一貫性．すなわち，全体と部分が明確になる構

[1] なおここで「規格」と訳されている言葉は「standards」であり，「標準」と訳してもよい言葉であることに注意．

[2] CIB(International Council for Building Research Studies and Documentation)は，建築構造物の設計や建設に関わる世界中の500以上の組織が加盟する協会である．

造，補助文書の位置づけ等の明確化.
(3) 規定の文書表現の一貫性.

トップダウン構造については，既に8.2節で述べているように，要求性能を階層的に記述することを原則とする．この表現は，従来の仕様的性能の記述に比較して，コード利用者に，要求性能の実質的な理解を容易にしている.

言葉遣いについて

コードおよびその関連文書は,，コードライターの意図が受け手に十分正確に理解できることが必要である．適切な言葉遣いは，その正しい使い方の重要性が認識されてはいるが，かならずしも議論は深められていない．以下のような点が，コードライターが注意すべき点として抽出されている.

(1) 文書は，その文字通りの意味が，意図された事項と異ならないように書かれなければならない．これは重要である．なぜならば，抗争において法律家はおうおうにして，法律の書かれたままの意味に従って解釈するからである.
(2) コード文書の言葉遣いは，その法律的なステータスと対応していなければならない．強制規定，推薦規定，代替案の提示などを，明確に区別する必要がある.
(3) 絶対的（断定的）用語を用いるのに慎重である必要がある．達成できないことや，検証できないことを，このコードを遵守しなければならない立場の人に，強制してはならない.
(4) コードを記述する言葉やその他の表現要素 (例えば，参考文献の引用方法，二重否定，例外規定や，過度に複雑な表現構造) は，問題である．規定に関する表現がまずいために，これがコードの理解の妨げとなり，多くの苦情が寄せられた例は非常に沢山ある.

この他性能規定型設計コードの開発と導入には，社会の中の幅広い人々の理解と協力が不可欠である．これには，建築物の規定・規制に従事する公務員，コードや規定の制定者，法律関係者等が含まれる．性能設計を視野に入れた技術者や建設業者等の登録形式，責任 (liability)，保険，抗争の解決，国際貿易への影響等の諸問題について，検討する必要がある．さらに大学教育，継続教育においても，このテーマを普及させてゆく必要がある.

8.3　我が国における性能設計の展開

8.3.1　「地盤コード 21」と「Code PLATFORM」

前節で述べたように，性能設計の普及が比較的急速であったのは，この考え方が，日本政府の基本的な通商政策に基く規制緩和政策と一致し，設計基準の国際整合化，性能規定化，重複検査の排除等の推進が政策化されたことが，その大きな要因であったと著者は考えている (平野・山本・西川，2002；山本，2005).

とは言え，学会側の努力も見逃せない．特に地盤工学会では 1997 年度から 3 年間活動した「我が国の基礎設計法の現状と将来のあり方に関する研究委員会－設計法と地盤調査法の国際整合性」（委員長，日下部治東工大教授 (当時)）の成果が非常に大きかった．この委員会とそれに引き続く幾つかの委員会により，欧州や北米の動向を的確に把握し，WTO/ TBT 協定による設計基準への性能設計概念の導入の動きを早期に捉え，地盤コード 21 の概念を既に 2000 年に提案した．そして 2004 年には，地盤工学会基準 JGS4001-2004「性能設計概念に基いた基礎構造物等に関する設計原則」を制定，英訳も行われ，内外に広く公表された．この動きは，他学会の動きよりもかなり早く，地盤コード 21 で提案された概念は，上述した政府の通商政策と相まって，強い波及効果を持った．

2004 年に制定された「地盤コード 21」は，2000 年には既にその基本的なコンセプトと，コードの基幹部分はドラフトされていた．その紹介論文（本城，2000）では，この設計コードの特徴を次の点にあるとしている．

(1) 理想像の追及：日本の構造物設計コード調和の提案
(2) 完全な性能規定型の基礎構造物設計コード
(3) 性能照査方法の標準化と多様化への対応：アプローチ A と B
(4) 信頼性設計法（限界状態設計法）に基づいた設計コード
(5) 地盤パラメータの特性値設定の標準化

さらに，この設計コードの特徴を，次のように解説している (本城，2000)．

「地盤コード 21　Ver.1」は，最近の社会の動向，国際環境の変化等を踏まえ，日本の将来の構造物の構造設計コードがあるべき姿を念頭において作成された．すなわち，現在各事業主体により別個に作成されている設計コードの体系化を計り，日本全体の設計コードの調和，透明性と説明性を増すような将来の設計コード体系の姿を考えている．従って国際標準を示す ISO，本格的地域コード Eurocodes 等の文書は特に重視し参考とした．

このようなコードの統一を考えるとき，現在日本に存在する有力な設計コードと同じレベルの，もう一つの設計コードを作ることによって，統一を目指そうとしても，成功しないし，あまり意味もない．コードを統一するためには，それらのコードの 1 歩上に立つコンセプトが必要であり，このためのコンセプトとして本コードでは，「包括設計コード」を提案している．包括設計コードは性能規定型設計コードであると同時に「A code for code writers(コード作成者のためのコード)」としても考えられている．構造物の性能の規定方法，用語の統一，各限界状態に対する余裕の導入方法と形式等を規定することを大きな目的としている．

日本の主要なコードは，改正が行われれば次の日から日本全国でそのコードにより構造物の設計が行われる，ということを原則としている．これはコードに新しいコンセプトを持ちこもうとするとき，余りにも大きな制約である．多くの場合，この制約のため新しく持ちこもうとしたコンセプトはなし崩し的に変形され，形式のみとなり，できあがる設計コードに実質的に何の変化も無いという結果となる．

> 本コードは，制定の直後から設計に用いられて行くことを予期しているというよりは，設計コードの将来の理想像を追及している．種々の日本の設計コードがある程度の時間をかけて，そのコンセプトの統一を，緩やかに計る事を意図している．
>
> 本コードは，当面学会の指針として提案されるのがふさわしいと考えている．各事業主体の設計コードが，このような指針をベースに作成されれば，日本の構造物設計体系の国際的な調和，透明性と説明性は増し，同時に国内においても，一般市民への構造物の構造的な性能の説明性や透明性が増大し，コード間の調和が計られ，また新技術の導入等による市場の活性化も期待される．

「地盤コード 21」で提唱された考え方は, 2002 年に国土技術政策総合研究所港湾部が土木学会に委託した研究により作成された「性能設計概念に基づいた構造物設計コード作成のための原則・指針と用語 (Principles, guidelines and terminologies for structural design code drafting grounded on the performance based design concept)」（通称「code PLATFORM」）（本城他，2003）により，一般的な構造物にまで拡張された．2007 年に全面改定された「港湾の施設の技術上の基準」は，この「code PLATFORM」を，その基幹文書の一つとしている．

次節では，この「地盤コード 21」や「code PLATFORM」で示された，性能設計の具体的な内容について述べる．

8.3.2　性能設計の概要

「地盤コード 21」や「code PLATFORM」は，後者の日本語名「性能設計概念に基づいた構造物設計コード作成のための原則・指針と用語」からも理解されるように，第一義的にはコード作成者のためのコードである．（しかし当然のことであるが，ここに書かれていることを理解しておくことは，設計コード利用者にとっても，きわめて有益である．）この両者の性能設計コードに関する考え方は，当然極めて類似している．ここではその特徴を，主に「code PLATFORM」に沿って要約・説明する．この節で引用する用語の定義は，すべて「code PLATFORM」による．

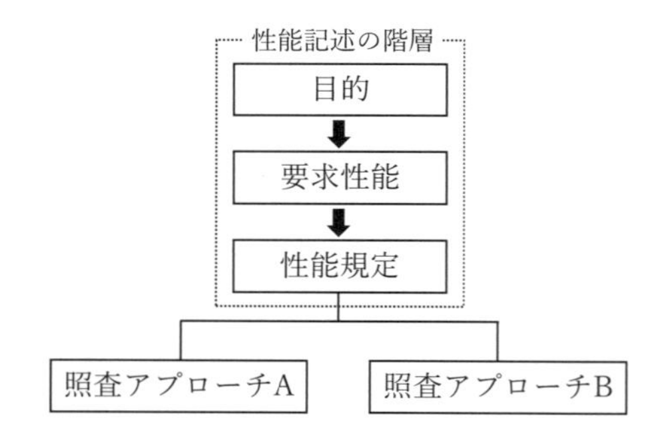

図 8.2　「code PLATFORM」の要求性能の階層化と性能照査アプローチ (土木学会,2002)

完全な性能規定型構造物設計コード

構造物の性能に関する透明性と説明性を増すために，要求性能を階層化した．要求性能の記述の階層は，**図-8.2** に示すように，目的, 要求性能，性能規定の 3 階層であり，次のように定義される．

> **目的 (Objectives):** 構造物を建設する理由を一般的な言葉で表現したものであり，事業者または利用者（供用者）が主語として記述されることが望ましい．
> **要求性能 (Performance Requirements):** 構造物がその目的を達成するために保有する必要がある性能を一般的な言葉で表現したもの．
> **性能規定 (Performance Criteria):** 性能照査を具体的に行えるように，要求性能を具体的に記述したものであり，構造物の限界状態，作用・環境的影響および時間の組み合わせによって定義される．

要求性能や性能規定は，性能マトリックスにより表示することが推奨されている．なお性能規定の中に「時間」と書かれているのは，設計供用期間を意味し，構造物への作用の評価，維持管理のための点検・補修・補強等を意識したものである．

なお，ここで要求性能を階層的に記述する意図は，設計照査の対象となる個々の項目，すなわち性能規定が，一般的な言葉で定義された要求性能，さらには目的に遡り理解できることを重視した結果である．そのことによって，個々の性能照査の意味が明確になる．従って階層が 3 層である必然性はなく，後に見るように実際の設計コードでは，さらに多くの階層に分解されている場合も多い．

性能照査方法の標準化と多様化への対応：アプローチ A と B

世界には今一方で，1995 年の TBT 協定以来の工業製品の性能規定化により，設計の自由度を高めようという動きがある．一方では ISO や Eurocodes など，世界やある地域で強力に設計コードの標準化と統一を進めようと言う動きもある．一見矛盾するかに見える，この自由化 (=多様化）と統一化 (=標準化）の動きに合理的に対処する必要がある．

上記のような 2 つの方向性を同時に満たすために，性能照査（設計照査）では，アプローチ A とアプローチ B の 2 種類のアプローチを許す形を取った (**図-8.2** 参照)．2 つのアプローチの定義は，次の通りである．

> **アプローチ A (Approach A)**：構造物の性能照査に用いられる方法に制限を設けないが，設計者に対して，構造物が規定された要求性能を適切な信頼性で満足することを証明するよう要求する構造物性能照査のアプローチ．
> **アプローチ B (Approach B)**：構造物の性能照査に, 当該構造物の構造的性能を統括する行政機関／地方公共団体／事業主体などが指定する固有設計コードに基づいて, そこに示された手順（設計計算など）に従い, 性能照査を行う性能照査のアプローチ．

このような2つのアプローチが設けられた理由は，従来それぞれの事業主体等で作成された設計コードの設計照査法が，唯一の許容される照査方法であるとされる傾向があり，これが新しい技術の開発の阻害要因となったり，設計者の創造的な発想を妨げたりする等の問題が懸念されていた．これは性能設計導入の本来的な目的とも，相容れないものである．すなわち性能規定型設計コードでは，性能照査の自由が担保される必要がある．従って，アプローチAのような道をアプローチBの他に必ず残しておく必要がある．

一方設計の経済（標準的構造物を効率的に設計する）を考えると，設計照査の決まった手順が存在することが必要であり，アプローチBも欠かせない性能照査法である．

構造物の性能照査は，信頼性設計法に基づいた方法で行うことが原則であるが，実際の設計では全ての設計で，この方法を適用することは現実的でない．このため特にアプローチBにおいては，「適合みなし規定」が適用される (code PLATFORM「用語の定義」より).

適合みなし規定 (pre-verified specifications，deemed to satisfied solutions): 要求性能を満足していると見なされる「解」を例示したもので，性能照査方法を明確に表示できない場合に規定される構造材料や寸法，および従来の実績から妥当と見なされる現行基準類に指定された解析法，強度予測式等を用いた照査方法を表す．他には，適合みなし規定，適合みなし仕様，承認設計などの用語があるが，示方書等に規定されている既存の解析法あるいは予測式もこの中に含めているため，仕様よりも規定の方が適切で，適合みなし規定を用いる．

信頼性設計法に基づいた性能照査

「地盤コード21」や「code PLATFORM」では，ISO2394「構造物の信頼性に関する一般原則」等で示された，信頼性設計法に基づいた部分係数法で性能照査を行うことを奨励している．ここで信頼性設計法と性能設計の関係を説明しておきたい．

信頼性設計法では，構造物をその望ましい状態と望ましくない状態に分け，その境界を限界状態により分離し，この限界状態を構造物がその設計供用期間中に超える確率を破壊確率として定義し，この破壊確率を一定の閾値以下に抑える構造物を設計するところにある．この限界状態としては，構造物の崩壊を対象とした終局限界状態ばかりでなく，快適な使用に支障をきたす使用限界状態，経済的に許容できる費用の補修で初期状態に復旧できる程度の損傷に留める修復限界状態など，複数の限界状態が考えられている．

構造物に対する種々の状態を明示し，この状態を直接に照査するというのが信頼性設計法の特徴であるから，この設計法は性能設計ときわめて相性が良い．「性能設計を実現する現段階におけるもっともふさわしい設計法は，信頼性設計法である」と言われる所以である．

信頼性設計法は，設計で遭遇する種々の不確実性に合理的に対処できる，おそらく現在唯一の方法であり，1990年代以降，欧米の主要な設計コードが，信頼性理論を基本としたものに移行した．Structural Eurocodes，AASHTOの道路橋示方書等がこれに当たる．

さらに先に述べたWTO/TBT協定には，「国際標準の尊重」が含まれている．構造物設計に関する国際標準 (standarad) の主要文書は，ISO2394であり，信頼性設計理論に基づいた部分係数法をその中心に据えている[3]．「国際標準の尊重」と言う観点からも，信頼性理論に基づいた性能照査法への移行は，望ましい．

以上のような性能設計と信頼性設計法の関係は，**図-8.3**のように表される（本城，2004）．

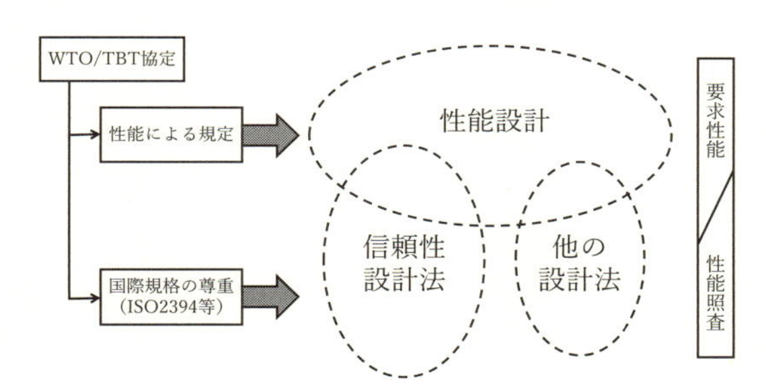

図 8.3　性能設計と信頼性設計法の関係 (本城,2004)

性能設計の実際の設計コードへの展開

以上辿ってきた我が国における性能設計の展開は，学会レベルにおける，どちらかと言うと「a code for code writers」と言うべき性能設計に基づいた，設計コードの展開であった．しかし，2007年の「港湾の施設の技術上の基準」改正・施行を契機に，性能設計は，実際の構造物を設計する設計コードに展開された．

2017年には，「道路橋示方書」に信頼性設計法が導入されると共に，一部に導入されていた性能規定の考え方が，全体に徹底化された．2018年改正の「港湾の施設の技術上の基準」では，性能設計に関しては大きな変化は無かったが，信頼性設計照査式のフォーマットが大きく変更された．これらについては，次の2節で詳しく述べる．

これらの設計コードの改定を，ここでは性能設計と言う観点から見るのであるが，論点を整理するために，以下の観点に絞って，考察を進めることとする．

要求性能の階層化（目的ー要求性能ー性能規定）：これらの設計コードは，その背景となる法律，省令[4]，告示[5]等と，要求性能の階層化が密接に関係している場合もあ

[3] 国土交通省が2002年に作成した「土木・建築にかかわる設計の基本」は，このISO2394の日本版が意図されており，WTO/TBT協定の「国際標準の尊重」を意識して，我が国の設計書基準の基本として作成された．

[4] 各省大臣が，自己の所管の行政事務について，法律や政令を施行するため，あるいは法律や政令の特別の委任に基づいて発する命令 (国家行政組織法12条1項)．内閣府の場合は内閣府令と呼ぶ．(ブリタニカ国際百科事典)

[5] 公の機関が決定した事項その他一定の事項を公式に一般に知らせること．またはそのための形式 (官報などの告示欄)．公示を必要とする場合に発せられる (国家行政組織法14条1項)．対外的ではあるが命令的なものではなく法規としての性質をもたない場合が多いが，補充的に法規としての性質をもつ場合があり，また一般処分の性質をもつ場合もある点で重要である．(ブリタニカ国際百科事典)

る．また，階層化が設計コードの中で，展開されている部分もある．例えば，共通編と各構造物編の間で，階層化が行われる場合もある．それぞれの設計コードで，階層化がどのように行われているかを見る．

要求性能・性能規定の性能マトリックスによる表現：要求性能や性能規定は，性能マトリックスの形で表現すると理解しやすい場合が多い（必ずしも陽に，性能マトリックスが提示されているわけではない）．性能マトリックスの考え方が，要求性能/性能規定の定義の中で，どのように扱われているかを見る．

要求性能から性能規定へ：一般的な言葉で記述される要求性能を，設計照査可能な性能規定に書き換えることが，性能設計では要求される．この過程が，それぞれの設計コードで，どのように処理されているかは，実務者にとっては，きわめて興味深い問題である．

レベル 1 信頼性設計法の導入と照査式フォーマット：ここで対象としている 2 つの設計コードは，いずれもレベル 1 信頼性設計法，すなわち部分係数法を採用している．その実際の照査式フォーマットをまとめて示す (9.3 節参照).

8.4 「港湾の施設の技術上の基準」における性能設計

8.4.1 2007(平成 19) 年及び 2018(平成 30) 年港湾基準の改定

2006 年 5 月の港湾法改正に伴い，港湾分野の設計基準は，性能規定化された (山本，2005；下司，2006)．この港湾法の改正は，港湾の施設に関する技術上の基準について規定した，第五十六条の二の二に関するものであり，以下の通りである．

港湾法　第五十六条の二の二の 1（港湾の施設に関する技術上の基準）

改正前

水域施設，外郭施設，係留施設その他の政令で定める港湾の施設は，他の法令の規定の適用がある場合においては当該法令の規定によるほか，国土交通省令で定める技術上の基準に適合するように，建設し，改良し，又は維持しなければならない．

改正後

水域施設，外郭施設，係留施設その他の政令で定める港湾の施設（以下，「技術基準対象施設」という）は，他の法令の規定の適用がある場合においては当該法令の規定によるほか，**技術基準対象施設に必要とされる性能に関して**国土交通省令で定める技術上の基準に適合するように，建設し，改良し，又は維持しなければならない．

上記の「施設に必要とされる性能」という一節の挿入により，港湾関連の技術基準の性能規定化は始まった．基準の性能規定化に合わせて，信頼性設計法が導入された．信頼性設計法のこの基準における変遷については，10 章で議論される．性能規定に関する事項に関しては，2018 年改正では，2007 年の改正を概ね踏襲している．

8.4.2 要求性能の階層化（目的ー要求性能ー性能規定）

港湾法で「技術基準対象施設に必要とされる性能に関して，国土交通省令で定める技術上の基準に適合するように，・・・しなければならない」と定めているので，構造物の性能については，すべて「港湾の施設の技術上の基準」の中で展開される (長尾・川名，2006).

この性能設計体系を示したのが，**図-8.4** である．施設を必要とする理由になる「目的」，その目的を達成するために施設が保有しなければならない性能である「要求性能」，要求性能が満たされるために必要な照査に関する規定である「性能規定」に階層化される．この基準では，「目的」と「要求性能」は省令として，「性能規定」告示として，枠書きを利用して書き分けられている．

これらに加えて，この基準の利用者に対して，技術基準の正しい理解を助け，技術基準の円滑な運用を支援することを目的として，解釈と解説が加えられている．各構造物の項目では，解説に許容される性能照査方法も記述されている．しかし，これらの照査法は，あくまで一つの解であり，照査法はこれらに限定されるものではない．

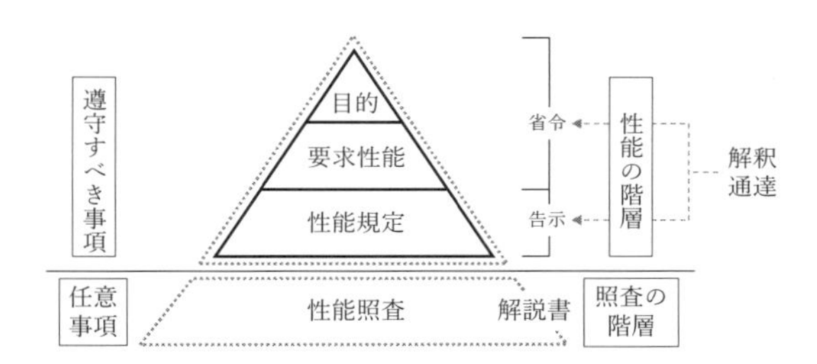

図 8.4 「港湾の施設の技術上の基準」における性能の階層及び性能照査の位置付け (港湾協会 (2018) 共通編第 1 章，図-2.1.1(p.13))

8.4.3 要求性能・性能規定の性能マトリックスによる表現

港湾基準では，構造物の要求性能は，性能マトリックスの考え方に基づいて，規定されている．まず作用は，その大きさと時間的変動や社会的に対応すべきリスクに応じて，**表-8.1** に示すように，3 つに区分されている．

これらの作用の分類に基づき，設計時に考慮する荷重の組合せ，いわゆる設計状況 (Design Situation) としては，**表-8.2** に示すように考える[6]

一方，作用に対する施設の構造的な応答に関する性能を，許容される損傷の程度に応じて「使用性」，「修復性」，「安全性」の 3 つの性能に区分している（**表-8.3**）．

[6] 「港湾の施設の技術上の基準」では，性能照査で考慮する荷重組合せを，「設計状態」と呼んでいる (この基準の英語版では，design situation となっている)．しかし ISO2394 をはじめ H29 道路橋示方書でも，荷重組合せは「設計状況」(design situation) である．次期改定のときは，用語が統一されることを希望する．

表 8.1　主な作用の分類 (港湾協会 (2018) 共通編第 1 章，表-3.4.1(p.19))

分類項目	作用
永続作用	自重，土圧，温度応力・腐食・凍結融解等の環境作用 等
変動作用	波浪，風，水位（潮位），貨物・車両等による載荷重，船舶の接岸・牽引による作用，レベル 1 地震動 等
偶発作用	接岸以外の船舶等の衝突，火災，津波，レベル 2 地震動，偶発作用の波浪，高潮 等

表 8.2　設計状態（状況）の定義 (港湾協会 (2018) 共通編第 1 章，3.6 節 (p.19))

設計状態（状況）	内容
永続状態（状況）	1 つまたは複数の永続作用の組合わせおよび永続作用と変動作用を組み合わせる状態で，主たる作用が永続作用の状態
変動状態（状況）	1 つまたは複数の変動作用，永続作用と変動作用を組み合わせる状態で，主たる作用が変動作用の状態
偶発状態（状況）	偶発作用および偶発作用と永続作用を組み合わせる状態

(注)「(状況)」は，著者らによる挿入．

表 8.3　施設の構造的な性能（使用性，修復性，安全性）(港湾協会 (2018) 共通編第 1 章，3.7.2 節 (2)(p.20))

使用性	使用上の不都合を生じずに使用できる性能のことであり，想定される作用に対して損傷が生じないか，または損傷の程度がわずかな修復により速やかに所要の機能が発揮できる範囲に留まること．
修復性	技術的に可能で経済的に妥当な範囲の修繕で継続的に使用できる性能のことであり，想定される作用に対して損傷の程度が，軽微な修復により短期間のうちに所要の機能が発揮できる範囲に留まること．
安全性	人命の安全等を確保できる性能のことであり，想定される作用に対してある程度の損傷が発生するものの，損傷の程度が施設として致命的とならず，人命の安全確保に重大な影響が生じない範囲に留まること．

その上で，各作用に関する施設の要求性能を，次のような原則により考えている (港湾協会 (2018) 共通編第 1 章，3.7.2 節 (2)(p.20))．

(1) 永続作用と変動作用（概ね年超過確率 0.01 程度以上の作用）に対しては，基本的には使用性を求める．ここで，使用性が確保されることにより，永続作用及び変動作用に対しては，修復性及び安全性も確保されていると考えることができる．

(2) 偶発作用（概ね年超過確率 0.01 程度以下の作用）においては，施設の発揮すべき機能や重要度に応じて，使用性，修復性，又は安全性のいずれかの性能を選択することができる．ただし，耐震強化施設及び偶発対応施設以外については，基本的には偶発作用に対する性能を求めないが，事業者等の性能照査に携わる者の判断による偶発作用に対する照査の必要性を否定するものではない.

上記のような考え方を性能マトリックスの形に書くと，**表-8.4** のようになる.

表 8.4　施設の性能マトリックス

	使用性	修復性	安全性
永続状態	×△○		
変動状態	×△○		
偶発状態	×	△	○

(注) ×，△：耐震強化施設・偶発対応施設等，○：左記以外の施設

8.4.4　基本理念と要求性能から性能規定への展開

基本理念

この基準では，上記のような性能設計の基本理念を，共通編第 2 章で，下記のように解説している (港湾協会 (2018) 共通編第 2 章，2.1.1 節 (p.33)).

2.1 設計の基本理念

2.1.1 設計の基本理念

技術基準対象施設の設計の目的は、新規施設の設計および既存施設の改良設計に共通して、当該施設の設置目的、重要度、設計供用期間、要求性能、計画条件、利用条件、自然環境条件、材料条件、施工条件、維持に関する条件、設計条件を越える事象への配慮、環境等への配慮、経済性など、施設の置かれる諸条件を適切に設定および勘案し、設計供用期間中にわたり対象施設の要求性能を満足し続けるように、かつ総合的に見て最も適切と考えられる構造断面や使用材料等を決定することにある。

すなわち、設計とは、当該施設の施工中から設計供用期間完了時に至る長い時間軸の中で、設置される空間に最も相応しいと考えられる構造物を描くための技術的な行為である。このため、構造断面の設定や部材・材料選定にあたっては、既存の構造形式や標準的な材料に限定せず，当該施設の置かれる諸条件に照らして、少しでも合理的な設計となるように努めるべきである。(中略) 性能規定型の本技術基準においては、このような取り組みが期待されている。

上記の通り，施設の設計とは，きわめて多様な諸条件を勘案し，「設計供用期間中にわたり対象施設の要求性能を満足し続けるように，最も適切と考えられる構造断面や使用材料等を決定すること」という極めて困難で，想像力・創造力が必要とされ，総合的な判断を要求される作業である．そのために，「既存の構造形式や標準的な材料に限定せず」，「少しでも合理的な設計となるように努める」ことが，設計者の務めであり，そのための性能規定型の設計基準であることが述べられている．このような要請の重要な部分に，要求性

能達成するための合理的な性能規定の設定が含まれている．

この点を具体的に考察するために，ここではこの基準における係留施設の中の重力式係船岸壁の，要求性能から性能規定への展開を取り上げる．

重力式係船岸壁の要求性能から性能規定への展開

「港湾の施設の技術上の基準」では，要求性能から性能規定の展開は，法体系としては省令から告示へという形式で，極めて階層的で明確な秩序を持って記述されている．また，特に各港湾施設については，各施設の共通事項と，それに続いて，各構造形式の性能規定が，体系的に記述される．

重力式係船岸壁についてみると，岸壁一般への要求性能は，「施設編，第 5 章係留施設，2. 岸壁」で与えられている (港湾協会 (2018) 施設編第 5 章 2.1 節 (p.1052))．

【省令】（岸壁の要求性能）

第二十六条 岸壁の要求性能は、構造形式に応じて、次の各号に定めるものとする。

一 船舶の安全かつ円滑な係留、人の安全かつ円滑な乗降及び貨物の安全かつ円滑な荷役が行えるよう、国土交通大臣が定める要件を満たしていること。

二 自重、土圧、レベル一地震動、船舶の接岸及び牽引、載荷重等の作用による損傷等が、当該岸壁の機能を損なわず継続して使用することに影響を及ぼさないこと。

2 前項に規定するもののほか、次の各号に掲げる岸壁の要求性能にあっては、それぞれ当該各号に定めるものとする。

一 環境の保全を図る岸壁の要求性能　当該岸壁の本来の機能を損なわず港湾の環境を保全できるよう、国土交通大臣が定める要求を満たしていること。

二 耐震強化施設である岸壁の要求性能　レベル二地震動等の作用による損傷等が、軽微な修復によるレベル二地震動の作用後に当該岸壁に必要とされる機能の回復に影響を及ぼさないこと。ただし、当該岸壁が置かれる自然状況、社会状況等により、更に耐震性を向上させる必要がある岸壁の要求性能にあっては、レベル二地震動の作用後に当該岸壁に必要とされる機能を損なわず継続して使用することに影響を及ぼさないこと。

省令第 26 条 1 項 2 号では，永続及び変動状態 (状況) で，使用性が担保される必要がある，同 2 項 2 号では，岸壁の置かれた種々の状況により，偶発状態 (状況) で使用性もしくは修復性が満足される必要のある岸壁を，耐震強化岸壁として指定できることを述べている．

一方，性能規定に関する事項の内，岸壁の形式によらない一般事項は，「2.1 岸壁に共通する事項」の節で，下記のように要求性能から性能規定へ，展開されている (港湾協会 (2018) 施設編第 5 章 2.1 節 (p.1052))．

【告示】（岸壁の性能規定）
第四十八条 岸壁に共通する性能規定は、次の各号に定めるものとする。
一 対象船舶の諸元に応じた所要の水深及び長さを有すること。
二 潮位の影響、対象船舶の諸元及び岸壁の利用状況に応じた所要の天端高を有すること。
三 利用状況に応じた所要の附帯設備を有すること。
2 前項に規定するもののほか、次の号に掲げる岸壁の性能規定にあっては、それぞれ当該各号に定めるものとする.
一 環境の保全を図る岸壁の性能規定　当該施設の本来の機能を損なわず、当該施設が置かれている自然状況等に応じて、港湾の環境を保全できるよう、所要の諸元を有すること。
二 耐震強化施設の岸壁の性能規定 主たる作用がレベル二地震動である偶発状態に対して、要求性能に応じて、作用による損傷の程度が限界値以下であること。

告示 48 条 1 項の性能規定は，省令 26 条 1 項 1 号の要求性能を受けて，規定されている．一方告示 48 条 1 項 2 号の性能規定，すなわち永続及び変動状態（状況）では，使用性を満たすという要求性能に対する性能規定は，すぐ次に見るように，各構造形式の告示で展開されるので，ここに記載はない.

告示 48 条 2 項 2 号のレベル 2 地震動に関する性能規定は，省令 26 条 2 項 2 号の要求性能を受けて規定されている．この要求性能に対する解説は，各構造形式の記載箇所には無く，この「2.1 岸壁に共通する事項」の節で，共通事項として，簡潔に解説されている．その要旨は，**表-8.5**（解説の，別表 11-2）に示されている．ここで，このレベル 2 地震動に対する性能照査の方法については，他の多くの性能照査方法の記述に見られるような，詳細な解説は無い.「法線の変形」に関する照査が必要で，その限界値は「岸壁天端の残留変形量」によって行うことが規定さているだけである.

表 8.5　耐震強化施設の重力式係船岸壁の性能規定（偶発状態に限る) の設定 (港湾協会 (2018) 施設編第 5 章 2.1 節別表 11-2(p.1053))

省令	告示	要求性能 *	設計状態			照査項目	限界値を定める標準的指標
			状態	主たる作用	従たる作用		
26-2-2	48-2-2	修復性 使用性	偶発状態	L2 地震動	自重，土圧 水圧，載荷重	法線の変形	岸壁天端の残留変形量

* 本表における使用性は,「地震後に必要な機能（緊急物資輸送）」に対するものである.
* 本表における修復性は,「本来の機能」もしくは「地震後に必要な機能（緊急物資輸送)」に対するものである.

さらに，省令第 26 条 1 項 2 号の永続及び変動状態 (状況) で使用性が担保される必要がある，という要求性能は，係船施設の各構造形式に関する性能規定を規定した節の一つである「2.2 重力式係船岸」で，告示第 49 条 1 項 1 及び 2 号として，下記のように与えられている (港湾協会 (2018) 施設編第 5 章 2.2 節 (p.1062)).

【告示】（重力式係船岸の性能規定）
第四十九条 重力式係船岸の性能規定は、次の各号に定めるものとする。
一 主たる作用が自重である永続状態に対して、地盤のすべり破壊の生じる危険性が限界値以下であること。
二 主たる作用が土圧である永続状態及び主たる作用がレベル一地震動である変動状態に対して、壁体の滑動、転倒及び基礎地盤の支持力不足による破壊の生じる危険性が限界値以下であること。

告示第 49 条 1 項 1 及び 2 号の解説では，この性能規定に関する照査項目及び標準的な限界状態の指標が与えられ（**表-8.6**，解説の別表 11-5(p.1062))，さらにこの性能照査に関する詳細な解説がある．解説では，円弧滑り，滑動，転倒に関しては，性能照査式で用いるべき，奨励される部分係数値も与えられている．地震時の照査については，レベル 1 地震動ばかりでなく，レベル 2 地震動にも触れられている．

表 8.6 重力式係船岸の性能規定（偶発状態を除く）の設定 (港湾協会 (2018) 施設編第 5 章 2.2 節別表 11-5(p.1062))

省令	告示	要求性能	設計状態			照査項目	限界値を定める標準的な指標
			状態	主たる作用	従たる作用		
26-1-2	49--1	使用性	永続状態	自重	水圧，載荷重	地盤の円弧すべり	円弧すべりに関する作用耐力比
	49--2			土圧	自重，水圧，載荷重	壁体の滑動・転倒，基礎地盤の支持力	滑動，転倒，支持力に関する作用耐力比
			変動状態	L1 地震動	自重，土圧，水圧，載荷重	壁体の滑動・転倒，基礎地盤の支持力	滑動，転倒，支持力に関する作用耐力比

8.4.5 港湾基準の性能設計に関する考察

以上「港湾の施設の技術上の基準」で展開されている，性能設計体系の概念，またその理念を具体化するための要求性能から性能規定への展開，さらに性能規定と性能照査の関係等を説明してきた．最後に，この基準の性能設計に対する，著者らの考えるところを述べる (本城，2018).

港湾基準の特徴

港湾基準の特徴として，次のようなことが挙げられる．

(1) この基準では，性能設計体系は，港湾法の改正に始まり，基本的に，要求性能を省令で，性能規定を告示で与えると言う，法体系を踏まえた，整然とした階層的な記述が成されており，利用者にとっても理解しやすい．

(2) 性能規定型設計基準制定の狙いの大きな部分が，設計者が「既存の構造形式や標準的な材料に限定せず」，「構造断面の設定や材料選定」において，「少しでも合理的な設計となるように」創意・工夫を行うため，その裁量の余地を大きく残していることが述べられている．この点を，性能設計の理念として抑えておくことは，重要である．設計者が，この点を怠って，無反省にルーチン的な方法のみ使用していると，せっかくの理念が生かされず，性能設計も「仏作って魂入れず」と言うことになってしまう．

(3) 一つの許容される解として，部分係数を用いた設計照査式も，解説で与えられている．このように，設計者の裁量の余地を残すことと，標準的な構造物の設計を効率化することが，併記されていることが重要である．ここに，8.3 節で説明した，照査に関するアプローチ A と B を設けるべきであるという考え方が生かされている．

(4) 要求性能が，性能規定で規定される照査項目とその限界状態の指標，さらにその指標を算出する性能照査方法（主に設計計算法）により適切に照査されているかということは，性能設計の有効性の生命線であると言える．このことは，上に記した重力式係船岸壁の例からも，十分理解されたと思う．これを巡り，以下に述べるようなことが観察され，また問題点として抽出される．

要求性能の間接的な照査項目による性能照査

伝統的な設計法では，構造物の対象となる性能を，一見その性能とは無関係に見える，代替的な指標と，その指標の設計計算により，性能照査を行っている場合がある．このような場合，性能設計で与えられた要求性能に対し，この照査法をどのように対応させるかは，一考を要する問題である．

例を挙げれば，伝統的設計法では，浅い基礎の設計で支持力の照査に対して安全率 3 という大きな余裕を取るのが伝統である．この照査は，基礎の安定性，すなわち終局限界状態を照査しているようであるが，実は大きな安全性を取るこの設計法は，浅い基礎の支持力を照査しているというよりも，過度な変位や不同沈下に対する照査，すなわち使用限界状態を考えて設定されているとする考え方がある．つまり，地盤の変形に対して，直接照査の方法を持っていなかった当時の技術者達が便宜的に，極限に対して 3 と言う十分な安全率を取っておけば，不都合な地盤変形は生じないという，経験に基づいて設定した照査方法であるとするものである．

著者らは，このような間接的な性能照査方法が，問題であると指摘するものではない．ただ，このような照査方法を採用するときは，それが間接的な方法であることを明示するべきであると考える．

伝統的な照査法の意義

性能設計に基づく設計コードに改定されたからと言って，性能照査法が，伝統的方法が一掃され，すべて新しい設計計算法に置き換えられるといったことは，決して起こらない．それは，コードライター達が，新しい解析法に基づく設計法よりも，伝統的な設計法により信頼を置いているためである．これを信頼性設計法の観点から説明すると，次のようになるであろう．

地盤構造物の設計は，大まかに言って「調査→地盤のモデル化とパラメータ値の決定→設計計算」で構成される．伝統的な設計法は，この一連の流れから構成されるシステムとして手順が確立している．その前提の上で，伝統的な設計法では，過去に積上げられた実績により，予測値と実測値がつき合わされ，設計者は，その設計法の安定性や精度を経験的に把握している．これを信頼性設計法の言葉で言い換えると，伝統的な設計法では，経験的に照査方法の不確実性（主にモデル化誤差）が定量化されており，設計者は，その方法の解に対して，どの程度の安全性余裕を確保すべきかを，経験的に判断できる．

一方新しい設計法は，上記システムの一部の変更として提案されることが多い．従って，その方法により全体の不確実性がどのように変化したかは，実績と経験を踏まない限り，なかなか把握できない．コードライターの立場からすると，新しい設計法は非常に扱いにくい．その理由は，その設計法の不確実性を定量的に評価することが直ぐにはできず，必要な安全性余裕を，どのように合理的に確保できるか，分からないからである．

上記の観点からすると，性能設計は伝統的な設計法でも多くの場合可能であり，かえって新しい手法では困難である場合が多いと言う結果になる．

性能設計への高度な設計法の導入

一方性能設計の原点から考えると，与えられた要求性能を直接に照査できる設計計算法（解析法）が存在しない場合，また伝統的は設計法の予測精度が，極めて乏しいことが知られているような場合，設計者がより精度が高い調査手法・解析手法・実験手法等に基づく設計法を求めることは自然である．

最近多くの場で，「より高度な手法（調査・実験・解析手法等）を用いた設計法が，性能設計だ」と言う認識が広まっている雰囲気を感じる．これは「要求性能が高度化すると，性能規定も従来の限界状態よりも詳細となり，より高度な手法でないと予測できない」という一見正しそうな，しかし漠然とした考え方に基づいているためと思われる．

しかし，前項で説明したように，新しい手法を設計に取り入れる際は，その設計方法の不確実性の定量化された情報の提供が不可欠である．関係者が，このような情報を効率的・積極的に提供することが，新しい設計法導入には必要と考えられる[7]．

地盤工学の健全な発展が性能設計に貢献する

性能設計は，確かにより精度の高い設計法を求めている．そのような精度の高い方法を追求することは，技術者の責務である．しかし一方で，設計法は一連の要素から構成される強固なシステムであり，個々の要素の改良のみでは，なかなか伝統的な設計法から抜け

[7] 例えば，今回の港湾基準の改定をめぐって，この基準の照査用震度式の精度を，被災事例に基づいて検証した福永他 (2016) のような研究は，極めて貴重である．

出すことはできない．伝統的な土質力学は，支持力，土圧，斜面安定と言った極限抵抗力を正確に評価することを目的とし発展してきた．そして，それらのための地盤調査法と設計法を開発してきたと言える．実際このような安定問題に対しては，設計法はかなりの精度を持っている．一方，近年の構造物への要求は，変形問題へと移っている．これに対し，特に地盤調査法の対応が遅れており，予測の不確実性が大きい (大竹・本城，2016)．結局これは地盤工学全体の普遍的な問題であり，地盤工学自身の発展なしには，解決に行き着くことはできないと考えられる．

ここに述べたことは，性能設計一般に関係することであり，「港湾の施設の技術上の基準」のみに留まる問題ではない．

8.5 「道路橋示方書」における性能設計

8.5.1 性能設計の概要

2017(H29) 年 7 月に「橋，高架の道路等の技術基準」（道路橋示方書）の改定が，国交省より通知され (国土交通省，2017)，同年 11 月に「道路橋示方書・同解説 (以下，道示)」が発行された．既に専門誌等に解説の特集が組まれ，執筆者達による解説を容易に入手できる[8]．ここでは，この章で記してきた我が国の性能設計全体の発展の経緯の中で，道示の性能設計が，どのような特徴を持つものであるかについて考察する．

道示の性能規定化は，2002(H14) 年の改定で部分的に導入されたが，これが道示全体に渡り徹底されたのは，今回の改定による．このことは，共通編の章立てが大幅に改定されたことに端的に表れている．すなわち，2 章から 6 章は，性能規定化のために新たに設けられた．これらは，2 章橋の耐荷性能に関する基本事項／3 章設計状況／4 章橋の限界状態／5 章橋の耐荷性能の照査／6 章橋の耐久性能に関する基本事項と照査，の 5 章である．さらに，II 鋼橋・鋼部材編から IV 下部構造編の 1 章から 6 章の章立てが，性能規定化に合わせて統一された (白戸，2017 及び 2018)．

以下に著者らが重要と考える，道示性能規定化の要点を記す．

性能マトリックス概念に即した要求性能の展開

今回の改定で道示は，「1.8.1 設計の基本方針」（共通編 pp.16-17) で，設計で対象となる主な橋の要求性能は，耐荷性能と耐久性能であると述べている (1.8.1(1),p.16)．しかし，耐久性能は「所要の橋の耐荷性能が設計供用期間末まで確保されることが所要の信頼性で実現できるように設計する」(1.8.1(3),p.17) としているので，これは結局耐荷性能を時間軸で考えると言うことであり，耐荷性能に帰される[9]．従って，橋の耐荷性能がどのよう

[8] 例えば，道路 2017/9-2018/2，土木技術資料 60-2(2018)，橋梁と基礎 2018/3，土木施工 2018/4，基礎工 2018/4 等

[9] 著者らの理解では，今回道示が耐久性能を耐荷性能と別立てで設定したのは，既設橋の劣化の経験から，設計時に設計者に特に耐久性への配慮を促すための措置である．

に規定されているかを見ることが重要である．それは，共通編 2 章から 6 章で展開される橋の要求性能のうち，耐荷性能に関する規定が，2 章から 5 章までを占めていることからも理解される．

橋の耐荷性能は，性能マトリックス概念に即している．特にその考え方の枠組みは，「2.3 橋の耐荷性能」（共通編 pp.37-40) に示されており，これを性能マトリックスの形に整理したのが**表-8.7** である[10]．

表 8.7　道路橋示方書の耐荷性能マトリックス（共通編 2.3 通知 (枠書部)，pp.37-38，に基づき作成）

橋の状態 ／ 設計状況	橋としての荷重を支持する能力の観点((1)1)及び2))		橋の構造安全性の観点((1)1)及び2))	
	部分的にも損傷が生じておらず橋としての荷重を支持する能力が損なわれていない状態を実現すること((1)1)i)及び2)i)) (限界状態1に対応)	直後に橋に求められる荷重を支持する能力を速やかに確保できる状態を実現すること((1)2)iii)) (限界状態2に対応)	落橋等の致命的な状態に至らないだけの十分な終局強さを有している状態を実現すること((1)1)ii)及び2)ii)) (限界状態3に対応)	橋としての荷重を支持する能力の低下が生じているものの橋として落橋等の致命的ではない状態を実現すること((1)1)iii)及び2)iv)) (限界状態3に対応)
永続作用支配状況 変動作用支配状況 ((1)1)i),ii)及び2)i),ii))	所要の信頼性を満足する((1)1)及び2)) (耐荷性能1及び2に適用)		所要の信頼性を満足する((1)1)及び2)) (耐荷性能1及び2に適用)	
偶発作用支配状況 ((1)1)iii)及び2)iii),iv))		所要の信頼性を満足する((1)2)) (耐荷性能2にのみ適用)		所要の信頼性を満足する((1)1)及び2)) (耐荷性能1及び2に適用)

（注）表中の番号は，H29道示共通編「2.3橋の耐荷性能」(共通編pp.37-38)の枠書内の項番号を示している．

マトリックスの縦軸である設計状況については，「3 章設計状況」で設計照査で用いる荷重組合せとそれに伴う部分係数 (荷重係数，荷重組合せ係数) として提示される．ここでの各作用の定義は，**表-8.8** に示した．一方横軸の設計状態については，「4 章橋の限界状態」で 3 つの限界状態として提示される．これらを組合わせた設計照査については，「5 章橋の耐荷性能の照査」で部分係数による照査式として，道示の式 (5.2.1) で提示される．ただし 5 章では具体的な抵抗側の部分係数の値は提示されず，これは各編で，それぞれの構造物について提示される．なお，「6 章橋の耐久性能に関する基本事項と照査」については，下記の「耐荷性能を基本とした耐久性能の展開」の項を見られたい．

以上のように，2 章から 5 章は，耐荷性能の要求性能について，性能マトリックス概念に即して展開されている．この部分で道示の性能設計の理念が明確に説明されており，2 章から 6 章には，橋梁設計者は精通しておく必要がある (白戸，2017).

[10] 2.3 の解説に，簡略化した性能マトリックスが，表-解 2.3.1(共通編 p.39) に示されているが，ここでは道示本文（共通編 pp.37-38 の枠書部）の文章を省略せずにそのまま記載した．

表 8.8 作用の区分の観点 (共通編 2.1，表-解 2.1.1，p.34)

作用の区分	作用の頻度や特性	例
永続作用	常時又は高い頻度で生じ，時間的変動がある場合にもその変動幅は，平均値に比較し小さい。	構造物の自重，プレストレス，環境作用等
変動作用	しばしば発生し，その大きさの変動が平均値に比べて無視できず，かつ変化が偏りを有していない。	自動車，風，雪，地震動等
偶発作用	極めて稀にしか発生せず，発生頻度などを統計的に考慮したり，発生に関する予測が困難である作用。ただし，一旦生じると橋に及ぼす影響が甚大となりえることから社会的に無視できない。	衝突，最大級地震動等

共通編から各編への要求性能の展開

「本編の 2 章から 7 章で基本的事項が規定され，それを受けた各部材等の要求性能は，本編の要求事項に基づき各編で規定されている（共通編 1.8.2 解説,p.21)」とある通り，要求性能は，II 編から IV 編の 1 章から 6 章の統一された章立てにより，体系的に展開される．すなわち，1 章総論／2 章調査／3 章設計の基本／4 章材料の特性値／5 章耐荷性能に関する部材と接合部の設計／6 章耐久性能に関する部材及び接合部の設計，となっている．

このように橋の要求性能を，一般的な言葉により表現し，さらにそれを展開して，最後は専門家だけが理解できる定量的で照査可能な規定（本書では「性能規定」）として幾階層にも渡って展開するのは，発注者の橋に対する要求性能を，設計者，施工者，維持管理者に明確に伝えるためである．これにより，照査の意図がより明確に理解される．さらにこの手続きにより，社会基盤施設である橋の性能を，一般市民により説明しやすい形で提示できる．

特に各編の 3 章では，設計状況，限界状態及び部分係数法による照査等，性能設計の基本事項が，それぞれの構造物に即して展開されている．また II 編鋼橋・鋼部材編と III 編コンクリート橋・コンクリート部材編では，5 章にそれぞれ 100 ページ前後の記述があり，部材照査の基本的な方法が規定されている．

耐荷性能を基本とした耐久性能の展開

今回の改定の焦点の一つは，橋の設計供用期間 100 年の導入である (共通編 1.5,pp.12-13)．この設計供用期間を基本に，荷重側では各荷重の生起頻度が検討され，最終的に荷重組合せとその部分係数の設定に用いられた．一方抵抗側も，橋の耐荷性能の劣化を想定し，点検頻度や手法，補修や部材交換の方法等，維持管理の方法を設計時点で十分考慮するように規定している．

耐久性能は，「橋の耐久性能を満足するために，経年的な劣化を考慮し，所要の橋の耐荷性能が設計供用期間末まで確保されていることが所要の信頼性で実現できるように設計する (共通編 1.8.1(3),p.17)」と規定されている通り，耐荷性能を設計供用期間中担保する性能であり，本質的には耐荷性能と同じである．

今回改定で耐久性が別項目として立てられたのは，橋の維持管理の重要性に鑑み，設計者に特にこの点への注意を喚起し，十分これを考慮した設計が行われることを担保するためであると考えられる．耐久性能に関する基本的な理念は，共通編 6 章 (pp.86-89) に記述されている．

設計状況

性能マトリックスの縦軸を構成する「設計状況」については，共通編 3 章で詳しく解説され，各編共通の作用の組合せと部分係数（荷重組合せ係数と荷重係数）が，与えられている．

部分係数の設定については，次のように説明されている．「新に，設計供用期間中の作用と同時載荷頻度に関する確率統計的な水準が作用側で考慮できるように検討が行われ，その結果も考慮しながら荷重組合せと各荷重に乗じる部分係数（荷重組合せ係数と荷重係数）が設定されている．状況の区分という考え方を導入する一方で，個々の作用要因に対してその作用頻度に着目した区分は行っていない．また，この示方書の作用の組合せは，特性値どうしを足し合わせるのではなく，組合せに占める作用ごとの寄与度が検討され，調整されたものが与えられている．以上のように，この示方書では，橋の耐荷性能の達成度に対する説明性の向上が図られている．(共通編 3.1 解説，p.44)」

これは具体的には，作用がその種類ごとに独立な事象であり，それぞれに仮定する確率過程に従って 100 年間の設計供用期間に生じるものとし，橋に支配的な影響を与える状況がどのような作用の組合せとして出現しうるのかについて，様々な橋について，荷重同時載荷状況の MCS を行い，各断面力の 100 年最大値を与えた荷重の組合せとそのときの対応する個々の荷重規模が検討された．この検討と結果は，国総研資料「道路橋の設計状況設定法に関する研究」(白戸・星隈・玉越・宮原・横井・川見・山崎，2018) として公表されており，今回の道示改定の大きな成果の一つである．

橋の状態：3 つの限界状態

性能マトリックスの横軸をなす「橋の状態」については，これを表す 3 つの限界状態が規定された (H29 道示共通編 4.1(3)，p.61).

橋の限界状態 1：橋としての荷重を支持する能力が損なわれていない限界の状態.

橋の限界状態 2：部分的に荷重を支持する能力の低下が生じているが，橋としての荷重を支持する能力に及ぼす影響は限定的であり，荷重を支持する能力があらかじめ想定する範囲にある限界の状態.

橋の限界状態 3：これを超えると構造安全性が失われる限界の状態.

これは明らかに従来耐震設計で，耐震性能として規定されていた概念を踏襲している (H24 道示 V2.2(3)，pp.9-10).

耐震性能 1：地震によって橋としての健全性を損なわない性能.
耐震性能 2：地震による損傷が限定的なものにとどまり，橋としての機能の回復が，すみやかに行い得る性能.
耐震性能 3：地震による損傷が橋として致命的にならない性能.

そして，レベル 1 地震動に対しては耐震性能 1 を，レベル 2 地震動に対しては，橋の重要度に応じて耐震性能 2 又は 3 を確保するように耐震設計を行うこと (同 2.2(4),p.10) が規定されていた.

参考までに，国土交通省が土木及び建築関係の有識者を多数動員して作成した「土木・建築にかかる設計の基本」(国交省，2002) の 3 つの限界状態の規定を示す.

使用限界状態 (使用性)：想定される作用により生ずることが予測される応答に対して，構造物の設置目的を達成するための機能が確保される限界の状態.
修復限界状態 (修復性)：想定される作用により生ずることが予測される損傷に対して，適用可能な技術でかつ妥当な経費および期間の範囲で修復を行えば，構造物の継続使用を可能とすることができる限界の状態.
終局限界状態 (安全性)：想定される作用により生ずることが予測される破壊や大変形等に対して，構造物の安定性が損なわれず，その内外の人命に対する安全性等を確保しうる限界の状態.

当時は兵庫県南部地震の地震被害の記憶が生々しく，そこで特に建築物について，地震による建物としての資産価値の保全の有無を巡って一般的関心が高く，従来 ISO2394 等で設定されていた使用限界状態と終局限界状態に加えて，修復限界状態を含む 3 種類の限界状態を規定したことは，世界的に見ても画期的であった.

この「設計の基本」の解説には，上記 3 つの限界状態の力学的概念に基づく解説が示されている．それによれば，使用限界状態は荷重-変位曲線の降伏点（弾性限界），終局限界状態は極限荷重，修復限界状態はそれらの中間の荷重と説明されており，今回の道示の 3 つの限界状態と概念的に対応していると言える.

また，性能マトリックスを最初に提案した文献（SEAOC,1995) でも，耐震性能レベルを，完全使用可能，使用可能，人命安全の 3 つに分類している.

以上の観測より，今回導入された限界状態 1,2 及び 3 は，「土木・建築の設計の基本」や SEAOC の性能マトリックスと，下記のように対応していると考えられる.

限界状態 1：使用限界状態- Fully Operational（完全使用可能）
限界状態 2：修復限界状態- Operational（使用可能）
限界状態 3：終局限界状態- Life Safe（人命安全）

性能設計の本来の趣旨からすると，各限界状態の名称は，それが担保する構造物の性能を端的に表現している名称が好ましく，「土木・建築にかかる設計の基本」で定義された各限界状態の名称を継承して欲しかったというのが，著者達の偽らざる感想である．またこの観点からして，H24 道示 V 耐震設計編の限界状態の規定の方が，今回の規定より分かりやすいと思われる．

なお，強い社会的要求により導入された修復限界状態は，しかしどの設計コードにおいても規定の難しい限界状態として，コードライター達を悩ませている．このことは，上記の「限界状態 2」の規定にも端的に表れている．だが，こういった課題こそが，プロフェッショナルたる技術者が解決すべき技術的課題である，と著者達は考える．

部分係数法の導入

今回の改定の最大の焦点は，信頼性設計法に基づいた部分係数法の導入である．この導入された部分係数法は，信頼性設計レベル 1 として知られる方法である．性能設計と信頼性設計法は，必ずしも一体のものではないが，両者は大変相性が良いことが一般的に認められている．それは，信頼性設計法が，構造物の望ましい状態と望ましくない状態を区切る限界状態を設定し，構造物の信頼性（=1.0-破壊確率）を評価するという基本的枠組みを持っており，これが性能設計の概念と一致するためである．道示が今回の改定で，性能規定化の徹底と，部分係数法の導入を同時に行ったのは，偶然ではない．

道示の部分係数法については，本書 9 章で議論しているので，そちらを参照されたい．

適合みなし規定

「適合みなし規定」という用語が，道示で使用されているわけではない．しかし，「・・・を満足するとみなしてよい．」という語尾が頻出する．特に条文の 2 番目の項目で，「(2) (3) から (n) による場合は，(1) を満足するとみなしてよい．」という記述が散見される．これについて，次の解説がある (共通 1.8.2 解説も参照せよ,pp.21-22).

> 道路橋示方書の各条文は，要求する事項とその要求する事項を満たすと考えられる具体的な方法をともに規定する構成を基本としており，「・・・を満足するとみなしてよい．」という語尾は，各条の適切な解釈と運用を行うために重要な役割を果たしている語尾であるが，その意味は字義どおりとみなしてよいものであるので，条文では，字句の意味について規定されていない．(共通編 1.2.2 解説,p.8)

ところで「適合みなし規定」は，例えば，次のように定義されている．

適合みなし規定（pre-verified specification,deemed to satisfied solution）： 要求性能を満足していると見なされる「解」を例示したもので，性能照査方法を明確に表示できない場合に規定される構造材料や寸法，および従来の実績から妥当と見なされる現行基準類に指定された解析法，強度予測式等を用いた照査方法を表す．他には，適合みなし規定，適合みなし仕様，承認設計などの用語があるが，示方書等に規定されている既存の解析法あるいは予測式もこの中に含めているため，仕様よりも規定の方が適切で，適合みなし規定を用いる．（「性能設計概念に基づいた構造物設計コード作成のための原則・指針と用語」(code PLATFORM，土木学会，2003)）

適合みなし規定は，性能設計では，非常に重要な概念である．それは性能設計では，一般的言葉で規定される「要求性能」を，多くの場合力学的な，応力，力，歪や変位等で規定される，定量的で照査可能な「性能規定」に置き換えなければならないからである．さらにこのような性能規定の制限値は，採用される設計法と一体となって「所要の信頼性を満足する性能」を持つことが照査される．規定された要求性能を過不足なく客観的に満たす性能規定を設定することは，現在の技術レベルでは不可能，あるいは可能でも不釣合いな費用が掛かる等の場合，設計者 (あるいは，設計コード作成者) の工学的判断で，性能規定として，制限値とそれに適合した設計法を，要求性能を満足するとみなさなければならない．

この文脈で考えると道示は性能規定を，制限値と具体的な設計法をセットで提供することにより，提示している．これは性能設計の実務的運用上，一つの見識であり，的確な方法であると考えられる．

なお，道示では「規定されている方法以外の方法による設計も採用できる．（共通編 1.8.2 解説,p.21)」とあり，規定された以外の照査方法を用いることにも，道を残している．この場合「採用の判断にあたっては，当該橋の条件に応じて，要求する事項を満たすとみなしてよい方法として規定されている方法に従う場合に確保される性能と同等以上の性能を実現できることを一つの目安として要求性能を満足していることを証明した上で行わなければならない．（共通編 1.8.2 解説,p.21)」としている．これも性能設計では，重要なことである．

8.5.2 要求性能から性能規定への展開

港湾基準でも見たように性能設計では，一般的な言葉で記述された要求性能から，定量的で照査可能な性能規定に，どのように展開するかが一つの焦点である．道示では「性能規定」という言葉は使われていないが，もちろんこれにあたる規定は，各編の主要部分を構成している．道示でこの展開がどのように行われているかを，共通編と，下部構造編の直接基礎及び杭基礎について考えてみる．具体的には，限界状態 1,2 及び 3 が，それぞれの構造物で最終的にどのような性能規定に展開されてゆくかを追うことになる．

表 8.9　道路橋示方書共通編の要求性能の展開

	共通4.1(p.61): 橋の限界状態	共通4.2(pp.63-65): 上下部構造等の限界状態	共通4.3(pp.65-66): 部材等の限界状態
限界状態1	橋としての荷重を支持する能力が損なわれていない限界の状態(4.1(3)1))	部分的にも荷重を支持する能力の低下が生じておらず，耐荷力の観点からは特別の注意無く使用できる限界の状態(4.2(3)表-4.2.1)［可逆性，残留変位なし，支持力低下なし］	部材等としての荷重を支持する能力が確保されている限界の状態（特段の注意無く使用できるとみなせる限界の状態）(4.3(3)表-4.3.2)［可逆性，変位や振動による橋の機能低下なし］
限界状態2	部分的に荷重を支持する能力の低下が生じているが，橋としての荷重を支持する能力に及ぼす影響は限定的であり，荷重を支持する能力があらかじめ想定する範囲にある限界の状態(4.1(3)2))	部分的に荷重を支持する能力の低下が生じているものの限定的であり，耐荷力の観点からはあらかじめ想定する範囲にあり，かつ特別な注意のもとで使用できる限界の状態(4.2(3)表-4.2.1)［構造的に強度や剛性を確保］	部材等として荷重を支持する能力は低下しているもののあらかじめ想定する能力の範囲にある限界の状態（特別な注意のもとで使用できるとみなせる限界の状態）(4.3(3)表-4.3.2)［最大強度未満かつ塑性残存，残留変位や剛性低下による橋の機能低下なし］
限界状態3	これを超えると構造安全性が失われる限界の状態(4.1(3)3))	これを超えると部材等としての荷重を支持する能力が完全に失われる限界の状態(4.2(3)表-4.2.1)［落橋しない］	これを超えると部材等としての荷重を支持する能力が完全に失われる限界の状態(4.3(3)表-4.3.2)［最大強度点未満，変形機能の喪失なし］

（注）［　］内の記述は，4.2列については表-解4.2.1(pp.64-65)，4.3列については表-解4.3.1(pp.66)の解釈例の抜粋である．

表-8.9 に，共通編の要求性能の展開をまとめた．以下のことが，観察される．

(1)「2.2 橋の耐荷性能の設計において考慮する橋の状態の区分」(p.35) で，まず 3 つの状態の区分けが，名称無しに示される．
(2) 2.2 を受けて「4.1 橋の限界状態」(p.61) で，橋全体としての 3 つの限界状態が，その名称と共に規定される[11]．
(3) さらにこれを受けて，「4.2 上部構造，下部構造，上下部接合部の限界状態」(pp.63-65) と，「4.3 部材等の限界状態」(pp.65-66) に分けて限界状態が規定される．この段階で，解説に示された力学的解釈例より，限界状態 1 は可逆的で残留変位のない弾性

[11] このとき，限界状態 3 に関して，2.2 節の記述と，4.1 節の規定の表現が，若干異なっている．何か意図があるのかは不明である．

域に留めることを，限界状態3は極限強度を超えないことを考えていることが分かる．限界状態2の力学的解釈は，他の2つの限界状態の解釈に比較してややあいまいである．

(4) さらに「5.2 照査の方法」(pp.70-72) では，「(1) 橋の耐荷性能の照査は，部材等の耐荷性能の照査で代表させてよい．」(p.70) という重要な規定がある．これは，従来からの設計法を踏襲したと言う意味と解釈される．

(5) 限界状態の規定に当たり，それぞれの限界状態の力学的解釈が強調されている．これは，各編で扱われる種々の構造の性能規定の調和を保つための配慮であると考えられる．

(6) 共通編の段階では，各限界状態は依然一般的，換言すれば抽象的である．この概念が，各編の各構造物や部材等の具体的な限界状態に，どのように展開されるかが性能設計では重要である．

表-8.10 に，下部構造編の要求性能の展開をまとめた．ここでは部材に対する展開は省略し，下部構造物全体に対する展開のみ取り上げた．直接基礎や杭基礎等具体的な構造物への展開では，耐荷性能は，照査可能な具体的な設計法とその制限値として規定される．これは，性能設計の文脈では「要求性能」というよりは，「性能規定」と呼ぶほうが相応しいので，表ではそのように分類した．以下のことが観察される．

(1) 下部構造物の設計では，限界状態1,2及び3に加えて，永続作用支配状況で「変位の制限」と呼ばれる限界状態が規定されている．これは「3.8 その他の必要事項」(p.57) で規定され，「上部構造又は下部構造に求められる変位の制限値等」(p.57) のために設けられた．この限界状態を照査する性能規定は，直接基礎・杭基礎共の鉛直，水平及びモーメントに対する安定性を照査する方法が規定され，これらを満足すれば「変位の制限」を満足するとみなすとされているのは興味深い．すなわち，変位を直接計算せず，力をある範囲内に留めることにより，間接的に性能照査を行っていることを明言している．

(2) 永続及び変動作用支配状況における限界状態1の照査は，塑性化の抑制や可逆性の確保，すなわち荷重と変位の関係が弾性範囲を超えないことを規定する性能規定となっている．この場合も，直接基礎では，地盤工学の伝統に従い，極限支持力に対して大きな安全性余裕を取ることにより，この性能の確保を図っている．なお，直接基礎の偏心傾斜荷重に対する設計法が，最新の知見に基づき更新されている．

(3) 永続及び変動作用支配状況における限界状態3の照査は，地盤の破壊による構造物の安定性を照査するものである．基礎の照査では，上部構造が部材の照査を中心として組立てられているのに対し，このように構造物全体の安定性を照査する場合が多く，下部構造設計の特徴である．具体的設計法は，従来の方法を踏襲している．

(4) 偶発作用支配状況では，限界状態2(耐荷性能2の場合）と3(耐荷性能1の場合) の照査が必要である．直接基礎では，偶発作用支配状況で，新たに行う必要のある照査はない．杭基礎の設計では，他の構造物と同様に塑性率を考慮した照査が限界状

表 8.10　道路橋示方書下部構造編の要求性能から性能規定への展開（下部構造全体）

階層[2)]		要求性能	性能規定	
状況	状態	下部3：設計の基本	下部9:直接基礎の設計	下部10:杭基礎の設計
永続作用支配状況	**変位の制限**	**3.8 その他の必要事項** 下部構造及び下部構造を構成する部材等の設計においては，耐荷性能及び耐久性能の照査の他，上部構造又は下部構造に求められる変位の制限値等，橋の性能を満足するために必要な事項を検討し，適切に設計に反映させなければならない。(3.8.1, p.57)	鉛直荷重:基礎底面の鉛直応力度[沈下の抑制] 水平荷重:基礎底面地盤のせん断力[水平変位の抑制] 転倒モーメント:偏心した鉛直力の作用位置[不同沈下の抑制] 上部構造から決まる変位:適切な位置における変位[上部構造に影響を与える変位の抑制] (9.2表−解9.2.1, p.200)	軸方向押込み力及び引抜き力:地盤から決まる杭の支持力及び引抜き抵抗力[沈下及び引抜きの抑制] 水平荷重:設計上の地盤面又はフーチング下面における水平変位[水平変位の抑制] 上部構造から決まる変位:適切な位置における変位[上部構造に影響を与える変位の抑制] (10.2表−解10.2.1(a)i), p.231)
永続作用支配状況及び変動作用支配状況	**限界状態1**	**3.4.2下部構造の限界状態** (1)　I 編4. 2 に規定する下部構造の限界状態1 は，1)及び2)とする。 1)　下部構造の挙動が可逆性を有する限界の状態 2)　橋が有する荷重を支持する能力を低下させる変位及び振動に至らない限界の状態 (3. 4. 2, p. 43)	鉛直荷重:基礎底面地盤の支持力(降伏支持力)等[鉛直地盤抵抗の塑性化の抑制. 基礎の応答の可逆性確保等] 水平荷重:限界状態3の照査で担保[水平地盤抵抗の塑性化の抑制(基礎の応答の可逆性確保)等] 転倒モーメント:偏心した鉛直力の作用位置[地盤抵抗の塑性化の抑制(基礎の応答の可逆性確保)等] (9.2表−解9.2.1, p.200)	軸方向押込み力及び引抜き力:地盤から決まる杭の支持力及び引抜き抵抗力(降伏支持力および降伏引き抜き抵抗力)[鉛直地盤抵抗の塑性化の抑制(基礎の応答の可逆性の確保)等] 水平荷重:設計上の地盤面又はフーチング下面における水平変位(地盤から決まる杭の降伏水平変位)[水平地盤抵抗の塑性化の抑制(基礎の応答の可逆性の確保)] (10.2表−解10.2.1(a)i), p.231)
	限界状態3	**3.4.2　下部構造の限界状態** (3) I 編4.2 に規定する下部構造の限界状態3 は，下部構造に損傷が生じているものの，それが原因で落橋等の致命的な状態には至ることがない限界の状態とする。	鉛直荷重:限界状態1の照査で担保[地盤の支持力の喪失防止等] 水平荷重:基礎底面地盤のせん断力[地盤の水平抵抗力の喪失防止等] 転倒モーメント:限界状態1の照査で担保[転倒防止](9.2表−解9.2.1, p.200)	軸方向押込み力及び引抜き力:限界状態1の照査で担保[地盤の支持力，抵抗力の喪失防止等] 水平荷重:限界状態1の照査で担保[地盤の水平力の喪失防止等] (10.2表−解10.2.1(a)i), p.231)
偶発作用支配	**限界状態1**	上記「限界状態1」と同じ	永続・変動作用支配の限界状態3の照査で担保(9.2(2), p.196)	杭基礎に塑性化を考慮しない. 照査に用いる指標は，上部構造の慣性力作用位置における水平変位(基礎の降伏変位)[基礎全体径の挙動の可逆性の確保] (10.2表−解10.2.1(a)iii), p.232)
	限界状態2	**3.4.2　下部構造の限界状態** (2) I 編4.2 に規定する下部構造の限界状態2 は，下部構造に損傷等が生じているものの，耐荷力が想定する範囲内で確保できる限界の状態とする。	特に規定無し	杭基礎に塑性化を考慮する. 基礎の塑性率及びフーチング底面位置の回転角[基礎に生じる損傷が，橋としての機能の回復が容易に行い得る] (10.2表−解10.2.1(a)iii), p.232)
	限界状態3	上記「限界状態3」と同じ	永続・変動作用支配の限界状態3の照査で担保(9.2(2), p.196)	限界状態1又は限界状態2の照査で担保. [基礎の抵抗力の喪失防止] (10.2表−解10.2.1(a)iii), p.232)

(注1)　表中の番号はH29道示IV下部構造編の項目や表番号である．合わせてページ番号も記してある．[　]内の記述は，表-解9.2.1と表-解10.2.1の「照査意図」である．

(注2)　本書の性能設計概念の階層定義に基づく階層分類であり，道示の規定ではない．

(注3)　この表では，杭基礎の安定照査の項目のみを扱い，部材照査（杭体)は省略した．

態 2 を対象に規定されている．一方限界状態 3 については，偶発作用支配の限界状態 1 又は 2 に対する性能照査で，担保されているとしている．

8.5.3 考察

「所要の信頼性」の担保

共通編「1.8.1 設計の基本方針」の (2) と (3)，すなわち橋の耐荷性と耐久性を担保する設計の基本方針が規定された項は，いずれもその語尾が「所要の信頼性で実現できるように設計する」とある．では，「所要の信頼性」とは何を意味するのだろうか．もちろんこれらの項目には解説があり参照されたいが，この点を著者の視点から考察してみたい．

今回の道示の改定で，信頼性設計法レベル 1 に基づく部分係数法が採用された．この設計法で部分係数を決定する場合，9 章で説明しているコードキャリブレーションと呼ばれる目標信頼性レベルを設定し，信頼性解析手法によりすべての構造物の信頼性をこの目標レベルに揃えるように部分係数を調整する手順を取る，というのが教科書的な説明である．

今回の改定に当たり，荷重組合せと荷重係数設定のために大規模な MCS が実施され (白戸他，2018)，また各構造物についても，それぞれに信頼性解析が実施された．しかし，今回の改定で全構造物に統一した信頼性目標レベルを設定することは，行われていない．この点を，著者の理解する範囲で考察しておきたい．

改定作業の中で，上下部いろいろな構造物について，現行道示で設計された構造物についての信頼性指標 β が求められた．しかしそれらの β は，同種構造物間では概ね同じレベルの値を示したものの，異なる構造物種別の間では，同一レベルの値を示さなかった．例えば，白戸他 (2018) の pp.173-174 に，鋼主桁と PC 主桁の信頼性指標 β の試算結果がある．この結果によると，鋼桁のせん断と曲げ (引張) に対する β は 4.0-5.0，同曲げ（圧縮) に関しては 5.0-6.0，一方 PC 桁の β は，せん断，曲げ両者に対し 3.5-4.0 程度となっている（**図-2.13** 参照).

これには，次のような理由が考えられる．

(1) 現段階で信頼性解析は，完全な破壊確率の計算をできるまでには発展していない．これは，信頼性解析の計算手法に問題があるというよりは，各構造物における種々の不確実性要因の定量化が不十分である点に，主な原因がある．

(2) さらに大きな原因は，同じ限界状態（例えば「限界状態 3」）に対する，各部材や構造物の実際の性能規定は，実際に構造物・部材がその規定された限界状態を超えたときの橋の性能不全が与える社会的影響を，統一的に同じレベルで評価しているとは言いがたい．そのような現状で，β の絶対値を比較することは，あまり意味がない．

ただ，同種構造物の β の推定値は，大体同じレベルにあったことは，重要である．つまり，同種構造物において相対的な信頼性の比較には，信頼性解析はある程度有効であると言える．

このように信頼性指標のみによる，構造物・部材の所要の信頼性確保は難しいので，道示は，「過去に建設された橋は，社会の要求に概ね応える信頼性を有している」という立場に立ち，現行設計法により設計された橋の性能は，概ね所要の信頼性を担保していると判断したと考えられる．これは特別な考え方ではなく，過去の多くの設計コードのキャリブレーションで，信頼性の程度を現行の設計法により設計された構造物にすりつけることが行われてきた．

この考え方のため改定道示では，制限値を含む照査方法を一体化して性能規定として与える結果となった．すなわち，「要求する事項とその要求する事項を満たすと考えられる具体的な（設計）方法をともに規定する構成を基本（共通 1.8.2 解説，p.21)」とすることとなった．改定道示では，規定された制限値と照査方法により設計された構造物・部材は，要求性能を所要の信頼性で満足するとみなす，という考え方で一貫している．これは，一つの見識であると著者達は考える．

一方道示は，「規定されている方法以外の方法による設計も採用できる．」とし，その場合は「採用の判断に当たっては，当該橋の条件に応じて，要求する事項を満たすとみなしてよい方法として規定されている方法に従う場合に確保される性能と同等以上の性能を実現できることを一つの目安として要求性能が満足されたことを証明した上で行う．（共通編 1.8.2 解説，p.21)」としている．

それではどのようにして「確保される性能と同等以上の性能を実現できる」ことを証明するのであろうか．その一つの方法は，規定に無い材料，工法，設計法等が，従来の同種構造物の持つ信頼性と同程度の信頼性を持つことを，信頼性解析により証明することであろう，と著者は考える．橋の信頼性解析に必要な情報のほとんどは，今回の改定を通じて蓄積されたいろいろな資料より入手可能である (例えば，白戸他，2018；中谷他，2009；中谷，2009).

橋の性能に関する「要求性能」と「性能規定」

性能設計の要求性能は，その最上位で，一般市民にも理解可能な一般的な言葉で書かれる必要がある．その理由については，既に述べてきたし，次節でも議論する．

先にも見たように，H24 道示 V 耐震設計編では，橋の耐震性能は，一般的な言葉で記述されていた．

今回の道示改定では，橋の性能とはすなわち耐荷性能であると言う考え方が強く出ている．耐久性能も橋の性能として加えられているが，これは「所要の橋の耐荷性能が設計供用期間末まで確保されている (共通編 1.8.1(3)，p.17)」ことであり，本質的に耐荷性能が，担保すべき橋の性能である．橋の性能=耐荷性能とすることは，道路管理者の判断であり，特に問題ではない．

しかしこの結果，性能を力学的な言葉に翻訳表現しようとする傾向が強くなったことが観察される．例えば，橋の耐荷性能を規定した，限界状態 2(共通編 4.1.(3)2)，p.61) の川上に当たる橋の状態の規定は，「部分的に荷重を支持する能力の低下が生じているが，橋としての荷重を支持する能力に及ぼす影響は限定的であり，荷重を支持する能力があらかじめ想定する荷重を支持する能力の範囲である状態 (共通編 2.2,1)ii)，p35).」としている.（正直，一読しただけでは，何を規定しているのか分かりづらい.）

その一方，この部分の解説には，「設計供用期間中に生じることが極めて稀であり，発生に関する予測が困難な状況に対する規定である．具体的には，大地震の直後に，橋は，緊急輸送道路等，地域の防災計画等において期待される機能を担うことが求められる．ii) はこの機能の観点から設計で考慮する橋の状態が規定されている．(共通編 2.2,1)ii) 解説，p.36)」と説明されている．

賢明な読者は気付かれると思うが，このは書き方は，性能設計の観点からすると，本末転倒である．解説に書かれた部分が枠書に書かれるべきである．事実，この言わゆる「修復性」に対応する従来の道示の耐震性能 2 の表現は，「地震による損傷が限定的なものにとどまり，橋としての機能の回復が，すみやかに行い得る性能．(H24 道示 V2.2(3)，p.9)」である．

このようなことが起こるのは，橋の性能=橋の耐荷性能と規定した時点で，それ以後の記述を力学的により正確で，具体的に，誤解の余地無く書くのが良い，という判断があるためと思われる．

性能設計では，「要求性能」から「性能規定」に書き換えるとき，ある飛躍，あるいはギャップが起こる．それは，規定された一般的言葉で書かれた要求性能を，照査可能な性能規定に書き直すときの，コードライターの判断である．（その判断が明確になるのも，性能設計の利点と言える．）従って，「要求性能」は満たしても，「性能規定」に字義通りには従わない，別の方法を許容する余地を残す．同時にこの書き方は，規定の意図も明確に設計コード利用者に伝達される．

道示のように大きな市場を持つ設計コードでは，多くの関係者が改定に参加する．性能設計のように新しい概念を導入しようとするとき，導入しようとする新しい概念が，関係者全てに十分理解されていない場合もある．特に多方面に大規模に行われる意見照合は，この問題を抱えている．道示における性能設計の健全な発展を，期待する次第である．

橋の要求性能の変化への対応

改定道示では，橋の要求性能（詰まるところ耐荷性能）を，設計状況と橋の状態（限界状態で規定）の組合せで規定し，これを照査する制限値と設計法法を規定したうえで，これによる橋は所要の性能を，所要の信頼性をもって満足しているとみなしすという枠組みを取っている．さらに，この枠組みが示方書全体にわたって，階層的に展開されている．

今後我が国は，人口減少等による大きな社会変化が予測され，それぞれの施設に対する社会的な要求性能も多様に変化して行くことが予想される．また既に多くの社会基盤施設は建設済みであり，既設施設の維持管理，補修補強，延命等，これから遭遇すると想定される多くの多様な要求性能に対応して行く必要がある．このような場合，体系的に施設に対する要求性能を規定する性能設計の考え方は，有用であると考えられる．言うまでも無く，今までにない要求性能が必要になった場合はその設定を速やかに行うと共に，その照査方法も開発されなければならない．

新しく必要となる要求性能には，それぞれの要求性能を担保する信頼性レベルの差別化も含まれるであろう．これも，部分係数法（信頼性設計レベル 1 ）により，対応可能である (9.2.2 節参照).

さらに一般的な言葉で社会基盤施設の要求性能を記述する性能設計は，将来人口減少等により社会環境が変化し，それぞれの施設の社会的な要求性能も変化・多様化する時代に，多くの関係者（stakeholders) の多様な要求を反映した合意形成のための議論を行うときも，有用なツールとなりえる可能性がある．

8.6　性能設計の将来：我が国社会基盤施設の要求性能 (試論)

8.6.1　性能設計の役割

8.1 や 8.2 節の記述を読まれると，性能設計が行政側の都合で，一方的に技術者に押し付けられたと読めるかもしれない．確かに性能設計が，自由競争による世界的な経済の効率的発展，それによる豊かな社会の実現と言う新自由主義の考え方（これは幻想であり，結局貧富の格差拡大と，社会の分断を生むという意見が最近多いが・・・）に基く，昨今の通商産業政策の影響下にあったことは否めない．

しかし一方で性能設計の一つの起源は，1995 年にカリフォルニアで提案された性能マトリックスである．これは，ロマプリータやノースリッジ地震の被害に関する建物所有者と設計者の耐震性能に関する認識の大きな差異，という経験の反省に立ち，両者の対話のための道具として提案されたものであった．

これからも理解されるように，性能設計は，設計しようとする構造物の性能を，一般市民に理解できるように明示すること，さらには一般市民が合意した要求性能を持つ構造物を，プロフェッショナルたる技術者が，透明性と説明性を持って提供する社会的な枠組みを整備するために発想されたとも理解できる（そのような社会的仕組みが，近未来に期待される．多様で開かれ，分権化された市民社会では重要である，と言う意見もある）．市民が主人公で，技術者はそれを提供するプロという位置づけである．そこには，従来の枠組みが，必ずしもそうはなっていなかった事に対する反省がある．裁判員制度の導入が，司法への市民参加の道であるとすれば，性能設計は社会基盤施設や建築物の設計への，市民参加の道を開く可能性をもつ考え方であると言える．

そのような市民と技術者の間の対話を始める第一歩として，非常に大胆ではあるが，現在の我が国の社会基盤施設や建築物に，どののうな要求性能が想定され，それがどの程度の信頼性で達成されているかについて考えてみたい．議論を具体的にするため，この節の記述では，著者らの主観により，かなり大胆な仮定が諸所に導入されている．

8.6.2　一般の建築物や社会基盤施設の要求性能

建築基準法の改正により，1982 年以降建設された建築物の耐震設計は，それぞれ L1 地震動と L2 地震動に対して，前者に対しては建築物が大きな損傷を受けない，後者に対しては建築物が倒壊しない，ということを基準に設計されている．「大きな損傷を受けない」ということを，「建築物の損傷が財産価値を損なうレベルに達しない」と解釈すると，建築基準法の耐震設計の要求性能は一応，**図-8.5(a)** のように描けるのではないかと思われる．ここで，「供用期間中に発生する可能性の高い作用」としては，いろいろな通念から考えて，100 年再現期待値程度と考えられる．100 年再現期待値以上の地震動が，50 年の供用期間中に 1 回以上生起する確率は，約 40% である．

一方「供用期間中に極めてまれに発生する作用」が，どの程度の頻度の作用を考えているのか，定説は存在しない．東日本大震災の津波に対して言われた「想定外」という言葉は記憶に新しい．またその当時，「千年に一度の事象」と言うことも言われた．ここでは，SEAOC(1996) の耐震性能マトリックスでも採用された，1000 年再現期待値を考える．1000 年再現期待値以上の地震動が，50 年の供用期間中に 1 回以上生起する確率は，約 5% である．

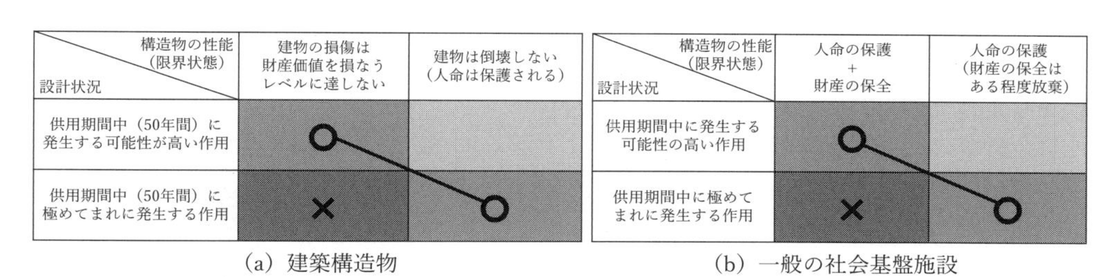

(a) 建築構造物　　(b) 一般の社会基盤施設

図 8.5　我が国の建築物と社会基盤施設で想定されている要求性能

道路橋示方書が二段階の耐震設計を導入したのは，兵庫県南部地震後の 1997 年の改定以後である．ここでも L1 及び L2 地震動に対して，前者には，「地震前と同じ橋としての機能を確保する (供用性)」性能を，後者には，「落橋に対する安全性を確保する (安全性)」(A 種の橋) あるいは，「地震後，橋としての機能を速やかに回復できる (修復性)」(B 種の橋）性能を要求している．

ここでは，供用性を「財産の保全」（橋の場合「供用性の確保」といった言葉の方が適切かもしれないが，他の構造物のことも想定しているので，この表現を使う）と表現すると，道路橋の要求性能もまた，**図-8.5(b)** に示すような，性能マトリックスにより表すことができる．この性能マトリックスの要求性能の考え方は，建築物の性能マトリックスのそれと，きわめて類似していることがわかる．

8.6.3　河川堤防の要求性能

次に河川堤防の要求性能について考えてみる．従来，国家賠償法 2 条に関わる判例で，道路構造物は，人間が建設した人工公物であるので，その建設・管理者には，絶対的安全性確保義務がある（道路構造物=人工公物=絶対的安全性確保義務）とされ，これに対して河川は人類の営みが始まる前から存在する自然公物であり，河川構造物により辛うじてその危険から周辺住民の生命と財産を守っているので，河川管理者には，相対的安全確保義務があるのみである（河川構造物=自然公物=相対的安全確保義務）とするのが定説である（本城，2008；本城・諸岡，2009）．このため国は，ほとんどの事例で，道路の落石事故等の訴訟では敗訴し，河川の洪水訴訟では勝訴してきた．

このような河川を自然公物と考えるという背景のため，河川整備に当たって計画高水量を，確率的に設定することも許容されてきたと考えられる．河川の重要度により，例えば再現期待値 100 年，200 年といった洪水量が，計画高水量設定の基準となる．

ところで河川堤防の破壊は，堤体内の浸透流水位が上昇し，堤防全体の安定性が失われる浸透破壊，堤防内部あるいは基礎地盤の砂質土が内部侵食され堤防破壊に至るパイピング破壊，河川水位が堤防の天端高さを超え，洪水が堤防を越流し，その結果堤防が侵食され破壊に至る越流破壊が，三つの主要な破壊メカニズムである．過去の洪水事例では，越流破壊が支配的であるが，浸透破壊やパイピング破壊が皆無という分けではない．また破堤後に原因を究明するのは，困難な場合が多い．

越流破壊は洪水量が計画量を超過したために生起するのに対し，浸透流破壊とパイピング破壊は，洪水量が計画量に達する以前に，破堤が生じることになる．上で説明したような自然公物たる河川を対象とした場合は，計画高水位を超えた洪水で破堤が生起するのは，管理者の責任範囲外の事態であるが，「越水無き破堤」が生起する浸透破壊やパイピング破壊では，管理者の責任を問われる可能性がある．

以上のような背景を踏まえて，河川堤防に関する性能マトリックスを試みに書いたのが**図-8.6** である．設計状況としては，計画高水位が 200 年再現期待値に基づいて設定されていると仮定し，この洪水を超えるか否かで分類した．一方構造物の性能としては，越流が無い場合と，越流が生起する場合で分類した．前者では，堤内地に洪水は侵入しないので，周辺住民の生命と共に財産も守られる．一方後者では，準備された避難計画により住民避難を実施し，住民の生命は守るが財産については完全に保全することはできない．

現在の河川堤防は，計画高水位までの洪水は防ぐが，これを超える洪水が生起した場合は，越流は避けられないとするので，**図-8.6** に示した要求性能を持っていることになると考えられる．ちなみに，100 年間に 200 年再現期待値を超える洪水が 1 回以上発生する確率は，約 40% である．

構造物の性能（限界状態）／設計状況	人命の保護 + 財産の保全（越流・破堤なし）	人命の保護（越流あり、財産の保全は放棄）
200年に1回程度発生する洪水以下の洪水	○	
200年に1回発生する洪水を超える洪水	×	○

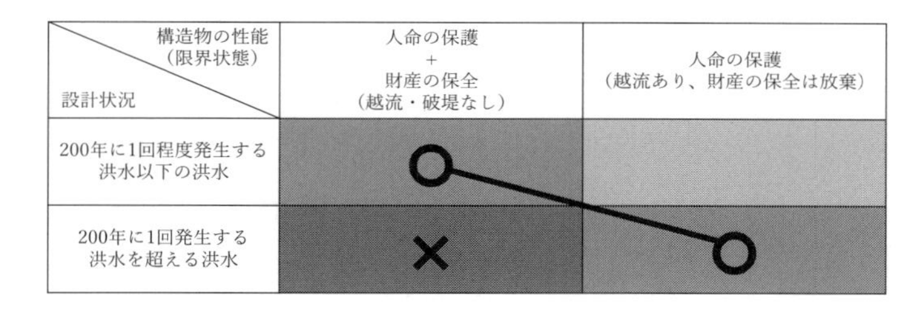

図 8.6　河川堤防の性能マトリックス

8.6.4　要求性能の信頼性

性能マトリックスで要求性能を表示すると，あたかも設定された要求性能が 100% 満足される構造物の設計が，可能であるかのような印象を与えてしまう．信頼性設計の立場に立てば，それぞれの要求性能には信頼性があり，要求性能が満たされない可能性，すなわち破壊の可能性 (=破壊確率) も常に存在する．それぞれの要求性能に関する信頼性，あるいは破壊確率がどの程度なのかは，興味ある問題である（言うまでも無く，信頼性=1-破壊確率である）．ここでは建築物を例に採って，実際にこれらの値を推定することを試みる．

ところで，性能マトリックスで定義される要求性能は，あるレベルの作用を設定し，その作用が実際に生起したときの構造物の性能である．すなわち，ある作用のもとで，構造物がある限界状態を超えないことで，要求性能は満足される．これは，作用を所与としたときの，対象とする限界状態の超過確率を，破壊確率とすることである．一般の破壊確率が，作用と抵抗双方の不確実性を考慮して計算することと比較すると，これは作用を所与としているので，作用所与の条件付破壊確率を計算していることになる．ここではこの条件付破壊確率を推定する．

このような要求性能の信頼性を実際に推定しようとした例は，ほとんどないと思われる．ここでは先に 2.4.1 節でも示した，ISO2394(1998,2014) が奨励している目標信頼性指標の値に基づいて，この信頼性を推定する．ISO2394 は構造物一般に関する基準ではあるが，この基準の著者達がまず第一に想定しているのは，建築物であるので，これらの奨励値を推定に用いることは，根拠のないことではない．

構造物の性能（限界状態）／想定作用	建物の損傷は財産価値を損なうレベルに達しない	建物は倒壊しない（人命は保護される）
供用期間中に発生する可能性が高い作用	$(1\text{-}10^{-2})$	
供用期間中に極めてまれに発生する作用		$(1\text{-}10^{-2})$から$(1\text{-}10^{-3})$

図 8.7　建築物の要求性能の条件付（事象発生時）信頼性

著者らの推定の結果を，**図-8.7** に示した．それぞれの要求性能に対する信頼性の推定方法は，下記に改めて詳しく説明している．

発生可能性の高い作用に対して，限定された損傷レベルに止める：

「発生可能性の高い作用」として，地震荷重の 100 年再現期待値を想定した．これは L1 地震動に相当すると考えている．信頼性指標として，ISO2394(1998) 付録 E.4.3 に記載された，供用期間 50 年に対する使用限界状態の目標信頼性指標値を 1.5 とすることを採用した．これから求められる 1 年間当たりの破壊確率は 10^{-3} である．想定している荷重の発生頻度が，年間 10^{-2} であるので，粗く言って条件付 (想定作用生起時) 破壊確率は 10^{-1} オーダーとなる．しかしこの確率は，直観的に大きすぎると感じる．ISO2394(1998) が想定している使用限界状態は，ここで想定している「限定された損傷レベルに止める」という限界状態よりは，相当敏感な限界状態（例えば，「過度（不快を感じる程）に振動しない」）を対象にしていると考えられるので，ここで想定している限界状態に対する条件付 (想定作用生起時) 破壊確率を，10^{-2} と推定した．

極めて稀な作用に対して，建物は倒壊しない：

「極めて稀な作用」として，地震荷重の 1000 年再現期待値を想定した．これは L2 地震動に相当すると考えている．信頼性指標として，ISO2394(2014) 付録 G.5.2 に記載された，一般建築物から機能過失時の社会的影響の大きい建築物で，「安全性を達成するための費用」が「中くらい」から「低い」場合の，終局限界状態の 1 年当たりの目標信頼性指標値，4.2 から 4.7 を採用した．これから求められる 1 年間当たりの破壊確率は 10^{-5} から 10^{-6} である．想定している荷重の発生頻度が，年間 10^{-3} であるので，粗く言って条件付 (想定作用生起時) 破壊確率は 10^{-2} から 10^{-3} のオーダーとなる．

図-8.7 に示した推定結果より，次のようなコメントが可能であると思われる．

(1)「建物の損傷は財産価値を損なうレベルに達しない」というのは，かなりあいまいで幅の広い建築物の状態を表す．この点を勘案すると，L1 地震動が発生したとき，100 棟に 1 棟程度のオーダーで，この性能を満たすことのできない建築物が発生しても，奇異ではない．

(2)「極めて稀な作用」，すなわち L2 地震動が発生したとき，100 棟から 1000 棟に 1 棟程度のオーダーで，建築物の倒壊が起こることを示唆している．これは，兵庫県南部地震の際の，神戸市の建築物の被害調査結果に照らして，それほど矛盾する推定結果ではないと思われる (神田，1997).

以上の推定は，極めて粗いものであり，今後より精緻な推定が行われ，その結果が広く周知され，一般市民も含めた議論が展開されることを望む．また，性能マトリックスを始とする性能設計で開発されたツールや方法が，構造物の要求性能を，一般市民へのこの種の情報伝達と，対話のツールや方法として普及することを期待したい．

8.7 8章のまとめ

本章では，性能設計について，次のことを述べた．

(1) 性能設計の展開の歴史的起源を，北欧諸国で開発された Nordic Five Levels の考え方と，建築物の耐震設計に関する発注者と設計者の意思疎通を図るためのツールとして提案された性能マトリックスについて述べた．さらに，性能設計の背景となている，WTO/TBT 協定について，特に我が国政府の通商政策に与えた影響について述べた．

(2) 上記の背景を受けて，主に我が国の学会で開発された，性能規定型の設計コード，すなわち地盤工学会の「地盤コード 21」と，土木学会の「Code Pratform」について，その基本的な提案について要約，説明した．

(3) 2007 年と 2018 年に改定された，「港湾の施設の技術上の基準」と，2017 年に改定された「道路橋示方書」について，性能設計概念が，どのように展開されているかを説明した．

(4) 最後に，性能設計の将来について，我が国の社会基盤施設が，どのような要求性能を満たすことを意図して建設・整備されているかという視点から，著者らの所見を述べた．

第9章

設計コード

9.1 はじめに

現在世界中で，多くの設計コードが，信頼性設計法レベル1（限界状態設計法，部分係数法，材料係数法あるいは荷重抵抗係数法と言ってもほぼ同義）に書き換えられている．これは, 信頼性設計法が体系としてある程度確立され，適用段階に入ったことに加え，ISO2394をはじめとする国際基準が，この方法を規定し，WTO/TBT協定によりその遵守が義務付けれれていること等，幾つかの要因の結果であると考えられる．

その主要なものには，欧州ではStructural Eurocodes，北米ではOntario Highway Bridge Code (Ministry of Transportation, 1979, 1983, 1991), the Canadian Bridge Design Code (CSA, 2000), AASHTO LRFD Bridge Design Specifications (AASHTO, 1996) 等がある．わが国では，建築学会による建築物荷重指針・同解説（日本建築学会，1993,2004），建築物の限界状態設計指針（日本建築学会 2002），港湾の施設の技術上の基準（日本港湾協会，2007,2018），道路橋示方書（日本道路協会，2018) 等が，本格的な信頼性設計法レベル1に準拠した設計コードと言える．

第2章でも述べてように，設計コードは, ルーチンで設計される標準的構造物に対し, 一定以上の信頼性（技術的な品質）を保証するため書かれた，設計の手順や留意事項を示した指針と言うことができる (0vesen,1989,1993). 標準的な構造物の設計に，レベル3信頼性設計をいちいち適用することは，設計の経済の面から考えても，適切ではない．これが信頼性設計法レベル1，すなわち部分係数法が，今後も使用されてゆく理由である．

本章はこのような背景を踏まえ，レベル1信頼性設計に基づく設計コードを巡る諸事項を中心として，設計コードに関する次のような事項について解説する．

(1) 設計と設計コード
(2) 部分係数法の性能照査式の形式.
(3) コードキャリブレーションと設計値法及び関連する留意事項
(4) MCSによる設計値法に基づく部分係数の決定
(5) 設計コードにおけるコードキャリブレーションの実際

9.2 設計コード

9.2.1 設計コードの定義と役割

設計コードは，標準的でルーチン的に設計されるような構造物に対し，一定以上の技術的な品質を保証するため書かれた，設計の手順を示した文書と言うことができる (0vesen, 1989,1993). 従って我々が日常目にする構造物のほとんどは，何らかの設計コードに基づいて設計されたものであり，その重要性が理解される．特殊で重要度が高く，建設頻度低い構造物（例えば原子力発電施設や，本四架橋のような大規模事業）では，個別に設計基準を設ける等，一般の設計コード以上の検討が行われる．

上記の趣旨を Eurocode7「地盤構造物の設計」の開発に則して，Ovesen(1993) が説明に用いたのが**図-9.1** である．図では，地盤構造物の設計を構成する要素を，荷重，地盤パラメータ (各土層の力学特性，土層構成，地下水の状態等）を決定し，構造物の与えられた形状や要求性能（限界状態で定義される）を満たすように，計算モデルにより照査を行って，構造物の諸元等を決定する．このときそれぞれの要素は不確実性を持つので，これを考慮して適切な余裕を導入する必要がある．この余裕の程度を合理的に与えるのが，設計コードの役割である．

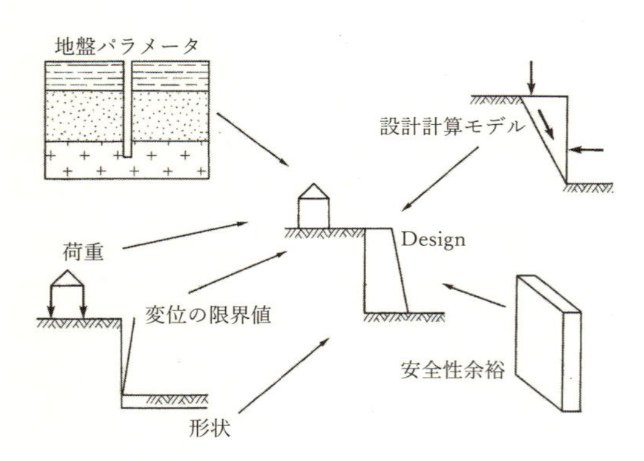

図 9.1　地盤構造物設計における設計コードの役割 (Ovesen,1993)

以上のような背景を踏まえて，本書では「設計コード」を，次のように定義している．

設計コード：設計される構造物の要求性能に，ある一定以上の品質を確保するために必要な，主に工学的また科学的な原則に基づく設計方法 (design practice) を記述した文書．設計コードは，試験法や調査法の規格書 (standards) とは異なり，ある一つの方法の手順を詳細に規定するのではなく，構造物にある一定レベル以上の品質を確保することを目的として記述される文書である (Ovesen,2002)．ここで「品質の確保」とは，それぞれの要求性能で対象となる限界状態に対する，適切な余裕の確保のことである．わが国では設計コードは，基準，示方書，指針，標準等，それそれの分野の伝統や慣習，法律的な位置付け等により，いろいろな名称で呼ばれている．

世界の多くの代表的な設計コードは，今や2.5節で述べたような，信頼性設計法レベル1の部分係数法により，書かれている．その特徴を挙げると，次のようになるであろう．

(1) 限界状態と言われる「その構造物の望ましい状態（例えば,非破壊）と望ましくない状態（例えば,破壊）を分離する,ある定義された状態」を基準として，構造物の信頼性を評価する．これは許容応力度設計法が,構造物やその部材の限界状態を明確に規定しなかった，と言う反省に立った発想である．典型的な限界状態には,終局限界状態,使用限界状態等がある．
(2) 設計法に必要な荷重,材料特性,形状寸法等を表す基本変数(basic variables)の不確実性の評価を,確率に基づき,できる限り定量的に行う．限界状態に対する余裕の確保は，主に部分係数(partial factors)により表現する．
(3) 鋼・コンクリート・地盤構造物,上部構造と下部構造等，従来別々の設計コードで分離して扱われてきた構造物を，統一的な考え方と形式により調和された設計コードを作る．

このような概念に基づいて作成された設計コードが，実際にどのように構造物に影響を与えるのか，1996年から施行されているAASHTO-LRFD道路橋示方書導入の経緯と評価について，次節で見てみよう．

9.2.2　AASHTO-LRFD道路橋示方書導入の経緯と評価

■米国における道路橋設計基準の開発を巡る制度　本題に入る前にここで，AASHTOの設計基準の位置や，その改定手順について確認しておきたい．米国では，高速道路の計画・設計・施工・維持管理に直接責任を負っているのは，各州のDOT（Department of Transportation）であり，それぞれ独自の設計基準を持っている．AASHTOはその名称の通り，これらDOTをメンバーとする協会である．実際に各州で採用される設計基準は，AASHTOの基準をベースにはするが，各州でそれぞれの事情に応じてこれを変更・補足する．州政府が，州間高速道路のプロジェクトを実施する際，連邦政府より予算補助を受け，その場合AASHTO基準を用いることが義務である．しかしこの場合，その最新版を採用する必要を意味しない．

AASHTOの基準は，AASHTOの中のHSCOBS(Highway subcommittee on bridges and structures)が主導権を持ち，必要な研究開発プロジェクトを連邦政府等の資金により実施し，その成果の設計基準への導入（すなわち，ドラフトの作成）も，この委員会が行う．AASHTO-LRFDの開発は，このような一連の研究プロジェクトの研究成果の積み上げにより，作成されてきたものである（詳細は，原・本城(2010)，本城・七澤(2014)を参照）．

■AASHTO-LRFD 導入の経緯と初版の発刊　1986 年の「包括的橋梁仕様書と解説の開発」（NCHRP20-7/31）は，LRFD 導入のパイロット研究プロジェクトであった．この報告書では，次の課題が包括的に検討され，新しい基準への改定の提案が行われた．

- 他の橋梁設計基準の調査．
- AASHTO の他の関連文書の調査と評価．
- 確率理論に基づく限界状態設計法の基準導入へのフィージビリティ評価．
- 新しい AASHTO 基準の概要 (outline) の作成．

今日の時点でこの報告書 (Kulicki and Mertz,1988) を読み直すと，1987 年という早い時期に，このような包括的な調査と展望に基づいて，既存の設計基準を置き換える新しい基準を，確率に基づく限界状態設計法によって作成すべきであることを，その開発の計画や概要を含めて述べている洞察の鋭さに感銘を受ける．さらにこの報告書では，既存の AASHTO 設計基準の多くの問題点（gaps，inconsistencies and obsolete provisions）を具体的に指摘し，解決を求めている．

既にこの時点で，長期的にはこの新しい基準により，従来の基準は置き換えるべきことも提言している．また設計書式の名称を，すでに AASHTO の一部の文書で導入されていた荷重係数設計法 (LFD) を踏襲して，実務者の親しみやすさも考慮し，荷重抵抗係数法 (LRFD) とすべきであると提案していることも興味深い．

LRFD の利点は，次の点にあることが確認された．

(1) より均等な安全性確保が，異なる種別の橋梁間，異なる材料間（新材料を含む）で図られる．また，将来の必要に柔軟に対応可能である．
(2) 安全性のレベルの昇降を，均一にかつ予測できるやり方で制御できる．

AASHTO 道路橋設計基準にとって，1987 年 5 月の HSCOBS が一つのターニングポイントであった．NCHRP20-7/31 の報告を受け，「包括橋梁設計基準と解説の開発」(NCHRP12-33) 研究プロジェクトがスタートすることになった (Kulicki and Mertz,1993)．この成果が，1994 年の AASHTO-LRFD 設計基準初版の発刊である．

開発の目的は，次のような要件を満たす，LRFD 設計基準の作成にあった．

- 技術的に最先端であること．
- 出来る限り包括的であること．
- 読みやすく，使いやすい設計基準であること．
- 設計基準らしい書式と文体を取ること．（教科書を書かないこと．）
- 異なる専門分野（鋼，コンクリート，基礎等）を統合したアプローチを取ること．
- 信頼性設計理論を利用すること．

一方，次のような制約・前提も設けられていた．

- 構造物の劣化を助長するような設計の排除．

- 将来のトラック荷重の増加は考慮しない．
- 橋梁を全体的に一律に重く，または軽くするような設計基準の改定は行わない．

以上の方針のもとに，改定作業が開始された．改定作業の中心を成したのは，既存の設計法に基づく橋の信頼性解析による荷重抵抗係数のキャリブレーションであった．これに加えて，設計活荷重の設定と，その桁への配分方法が並行して見直された．

■設計基準策定時のキャリブレーションとその再検討　荷重抵抗係数のキャリブレーションは，既存構造物の信頼性指標を求め，その結果に基づいて目標信頼性指標 (β) を選択するという方法が取られた．（これは，「Hindcasting Approach」と呼ばれる．）キャリブレーションの対象となったのは，175 橋（鋼，合成，RC,PC）のスパン 9 から 60m の橋梁の死荷重＋活荷重が作用する場合であった．材料に関しては多くの統計データが存在した．荷重に関しては正規分布を，抵抗に関しては対数正規分布を用い，FORM(First Order Reliability Method) を用いて β を計算した．最初の計算では，β が 2 から 4.5 に分布た（図-**9.2**）．

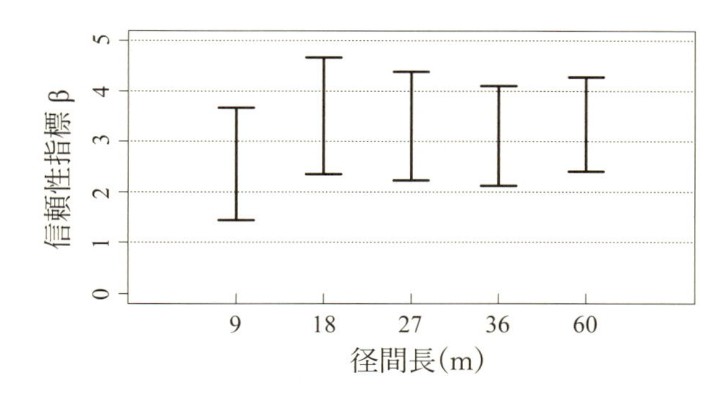

図 9.2　NCHRP12-33(1993) の 175 橋の信頼性指標計算結果

NCHRP12-33 の LRFD 設計基準の開発では，信頼性設計理論の導入と同時に，HL-93 と呼ばれる活荷重の新しいモデルと，桁間への新しい活荷重配分係数を開発した．これらの導入により，活荷重応答値の算出方法が合理化，均一化された．

NCHRP12-33 で実施されたコードキャリブレーションは，厳しい時間的な制約のもとで行われたため，データの詳細や計算の過程に不明確な点が多く，多くの問題を残した．このため，このキャリブレーションの再検討が行われ (NCHRP20-7/186)，その報告書が 2007 年に完成した (Kulicki 他, 2007).

選定された橋梁は 124 橋梁で，その内 29 橋は実際に建設された橋梁であり，その他はキャリブレーションのために試設計された橋梁である．試設計された橋梁では，部材寸法を丸めず，照査式を厳密に満足するように断面寸法を決めた．NCHRP12-33 にも用いられた橋梁は 11 橋に留まり，その他のほとんどは，LRFD 移行後の基準で設計された橋梁である (**表-9.1**).

表 9.1　NCHRP20-7/186(2007) で対象となった 124 橋梁

橋梁種別	記号	数	備考
実橋梁			
PC 箱桁	PC Box	10	スパン 14 - 22 m
PC 箱桁	CA Box	5	スパン 23 - 42 m カルフォルニア設計仕様，現場打ち
PC I 桁	PC I	2	スパン 40m
鋼桁橋	Pl.G.	12	スパン 30 - 101 m
試設計による橋梁			
PC 箱桁	PC Box	34	スパン 12 - 36 m
PC I 桁	PC I	31	スパン 18 - 48m
RC スラブ	Slub	11	スパン 4.5 - 20m
鋼桁橋	Pl.G.	19	スパン 24 - 75m

このキャリブレーション (NCHRP20-7/186) では，先の作業の反省を踏まえて，キャリブレーションの対象となる橋の選択基準と選定された橋梁の詳細，考慮する荷重や抵抗に関する不確実性，計算方法等の明確化に細心の注意が払われ，それらが詳細に記述されている．荷重や抵抗の計算に関して，多くの有用な情報を示している．(例えば，抵抗値の不確実性を，材料の性質及び施工精度に関する要因と，設計計算モデル化誤差に関する要因に分け，各構造種別に議論している．)

この他この研究では，モンテカルロシミュレーション (MCS) の利用が奨励された．先の作業が，FORM を用いたのに対し，MCS ははるかに簡単に信頼性指標が計算でき，この方法に移行すべきことが強く奨励されている．

報告書には，解析結果の詳細が表で示されており，これらを再整理したのが，**図-9.3** と **図-9.4** である．

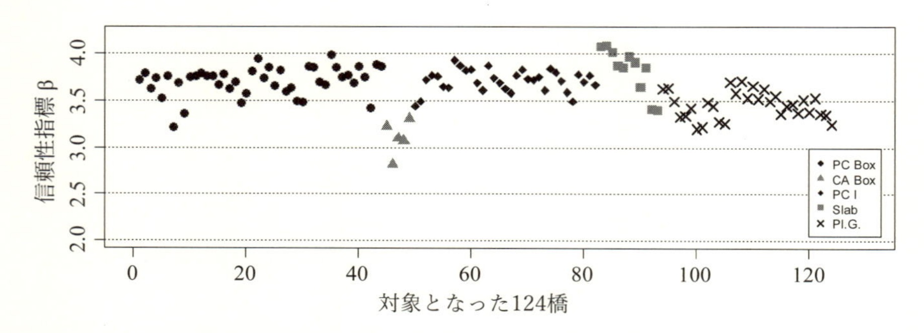

図 9.3　NCHRP20-7/186(2007) の 124 橋の信頼性指標計算結果：橋梁種別 vs.β

図-9.3 には，橋梁種別の β の値を示した．全体に 3.5 から 4.0 の間に分布している．CA Box に分類される PC 箱桁の β が低い結果となっているが，これらは現場施工の特別な方法で建設された PC 箱桁であり，現場施工のため施工寸法の不確実性を，プレキャストの

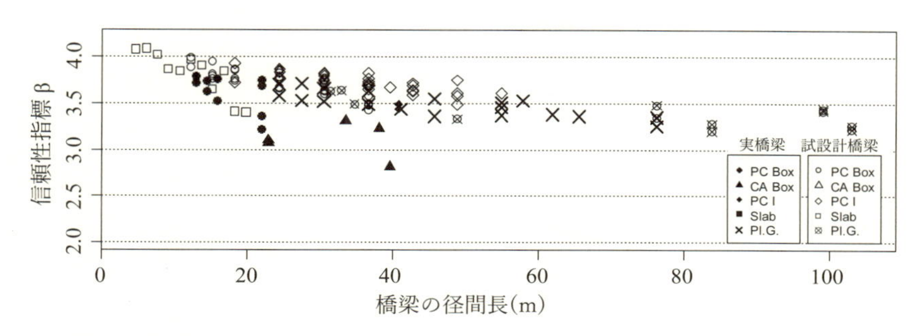

図 9.4　NCHRP20-7/186(2007) の 124 橋の信頼性指標計算結果：橋梁径間長 vs.β

ものより大きくとっているため，このような結果になったと説明されている．プレキャストと同程度の施工精度であれば，β は 0.3 程度上昇する．

図-9.4 は，径間長に対して β を示した図である．**図-9.3** では鋼桁橋の β が，他の橋梁種別に比べてやや小さいようにも見えたが，これは径間長の影響であることが分かる．**図-9.4** には，実橋と試設計された橋の β の差異を区別してプロットしている．両者に有意な差は認められず，断面寸法の丸めが β に与える影響は少ないと思われる．

以上の研究を実施し，LRFD 基準導入で主導的な役割を担った Kulicki 博士は，2013 年に来日し，多くの講演や討論を行った．そこで彼がが強調した，LRFD 設計基準の導入によりもたらされた改善点は，次のような点である．

(1) 橋梁建設全体に投じられる資源量は，LRFD の導入前後でそれほど変化していない．しかしそれらの資源は，異なる橋梁間で，より適切に配分されるようになった．
(2) 橋梁全体に統一的な安全性に関する尺度を得たので，これをもとに，橋梁全体の安全性の昇降を制御できるようになった．これは，橋梁の維持管理にも有効な情報である．

この内 2 番目の点については，LRFR(Load and Resistance Factor Rating) として，AASHTO の橋梁維持・管理の分野で発展している．

9.3　部分係数法による性能照査式の形式

9.3.1　設計点と照査式形式，特性値，設計計算点

部分係数法には，その基本的な考え方に基づき，大別して次の 2 つ形式の性能照査式がある．すなわち，「材料係数法 (MFM: material factor method)」と，「荷重抵抗係数法 (LRFD: Load and resistance factor design)」である．現実に存在する設計コードでは，両者の折衷のような性能照査式の形式も多いが，形式の特徴を考えようとするとき，このような両極に分類し考察することが，有効であると思われる．

本節（9.3 節）では，このような部分係数法による性能照査式の，それぞれの形式の得

失を論ずることを目的としている．この節（9.3.1 節）ではその予備的な考察として，設計点と性能照査式の形式，特性値の定義，および設計計算点，という 3 つの事項について説明する．

■設計点と性能照査式の形式　目標信頼性を満足している対象構造物の設計結果が存在し，その信頼性が，設計基本変数空間に与えられているとする．今，図化を可能にするために，基本変数は X_1 と X_2 の 2 つであり，性能関数を $M = g(x_1.x_2)$ とすると，基本変数空間の状態は**図-9.5(a)** に示すようになる．

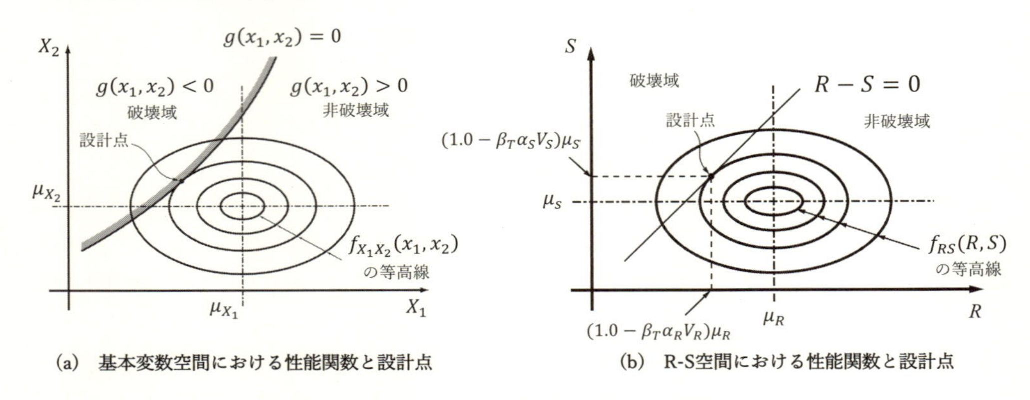

図 9.5　信頼性を満足している構造物の確率変数空間における状態

図には，確率変数 X_1 と X_2 の確率密度関数の等高線と，限界状態面 $g(x_1.x_2) = 0$ を示している．限界状態面上でもっとも確率密度が高い（生起の可能性の高い）点を，**設計点** (Design Point) として定義し，(x_1^*, x_2^*) で表す．設計点は，この構造物の破壊のもっとも可能性の高い破壊モードを示した点であり，当該限界状態に対する照査を行うとき，基本となる点である．

確率変数 X_1 と X_2 の平均値 μ_{X1} と μ_{X2} とし，この値により設計点を表するために，部分係数 γ_{X1} と γ_{X2} を導入する．すなわち設計点は，次式により表現できる．

$$x_1^* = \gamma_{X1}\mu_{X1}, \qquad x_2^* = \gamma_{X2}\mu_{X2}$$

とすると，この構造物の当該限界状態に対する信頼性の照査を，次式の行うことができる．

$$g(x_1^*, x_2^*) = g(\gamma_{X1}\mu_{X1}, \gamma_{X2}\mu_{X2}) \geq 0 \tag{9.1}$$

この性能関数はまた，次のように書くこともできる．

$$M = g(x_1, x_2) = R(x_1, x_2) - S(x_1, x_2)$$

この場合，抵抗 R と外力 S はそれぞれ基本変数 X_1 と X_2 の関数であり，R と S も確率変数であるから，この $R - S$ 平面上の状態は，**図-9.5(b)** に示すようになる．

この図にでも，設計点 $(r^*.s^*)$ を得ることができ，下記の関係が得られる．

$$g(x_1^*, x_2^*) = R(x_1^*, x_2^*) - S(x_1^*, x_2^*) = r^* - s^* = 0$$

R と S の平均値 μ_R と μ_S に対して，それぞれ部分係数 γ_R と γ_S とすると，設計点は，次のように記述できる.

$$r^* = \gamma_R \mu_R = \gamma_R R(\mu_{X1}, \mu_{X2}), \qquad s^* = \gamma_S \mu_S = \gamma_S S(\mu_{X1}, \mu_{X2})$$

従って，この構造物の当該限界状態に対する信頼性の照査を，次式の行うことができる.

$$\gamma_R R(\mu_{X1}, \mu_{X2}) \geq \gamma_S S(\mu_{X1}, \mu_{X2}) \tag{9.2}$$

実はここで示した 2 つの照査式の形，すなわち式 (9.1) と式 (9.2) は，前者を材料係数法，後者を荷重抵抗係数法と言う，部分係数法の 2 つの典型的な形式の，もっとも単純化された基本形式を示している．この 2 つの形式のより実務的な定義式，またそれぞれの得失については，次節で詳細に議論する.

■特性値とその定義　式 (9.1) と式 (9.2) では，基本変数の代表値として，平均値を代入した．しかし実際の部分係数法では，基本変数の代表値である特性値が照査式に代入される．X_1 と X_2 の特性値を，それぞれ x_{k1} 及び x_{k1} とする．従って，部分係数法による性能照査式を考えるときは，必ず特性値の取り方と，部分係数の大きさをセットで考えなければならない．すなわち，部分係数は代入される特性値に従って調整される必要がある.

材料係数法の場合，式 (9.1) は，次のように調整される.

$$g(\gamma'_{X1} x_{k1}, \gamma'_{X2} x_{k2}) \geq 0 \tag{9.3}$$

ただし，

$$\gamma'_{X1} = \gamma_{X1} \frac{\mu_{X1}}{x_{k1}}, \quad \gamma'_{X2} = \gamma_{X2} \frac{\mu_{X2}}{x_{k2}}$$

一方荷重抵抗係数法の場合，式 (9.2) は次のように調整される.

$$\gamma'_R R(x_{k1}, x_{k2}) \geq \gamma'_S S(x_{k1}, x_{k2}) \tag{9.4}$$

ただし，

$$\gamma'_R = \gamma_R \frac{R(\mu_{X1}, \mu_{X2})}{R(x_{k1}, x_{k2})}, \quad \gamma'_S = \gamma_S \frac{S(\mu_{X1}, \mu_{X2})}{S(x_{k1}, x_{k2})}$$

特性値の取り方には，大きく分けて 2 つの考え方がある.

フラクタイル値:基本変数の，外力側であれば 95% や 99% といった高いフラクタイル値を，抵抗側であれば 5% や 1% と言った低いフラクタイル値を取るという考え方.

平均値:基本変数の平均値，または推定誤差を考慮した平均値を，特性値にするという考え方.

前者は，信頼性設計ではむしろ伝統的な考え方であり，ほとんどの荷重の特性値，鋼やコンクリートの材料特性に関する特性値は，フラクタイル値である場合が多い．後者は，地盤パラメータの特性値の定義では，標準的な考え方になりつつある.

■設計計算点の位置　**設計計算点**とは，部分係数法で 1 回限り行う設計計算を，$R-S$ 空間（あるいは基本変数空間）内のどの点で行うかを表す，著者らによる造語である．これは，具体的には式 (9.4) の $R(x_{k1}, x_{k2})$（部材強度，支持力，許容変位量等）と $S(x_{k1}, x_{k2})$（部材応力，地盤反力分布，変位等）を，$R-S$ 空間内のどの点で行っているかと言うことである．

材料係数法は，原則的に基本変数をすべて設計点の位置に揃えてから，設計計算を行うので，「設計計算点=設計点」となる．

一方荷重抵抗係数法では，設計計算点は一定のルールにより定義されれば，どの位置にあってもよい．式 (9.2) は，設計計算点が平均値にある場合である．

以上の予備的な考察を元に，次節では，材料係数法と荷重抵抗係数法それぞれの特徴と得失について考える．

9.3.2　材料係数法と荷重抵抗係数法の特徴と得失

■定義　材料係数法と荷重抵抗係数法を，それぞれ下記のように定義する．

材料係数法

不確実性を，その源で処理するという考え方により組み立てられている性能照査法である．多数の係数を導入し、それぞれの源に近い部分で不確実性を処理することを特徴とする．

$$R\left(\gamma_{r1}x_{kr1},\cdots,\gamma_{rn}x_{krn},\gamma_{R1'},\cdots,\gamma_{Rn'}\right) \geq S\left(\gamma_{ks1}x_{s1},\cdots,\gamma_{sm}x_{ksm},\gamma_{S1'},\cdots,\gamma_{Sm'}\right) \tag{9.5}$$

ここに，γ_{ri} は，抵抗側基本変数の特性値 x_{kri} に乗ぜられる部分係数，γ_{sj} は，荷重側基本変数の特性値 x_{ksj} に乗ぜられる部分係数である．これらの部分係数は，材料や荷重が本来持っている物理的な不確実性や，統計的推定誤差を考慮して適用される．また，$\gamma_{Ri'}$ と $\gamma_{Sj'}$ は，モデル化誤差，冗長度や脆性度等に適用される部分係数である[1]．これら部分係数は，最終的に構造物に必要な安全性余裕を確保することができるように調整される．

材料係数法では，性能照査式に代入される材料や荷重に関する基本変数の値は，それぞれの特性値に部分係数を乗じた値であり，これを設計値という．この設計値により設計計算点が決まる．その設計計算点は，原則的に設計点である[2]．

荷重抵抗係数法

荷重抵抗係数法 (LRFD) では，基本変数の特性値を代入して計算された抵抗値と荷重値それぞれに，抵抗係数及び荷重係数を適用し，性能照査を行う．従来 LRFD で

---

[1] ここに導入されている部分係数には，荷重側では荷重係数，組合せ係数等，抵抗側では，材料係数，構造解析係数，部材係数等，いろいろな名称の係数が提案されている．

[2] 「材料係数法」と呼んでいる部分係数法は，本来「設計点係数法」と呼ぶほうがふさわしい．しかし，キャリブレーションの「設計値法」と紛らわしいので，この本では，「材料係数法」を呼称とした．

は，抵抗値を唯一つにまとめる形が多かったが，これを荷重側と同様にいくつかの塊に分ける形式も提案されている．ここでは，これら 2 者を併記しておく．

$$\gamma_R R(x_{k1},...,x_{kn}) \geq \sum_j \gamma_{Sj} S_j(x_{k1},...,x_{kn}) \quad (9.6)$$

$$\sum_i \gamma_{Ri} R_i(x_{k1},...,x_{kn}) \geq \sum_j \gamma_{Sj} S_j(x_{k1},...,x_{kn}) \quad (9.7)$$

ここに γ_R または γ_{Ri} は，抵抗係数であり，γ_{Si} は荷重係数，R または R_i は抵抗値，S_i は荷重値である．

荷重抵抗係数法は，特性値を用いて設計計算を行うので，設計計算点は代入される特性値の性質により規定される．

伝統的には材料係数法は欧州で発展し，LRFD は北米で発展した (Ellingwood et al., 1980)．しかし現在ではそれらは世界中で，いろいろな変形・折衷形を含めて用いられている．

■材料係数法の得失　材料係数法の長所は，次のような点に見出されると思われる．

(1) 不確実性をその源で処理することは，直感的に合理的であると思われる．

(2) 材料係数法は、各不確実性をその源で処理しているので、個々の不確実性が変化したとき（例えば新工法の開発等）に、その項目に当たる部分係数を調整することにより、性能照査式を種々の状況に対応させることができるという利点があると，原理的には考えられる．

しかし、実際に信頼性解析を行ってみると、現在の技術レベルでは、構造物の最終的な不確実性を、個々の不確実性要因の積み上げとして完全に説明することは、ほとんど不可能であるし，源で不確実性を調整すると，不合理が生じる場合があることが分かる．その理由は，次の通りである．

(1) すべての不確実性が，個々に定量的に明らかになっているわけではない．

(2) 幾つかの基本変数に相関があり，個々の変数を個別に調整するだけでは，不確実性に対処することが難しい場合がある．

(3) 載荷試験や破壊例などが存在する場合，設計法全体としての不確実性を定量的に把握できる場合がある．しかしこのとき，全体の不確実性を個々の不確実性要因に分解し定量化することは極めて困難である．

(4) 個々の基本変数の設計値を、その源で調整しても、性能照査式（設計計算式）が非線形である場合、その調整の効果が結果として計算される抵抗値にどのように、どの程度影響するかを把握することは困難である。

(5) 特性値を部分係数で調整した設計値で構造物の挙動を予測すると、構造物の平均的な挙動とは，かけ離れた挙動をするような場合が多くなる．特に地盤構造物の設計では，設計者の工学的判断が伝統的に重要であると認識されており，このような工学的判断が健全に機能するためには,「技術者は設計の最後の段階まで、できる限り構造物のもっともありそうな挙動を追跡しながら設計を行うべきである」と考えられ，材料係数法の導入は，この原則に反する。

これらの理由により、材料係数法は、現時点では理論的に合理的なように見えても、現実的な性能照査の方法としては，結果的に不備の多いものとなってしまうというのが，著者らの主張である.

■荷重抵抗係数法の得失　材料係数法の長所は，LRFD の短所であり，その逆もまた成立つ.

(1) 基本変数の特性値に基いて設計計算を行う LRFD においては，抵抗側に関係する基本変数の特性値を，平均値に近い値に設定しておけば，設計者は構造物のもっともありそうな挙動を，設計の最終段階まで追跡することが出来る．これは，工学的判断が健全に機能するためには,「技術者は設計の最後の段階まで、できる限り構造物のもっともありそうな挙動を追跡しながら設計を行うべきである」という原則に一致し，好ましい.
(2) 特に地盤構造物のように，地盤と構造物の相互作用が複雑な構造物の設計では，基本変数値の低減が，必ずしも構造物の設計において安全側に作用するとは限らない.
(3) 実大構造物の破壊例，実大構造物の挙動に近い状態の試験結果のデータベース（例えば，杭の鉛直載荷試験データベース，平板載荷試験データベース等）により，設計法全体の不確実性が把握されている場合、得られている不確実性は，多くの不確実性要素が介在した結果として現れるトータルな不確実性である．実際に現行の構造物挙動に含まれる不確実性を求める場合，このようなデータから得られた不確実性を導入する方が，はるかに現実的な場合が多い．このような場合に決定できるのは，抵抗値全体に適用される抵抗係数であって，個々の基本変数に適用される部分係数を求めることはできない.
(4) LRFD は部分係数法に比較して，従来から実務者が慣れ親しんできた安全率法の照査形式に近く，導入に際し，違和感を与えにくい.

■性能照査式の形式に関する現時点でのまとめ　以上の通り，著者らは現時点では，荷重抵抗係数法（LRFD）を性能照査式の形式として支持するものである．このとき，抵抗側に入る基本変数の特性値は，平均値に近い値を取り，一方外力側については，その特性値を比較的大きなフラクタイル値を取ることにより，性能照査に当たっては,「設計者が，想定される比較的大きな外力下での，その構造物のもっともありそうな挙動を追跡できる」設計計算点で，設計計算を実施することができる（9.6.2 節も参照のこと).

我が国の代表的な土木構造物の設計コードの一つである「港湾の施設の技術上の基準」は．2007 年に，信頼性設計法を大幅に取り入れた基準に改訂された．2007 年版では，性能照査式として，ここで言う材料係数法を採用した．しかし特に実務者からの種々の問題点の指摘があり，2018 年の改訂では，性能照査式は全面的に荷重抵抗係数法に移行した（竹信他，2015）．このよな事実も，著者らの主張の重要な根拠の一つとなっている．

9.4 「港湾基準」と「道路橋示方書」の部分係数法による照査式

この節では，2018 年に改訂された「港湾の施設の技術上の基準」（以下「港湾基準」）と，2017 年に改訂された「道路橋示方書」（以下，「道示」）それぞれの照査式の形式を示し，若干の考察を行う．

9.4.1 港湾基準の照査式

港湾基準「共通編第 1 章総論 3.9 性能照査 3.9.5 性能照査式」の項には，この基準の部分係数法による性能照査は、鉄筋コンクリート等の構造部材の照査を除き、一般に、以下の式（9.8）から式（9.10）により行うことができるとしている．

$$m \times \left(\gamma_i \frac{S_d}{R_d} \right) \leq 1.0 \tag{9.8}$$

$$S_d = f\left(\gamma_{S_1} S_{1k}, \cdots, \gamma_{S_n} S_{nk}\right) = f\left(\gamma_{S_1} S_{1k}(x_{1k}, \cdots x_{pk}), \cdots, \gamma_{S_n} S_{nk}(x_{1k}, \cdots x_{pk})\right) \tag{9.9}$$

$$R_d = f\left(\gamma_{R_1} R_{1k}, \cdots, \gamma_{R_m} R_{mk}\right) = f\left(\gamma_{R_1} R_{1k}(x_{1k}, \cdots x_{pk}), \cdots, \gamma_{R_m} R_{mk}(x_{1k}, \cdots x_{pk})\right) \tag{9.10}$$

ここに、

S_d ：応答値の設計用値

R_d ：限界値の設計用値

γ_i ：構造物係数．構造物の重要度、限界状態に達したときの社会的影響等を考慮するための部分係数．本解説書では、特段の断りがない限り、γ_i =1.0 であり、表記しない．

m ： 調整係数．従来の安全率法や許容応力度法における許容安全率に対応する数値．H.19(2007) 版では、構造解析係数で処理されていたものに相当する．

S_{jk} ：作用効果 j の特性値 $(j = 1, \cdots, n)$

γ_{Sj} ：荷重係数．作用効果 j の特性値 S_{jk} に乗じる部分係数

$Si()$ ：作用効果 j の特性値 S_{jk} を算定するための計算式

R_{jk} ：抵抗（耐力）j の特性値 $(j = 1, \cdots, m)$

γ_{Rj} ：抵抗係数．抵抗（耐力）j の特性値 R_{jk} に乗じる部分係数

$Rj()$ ：抵抗（耐力）j の特性値 R_{jk} を算定するための計算式

x_{jk} ：基本変数 x_j の特性値 $(j = 1, \cdots, p)$

部分係数が信頼性解析に基づくキャリブレーションにより決定されている場合は，調整係数 m =1 であり，また通常，γ_i =1.0 である．この場合，式 (9.8) は，式 (9.6) の荷重抵抗係数法の照査式形式と一致する．従って，式 (9.8) は，荷重抵抗係数法である．

9.4.2　道示の照査式

道示「共通編 5 章耐荷性能の照査 5.1 照査の方法」に，部材等の耐荷性能の照査に標準的に用いる照査式の形式と，それに付随する部分係数の規定があり，その解説が 10 ページ以上に渡り詳細に与えられている．

照査式は，規定に記されている通り，荷重抵抗係数法を基本とした，次の式である．

$$\sum S_i(\gamma_{pi}, \gamma_{qi}, P_i) \leq \xi_1 \xi_2 \Phi_R R(f_c, \Delta_c) \tag{9.11}$$

ここに、

P_i　：作用の特性値．

S_i　：作用効果であり，作用の組合せに対する橋の状態．

R　：部材等の抵抗に係る特性値で，材料の特性値 f_c や寸法の特性値 Δ_c を用いて算出される値．

f_c　：材料の特性値．

Δ_c　：寸法の特性値．

γ_{pi}　：荷重組合せ係数．設計供用期間中の荷重の同時載荷状況を考慮するための係数．

γ_{qi}　：荷重係数．作用の特性値が設計供用期間中に橋に与える影響の極値を考慮するための係数．

ξ_1　：調査・解析係数．橋の構造をモデル化し，作用効果を算出する過程に含まれる不確実性を考慮して抵抗係数を補正するための係数．標準 0.90 で，0.95 を上回らない範囲で設定できる．

ξ_2　：部材・構造係数．橋の耐荷性能の照査を部材等の耐荷性能の照査で代表させることも踏まえ，部材等の非弾性域における強度増加又は減少の特性の違いに応じて抵抗係数を補正するための係数．

Φ_R　：抵抗係数．抵抗値 R の評価に直接関係する確率統計的な信頼性の程度を考慮するための係数．

解説では，部分係数の種類ごとに，扱う対象と，扱う不確実性が，**表-9.2** で示されるように整理されている．「設計で考慮すべき不確実性を四分類し体系化したことで，それぞれの分類における知見の蓄積，また，構造や材料の工夫に応じて，今後の基準の合理的な見直しが可能になると考えられた.」と解説されている．

表 9.2 設計で考慮する不確実性と各種部分係数の関係（共通編 表-解 5.2.2）

状態の区分	状況(式 (9.11) の左辺)	状態（式 (9.11) の右辺）		
特徴	構造に依存しない設計項目	構造に依存する設計項目		
対象	作用や作用の組合せ	橋ごと，部材ごとの荷重効果の差異（応答の結果として達する状態評価の差異）	全体系としての強度の付与	抵抗メカニズム（限界状態）
部分係数の種類	荷重組合せ係数 γ_p 荷重係数 γ_q	調査・解析係数 ξ_1	部材・構造係数 ξ_2	抵抗係数 Φ_R
扱う不確実性	橋が置かれる自然現象・交通状況の同時作用頻度・ばらつき	荷重に対する応答の算出に係わる不確実性 例） ・設計計算における境界条件，部材相互作用，施工精度，加工精度の評価誤差 ・地盤調査法の違いに起因する構造の状態評価誤差の違い ・応答計算モデルが有するモデル化誤差の違い	部材単位での全体系性能評価の限界	限界状態の評価に係わる各種誤差 例） ・材料強度評価のばらつき・残留応力なども考慮した部材強度のばらつき ・部材強度評価モデルのモデル化誤差 ・実構造物としての有効断面モデル化誤差 ・実構造物として，強度の空間変動や施工・加工条件が与える影響

9.4.3 考察

(1) 港湾基準でも，道示でも，基本的に荷重抵抗係数法の照査式形式が採られている．先に述べたように，港湾基準が 2007 年改訂で採用した材料係数法の照査式形式を変更し，今回荷重抵抗係数法の照査式形式を採用したことも考え合わせると，現在のところ，荷重抵抗係数法の照査式形式が，実務では受入れられやすいことが分かる．

(2) 港湾基準でも，道示でも，不確実性を陽に考慮して決める係数と，その上で種々の工学的判断でこれらの係数を調整する係数と分けて設定していることは，興味深い．港湾基準で言えば，前者は荷重係数と抵抗係数，後者は構造係数と調整係数であり，道示で言えば，前者は荷重組合せ係数，荷重係数と抵抗係数であり，後者は調査・解析係数と部材・構造係数である．不確実性の定量化により客観的に決定できる部分係数と，政策的・工学的判断や従来設計法との整合性等で決められた部分係数を，区別して扱う傾向がある．

(3)「II 編から V 編の抵抗係数の設定では，材料や製品の寸法など生産者が制御する余地がある材料強度や寸法のバイアスは，確実に期待できる抵抗を見込むという観点からこれを無視することが安全であれば無視されている。部材強度等の限界値を算出するための算出式が有する統計的又は物理的なモデル誤差については，実測や実験との比較結果に基づき，そのバイアスも含めたばらつきが考慮されている。最終的には，ばらつきの程度を見ながら，たとえば部材耐力であれば，5％フラクタイル値が安全側に評価された設計値となるように，丸めた抵抗係数が設定されている。（道示共通編 5.2 解説）」と，抵抗係数決定の方法について，説明している．

そして，次式により計算されたと考えられる，抵抗係数設計の目安の表を提示している．（この計算では，特性値が平均値であるという暗黙の仮定を置いている）

$$\Phi_R = \frac{\mu_R - z_\alpha \sigma_R}{\mu_R} = 1 - z_\alpha \frac{\sigma_R}{\mu_R} = 1 - z_\alpha V_R$$

ここで，$z_{0.05}$=1.64 として，V_R と Φ_R の関係を求め，その結果を道示の，「丸めた抵抗係数」と比較すると，以下の通りである．

変動係数	0.05	0.1	0.125	0.15	0.175	0.2	0.3	0.4
計算抵抗係数	0.918	0.836	0.795	0.754	0.713	0.672	0.508	0.344
丸めた抵抗係数	0.90	0.85	0.80	0.75	0.70	0.65	0.50	0.35

しかし，この記述は抵抗係数のキャリブレーションの手順を単純化し過ぎているし，所要の信頼性を得るための，理論的整合性のある手続きとも思われない．実際，改訂道示の多くの抵抗係数は，（少なくとも下部構造物に関する限り）それぞれに工学的判断を加えた，より複雑な手続きにより決定されていると思われる．

9.5　コードキャリブレーション

9.5.1　コードキャリブレーションの一般的な考え方と問題点

信頼性設計法レベル 1，すなわち部分係数法では，設計者は信頼性設計法の知識が無くても，設計コードにより与えられた部分係数等を用いて，必要な信頼性を持った構造物を設計することができる．一方コードライターは，導入される諸部分係数を，関連する不確実性を適切に処理し，適切な信頼性を確保するように決定しなければならない．この作業を，コードキャリブレーションという．

コードキャリブレーションに当たり，一般的な問題点は，次のようなものがある．

(1) 必要な信頼性を当該構造物に確保できる係数の組合せは，多数存在する．この問題は基本的に数学的には，いわゆる解が不定な問題である[3]．

(2) 同種構造物でも，いろいろな条件で設計されるため，どのような条件でも過不足の無い信頼性を与える係数の組合せを見出すことは，ほとんどの場合不可能である．

[3] 連立方程式の問題で言えば，未知数の数が式の数より多く，解を一意的に決定できない状態．

例えば，ケーソン式護岸の安定性を考えても，どのような水深に対しても，一様な信頼性を与える部分係数を設定することはできない (竹信他，2015).

このような理由のため，部分係数法を，構造物に必要な信頼性を与えるための，完全で究極の設計法である，と決して勘違いしてはならない．設計において，もし設計者が必要であると判断した場合は，信頼性設計法レベル 3 により直接信頼性解析を行い，構造物を設計することを考えるべきである．特に新技術が導入された構造物，重要な構造物や大規模プロジェクトの設計では，信頼性設計法レベル 3 を直接用いることにより，より合理的な設計を行うべきである[4]．また最近の設計コードは，そのように設計者自身が信頼性解析を直接実施することを許容し，そのために必要な資料も，整備・公開されている．

また．部分係数を決定する方法に唯一の正しい方法がある，などと考える必要は全く無い．部分係数法は，極めて便宜的な設計法であり，目的とする信頼性を当該構造物に確保するための部分係数の組合せは多数存在し，その選択はまったく便宜的（「ご都合主義的」）でよい．港湾基準や道示で，荷重係数や抵抗係数の他にいくつかの部分係数を導入することも，それに目的合理性があれば問題ない．

以上のことを認識した上で，部分係数のもっとも正統的で一般的な決定方法である，設計値法 (Design Value Method) について次節で紹介する．この方法が唯一の部分係数決定方法ではないが，Eurocodes の開発をリードしてきた構造信頼性の研究者達の英知が結集されており，ある種のエレガンス（優美さ）を感じさせる．

9.5.2 設計値法の基本的考え方

設計値法 (Design Value Method) は，上記の不定の問題を解決し，部分係数法で使用される諸係数の値を決定するために，考えられた方法である．設計値法の基本的な考え方は，基本変数の特性値（材料係数法の場合），あるいは特性値に基づいて計算された抵抗特性値や荷重特性値に関する部分係数（LRFD の場合）を，設計点と特性値の関係で決定しようとするものである．

性能関数は多数の基本変数ベクトル $\mathbf{X} = \{X_i\}, (i = 1, \ldots, n)$ の関数として与えられ，確率密度関数 $f_X(\mathbf{X})$ に従う[5]．一方性能関数は，

$$M = g(\mathbf{X}) = R(\mathbf{X}) - S(\mathbf{X})$$

の形で与えられる．ここで，多くの基本変数は，抵抗側及び荷重側，両方に表れることに注意する．さらに一般的に性能関数は，基本変数の非線形な関数となっている．

---

[4] これは，新技術，重要構造物や大規模プロジェクトでは，独自の部分係数を，その条件に限定して，再設定することを含む．特に地盤構造物は，ローカルな情報や限定された条件により，大幅に合理的な設計ができる場合が多い．

[5] 統計学では確率密度関数 $f_X(\mathbf{X})$ に $\mathbf{X}$ の実現値を代入し，尤度関数と呼び，これを最大化することにより，パラメータ推定を行う（尤度法）．$f_X(\mathbf{X})$ は，非負の関数であることから，最大化する目的関数を尤度関数とせず，計算の便宜のため，その対数を取った対数尤度関数 $\ln f_X(\mathbf{x})$ を用いる場合が多い．

以上の元で，設計点は，次の定式化により求められる点である．

$$\begin{aligned}&\max \quad f_X(\mathbf{x}) \quad \text{あるいは，} \quad \ln[f_X(\mathbf{x})] \\ &\text{subject to} \quad g(\mathbf{x}) = R(\mathbf{x}) - S(\mathbf{x}) = 0\end{aligned} \tag{9.12}$$

この設計点を，$\mathbf{x}^*$ あるいは，r^* と s^* で表すことにする．**図-9.5** には，設計点が示されている．

現在信頼性解析の対象となっている構造物が，求められる信頼度を，過不足なく満たしている構造物とした場合，設計値法による部分係数 γ は，設計点を元に，材料係数法と荷重抵抗係数法それぞれの場合，次のように求められる．

$$\text{材料係数法の場合}:\gamma_{Xi} = \frac{x_i^*}{x_{ki}} \quad (i = 1, \cdots, n) \tag{9.13}$$

$$\text{荷重抵抗係数法の場合}:\gamma_R = \frac{r^*}{R(\mathbf{x}_{ki})} = \frac{r^*}{r_k}, \quad \gamma_S = \frac{s^*}{S(\mathbf{x}_{ki})} = \frac{s^*}{s_k} \tag{9.14}$$

ここに，$x_{ki}(i = 1, \cdots, n)$ は，各基本変数の特性値である．また，r_k と s_k はそれぞれ，各基本変数の特性値を代入して計算される，抵抗特性値と荷重特性値である．

なお式 (9.12) の設計点の定義は，設計値法の考え方に基づき，MCS を用いてコードキャリブレーションを行おうとする場合，基本式となる．

設計値法がもっとも視覚的かつ直感的に理解されるのは，性能関数が複数の独立な正規確率変数の線形結合により構成される場合, 例えば，抵抗値 R と外力 S の差として $M = R - S$ と表現される場合である (Hasofer and Lind(1974),Thoft-Christensen and Baker(1982), Ditlevsen and Madsen(1996))．この場合を，9.5.3 節で取り上げて説明する．

もう一つの標準的なケースは，性能関数が $\ln R$ と $\ln S$ の線形結合で表され，かつ R と S が対数正規分布に独立に従う場合である．この場合についても 9.5 節で簡単に説明する．設計値法のより精緻な理論展開については，日本建築学会（2016）が参考になる．

9.5.3　性能関数が線形で基本変数が正規分布の場合の設計値法

■設計値法による部分係数の導出　この場合のもっともシンプルな性能関数は，次式により与えられる．

$$M = R - S \tag{9.15}$$

ここに，抵抗値 R は正規確率変数で，平均 μ_R，分散 σ_R^2，外力 S も正規確率変数で，平均 μ_S，分散 σ_S^2 である．従って，安全性余裕 M は，平均 $\mu_M = \mu_R - \mu_S$，分散 $\sigma_M^2 = \sigma_R^2 + \sigma_S^2$ で与えられ，信頼性指標 β は，次のようになる：

$$\beta = \frac{\mu_M}{\sigma_M} = \frac{\mu_R - \mu_s}{\sqrt{\sigma_R^2 + \sigma_S^2}} \tag{9.16}$$

設計においては，信頼性指標 β は，目標信頼性指標 β_T より，常に大きくなければなら

ない．すなわち，$\beta \geq \beta_T$ でなければならない．このことより，

$$\frac{\mu_R - \mu_S}{\sqrt{\sigma_R^2 + \sigma_S^2}} \geq \beta_T \tag{9.17}$$

ここで，M の標準偏差を次のように分離する．

$$\sigma_M = \frac{\sigma_M^2}{\sigma_M} = \frac{\sigma_R^2 + \sigma_S^2}{\sqrt{\sigma_R^2 + \sigma_S^2}} = \frac{\sigma_R}{\sqrt{\sigma_R^2 + \sigma_S^2}}\sigma_R + \frac{\sigma_S}{\sqrt{\sigma_R^2 + \sigma_S^2}}\sigma_S = \alpha_R\sigma_R - \alpha_S\sigma_S$$

ここに，

$$\alpha_R = \frac{\sigma_R}{\sqrt{\sigma_R^2 + \sigma_S^2}}, \qquad \alpha_S = -\frac{\sigma_S}{\sqrt{\sigma_R^2 + \sigma_S^2}} \tag{9.18}$$

であり，これらはそれぞれ R および S の感度係数と呼ばれる．(このとき，α_S が負であることに注意する必要がある．) さらに式 (9.17) を展開すると，

$$\mu_R - \mu_S \geq \beta_T\,(\alpha_R\sigma_R - \alpha_S\sigma_S)$$

$$\mu_R - \beta_T\alpha_R\sigma_R \geq \mu_S - \beta_T\alpha_S\sigma_S$$

変動係数 $V_R = \sigma_R/\mu_R$ 及び $V_S = \sigma_S/\mu_S$ であることから，

$$(1.0 - \beta_T\alpha_R V_R)\,\mu_R \geq (1.0 - \beta_T\alpha_S V_S)\,\mu_S \tag{9.19}$$

ここに，$(\mu_R - \beta_T\alpha_R\sigma_R)$ と $(\mu_S - \beta_T\alpha_S\sigma_S)$ は，設計点の座標を表す (**図-9.5(b)**).

今 R と S の特性値を r_k と s_k でそれぞれ表すと，目標信頼性指標 β_T に基づく部分係数（この場合は，抵抗係数と荷重係数，と言ってもよい）は，式 (9.14) に従い，次のように表現できる:

$$\gamma_R = \frac{r^*}{r_k} = \frac{\mu_R}{r_k}(1.0 - \beta_T\alpha_R V_R) \qquad \gamma_S = \frac{s^*}{s_k} = \frac{\mu_S}{s_k}(1.0 - \beta_T\alpha_S V_S) \tag{9.20}$$

従って性能照査式は，抵抗係数 γ_R，荷重係数 γ_S，抵抗特性値 r_k 及び荷重特性値 s_k により，次式のように記述される．

$$\gamma_R r_k \geq \gamma_S s_k \tag{9.21}$$

なお，式 (9.20) は，性能関数が 3 個以上の基本変数の線形和で定義される場合も成立つ．読者は，性能関数が $M = R_1 + R_2 - S_1 - S_2$ の場合の，部分係数を，自分で導出してみるとよい (Honjo 他, 2002).

■感度係数 α，信頼性指標 β，部分係数 γ

式 (9.20) で表した，抵抗係数と荷重係数の算定式では，それぞれの係数や項目について，興味深い解釈をすることができる．これを説明するために，正規空間 $R - S$ の標準化

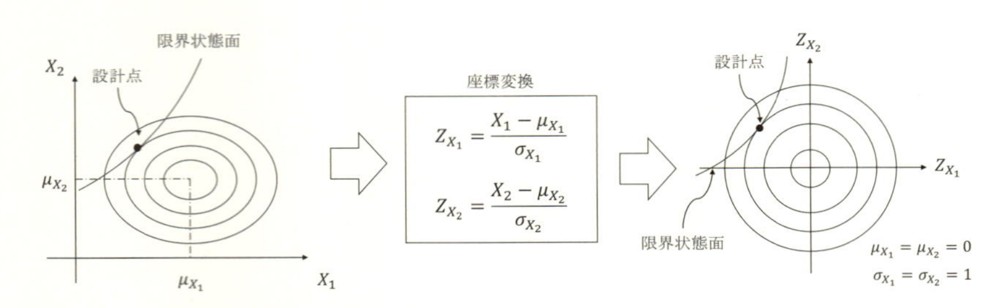

図 9.6 正規空間 $R - S$ から標準化正規空間 $Z_R - Z_S$ への座標変換

正規空間 $Z_R - Z_S$ を導入する．標準化変換では，R と S をそれぞれ，次のように座標変換する (**図-9.6**)：

$$Z_R = \frac{R - \mu_R}{\sigma_R}, \qquad Z_S = \frac{S - \mu_S}{\sigma_S} \tag{9.22}$$

この変換の結果，標準化正規空間 $Z_R - Z_S$ では，感度係数や信頼性指標等は，次のように幾何学的に表現される (**図-9.7**).

(1) 標準化正規空間では，Z_R と Z_S は共に標準正規分布，すなわち平均 0，分散 1 の正規変数となる．従ってこれらの確率変数の同時確率密度関数のコンターは，必ず原点 (0,0) を中心とする円になる．
(2) 限界状態面 $R - S = 0$ は，$Z_R - Z_S$ 平面では，原点の左上に写像され，設計点は通常第 2 象限に現れる．また設計点は，限界状態面上の点の中で，原点と最短距離にある点であり，限界状態面が直線であれば，原点から設計点を結んだ直線は，限界状態面に直交する[6].
(3) 信頼性指標 β は元々，安全性余裕の平均値 $\mu_M = \mu_R - \mu_S$ を，その標準偏差 $\sigma_M = \sqrt{\sigma_R^2 + \sigma_R^2}$ で除した（標準化した）値である (式 (9.16) 参照)．従って，分散を 1 に標準化した $Z_R - Z_S$ 平面では，β は原点から設計点までの距離である．
(4) 感度係数 α_R と α_S は，$Z_R - Z_S$ 平面上の，原点から設計点方向へのベクトルの方向余弦に，負号をつけた値である．方向余弦の性質上，$\sqrt{\alpha_R^2 + \alpha_S^2} = 1.0$ であるが，式 (9.18) の定義から分かるように，感度係数はこの性質を満たす．

以上の議論より，標準化平面上の設計点は，次のように表現できる．(感度係数が，方向余弦に負号を付けたものである事に注意する．)

$$z_R^* = -\beta\alpha_R, \qquad z_S^* = -\beta\alpha_S \tag{9.23}$$

[6] Hasofer と Lind(1974) は，不変的 (invariant) β を求める一法として，基本変数がすべて正規分布に従う場合は，これを標準化空間に変換し，設計点は限界平面上の点で，原点から最短距離にある点として表現されることを利用して，信頼性指標を計算することを提案した．これが，レベル 2 信頼性設計の代表的手法である FORM(First Order Reliability Method) の基本的な考え方である．その幾何学的にエレガントな表現のため，Hasofer と Lind により提案された信頼性指標は，幾何学的信頼性指標と呼ばれることがある．

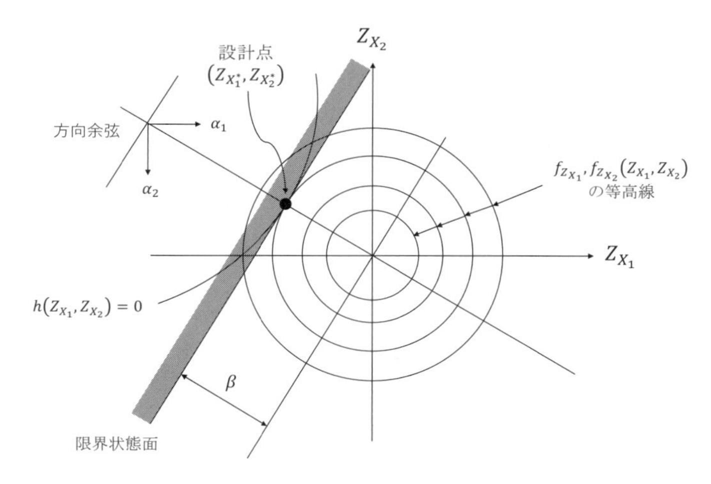

図 9.7　標準化正規空間 $Z_R - Z_S$ における設計点，β，(α_R,α_S) の関係

この関係を，座標変換式 (9.22) に代入して整理すると，元の $R - S$ 平面における設計点が，次のように表される．

$$r^* = \mu_R + \sigma_R z_R^* = \mu_R - \sigma_R \beta \alpha_R \tag{9.24}$$

$$s^* = \mu_S + \sigma_S z_S^* = \mu_S - \sigma_S \beta \alpha_S \tag{9.25}$$

この式から，当該構造物が過不足なく目標信頼性指標 β_T を満たしていること，及び抵抗値が外力値を上回る必要があることを考慮すると，式 (9.19) が導かれる．これから，部分係数を求める式 (9.20) が得られる．

■なぜ設計値法は優れているのか？　ここで改めて設計値法により得られた部分係数（抵抗係数と荷重係数）の算定式，式 (9.20) の内容について反省してみよう．

(1) 設計値法における抵抗係数は設計点の抵抗値と特性値の比として，荷重係数は設計点の外力値と特性値の比として，それぞれ与える (式 (9.13) と式 (9.14) 参照) ことにより，目標信頼性を担保している．
(2) 設計点座標は，平均値に，平均値から設計点までの距離を加える／差し引くことにより計算される (式 (9.24) 及び式 (9.25))．この距離は，次の 3 つの成分の積として計算される：
   - 目標信頼性指標 β_T．これは，標準化正規空間内の，原点から設計点への距離であり，担保しようとする信頼性のレベルを表す．
   - 感度係数 α_R と α_S は，標準化正規空間における，原点から設計点へのベクトルの方向余弦成分に負号をつけたものであり，β_T を抵抗側と荷重側に分担する割合を示す．それぞれの割合を支配することが，幾何学的に理解できる．
   - 抵抗と外力の変動係数 V_R と V_S．これは，それぞれの不確実性の大きさを表す尺度である．

以上のように，部分係数算定式のそれぞれの項や係数の意味が明確である．

設計値法の本来の趣旨からすると，当該構造物の信頼性が，過不足なく目標信頼性を持つものを設計し，その上で設計点の決定をした上で，部分係数を求めなければならない．これはコードキャリブレーションの作業において，当該構造物を何回も設計し直す必要を意味し，大変手間がかかる．

上記の設計値法の部分係数算定式の意味が理解できれば，当該構造物の目標信頼性に近い構造物を一度設計し，感度係数 α_R と α_S を求めてしまえば，目標信頼性レベル β_T を多少変更しも，構造物の再設計を行わなくとも，式 (9.20) の β_T を再設定するだけで，部分係数が再設定できる．

厳密に考えれば感度係数は，考えている構造物あるいは部材の種別，またそれらの諸元，さらに設定する目標信頼性により変化するはずである．しかし古典的設計値法では，「感度係数は変化しない」と仮定することで，部分係数設定における β_T の再設定による再設計の煩雑さを，回避している．

実際 ISO2394 の付録には，表-9.3 が掲載されている．この表は，過去のコードキャリブレーションから得られた経験的な感度係数の値であり，これらを用いれば，目標信頼性を与え，部分係数を求めようとする基本変数の平均，特性値，変動係数が分かっていれば，その基本変数の部分係数は計算される．

表 9.3　標準化された感度係数の値 (ISO2394 Annex E, 1998)

X_i	α_i
支配的な抵抗パラメータ	0.8
その他の抵抗パラメータ	0.4 * 0.8 = 0.32
支配的な外力パラメータ	- 0.7
その他の外力パラメータ	- 0.4 * 0.7 = - 0.28

9.5.4　性能関数が基本変数の比で、基本変数が対数正規分布の場合の設計値法

性能関数はこの場合，次式により与えられる．

$$M = \ln(\frac{R}{S}) = \ln R - \ln S \tag{9.26}$$

ここに，抵抗値 R は対数正規確率変数で，平均 μ_R，分散 σ_R^2，外力 S も対数正規確率変数で，平均 μ_S，分散 σ_S^2 である．従って，$\ln R$ と $\ln S$ は，正規分布に従い，それぞれの平均と分散をそれぞれ，μ_{lnR}，σ_{lnR}^2 及び μ_{lnS}，σ_{lnS}^2 と表す．安全性余裕 M の平均と標準偏差

は，次のように表現される．

$$\mu_M = \mu_{\ln R} - \mu_{\ln S} = \left[\ln\mu_R - \frac{1}{2}\ln\left(1+V_R^2\right)\right] - \left[\ln\mu_S - \frac{1}{2}\ln\left(1+V_S^2\right)\right] = \ln\left\{\frac{\mu_R}{\mu_S}\sqrt{\frac{1+V_S^2}{1+V_R^2}}\right\}$$

$$\sigma_M = \sqrt{\sigma_{\ln R}^2 + \sigma_{\ln S}^2} = \sqrt{\ln\left(1+V_R^2\right) + \ln\left(1+V_S^2\right)} \approx \sqrt{V_R^2 + V_S^2}$$

さらに，

$$\sqrt{V_R^2 + V_S^2} = \frac{V_R}{\sqrt{V_R^2 + V_S^2}} V_R + \frac{V_S}{\sqrt{V_R^2 + V_S^2}} V_S = \alpha_R V_R - \alpha_S V_S$$

ここに，感度係数はそれぞれ α_R と α_S として，次のように定義される．

$$\alpha_R = \frac{V_R}{\sqrt{V_R^2 + V_S^2}} \quad 及び \quad \alpha_S = -\frac{V_S}{\sqrt{V_R^2 + V_S^2}} \tag{9.27}$$

$\beta = \dfrac{\mu_M}{\sigma_M} \geq \beta_T$ であるから，次の関係が成立つ:

$$\ln\left[\frac{\mu_R}{\mu_S}\sqrt{\frac{1+V_S^2}{1+V_R^2}}\right] \Big/ \sqrt{V_R^2 + V_S^2} \geq \beta_T$$

$$\frac{\mu_R}{\mu_S}\sqrt{\frac{1+V_S^2}{1+V_R^2}} \geq \exp\left[\beta_T\sqrt{V_R^2 + V_S^2}\right] = \exp\left[\,\beta_T\left(\alpha_R V_R - \alpha_S V_S\right)\right]$$

$$\mu_R \frac{1}{\sqrt{1+V_R^2}} \exp\left[-\beta_T \alpha_R V_R\right] \geq \mu_S \frac{1}{\sqrt{1+V_S^2}} \exp\left[-\beta_T \alpha_S V_S\right]$$

この関係より，それぞれの部分係数は，次のように与えられる：

$$\gamma_R = \frac{\mu_R}{R_k}.\frac{1}{\sqrt{1+V_R^2}} \exp\left(-\beta_T \alpha_R V_R\right), \quad \gamma_S = \frac{\mu_S}{S_k}.\frac{1}{\sqrt{1+V_S^2}} \exp\left(-\beta_T \alpha_S V_S\right) \tag{9.28}$$

照査式は，次のようになる．

$$\gamma_R R_k \geq \gamma_S S_k \tag{9.29}$$

9.5.5　AASHTO の基礎構造の抵抗係数の決定

AASHTO 道路橋示方書の抵抗係数の決定方法は，プラグマティックで参考になる．この設計コードのコードライターの一人である Allen は，基礎構造の安全性照査の基本的な考え方について，次のようなポイントを挙げた (本城・七澤，2014).

(1) 従来欧州では，個々の基本設計変数に部分係数を乗じる材料係数法が，北米では計算された荷重値と抵抗値に最終段階で係数を乗じる荷重抵抗係数法が発達してきた．基礎構造の設計では，設計式が高い非線形性を有すること，地盤と構造物の相互作用などのため，荷重抵抗係数法の方が，材料係数法より，適した設計照査式である．AASHTO-LRFD の照査式は，死荷重と活荷重を対象とした場合，次のように書ける．

$$\phi R_k \geq \gamma_{QD} Q_{Dk} + \gamma_{QL} Q_{Lk} \tag{9.30}$$

ここで，R_k は抵抗値の特性値，Q_{Dk} を死荷重の特性値，Q_{Lk} を活荷重の特性値とする．ϕ は抵抗係数，γ_{QD} と γ_{QL} は，それぞれ死荷重及び活荷重の荷重係数である．

(2) 設計計算に用いる地盤パラメータの値は，平均値を用いるべきである．安全性余裕は，抵抗係数により最後の段階で導入されるべきである．サンプル数が極端に少ない場合などは，平均値よりかなり低いと考えられる値（たとえば最小値）を，特性値として設定する場合もあり得るが，それは安全側の判断である．

以上の 2 点は，1990 年代後半から，地盤工学会の中で「地盤コード 21」を開発したグループが到達した結論と完全に一致していたので，正鵠を得た感を深くした．

先にも述べたように，AASHTO のコードキャリブレーションでは，荷重係数を先に決定し，それぞれの構造物への適切な安全性余裕の確保は，抵抗係数を調整することを基本としている．Allen によれば，抵抗係数の決定法の基本的な方法には，次の様な方法がある．

■伝統的な安全率からの逆算　許容応力度設計法で伝統的に用いられてきた安全率から，荷重係数が所与の元で，抵抗係数を逆算する．次式により計算できる．

$$\phi = \frac{\gamma_{QD}(Q_{Dk}/Q_{Lk}) + \gamma_{QL}}{(Q_{Dk}/Q_{Lk} + 1)F_s} \tag{9.31}$$

ここに，F_s は安全率である．ここで，死荷重と活荷重の特性値の比をパラメータに取るのは，この比率がスパン長により異なり，キャリブレーション作業で便利であるという理由による．Q_{Dk}/Q_{Lk} の典型的な値は，2〜3 であると考えられているようである．

■信頼性理論によるキャリブレーション　荷重と抵抗が対数正規分布すると仮定できる場合，性能関数は，次式で与えられる：

$$M = \ln R - \ln Q \tag{9.32}$$

この場合の信頼性指標 β は，次式のより与えれる (9.5.4 節参照)．

$$\beta = \frac{\mu_M}{\sigma_M} = \frac{\ln\left\{\frac{\mu_R}{\mu_Q}\sqrt{\frac{(1+V_Q^2)}{(1+V_R^2)}}\right\}}{\sqrt{\ln\left(1+V_R^2\right)\left(1+V_Q^2\right)}} \tag{9.33}$$

ここに，μ_R, μ_Q はそれぞれ，抵抗と外力の平均値，V_R, V_Q はそれぞれの変動係数である．

ここで，荷重が死荷重と活荷重の和から成ることを考慮すると，荷重の平均と変動係数は次のように近似される．

$$\mu_Q = \mu_{QD} + \mu_{QL}, \qquad V_Q^2 \approx V_{QD}^2 + V_{QL}^2 \tag{9.34}$$

さらに，λ_R，λ_{QD}，λ_{QL} をそれぞれ，抵抗値，死荷重，活荷重の平均値の特性値からの偏差とする．すなわち，

$$\mu_R = \lambda_R R_k, \quad \mu_{QD} = \lambda_{QD} Q_{Dk}, \quad \mu_{QL} = \lambda_{QL} Q_{Lk} \tag{9.35}$$

さらに，LRFD における照査式 (9.30) より

$$R_k = \frac{\gamma_{QD} Q_{Dk} + \gamma_{QL} Q_{Lk}}{\phi} \tag{9.36}$$

(9.34),(9.35),(9.36) 式を，式（9.33）に代入し，信頼性指標が目標信頼性指標 β_T で無ければならないことに注意すると，抵抗係数は，次式により求められる（式の誘導の詳細は，原・本城 (2010) を参照のこと）．

$$\phi \approx \frac{\lambda_R \left(\gamma_{QD} \frac{Q_{Dk}}{Q_{Lk}} + \gamma_{QL}\right) \sqrt{\frac{(1+V_{QD}^2+V_{QL}^2)}{(1+V_R^2)}}}{\left(\lambda_{QD} \frac{Q_{Dk}}{Q_{Lk}} + \lambda_{QL}\right) \exp\left[\beta_T \sqrt{\ln\left(1+V_R^2\right)\left(1+V_{QD}^2+V_{QL}^2\right)}\right]} \tag{9.37}$$

(9.37) 式では，(9.31) 式と同様に，死荷重と活荷重の特性値の比をパラメータとして，橋梁の特性（主にスパン長）はすべてこのパラメータに帰着させてキャリブレーションを行う事の出来るよう工夫されている．

2004 年頃以降に行われた (9.37) 式を用いてキャリブレーションを行う場合，ディフォルト値として，λ_{SD} =1.05, λ_{SL} =1.15. V_{SD} =0.1, V_{SL} =0.3,γ_{SD} =1.25, γ_{SL} =1.75, Q_{Dk}/Q_{Lk} =2〜3 が用いられている．

■適用例　次に場所打ち杭 (drilled shaft) を例として，Allen が実際どのように抵抗係数を決定したかを見てみることにする．このとき Allen が参照しているのは，NCHRP の委託研究として過去に実施された 2 つの研究結果である．一つは Barker 他 (1991) の報告書 (NCHRP24-4) であり，もう一つは Pikowsky 他 (2004) の報告書 (NCHRP506) である．

前者は，AASHTO が LRFD に移行する際，基礎構造の荷重抵抗係数を決定するために発注した最初の研究プロジェクトであり，後者は杭の載荷試験に関する大規模なデータベースを基にキャリブレーションを行った，このような研究のモデルケースともなった研究である．

キャリブレーションの対象となった設計法は，AASHTO で α 法として知られる，Reese と O'Neill(1988) により提案された方法である．Allen によると，NCHRP24-4 では 67 の載荷試験結果（粘性土 13，砂質土 19，岩 35），同 506 では 202 の試験結果（同 54,82,66）に基づいて，不確実性評価が行われている．前者の 67 の載荷試験結果は，文献調査によ

り得られたものであるのに対し，後者では，個々の試験結果のデータベースに基づいている．

表 9.4　場所打ち杭の抵抗係数の決定 1)

設計条件	ASD の F_s	F_s の逆算 2)	Barker(1991) の ϕ	Paikowsky (2004) の ϕ	Allen(2005) 奨励の ϕ
側面・粘性土	2.5	0.55	0.65	0.24～0.28 3) 奨励値 0.30	0.45
先端・粘性土	2.75	0.50	0.55	?	0.40
側面・砂質土	2.5	0.55	?	0.25～0.73 奨励値 0.40	0.55
先端・砂質土	2.75	0.50	?	?	0.53
側面・先端・混合土	2.5	0.55	?	0.52～0.69	0.55 側面，0.50 先端 4)

1) 抵抗値の算定法は全て Roose & O'Neill(1988) による．
2) $Q_{Dk}/Q_{Lk}=3$ として逆算した．
3) 施工法により抵抗係数が異なる．
4) 先端抵抗力の起動は，側面のそれよりも大きな変位が必要であることを考慮した．

表-9.4 は，Allen が示した，抵抗係数 ϕ の奨励値の導出過程を示したものである．奨励値の導出に当たり，従来の安全率からの逆算，2 つの報告書の奨励値との比較を行い検討している．それぞれの報告書で導出されている抵抗係数は，基本的に (9.37) 式に基づいている．NCHRP24-4 では目標 β 値は 2.5～3.0 としており，一方同 506 では 3.0（群杭の場合は冗長性を考慮して 2.33）が設定されている．Allen は，24-4 の結果は近似的な FOSM 法に基づいているとして，MCS による解析により再計算しているが，その場合の抵抗係数は 0.60 であったとしている (Allen,2005).

以上のような情報を基に，Allen 氏が最終的に決定した抵抗係数（奨励値）も，**表-9.4** には示されている．粘性土地盤における ϕ の奨励値は，Paikowsky 他の奨励値が著しく小さいことに影響されて，小さめの値が取られている．一方砂質土と混合土の場合は，ほぼ安全率の逆算値が採用されている[7]．

---

[7] **表-9.4** からはさらにいろいろなことを読み取ることができる．Paikowsky は，筆者の一人と長年の友人であるが，彼はこの Allen の奨励値に強い不満を持っている．自分が科学的に求めたと信じる ϕ の値から，かけ離れた値が採用されたケースがあるからである．一方 Allen はコードライターとして，現行の設計を大幅に変更できない等の現実的な要素も加味して ϕ を決定していると思われる．設計基準は，決して信頼性解析の結果だけで決まるものではなく，種々の要素を加味した総合的判断の結果決まるものであることが分かる．

さらに AASHTO の基準の優れた点は，このように，誰が，何時，何を意思決定したかを，ドキュメントで相当程度追跡可能であり，透明性が保たれている点である．

9.5.6　MCS によるコードキャリブレーション

■直接法　9.5.2 で述べた設計点の定義は，MCS によるコードキャリブレーションにより，部分係数の値を求めるときの基本式となる．すなわち，MCS により部分係数を直接求める場合，この定式化に従えばよい．本書では, この方法を直接法と呼ぶことにする．

性能関数は多数の基本変数ベクトル $\mathbf{X} = \{X_i\}$, $(i = 1, \ldots, n)$ の関数として与えれ，$X_i, (i = 1, \ldots, n)$ は，確率密度関数 $f_X(\mathbf{X})$ に従う．一方性能関数は,

$$M = g(\mathbf{X}) = R(\mathbf{X}) - S(\mathbf{X})$$

の形で与えられる．以上の元で，設計点は，次の定式化により求められる点である．

$$\begin{aligned} &\max \quad f_X(\mathbf{x}) \text{あるいは,} \quad \ln[f_X(\mathbf{x})] \\ &\text{subject to} \quad g(\mathbf{x}) = R(\mathbf{x}) - S(\mathbf{x}) = 0 \end{aligned} \qquad \text{(再 9.12)}$$

この設計点を，$\mathbf{x}^*$ あるいは，r^* と s^* で表すことにする．

現在信頼性解析の対象となっている構造物が，求められる信頼度を，過不足なく満たしてる構造物とした場合，設計値法による部分係数 γ は，設計点を元に，材料係数法と荷重抵抗係数法それぞれの場合，次のように求められる．

$$\text{材料係数法の場合}: \gamma_{Xi} = \frac{x_i^*}{x_{ki}} \quad (i = 1, \cdots, n) \qquad \text{(再 9.13)}$$

$$\text{荷重抵抗係数法の場合}: \gamma_R = \frac{r^*}{R(\mathbf{x}_{ki})} = \frac{r^*}{r_k}, \quad \gamma_S = \frac{s^*}{S(\mathbf{x}_{ki})} = \frac{s^*}{s_k} \qquad \text{(再 9.14)}$$

ここに，$x_{ki}(i = 1, \cdots, n)$ は，各基本変数の特性値である．また，r_k と s_k はそれぞれ，各基本変数の特性値を代入して計算される，抵抗特性値と荷重特性値である．

この定式化に従って，MCS により設計点を求め，部分係数を決定することは，一般にプログラムでは，データを降順や昇順に並べ替えたり，最大値を検索したりすることは，容易かつ迅速なので，容易にプログラムを作成できる．

さらに，設計値付近に多くのサンプル点を生成し，解析の精度を向上させたい場合は，重点サンプリングの技法を応用することもできる．

■直接法以外の方法　直接法の最大の短所は,「求められる信頼度を，過不足なく満たしてる構造物」を設計し，これに基づいて部分係数を決定する必要のあることである．すなわち，求められる信頼度を過不足なく持つ構造物を，設計する必要がある．先に 9.5.3 節でも説明したように，この問題点を回避するために考えられたのが，設計値法の考え方であった．

同様の考え方を MCS と併用して用いることは，可能である．設計点の探索，感度係数の算定等（7.5 節参照），MCS で実施できる．ただ，このようにして求められる部分係数は，正規変数より構成される空間を前提としているので，結果の評価には注意が必要である．

特に荷重抵抗係数法の場合，MCS で計算される荷重項や抵抗項は，結果的に正規分布や対数正規分布で近似できる場合が多い．このような場合，大局的観点から設計値法により荷重・抵抗係数を決定する方法が，Kieu Lee & Honjo(2009) や，Honjo 他 (2009) に示されているので，参考にされたい．

10 章に，MCS を用いたキャリブレーションの例を挙げている．手順の詳細は，これらの例題を参照されたい．

9.6　コードキャリブレーションを巡る幾つかの事項

この節では，コードキャリブレーションとの関連で，基本変数の特性値，特性値と設計計算点の関係，そして Baseline Technique について簡単に説明する．

9.6.1　特性値

部分係数法により性能照査を行う場合，設計値法の部分係数算定式 (9.20) からも分かるように，必要な信頼性は，部分係数と特性値の組合わせにより確保される．諸外国の設計コードと我が国の設計コードの部分係数の大きさを比較して，信頼性のレベルを比較するような議論が見られるが，それぞれのコードで個々の特性値が，どのように決められているかを考慮に含めなければ，これは全く無意味な議論である．

特性値の決め方には，フラクタイル値を基本に考える場合と，平均値を基本に考える場合があることは，既に，9.3.1 節で述べた．これらについて，以下に補足説明を行う．

■フラクタイル値を特性値とする場合　前者の「フラクタイル値を基本に考える」は，特に外力側の基本変数の特性値の決定では，伝統的な考え方である．地震力や風荷重の 50 年再現期待値，100 年再現期待値と言った考え方は，年発生頻度の，98% フラクタイル値，99% フラクタイル値を取ることと同義である．（荷重ではしばしが，「参照値 (reference value)」という用語が，特性値と同義で用いられる．）

また鋼材料等工業製品の品質は，「規格値」と言われる，非常に小さいフラクタイル値により保証されていおり，習慣的にこの値を，設計における特性値として用いている場合が，非常に多い．

このようなフラクタイル値が用いられる一つの理由として，Baseline Technique という考え方がある．これは，フラクタイル値を特性値として採用すると，対象とする基本変数の変動係数に多少の変化があっても，規定された部分係数の変化が小さいと言う理由によるとされている (例えば，Construction Industry Research and Information Association, 1977)．著者らも簡単な考察を行ったが，Baseline Technique の主張は，荷重係数についてはある程度認められるが，抵抗係数では認められない（Honjo 他，2009)．

■平均値を特性値とする場合　後者の「平均値を基本に考える」特性値決定の考え方は，主に地盤構造物の設計技術者から，提案されたと言える．

Eurocodes の開発では，地盤パラメータの特性値をどのように定めるかという問題は，一つの焦点であった（Simpson and Doriscoll,1998; Orr, 2000）．その帰結は，有名な「地盤パラメータの特性値は，この限界状態の生起に影響を与える値の，慎重な推定量 (cautious estimate) でなければならない．」である．特性値に関する幾つかの規定の中で，地盤パラメータの平均値を特性値として取るという観点から，非常に重要な指摘がある．

> 「地盤構造物の限界状態に影響を与える地盤の範囲の大きさは，通常の室内試験や現位置試験法で影響を受ける地盤の範囲の大きさよりはるかに大きい．従って，支配的な地盤パラメータ値は，かなり大きな面積や体積についての平均値として定められなければならない．特性値はこのような平均値の慎重な推定値 (cautious estimate) でなければならない．」(2.4.5.2 項)

この規定は，我々が提案する GRASP の，局所平均に注目する方法と軌を一にする．

地盤工学会が 2004 年に制定した「JGS4001-2004 性能設計概念に基いた基礎構造物等に関する設計原則」（通称「地盤コード 21」）では，特性値は，次のように定義されている (2.4 節).

(1) 特性値は，設計で検討する限界状態を予測するための基礎・地盤のモデルに最も適切な値として推定された地盤パラメータの代表値である．
(2) 特性値の決定にあたっては，理論や過去の経験にもとづき，地盤パラメータのばらつきや単純化したモデルの適用性に十分留意する．
(3) この特性値は，原則として導出値の平均値（期待値）である．この平均値は，単なる導出値の機械的な平均値（算術平均値）ではなく，統計的な平均値の推定誤差を勘案する．また，地質学的・地盤工学的な知見や過去の類似のプロジェクトで得られた経験を十分に反映し，複数の調査・試験法の計測結果の整合性（調和性）なども総合的に判断して求めた注意深い平均値の推定値でなければならない．

ここでも，特性値は基本的に地盤パラメータの平均値であるという考え方が採られている．現在の我が国の主要な設計コードでは．地盤パラメータの特性値は，平均値とするものがほとんどである．

9.6.2　特性値の定義と材料係数法と荷重抵抗係数法の設計計算点

部分係数法における性能照査の計算では，一つの限界状態に対して一回の計算を行い，設計を行うのが普通である．この一回の計算を，構造物のどのような状態を想定して行うかと言うことは，特に地盤構造物のように，塑性的挙動が支配的で，構造物と地盤との相互作用が複雑な構造物では，重要と考えられる．最近では，設計コードの性能照査式でも，かなり複雑な非線形計算が要求される場合もあり，そのような場合，どのような考えに従って設計入力パラメータを選択するかが重要である．以上のような観点から材料係数法と荷重抵抗係数法を比較する．

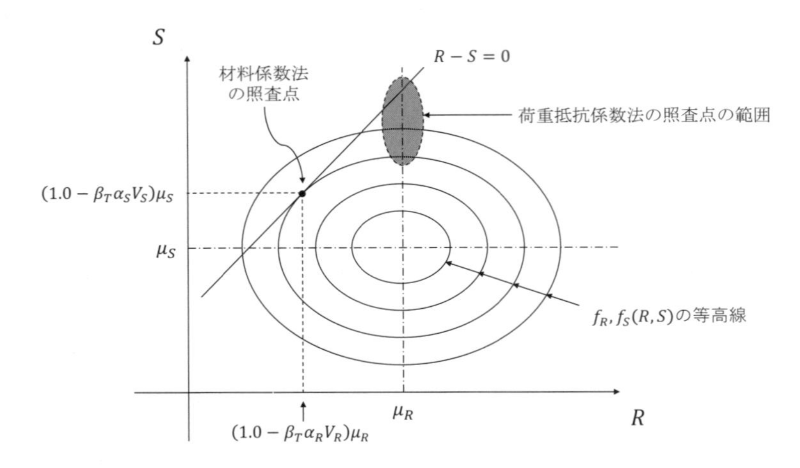

図 9.8　材料係数法と荷重抵抗係数法における，設計計算点位置の概念図

材料係数法では，基本変数の特性値を，材料係数で各基本変数の設計点の値に調整して，性能照査の計算を行う．このことを概念的に示したのが，**図-9.8** である．この図では，$R-S$ 空間における設計点が示されている．設計点は，考えられる限界状態の中でもっとも確率密度が高いものであるから，この照査は，もっとも限界状態に達しやすい点での構造物の挙動を，再現していることになる．

一方，抵抗側の基本変数の特性値を平均値，外力側の基本変数の特性値を高いフラクタイル値で採った場合の設計計算点の範囲も，**図-9.8** に概念的に示している．R は，平均値付近お値をとることになり，一方 S は，かなり高いフラクタイル値をとる．このときの設計計算点の意味を一言で言えば，「当該構造物に，比較的大きな外力が作用したときの，そのもっともありそうな挙動を，その性能照査計算で追跡している」ことになる．

著者らは，後者の方が，一回限りで行う性能照査計算として望ましい，と考える．その主な理由は，以下の通りである．

(1) 設計者が，当該構造物に，比較的大きな外力が作用したときの，そのもっともありそうな挙動を，その性能照査計算で追跡できることは，設計における工学的判断を機能させるために重要である．

(2) 従来の許容応力度法の設計では，結果的に平均的な構造物の，比較的大きな荷重下の照査になっていたと考えられる．そうであれば，この方が，従来からの設計者の工学的判断の基準となっていたものであり，変更すべきでない．

(3) 設計点は，確かに限界状態に達する状態の中で，もっとも蓋然性が高い状態である．しかしその蓋然性の高さは，特に多くの基本変数が存在する場合，工学的にどれくらい意味があるかは不明である．

(4) すべての不確実性が，個々に定量的に明らかになっているわけではない．載荷試験や破壊例などが存在する場合，設計法全体としての不確実性を定量的に把握できる場合がある．しかしこのとき，全体の不確実性を個々の不確実性要因に分解し定量化することは極めて困難である．この場合，設計点で性能照査の計算を行う意味は，非常にあいまいである．

9.7　9 章のまとめ

本章では，設計コードとコードキャリブレーションについて，次のことを述べた．

(1) 照査式フォーマットとしては，材料係数法，荷重抵抗係数設計法など数種類のものが提案されているが，本書では，荷重抵抗係数設計法を主に次の理由により，現時点でもっとも推奨される照査式フォーマットとしている．
(2) 特性値が適切に選ばれれば，この方法は「設計者が設計の最終段階まで，できる限り構造物のもっともありそうな挙動を追跡しながら設計を行うべきである」という考えを具現できる．
(3) 基礎変数を，荷重・抵抗両方に含むような，非線形で複雑な性能関数に対応しやすい．
(4) 不確実性が，その総体においてある程度定量化されており，かつ個々の基本変数の不確実性に分離できないような場合でも，適用可能である．
(5) コードキャリブレーションの基本的な考え方を，設計値法に置き，信頼性解析は MCS を用いることを推奨する．
(6) 抵抗側基本変数の特性値の定義として，統計的推定誤差を勘案した平均値に取るように奨励している．これは，「設計者が設計の最終段階まで，できる限り構造物のもっともありそうな挙動を追跡しながら設計を行うべきである」という考え方による．これは，工学的判断を要する地盤構造物の設計では，特に大切である．
(7) 抵抗側基本変数の特性値を平均値とすることの，必要性を補強するため，Baseline Technique の主張を批判した．抵抗側の基本変数に関しては，フラクタイル値を選ぶことのメリットはほとんどない．

第 10 章

むすび：残された課題

10.1　はじめに

本書を閉じるにあたって，各章で説明した種々の事項を，改めて要約することはしない．それに代わり，次の 2 つの事項について簡単に述べる．

(1) GRASP による種々の地盤構造物の設計問題の解析結果に基づき，設計の観点からみた地盤工学の課題について考察し，課題をまとめる．ここで述べる課題は，地盤工学の健全な発展の中で解決されるべき問題である，と著者らは考えている．
(2) 性能設計，信頼性設計法に関連した，残された課題について簡単に述べる．

10.2　設計の観点からみた地盤工学の課題

10.2.1　設計例題と不確実性の寄与度

表-10.1 は，著者らがこれまで実施してきた解析事例を整理したものである．典型的な地盤構造物が対象で，かつサウンディング（SPT もしくは CPT）に基づいた伝統的な設計手法が基本となっている．

表 10.1　信頼性解析検討ケース一覧表

検討ケース名	構造物	安定/変形	設計ケース	地盤調査	調査/試験	地盤条件	対象事例
(1)DL/CPT/Sand	直接基礎	安定問題	常時	CPT	−	砂質土	事例 1
(2)DL/SPT/Rock	直接基礎	安定問題	常時	SPT	−	岩盤	事例 2
(3)EQ/SPT/Rock	直接基礎	安定問題	地震時	SPT	−	岩盤	事例 2
(4)DL/CPT/Sand	直接基礎	変形問題	常時	CPT	−	砂質土	事例 1
(5)DL/SPT/Sand	直接基礎	変形問題	常時	SPT	−	岩盤	事例 2
(6)DL/SPT/Sand	杭基礎	安定問題	常時	SPT	−	砂質土	事例 3
(7)EQ/SPT/Sand	杭基礎	安定問題	地震時	SPT	−	砂質土	事例 3
(8)EQ/SPT/Sand	杭基礎	変形問題	地震時	CPT	−	砂質土	事例 3
(9)DL/Soil test/Clay	盛土	安定問題	常時	−	一軸圧縮試験	粘性土	事例 4

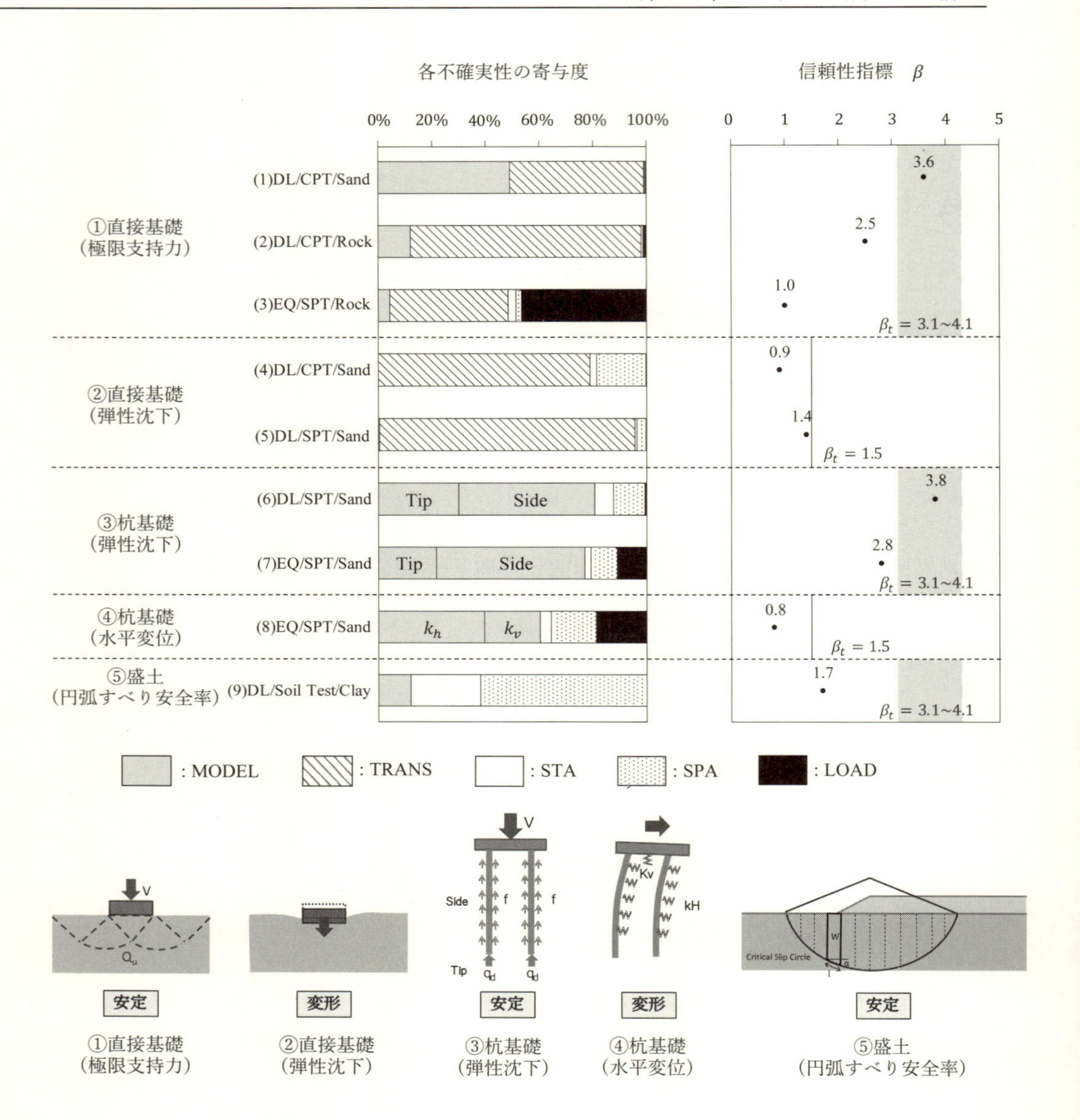

図 10.1　不確実性の寄与度分析結果の一覧

これらはすべて，GRASP の手順に従って解析されている．**表-10.1** では，4 事例に対して，構造物種別，限界状態，設計状況（常時，地震時）の違いにより合計 9 ケースが示されている．4 設計事例の概要を以下に示す．

事例 1: Eurocords の開発に関係する技術委員会（ETC10,2009）で用いられた直接基礎（橋台）の設計例題である．対象地盤は砂質土であり，CPT 試験が 4 箇所で実施されている．本城ら (2011b)，Honjo(2011)，大竹 (2012) に，詳細な解析内容が記述されている．荷重ケースは常時のみであり，極限支持力の支持力公式 (道示,2002) に基づく設計及び弾性沈下量が照査項目であった．

事例 2: 国内で建設された実構造物の直接基礎の設計例題である．対象地盤は泥岩であり，SPT 試験が 2 箇所で実施されている．荷重ケースは常時と地震時で，その他の照査方法は事例 1 と同じである．解析手順と結果は，大竹 (2012) に詳述されている．

事例 3: 国内の連続高架橋の橋脚基礎である．道路延長 144m 区間に 18m 間隔橋脚が配置され，2 橋脚に 1 箇所（1 橋脚おき，約 36m 間隔）に標準貫入試験（SPT）が実施されている．当該サイトは，表層部の沖積粘性土 Ac 層，その下部に沖積の砂質土 As1 層，As2 層が堆積し，その下部の洪積礫 Dg 層 (14～17m 以深) が支持層となる．採用された基礎形式は場所打ち杭であり，杭径は 1m，2×2（4 本）の正方形基礎である．杭長は支持地盤へ杭径（1m）程度を根入れし，15.0～18.0m で計画された．なお，既往設計では，これらの構造寸法は，L1 地震時の鉛直支持力の照査により決定されている．設計計算法は，道路橋示方書の変位法を用いる．解析手順の詳細は，大竹・本城 (2016) に示されている．

事例 4: 延長 200m の軟弱粘性土地盤上の盛土である．盛土の基礎地盤は，対象区間に対して 5 本のボーリング調査と一軸圧縮試験が深度方向に 1m 間隔に連続的に実施されている．荷重ケースは常時のみで，円弧すべり解析により堤体の安定性が照査されている．本書の演習問題 A.1 節で取り上げられている例題である．

なお，対象としていた設計対象構造物の諸元は，現行設計法により決定されたものである．従って，ここでの信頼性解析は，現行設計法で設計された構造物の信頼性を定量的に示している．

さらに，この表では，設計ケースを「安定問題」と「変形問題」に分類・整理している．ここで，安定問題には，抵抗側の限界値（極限支持力などの極限抵抗力）を予測し，外力（荷重）との力のつり合いで照査するケースを分類した．これに対して，変形問題には，変位や変形などの応答値の予測により，破壊以前のある状態（弾性挙動に止まるなど）を予測する照査を分類した．

図-10.1 は，これらの適用事例の解析結果の概要をまとめた図である．中央の図は，それぞれの照査における不確実性要因の寄与度を示したものであり，各設計において支配的な不確実性要因が確認できる．右側の図は，それぞれの照査における信頼性指標 β を示している．図中の灰色網掛けは，ISO2394(1998) が示す終局限界（β_T=3.1～4.3）および使用限界（β_T=1.5）の範囲を示している．点は信頼性解析で得られた信頼性指標であり，現行設計法が持つ信頼性レベルを考察することができる．なお，地盤パラメータの統計的推定誤差は，一般推定の考え方に基づいて算定されたもの．

10.2.2　不確実性の寄与度分析結果の考察

■直接基礎，極限支持力照査（安定問題）　(1)〜(2) の常時設計では，サウンディング（SPT もしくは CPT) から設計パラメータを決める変換誤差 (TRANS) が支配要因になる．特に，(2) 見られるように，岩盤に対して，サウンディングからの変換値を設計に用いると，変換誤差の寄与度は 80% を超える．一方 (3) 地震時設計では，地震荷重（LOAD）の寄与度が大きく，変換誤差（TRANS）と同程度となる．空間的バラツキ (SPA) や統計的推定誤差 (STA) は支配要因にならない．

信頼性指標をみると常時設計は ISO の目標レベル（終局限界 β_T=3.1-4.3）と概ね対応するが，地震時設計では非常に小さい値を示している．地震時については，計算された信頼性指標が実際の基礎の信頼度を表現できていない可能性が高い．すなわち，この設計例題では，偏心荷重を考慮した支持力公式により信頼性解析を行っているが，この式のモデル化誤差が，地震のような動的載荷荷重に対して，適切に評価されているか疑わしい．現状，模型実験データや被災事例等に関する客観的データが不足している状況にあるため，常時の設計例題と同様に，偏心荷重のない原位置載荷試験（平板載荷試験）のデータに基づくモデル化誤差を考慮している．

一方で，計算された信頼性指標からも分かる通り，現行設計法は，過度に安全側に評価する（応答値を大きく計算している) 可能性がある．地震時の直接基礎（とりわけ偏心荷重時の支持力評価）に関する適切な照査方法の検討は，重要な検討課題の一つである．

■直接基礎，弾性沈下照査（変形問題）　(4)，(5) の弾性沈下量照査も同様な傾向がある．変換誤差 (TRANS) の寄与度が 80% を超え，設計の支配要因となっている．直接基礎は，安定問題，変形問題ともに，変換誤差（TRANS）が設計全体のボトルネックになっている．なお，信頼性指標をみると ISO の目標レベル (使用限界 β_T=1.5）と同等かやや小さい値を示している．

直接基礎の支持地盤は，岩盤や礫などが対象となり，沖積層と比較して地盤調査，試験が困難であったり，変換式（換算式）の不確実性が大きい場合が多い．このことが反映された結果であると考えられる．逆に，適切な地盤調査方法とそれに対応する設計照査式があれば，設計の信頼度は格段に向上する可能性があるとも言える．

■杭基礎，極限支持力照査（安定問題）　(6)，(7) の杭基礎設計は，基本的に N 値からモデル化される設計計算方法に基づいており，変換誤差 (TRANS) とモデル化誤差（MODEL）を分離できない．ここでは，両者を含めた形でモデル化誤差（MODEL) で示している．極限支持力照査では，モデル化誤差（MODEL）が支配要因である．信頼性指標をみると ISO の目標レベル (終局限界 β_T=3.1-4.3）に比べてやや小さい値を示している．

■杭基礎，水平変位照査（変形問題）　(8) の水平変位照査は，水平方向地盤反力係数 (k_H) のモデル化誤差（MODEL）が大きく，設計全体を支配している．空間的バラツキ (SPA) と統計的推定誤差 (STA) の寄与度は 10〜20% 程度あり，直接基礎に比べて大きい．本例題においても，特に水平変位照査において局所推定により信頼性解析を行った場合，建設位置に応じて信頼性が大きく異なる結果を確認している．これは，杭頭の水平変位では，杭の支持力評価等に比較して，局所平均範囲が狭く，局所平均による分散の低減が小さく，また近接した調査点の観測結果も，強く影響しやすいためと考えられる．なお，信頼性指標をみると ISO の目標レベル (使用限界 β_T=1.5) に比べて，やや小さい値を示している．

■軟弱粘性土地盤上の盛土，円弧すべり安全率照査（安定問題） (9) の軟弱地盤上の盛土安定問題は，空間的バラツキ (SPA) と統計的推定誤差 (STA) の寄与度が 80% を超え，支配要因となっている

構造物基礎と異なり，盛土のような土構造物の安定問題（特に軟弱地盤上の盛土）では，モデル化誤差が小さく，空間的バラツキ（SPA）や統計的推定誤差（STA) が，不確実性の支配要因となっている点は特徴的である．

信頼性指標に着目すると，安定問題であるが，ISO の目標レベルとの関連でみると終局限界（β_T=3.1～4.3）というより，使用限界（β_T=1.5）と概ね対応するレベルにある．

この解析は，段階盛土一段目の施工中の安定性問題であり，全応力解析であるから盛土は基礎地盤の圧密と共に安定化する．ここで言う破壊は，構造物の終局状態とは意味合いが異なることに注意する必要がある．従って，実際の盛土運用時を考えるとより大きな信頼性（信頼性指標）に至っていると考えられる．ただし，以上の考察は定性的なものであり，軟弱地盤上の盛土の信頼性の経時的変化について，定量的に検証することは重要な課題の一つであると考えられる．松尾 (1982) には，この問題の先駆的研究がある．

10.2.3 設計の観点からみた地盤工学の課題

これまでの整理結果より，GRASP で計算した信頼性指標と ISO が示す目標信頼性レベルと良好な関係が見られた．これは，GRASP の信頼性解析の妥当性を大局的に示すものと理解できる．また，寄与度に着目すると，地盤構造物設計に含まれる不確実性の特徴は，設計の対象構造物と照査の対象となる限界状態により，異なることが分かる．ここでは，先に示した寄与度分析結果を包括的に整理・考察し，設計という観点から，地盤工学で解決すべき優先課題について考える．

■安定問題における寄与度の特徴

- 周辺地盤との相互作用問題を取り扱う構造物基礎では，サウンディング値から設計パラメータへの変換誤差が支配的要因になる場合が多い．
- サウンディング値が直接設計パラメータになる場合（杭基礎など）には，モデル化誤差が支配的要因になる．
- これに対して，相対的にモデル化誤差が小さい土構造物（軟弱地盤上の盛土）では，地盤パラメータの空間的バラツキや統計的推定誤差の寄与が大きくなる．

■変形問題における寄与度の特徴

- 安定問題と類似した特徴を有しているが，変換誤差やモデル化誤差などのある1つの不確実性要因が極めて高い寄与度（80%～90%）を示す場合がある．
- 杭の水平変位照査のように，表層部分の局所的な領域で挙動が左右される問題では，地盤パラメータの空間的バラツキと統計的推定誤差の寄与が大きくなる場合がある．
- さらに杭基礎の水平変位照査では，杭の弾性限界値のモデル化誤差（k_H，K_V をN値から推定するモデル化誤差）が支配要因となる．この誤差は，安定問題の極限抵抗値のモデル化誤差と比べて大きい．さらにこの応答値の，杭基礎の限界状態との関係に明確でない点（計算される β が極端に低い）があり，再考される必要がある．

■不確実性の分類別の特徴

- 地盤パラメータの空間的バラツキが構造物基礎設計に与える影響は，一般的に小さい．ただし，本論文で示したように，杭基礎の水平変位照査のように，表層のある局所部分の地盤特性に支配されるときは，その影響が顕著に表れる場合がある．
- 軟弱地盤上の盛土の安定性のように，設計法のモデル化誤差が十分に小さい設計法が確立されている場合，空間的バラツキと統計的推定誤差が支配要因となる．これが本来あるべき，地盤構造物設計の姿ではないかと，著者らは考える．
- これに対して，変換誤差やモデル化誤差は，誤差自体が大きいことに加えて，設計パラメータの設定精度に直接寄与する誤差であるため，設計上のボトルネックになる場合が多い．

■設計を改善するための課題　上記の整理から，安定問題ではそれぞれの不確実性の寄与が比較的バランスしているのに対して，変形問題では，ある1つの極めて大きな不確実性に支配されるなど，改善すべき点が多いことが観察された．

反省してみれば，土質力学は，構造物の支持力，土圧，斜面安定といった安定問題の解決を目指して出発した学問分野である．これら問題の理論的解析方法と同時に，その解析のための地盤パラメータを推定する方法として，各種のサウンディング試験も開発された．例えば標準貫入試験は，地盤を破壊しながらパラメータを得る，安定問題に関係する地盤パラメータ評価の試験である．地盤の変形や変位の予測が大きく取り上げられるようになったのは，安定問題に比較すると，ずっと後代のことである．地盤調査方法は安定問題指向，地盤解析法と社会の要求は変位・変形問題指向という捩れが，現在の地盤工学に存在するように思えてならない．

国内外において，性能設計概念の導入の動きが進められている．構造物への要求性能が多様化，高度化した現代社会は，変形や変位の予測を要求する場合が多い．本書の結果は，N 値やCPT-q_c 値など「地盤を破壊して得た情報」に基づいて構築してきた伝統的な設計法が，この要請に十分対応できないことを示したと言える．局所平均の範囲，すなわち，ある空間的な範囲に対して，地盤の変形係数を合理的に計測，推定する技術の開発とその精度検証は，喫緊の課題であろう．

空間的バラツキは，局所平均の範囲が増せば低減する．統計的推定誤差は，設計現場で直接計測し，さらにサンプルを増やすことにより低減する．これに対して，変換誤差やモデル化誤差は，系統誤差（設計システム固有の誤差）であって，地盤調査法や設計法等地盤工学の発展によってのみ改善される点に注意しなければならい．

そして，長い経験を有する古典的な設計法に勝る設計計算法を開発することは，簡単ではない．過度に複雑な設計計算モデルは，パラメータが決まれば精密な計算が可能となるかもしれないが，パラメータの決定方法を持たなければ，技術者の意思決定行為である「設計」という観点からは，諸刃の剣である．現場調査方法（地盤調査法，載荷試験など）から設計計算モデルまでの全体の作業をシステムと捉え，そのシステム全体としての革新と客観的視点からの精度（偏差とバラツキ）の定量化が欠かせないと考えられる．

10.3　性能設計と信頼性設計を巡り残された課題

10.3.1　性能設計

性能設計概念の整備・普及と市民社会への浸透：

性能設計は，実際の設計コードに導入されてまだ 10 数年しか経ていない，極めて新しい概念である．「構造物をその仕様によってではなく，その社会的に要求される性能から規定し設計する，設計の考え方」という性能設計の理念の浸透が必要である．特に社会基盤施設は，市民社会全体にとって極めて重要な公共の財産であり，社会全体の合意形成の中で整備が進められる必要がある，という認識が，技術者の側にも市民の側にも浸透してゆく必要がある．

将来的には，今後高齢化・人口減少等未曾有の事態に直面してゆく我が国社会で，社会基盤施設への要求は多様化し，また厳しい経済的制約の中で，既設構造物の性能の差別化も必要になる可能性がある．このような事態にも，性能設計は対応できる仕組みを内包しており，社会基盤施設の維持管理上，重要なツールの一つとして利用されてゆくことが予測される．

性能設計と信頼性設計法のより高度な融合：

性能設計と信頼性設計法の結合点は，一般的な言葉で記述された「要求性能」を，定量的で照査可能な「性能規定」に如何に展開するかに係っていると著者らは考える．導入されて日の浅い現時点では，不十分な点が多い．例えば，

- **「修復限界状態」の性能規定：**終局また使用限界状態に対する性能規定が，比較的明確であるのに対して，修復限界状態の性能規定はどの基準においても，相対的にあいまいである．困難な問題であるが，明確化が望まれる．
- **各「限界状態」の，構造物種別の規定の調和：**同じ「終局限界状態」と言っても，例えば橋の上部構造と下部構造，同じ上部構造でも鋼桁と PC 桁で，橋がその限界

状態を超過した場合に橋に生起する状態が，社会的に与える影響が同じであるか，という問題は，重要である．この生起する状態による影響が同じでないと，厳密には，同じ終局状態という言葉で定義された状態であっても，異種構造物間の信頼性のレベルを比較する（β を比較する）ことが意味を成さない．

- **部材の性能で構造物全体の性能を置換える**：不静定次数の高い上部構造物の照査は，現在ほとんどの基準で，部材による照査により代表される．現実的には，この問題が解決されないと，上述した異種構造物間の信頼性レベルの比較を実施することができない．

等の点が挙げられる．現状では，「要求性能」から「性能規定」への展開において，工学的判断による「みなし（規定)」が不可欠であるが，できる限り精度の高く，要求性能に近い性能規定の設定が望まれる．しかし同時に，性能設計では，「要求性能」と「性能規定」の間に，主に現行技術の限界に起因する，ある種のギャップがあることは免れないことも明記すべきである．

10.3.2　信頼性設計法

信頼性設計法レベル 3 の普及と性能設計

GRASP 提案の第 1 の理由は，実務者が必要な場合は自分で信頼性解析を行うことができる解析の手順を示すことであった．これは，性能設計の導入により，設計者は必要な場合，自身で基準に規定されていない構造形式，材料，設計法等を採用できる道が開かれたからである．しかしその場合，港湾基準でも道示でも，設計された構造物が基準で設計された同種構造物と，同等以上の性能を所要の信頼性以上のレベルで達成している必要がある．

このためのもっとも直接的で明快な方法は，信頼性解析の実施により，提案する構造物と，既存の類似構造物の信頼性レベルが同レベルであることを示すことである．設計コード開発の過程で，多くのの信頼性解析に必要な情報は公開されている．性能設計の真の効用が発揮される環境を整えるためにも，信頼性解析法の普及により，志ある実務者が信頼性解析を自ら実施できる必要がある．

確率計算から統計解析へ

本書の全体を通じて著者らが強調した点の一つは，MCS の発達により，確率計算方法に焦点を当てた伝統的な信頼性設計法は過去のものとなり，入手可能な種々の情報に基づいた不確実性の定量化こそが，特に地盤構造物の信頼性設計では重要であると言うことである．これはすなわち，確率計算の強調から，統計解析の強調への変化である．ビックデータが話題を呼ぶが，それは統計解析の強調と極めて親和的である．そこには当然新しい研究課題が多く出現する．

地盤工学のための統計学の体系確立

本書でほんのその端緒を示すことができたに過ぎないが，水理学に水文学が対を成すように，土質力学に対を成す地盤を統計学に扱うことのできる学問分野が必要である．これによって，必要な地盤調査の位置と間隔等についての標準的解を得ることができるようになり，有用な視点が確立される．

本書で提案したのは，局所平均が未知で，その確率場の分散と自己相関構造（自己相関関数の関数系とその自己相関距離）が既知という，極めて限定的な場合についての標準解であった．この方面でも，多くの研究課題が残されている．

不確実性解析のためのデータ集積と解析

上記の事項とも関連するが，不確実性解析のためのデータの蓄積が必要である．幸い近年では多くのデータが，電子的にデジタル化されて保存されているケースが多く，統計解析のための環境は整ってきている．多くの解析が特に実務者により行われ，有用な結果が多数得られることを期待する．

なお，本書でもたびたび強調しているが，所与のデータから有用な結果を導くためには，統計学の知識もさることながら，それ以上に当該データについての専門知識に基ずく深い理解と，丁寧なデータの取り扱いが欠かせない．特に統計解析に用いるデータのスクリーニング，異常データの取り扱い等には，解析の目的を踏まえた健全な工学的判断が絶対に必要である．さらに与えられたデータが，偏ったある特定の条件で取得されたものに限られていないか（例えば，杭の載荷試験がその杭が使用される地盤条件を十分にカバーする，いろいろな条件から満遍なく収集されているか．ある特定の施工者に集中したデータではないか等），十分注意を払う必要がある．

10.3.3　既設構造物の点検・維持管理・補修への信頼性設計法の適用

地盤関連のある種の工事では，施工中の計測情報を利用して地盤情報を更新し，合理的・経済的な施工を行う，「情報化設計・施工」が伝統的に確立されている．「情報化設計・施工」は、Terizaghi の提唱した観測施工 (observational procedure) であることが，広く認められている (Terzaghi and Peck, 1969)：

> 「最も都合の悪い仮定に基づく設計が不経済になるのは、やむお得ないが、土で支えられる構造物が予期しない欠点を生じないことを設計者が施工前に確信できるためには、それ以外の方法は考えられない。しかし、もしその工事が施工中の設計変更を許すことができれば、最も都合の悪い可能性よりは最も起こり得る可能性に基づいて設計することにより、非常な節約が可能となる。利用できる情報の不足は施工中の観測により補われ、設計はその新情報に従って修正される。このような設計方法を現場観測工法（Observational Procedure）と言う。」

言うまでも無く地盤構造物は，既存の地盤や土質材料を用いることに特徴がある．現状把握が重要であり，この情報を工事を行う前に地盤調査で得るばかりではなく，施工中も観測を行いながら設計の最適化に努めることは，特に掘削工事やトンネル工事では，日常的に実施され，ノウハウも蓄積されている．

社会基盤施設が，新規建設の時代から，点検・維持管理と補修の時代になり，すべての構造種別で，既存構造物が問題になっており，この状態では点検は，いわば施工中の観測に相当する．この結果に基づいて，維持管理計画立案や補修を実施しなければならない．「すべての構造物が，地盤構造物化した」という印象を著者らは持つ．

地盤構造物の情報化設計・施工は，この分野の信頼性設計研究者の間では，伝統的なトピックで，Matsuo and Asaoka(1978)，松尾 (1984) 等，多くの先駆的な業績があり，その後もいろいろな研究が行われてきた．ベイズ統計学の応用を中心として開発されてきた理論や方法は，必ず一般構造物の点検，維持管理と補修の分野においても有効であるに違いない．それぞれの問題の特徴を踏まえた定式化が必要であり，研究の課題は多い．

なお，既設構造物の点検データの統計解析の例として，著者らの研究に次のようなものがある．本城勇介 (2011)，高木朗義 (2012)，大竹雄 (2012)，本城勇介 (2014)．特にこの種のデータの統計解析の実施について，参考にして頂ければ幸いである．

10.3.4　既設構造物の点検・維持管理・補修への性能設計の適用

さらに性能設計の理念は，特に社会的変化や，構造物の性能劣化のため，要求性能自身の変更が行われた場合，これに体系的に取組める仕組みを有しており，維持管理と補修が中心となる時代には，優れた枠組みを提供できる可能性を持っている．

具体的なイメージを説明するために，仮想的な例を提示する．

- 経年的な点検と通過荷重の強度と頻度の測定が行われている橋で，設計供用期間を超えた延命を，現在設定されている要求性能を変更せず（あるいは，変更してもよい）に行おうとするとき，荷重は測定に基づく当初設計時に用いた荷重より不確実性の少ないものを，抵抗は点検に基づく低減された抵抗値で，延命のための補修・補強設計を行う必要がある (例えば，Minervino 他 (2004) を参照)．
- 社会的な状況の変化により，橋に対する耐荷要求性能を，当初設定されたレベルより低いレベルに再設定し直すことが許容された場合，点検結果に基づく橋の劣化状況を勘案した，要求レベルを過不足なく満たすような補修・補強設計法が必要となる．さらに，橋の通行規制等に対する，法的措置の整備も必要になる．

多様な要求性能を，既設の構造物について満足させてゆくための設計・施工法は，今後その制度的な整備も含めて，多くの開発が必要であると思われる．

付録 A

演習問題

A.1　GRASP による地盤工学の幾つかの問題の統計的標準解

GRASP 理論は，地盤工学の諸問題に，統計学で正規標本論が果たしているような，標準的な統計的解を提供することを，提案の目的の一つとしている．それは，必要な精度を得るためのサンプリングの位置や数 (A.1.1 節)，行った調査結果から地盤パラメータの特性値を決定する統計的な手順 (A.1.2 節) について，統計学的な根拠を持つ標準解を提案することを意味する．ここでは，そのような標準解の問題を示す[1]．

問題を挙げる前に，まず 5 章で得られた GRASP の一般及び局所推定の結果を，まとめて示しておく．局所平均の推定分散は，一般及び局所推定分散関数を当該地盤パラメータの母分散に掛けることにより，それぞれ次のように求められる．

$$\text{一般推定分散の場合：}\quad \sigma_V^2 = \sigma_Z^2 \Lambda_G^2 \tag{A.1}$$

$$\text{局所推定分散の場合：}\quad \sigma_V^2 = \sigma_Z^2 \Lambda_L^2 \tag{A.2}$$

ここで，1,2 及び 3 次元の一般推定分散関数 Λ_G^2 は，次のように与えられる．

$$\Lambda_G^2(V, n, L, \theta) = \Gamma^2(V/\theta) + \Lambda^2(n, L_N, \mathbf{1}/n) \tag{A.3}$$

$$\begin{aligned} &\Lambda_G^2(V_1, V_2, n_1, n_2, L_1, L_2, \theta_1, \theta_2) \\ &= \Gamma^2(V_1/\theta_1)\Gamma^2(V_2/\theta_2) + \Lambda^2(n_1, L_1/\theta_1, \mathbf{1}/n_1)\Lambda^2(n_2, L_2/\theta_2, \mathbf{1}/n_2) \end{aligned} \tag{A.4}$$

$$\begin{aligned} &\Lambda_G^2(V_1, V_2, V_3, n_1, n_2, n_3, L_1, L_2, L_3, \theta_1, \theta_2, \theta_3) \\ &= \Gamma^2(V_1/\theta_1)\Gamma^2(V_2/\theta_2)\Gamma^2(V_3/\theta_3) + \Lambda^2(n_1, L_1/\theta_1, \mathbf{1}/n_1)\Lambda^2(n_2, L_2/\theta_2, \mathbf{1}/n_2)\Lambda^2(n_3, L_3/\theta_3, \mathbf{1}/n_3) \end{aligned} \tag{A.5}$$

一方, 1,2 及び 3 次元の局所推定分散関数 Λ_L^2 は，次のように与えられる．

$$\Lambda_L^2(x_{est}, V, n, x_{obs}, L, \theta) = \Gamma^2(V/\theta) + \Lambda^2(n, L/\theta_1, \nu) - 2\sum_{i=1}^{n} \nu_i \gamma_V(Z_V(x_{est}), Z(x_i)) \tag{A.6}$$

$$\begin{aligned} &\Lambda_L^2(\mathbf{x}_{est}, V_1, V_2, \mathbf{x}_{obs}, n_1, n_2, L_1, L_2, \theta_1, \theta_2) \\ &= \Gamma^2(V_1/\theta_1)\Gamma^2(V_2/\theta_2) + \Lambda^2(n_1, L_{N1}, \boldsymbol{\nu_1})\Lambda^2(n_2, L_{N2}, \boldsymbol{\nu_2}) \\ &\quad - 2\left(\sum_{i=1}^{n_1} \gamma_V(Z_V(x_{1est}), Z(x_{1i}))\right)\left(\sum_{j=1}^{n_2} \gamma_V\left(Z_V(x_{2est}), Z(x_{2j})\right)\right) \end{aligned} \tag{A.7}$$

---

[1] 何回か繰返して述べているように，これらの問題の詳細な解答は，著者らの URL に公開されている．

$$\begin{aligned}&\Lambda_L^2(\mathbf{x}_{est}, V_1, V_2, V_3, \mathbf{x}_{obs}, n_1, n_2, n_3, L_1, L_2, L_3, \theta_1, \theta_2, \theta_3)\\&= \Gamma^2(V_1/\theta_1)\Gamma^2(V_2/\theta_2)\Gamma^2(V_3/\theta_3) + \Lambda^2(n_1, L_{N1}, \boldsymbol{\nu_1})\Lambda^2(n_2, L_{N2}, \boldsymbol{\nu_2})\Lambda^2(n_3, L_{N3}, \boldsymbol{\nu_3})\\&-2\left(\sum_{i=1}^{n_1}\gamma_V(Z_V(x_{1est}), Z(x_{1i}))\right)\left(\sum_{j=1}^{n_2}\gamma_V\left(Z_V(x_{2est}), Z(x_{2j})\right)\right)\left(\sum_{k=1}^{n_3}\gamma_V(Z_V(x_{3est}), Z(x_{3k}))\right)\end{aligned} \tag{A.8}$$

A.1.1　地盤調査の間隔と数の決定

この節では，要求される精度を得るために必要な，サンプルの間隔と数を決定する問題を列挙する．GRASP 理論により，ここで示すような問題に，統計的解を与えることができる．ただし，ここでは均質な地盤が十分な範囲に広がっていおり，当該地盤パラメータの平均（トレンド成分）は未知であるが，ランダム成分の分散 σ_Z と，自己相関距離 θ は既知とする．また自己相関関数が，指数関数型の場合のみを考える．

問題 A.1-1：均質地盤の地盤パラメータの特性値調査

ある港湾地域に水平に堆積した沖積粘土層の，深度 0m から 5m の間，すなわち地表面から層厚 5m の層の非排水せん断強度 s_u の特性値を決めたい．この地盤 s_u は，当該構造物の建設敷地内では，水平方向には完全に相関している ($\theta_h = \infty$) と仮定できるものとする．また，この地盤 s_u の変動係数は 0.3 であり，鉛直方向の自己相関距離 θ_v=1.0(m) であることが既知である．

特性値として平均値 μ_{s_u} の 90% の値，すなわち ($0.9\times\mu_{s_u}$) の値を取るものとし，その値を当該 5m 層の局所平均推定値が下回る確率を，5% 以下とするように設定したい．このとき，等間隔でこの 5m 層について，どの程度の間隔でサンプルを取ればよいだろうか．

【解答】

地盤は水平方向に完全相関なので，敷地内に 1 本のボーリングを行い，ここから得た乱されていない試料の一軸圧縮試験により，非排水せん断強度 s_u を測定する．このときボーリングコアから，等間隔に何個の試料を取り出して試験するかと言う問題となる．

標準正規分布表より，標準正規確率変数 Z の下側 5% 点 $z_{0.05}$=-1.65 であることより，s_u の局所平均の推定値の推定変動係数 (=推定標準偏差/平均値) を，(1.0-0.9)/1.65=0.06 以下にする必要がある．s_u の変動係数が 0.3 であることより，これはこの変動係数を，0.06/0.3=0.2 倍以下に低減させる必要のあることを意味する．すなわち，$\Lambda_L \leq 0.2$ である．

サンプル間隔 $\Delta L = L/n$ を変化させて，そのときの当該 5m 層厚についての s_u の局所平均の推定精度を，要求精度以内にするための n を求める．今，L=5，θ=1，V=5，x_{est}=2.5，x_{obs}=2.5 として，n を 1 から 10 まで変化させ，下式を満たす n を探す．

$$\Lambda_L^2(x_{est}, V, n, x_{obs}, L, \theta) = \Lambda_L^2(2.5, 5, n, 2.5, 5, 1) \leq 0.2^2$$

n を 1 から 10 まで変化させて計算したときの，Λ_L の値を，以下に示す．

n	1	2	3	4	5	6	7	8	9	10
ΔL(m)	5.0	2.5	1.67	1.25	1.0	0.83	0.71	0.62	0.56	0.5
Λ_L	0.766	0.431	0.296	0.225	0.181	0.151	0.13	0.114	0.101	0.091

この計算結果のより，5 個以上のサンプルを採る必要がある．このときサンプル間隔 ΔL は 1m であり，ちょうど自己相関距離と一致する．

問題 A.1-2：河川堤防基礎地盤の砂層厚調査

河川堤防下の砂層は，地震時の液状化や，基盤内パイピングの原因となる．特にその層厚を正確に知ることが重要である．

今氾濫平野を流れるある河川の堤防数 km に渡って，砂層厚を詳細調査する簡易ボーリング計画を考える．この調査法は，砂層厚を簡易・低廉に調査できるものとする．対象層厚はおよそ 5m であり，水平方向自己相関距離 θ_h が 200m，層厚の変動係数 0.3（層厚の標準偏差が約 1.5m) であることが，既存の調査と類似地形での経験から既知とする．

このとき，等間隔のボーリング調査を行い，その結果より内挿された砂層厚が，真値を 1.0(m) 以上過小評価しない確率を，95% 以上としたい．（層厚を，過小評価することが，パイピング危険度評価でも，液状化危険度評価でも，危険側である．）どのようなボーリング間隔で，ボーリング調査を行ったらよいだろうか．

【略解】 間隔 60 から 70m 程度でサンプルする必要がある．これは自己相関距離の約 1/3 のサンプル間隔である．

問題 A.1-3：橋脚杭基礎の杭の支持層までの深度調査

幅 8(m)× 奥行 16(m) の橋脚杭基礎を設置する．このとき打設する鋼管杭の発注長さを決めるため，地表面から支持層までの深度を知りたい．

このとき支持層までの深度は，おおよそ 15m，変動係数は 0.1，深度の空間的バラツキの自己相関距離が 30m であることが，既知であるとする．この範囲に格子状にボーリングを配置し，その結果より予測された支持層までの深度が，推定値を 1.0(m) 超えない範囲に，95% 以上の確率で入るように深度を予測したい．どのようなボーリング配置で，何本のボーリング調査を行ったらよいだろうか．

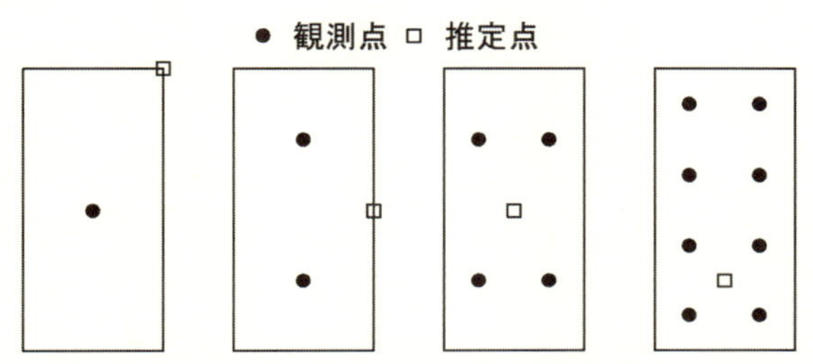

図 A.1 橋脚杭基礎の観測点と推定点位置の平面概念図

なおこのとき，**図-A.1** に示す 4 種類の調査数と位置を考え，この中から必要最小限度のものを選択するものとする．なお，図中の黒丸は調査位置，白抜き正方形はもっとも誤差が大きくなると考えられる推定点である．

【略解】 この場合，条件を満たす必要最小限度の調査計画は (c)(n_1, n_2)=(2,2) である．

問題 A.1-4：矩形べた基礎沈下予測のための調査計画

均一な泥岩上に，10(m)×10(m) の浅い基礎（べた基礎）を設置する．このとき，この基礎の沈下を検討するため，地盤変形係数 E を，横方向孔内載荷試験 (PMT) を用いて計測する．

当該地盤の E は対数正規分布し，その変動係数は 0.3，自己相関距離は，水平方向に 10m，鉛直方向に 0.5m であることが分かっている．

このとき，沈下を支配する地盤の局所平均範囲の局所平均値として定義されるこの地盤の E の特性値を，推定された $\ln E$ の平均値を，割引率 a で割引いた値とし，この割引率 a を今 0.9 とし，この特性値を，局所平均値が上回る確率を 95% 以上としたい[2]．

なお特性値の推定のために採る局所平均範囲は，半無限弾性体上の正方形基礎の弾性解により得られる応力球根で，荷重度が 10% に低減する範囲とする．これは大体，深度方向 1.8×10(m)=18(m)，水平方向一辺 2×10(m)=20(m) の直方体範囲である．

上記要求の E の特性値を得るためには，どの地点で，どのような試験間隔で，PMT を実施すればよいだろうか．

必要な調査位置と点数を決めるため，まず (n_1, n_2) については，(1,1),(1,2),(2,2),(2,3),(3,3) の 6 つを考える (**図-A.2**)．また深度方向の 18(m) の側線上調査数 n_3 を，6,9,12 及び 18 の 4 種類を考え，この中から，条件を満たすものを選択するものとする．

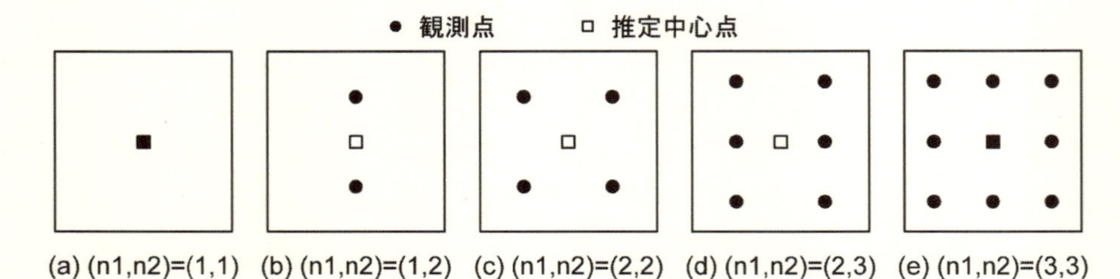

図 A.2　べた基礎の観測点配置位置の平面図

【略解】 $\Lambda_L \leq 0.202$ は，(n_1, n_2)=(1,1) の場合は n_3 を 18 まで増やしても達成できないが，(n_1, n_2)=(1,2) の場合は n_3 が 12 以上，(n_1, n_2)=(2,2) の場合は n_3 が 9 以上，(n_1, n_2)=(2,3) の場合は n_3 が 9 以上，(3,3) の場合は n_3 が 6 以上で達成できる．$\Lambda_L \leq 0.202$ の条件を満たしている中で，サンプル数がもっとも少ないのは，(n_1, n_2, n_3)=(1,2,12) の場合であり，全サンプル数 24 である．

[2] $a \ln E = \ln E^a$ の関係より，特性値は推定された平均値を $\bar{E}$ としたとき，$\bar{E}^a$ となる．

A.1.2 地盤パラメータ特性値の決定

地盤コード 21(地盤工学会,2005) を始めとして我が国の多くの設計基準では，地盤パラメータの慎重に推定された平均値を，特性値として定義している．これを受けてここでは，次のように地盤パラメータの特性値を決定するものとする．

> 地盤パラメータの特性値は，当該構造物の限界状態に影響を与える地盤範囲の，局所平均の平均値の推定値で，その値をこの局所平均が上回る確率が 95% 以上，あるいは下回る確率が 95% 以上となる値である．なお，その地盤パラメータの値が大きいほど安全である場合は上回る場合を，その逆の場合は下回る場合を採用する．

一般推定あるいは局所推定を採用するかは，与えられた状況により異なる．ここでは，調査位置と建設位置が与えられている浅い基礎設計のための，特性値の決定問題と，4 章「確率場による地盤パラメータの空間的バラツキのモデル化」で採り上げた，2 つの例題に基づく特性値の決定の問題を考える．前者は局所推定の問題であり，後者は一般推定の問題となる．

問題 A.1-5：砂地盤の CPT 貫入抵抗値の特性値の決定

浅い基礎が設置される砂地盤の，地盤パラメータの特性値を設定する問題を考える (ETC10, 2010，本城・大竹．加藤，2012)．この地盤では、4 本の CPT(コーン貫入) 試験が行われており、それらは，**図-A.3** の平面図に示すように，一辺 12m の正方形の 4 隅で行われている[3]．各 CPT の貫入抵抗 q_c 値と，これに筆者らが当てはめたトレンド成分とランダム成分の統計量を，**表-A.1** に示す．

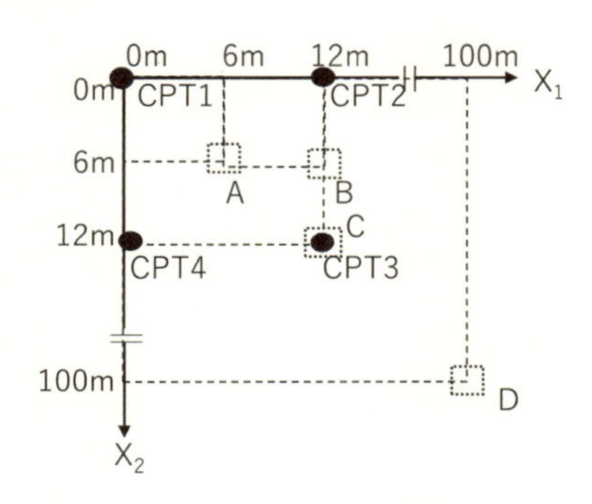

図 A.3 ETC10 Ex2-1 CPT 試験位置と推定地点平面図

この問題では、1.2m 四方で根入れ 1m の正方形の浅い基礎を設置した際に、基礎の安

[3] CPTq_c データは，著者らの URL から入手可能である．4 本@80 計測点=320 個のデータがある．

表 A.1　ETC10 Ex2-1 地盤パラメータ

項目	値
トレンド成分 q_c (MPa)	$10.55 + 1.66z$ (z：深度 (m))
ランダム成分 σ_{q_c} (MPa)	2.28
自己相関距離 (水平) θ_h (m)	4
自己相関距離 (鉛直) θ_v (m)	0.4

定性に影響があると考えられる基礎直下幅 2.4m、奥行き 2.4m、深さ 2m（深度 1m〜3m）の直方体範囲の q_c の局所平均を，特性値として求める問題を考える。

基礎の設置位置の中心点を 4 点，すなわち A（6m,6m），B(12m,6m)，C(12m,12m)，D(100m,100m) とし，それらの地点でそれぞれ局所推定を行う．CPT 試験地点、基礎の設置地点それぞれの位置の平面図 (**図-A.3**) を示す。また、この直方体についての一般推定も合わせて行い、局所推定との比較を行う。

上記の条件を考慮し、推定分散関数の計算に用いる各パラメータを，**表 A.2** にまとめた。

表 A.2　推定分散関数の計算に用いる入力データ

項目	値
サンプル数 (n_1, n_2, n_3)	(2,2,80)
測定地点平面位置 (x_1, x_2)	(0,0),(0,12),(12,0),(12,12)
測定地点深度 x_3	0.1〜8.0 (0.1m 間隔)
自己相関距離	θ_h=4(m)（水平），θ_v=0.4(m)（鉛直）
推定地点 (x_1, x_2) (m)	A(6,6,2),B(12,6,2),C(12,12,2),D(100,100,2)
局所平均範囲 $V_1 \times V_2 \times V_3$ (m)	2.4 × 2.4 ×2.0

【略解】 局所推定による特性値：A 点 11.9(MPa)，B 点 12.4(MPa)，C 点 14.0(MPa)，D 点 11.7(MPa)．一般推定による特性値：12.0(MPa)．

問題 A.1-6：ピート地盤の非排水せん断強度特性値の決定

4 章で採り上げたピート地盤の非排水せん断強度 s_u を，ベーン試験 (FVT) で調査した結果を示す．

この結果に基づく s_u の空間的バラツキのモデル化では，次の結果が得られた．

土層	深度 (m)	トレンド成分 μ_{s_u} (kPa)	ランダム成分 σ_{s_u} (kPa)	自己相関距離 (m)	サンプル数
表層土	0-0.75	21.0	3.44	0.25	1 × 5 箇所
ピート層	0.75-3.25	$14.8\text{-}3.36x_3+0.545x_3^2$	2.36	0.25	5 × 5 箇所

表 A.3　ピート地盤の FVT による非排水せん断強度 (kPa) 計測結果

深度 (m)	FVT1	FVT2	FVT3	FVT4	FVT5
0.5	23.2	23.2	15.0	22.2	21.6
1.0	12.8	16.4	8.6	13.8	8.9
1.5	12.8	12.7	8.8	10.8	8.9
2.0	6.6	9.6	11.4	12.6	9.9
2.5	6.2	7.2	11.4	11.3	7.4
3.0	7.8	8.8	-	6.2	7.0
3.5	14.8	7.0	-	8.5	6.2
4.0	9.0	9.2	-	12.5	10.4
4.5	9.4	-	-	-	9.8
5.0	14.4	-	-	-	-
5.5	13.2	-	-	-	-
6.0	12.6	-	-	-	-
6.5	10.0	-	-	-	-
7.0	17.8	-	-	-	-

この問題では，調査位置と建設位置の位置関係は与えられていないので，この地盤の非排水せん断強度の特性値を，一般推定により求める．すなわち，表層土と深度 0.75(m) から 3.25(m) までの 2.5m 層厚のピート地盤の特性値を決定する．

表層土は 0.75(m) 厚，ピート層厚は 2.5m であり，それぞれの層厚についての局所平均に基づいて，特性値を決める．他の 2 直交方向への局所平均は考えない．表層では 1 箇所に付き 1 個の FVT を，ピート層では 1 箇所に付き 4 または 5 個の FVT を，5 箇所で行っている．これらの箇所は十分隔たっており，独立 (無相関) であると仮定する．

【略解】 表層土 16.4 (kPa)，ピート層 $12.9 - 3.36x_3 + 0.545x_3^2$(kPa).

問題 A.1-7：砂地盤液状化判定のための CPT 試験 q_c 値特性値の決定

4 章で採り上げた，砂地盤を CPT 試験により調査した結果に基づく q_c の空間的バラツキのモデル化では，次の結果が得られた．

対象土層	深度 x_3(m)	トレンド成分 μ_{q_c}(MPa)	ランダム成分 σ_{q_c}(MPa)	自己相関距離 θ_v(m)	サンプル数 $n_3 \times (n_1 \times n_2)$
利根川第 1 砂層	3.9-9.0	$-1.12+1.77x_3$	1.57	0.15	147 × 4 箇所
江戸川第 1 砂層	6.5-13.2	$-11.74+2.48x_3$	3.06	0.20	268 × 4 箇所
名取川第 1 砂層	2.8-8.8	$-8.58+3.62x_3$	3.23	0.15	240 × 4 箇所

q_c の特性値として，各土層厚についての局所平均の 5% 点の値を取るとする場合，特性値を求めよ．

【略解】 例えば利根川第 1 砂層の特性値は，$-1.89 + 1.77x_3$ (MPa).

A.2 地盤構造物の信頼性解析

問題 A.2-1：軟弱地盤上の試験盛土の安定性の信頼性解析

対象となっている盛土の平面図と，地盤調査に基づいて作成された地質縦断面図を**図-A.4** に示す．盛土の基礎地盤は，表層 4～5m 程度に軟弱な有機質土 Ap が堆積し，さらにその下部にも沖積粘性土 Ac が 10m 程度の層厚で堆積している．当該現場では，40m 間隔で 5 本のボーリング調査が実施され，各ボーリング調査位置で，深度を変えてそれぞれ 6 から 7 箇所でサンプリングして，一軸圧縮試験により粘性土の非排水せん断強度試験が実施されている．

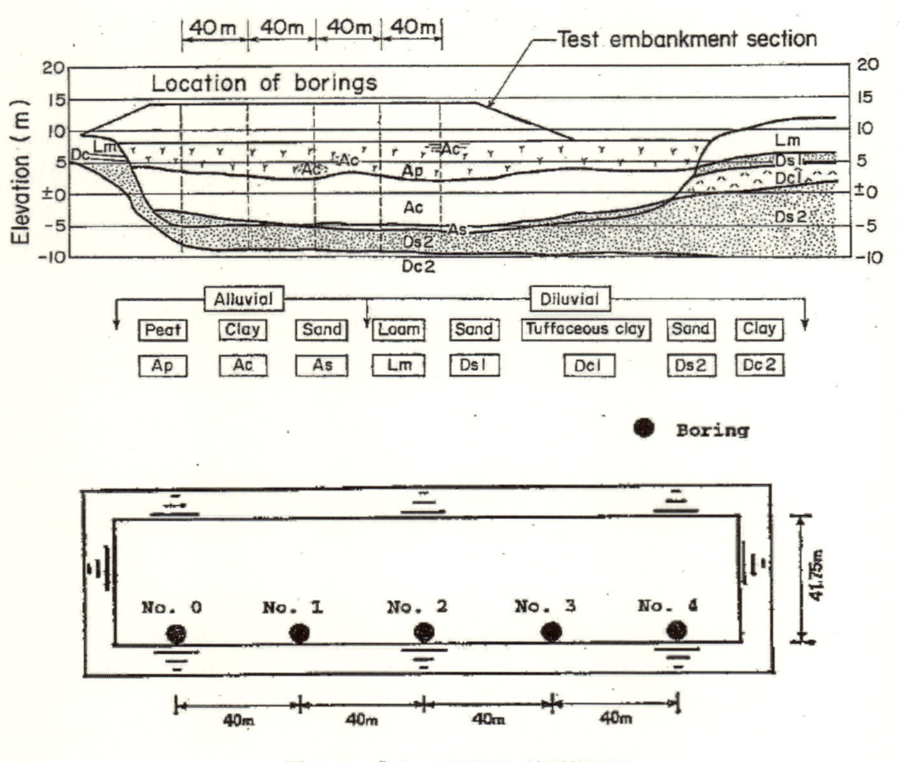

図 A.4 盛土の平面図と地質縦断図

最終的な盛土高さは 5m が計画されているおり，1.5m ずつの段階施工が計画されている．ここでの問題は，その 1 段階目の安定照査である．なおこの一段階目の盛土の施工に際し，1:2 の勾配で施工される盛土斜面下の幅 3m，深さ 2.8m の部分を，セメント系硬化剤により地盤改良する（**図-A.5**）．改良土の強度は，周辺の軟弱地盤に比較して非常に大きく，この改良域を通過する滑りは発生しないと仮定されている．

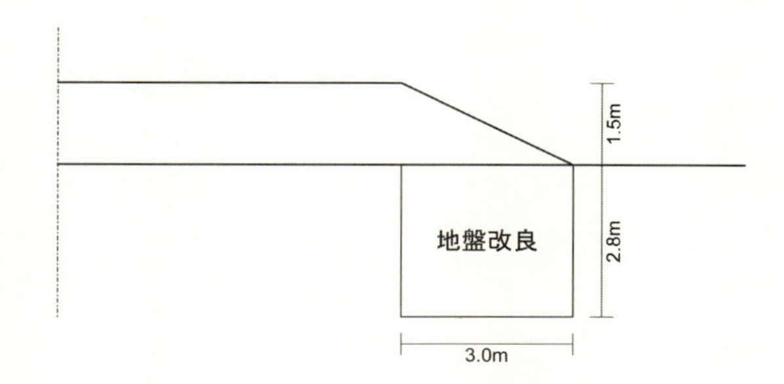

図 A.5　盛土基礎地盤の地盤改良範囲

盛土の終局限界状態である，安定性が照査の対象である．ここでは，盛土は荷重として扱い（盛土には，縦方向のクラックが入り，その強度は期待できない），基礎地盤のみが抵抗すると仮定する．また，基礎地盤は軟弱な粘性土地盤であることから，ϕ=0 の円弧すべり計算により，安定性を照査する．

$$F_s = \frac{\sum cl}{\sum W \sin\alpha} \tag{A.9}$$

ここで，Fs：安全率，W：分割片の重量 (kN/m^2)，c：すべり面に沿う粘着力 (kN/m^2)，l：円弧の長さ (m) である．

現地で得られている**図-A.4** に示した 5 本のボーリングから得られた一軸圧縮強度 q_u データを統計解析により，空間的モデル化を行った結果の概要を，**表-A.4** に示す[4]．

表 A.4　空間的バラツキのモデル化のまとめ

トレンド成分 (上層部)	μ_{qu}	16.4 (kN/m^2)（有機質土層：標高 3m 以上）
トレンド成分 (下層部)	μ_{qu}	30.2 − 3.3 × (標高) (kN/m^2)（沖積粘性土層：標高 3m 未満）
ランダム成分（上部層）	σ_{qu}	4.3 (kN/m^2)
	θ_v	0.5m
	θ_h	30m
ランダム成分（下部層）	σ_{qu}	9.3 (kN/m^2)
	θ_v	0.5m

以上の問題設定の基で，この 1.5m 高さの盛土の安定性の信頼性解析を，盛土 200m に渡って，10m ごとの断面で行え（局所推定に基づく解析）．また盛土全体に渡る，一般推定に基づく信頼性解析も行い，両者を比較せよ．

[4] q_u データは，著者らの URL から入手可能である．5 本のボーリング，総数で 91 個の q_u データがある．

問題 A.2-2：橋脚杭基礎（場所打ち杭）

場所打ち杭の杭基礎に支持された橋脚の信頼性解析の問題を示す．杭基礎の設計法は，基本的に H24 道路橋示方書 (2012, 以下「道示」) による．また，この例題は矢作・五十嵐・田中 (1999) の例題を参考に，作成している．以下の条件を基に，L1 地震時，橋軸方向の信頼性解析を実施せよ．

■構造形式

(1) 上部工形式： 鋼連続桁橋 支間 39.3m，幅員 17.0m
(2) 下部工形式： 鉄筋コンクリートラーメン式橋脚
(3) 基礎工形式： 場所打ち杭，杭径 1.2m，杭長 30m，施工法：リーバース工法

■地盤条件　杭と地盤との関係図を**図 A.6** に，地盤条件の詳細を**表 A.5** に示す．

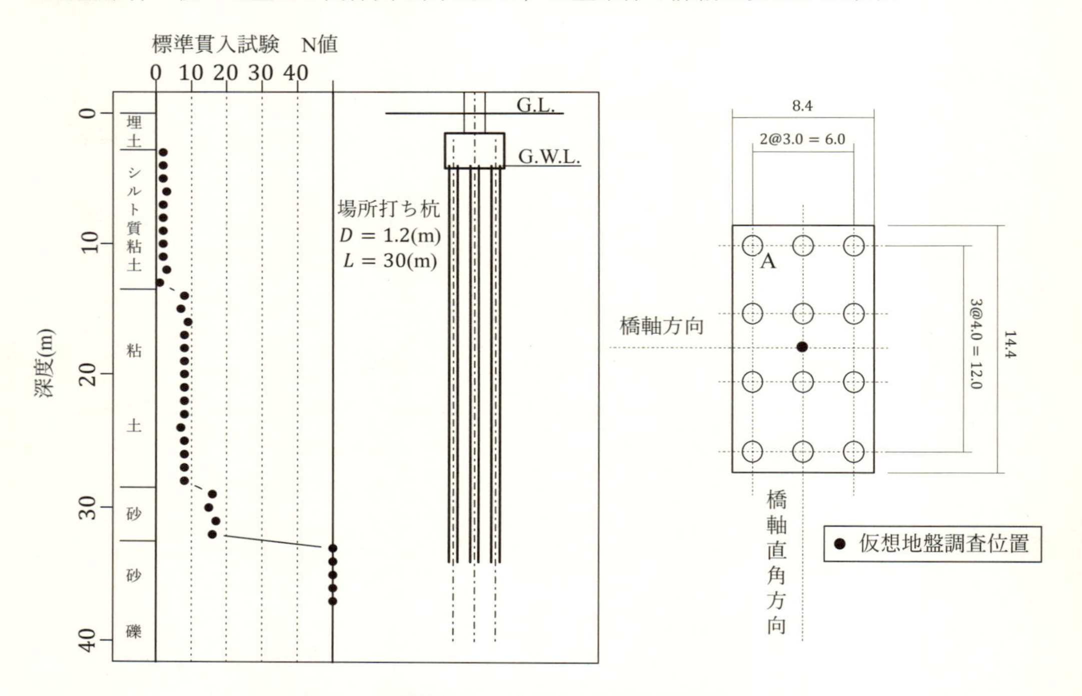

図 A.6 土質柱状図，杭基礎の断面図と平面図

■設計震度と設計外力　本地盤は，基本固有周期 0.68(s) 程度の III 種地盤であり（H24 道示耐震編，式 (4.5.1)），設計水平震度の標準値は 0.30，地域別補正係数を 0.85 とすると，設計水平震度は 0.26 である（H24 道示耐震編，式 (6.3.1)）．この結果，レベル 1 地震動時の，フーチング下面に作用する荷重は，**-A.6** に示す通りである．

表 A.5　地盤条件の詳細

土層	地盤の種類	層厚 (m)	N 値		単体重量 (kN/m^3)	
			平均	*COV*	湿潤	有効
第 1 層	粘性土	10.0	2	0.3	17	8
第 2 層	粘性土	14.0	8	0.3	18	9
第 3 層	砂質土	4.0	16	0.3	19	10
第 4 層	砂質土	2.0	50	0.3	20	11

表 A.6　設計外力

方向	外力 状態	鉛直力 (kN)	水平力 (kN)	モーメント (kN-m)	備考
橋軸	死荷重	24,037	-	-	荷重偏差の平均 1.0，変動係数 0.02 の正規分布
	活荷重	5,768	-	-	荷重偏差の平均 1.15，変動係数 0.2 の対数正規分布
	レベル 1 地震動	-	6,250	58,400	下記の地震力の不確実性の項参照

■杭基礎の要求規定（照査項目）　道路橋示方書では，杭基礎の要求規定（照査項目）として，次のものを挙げている．なお，ここでは杭体の設計については，これを実施しない．

常時：

(1)　杭の押込み力が，極限支持力に対して安全率 3 以上を確保する．

(2)　設計地盤面において，杭の水平許容変位量は，1.5cm 以下である．

地震時：

(1)　最前列の杭の押込み力が，極限支持力に対して安全率 2 以上を確保する．

(2)　最後列の杭の引抜き力が，極限抵抗力に対して安全率 3 以上を確保する．

(3)　設計地盤面において，杭の水平許容変位量は，1.5cm 以下である．

■場所打ち杭の定数

杭の寸法： 直径 D=1200mm, 長さ L=30m

コンクリートの基準強度: σ_{ck}=24 N/mm^2

コンクリートのヤング率： E_P=2.3x10^4 N/mm^2

鉄筋の材質： SD345

■地震力の不確実性 (参考)　地震時荷重の不確実性については，Honjo and Amatya(2005) の研究成果を活用するのも一法である．この研究は，過去の主要な被害地震が収録，整理されている宇佐美カタログから得られる震源情報に基づき，Fukushima and Tanaka(1990) の距離減衰式を用いて最大加速度分布を推定した．そして，東京（東京都庁地点）における年最大加速度の推定値に基づいて，極値統計解析（POT 解析）により，年最大加速度を GP（一般パレート）分布に当てはめた．この解析は，1600 年〜1996 年の間の地震（M ＞ 5, 震源深さ＜ 60km, 震央距離＜ 200km）を対象としている．

この一般パレート分布でモデル化された年最大加速度分布を元に，MCS により生成した 100 年最大値加速度を，加速度の 100 年再現期待値で除することにより正規化し，この値をレベル 1 の震度に乗じることにより，MCS で用いる震度のサンプルを生成した．

GP 分布の確率分布関数（CDF) は，次の通りである．

$$F(x) = \frac{n+1-k}{n+1} + \frac{k}{n+1}\left\{1-(1+\gamma\frac{x-\mu}{\sigma})^{-\frac{1}{\gamma}}\right\}$$

ここに，n = 全データ数 k =POT 解析採用データ数 μ = 位置パラメータ σ = スケールパラメータ γ = 形状パラメータであり，それぞれ n =396，k =95，μ =11.86，σ =44.43，γ =0.067 である．この分布の 100 年再現期待値は，169gal である．この値が，L 1 地震動で用いられている震度に対応すると考え，信頼性解析で用いる震度を生成する．

POT 解析の性格上，この分布は確率が $(n+1-k)/(n+1)$ 以上の範囲で有効である．我々はここで，100 年最大値分布にのみ関心があるので，結果的にこのことはほとんど問題にならない．

MCS で GP 分布に従うデータ x を生成するときに用いる，この分布関数の逆関数は，今 100 年間最大地震動分布のある超過確率を一様乱数 u_{100} とする．まずこの u_{100} から，1 年間の最大地震動分布の超過確率 u_1 を，次式で求める．

$$u_1 = 1-(1-u_{100})^{\frac{1}{100}}$$

この u_1 は，この式の性質から言ってある程度大きな値となる．例えば，$u_{100} = 0.01$ の場合，$u_1 = 0.634$ となる．u_1 より次の q を求める．

$$q = \frac{n+1}{k}\left\{u_1 - \frac{n+1-k}{n+1}\right\}$$

さらにこの q から，GP 分布の分布関数の後半部の逆関数を用いて，x を求める．

$$x = \frac{\sigma}{\gamma}\left\{(1-q)^{-\gamma}-1\right\}+\mu$$

以上の条件の下で，この橋脚基礎の，信頼性解析を行え．

問題 A.2-3：河川堤防の液状化危険度解析

河川堤防の液状化危険度解析の例題を示す．液状化懸念層上に設置された河川堤防（約 10km 区間，STA25〜STA35.5）において，46 地点のボーリング調査が実施され，液状化指数 PL 値が計算されている．調査地点の位置情報とそれぞれの地点における PL 値の平均と標準偏差は表-A.7 の通りである．なお，PL 値は自然対数で表示されていることに注意せよ．

(1)PL 値の空間的バラツキを確率場によりモデル化せよ．

(2) 局所推定により調査地点間を内挿し任意地点の PL 値を計算せよ．

- 対象区間を連続的に評価せよ．（内挿点は 50m 間隔とする）

(3) 下記の性能関数に基づいて，内挿点毎に信頼性解析を行い破壊確率を計算せよ．

$$M = PL_R - PL_{Cal} \tag{A.10}$$

ここで，PL_R は，PL 値の限界値で対数正規分布するものとし，$\mu_{\ln(PL_R)}$=9.7，$\sigma_{\ln(PL_R)}$=0.69 とする．PL_{Cal} は，任意地点の PL 値の計算値で，局所推定の内挿結果を用いる．

表 A.7　ボーリング調査データ

STA(km)	ln(PL) の平均値	ln(PL) の標準偏差	STA(km)	ln(PL) の平均値	ln(PL) の標準偏差
25.10	2.58	0.19	29.15	1.38	0.36
25.20	2.56	0.21	29.65	2.68	0.22
25.80	1.25	0.41	29.70	2.46	0.26
26.00	1.85	0.53	29.90	2.70	0.17
26.10	1.02	0.53	30.10	1.17	0.44
26.20	1.92	0.28	30.40	2.66	0.19
26.40	1.90	0.42	30.50	0.95	0.49
26.55	1.84	0.12	31.20	2.72	0.14
26.80	2.22	0.25	31.35	2.88	0.21
27.00	2.85	0.17	31.40	2.42	0.20
27.20	2.84	0.23	31.45	3.46	0.08
27.30	2.10	0.28	31.50	3.30	0.15
27.45	1.57	0.35	31.65	2.26	0.21
27.60	1.80	0.31	31.70	3.14	0.10
27.80	2.52	0.20	31.75	2.68	0.18
28.00	1.86	0.52	31.80	2.75	0.11
28.10	2.43	0.14	32.40	2.96	0.13
28.15	2.01	0.22	33.10	1.57	0.25
28.20	2.26	0.13	33.30	1.36	0.49
28.40	2.96	0.12	33.95	2.72	0.20
28.65	1.90	0.09	34.00	2.08	0.22
28.85	2.70	0.13	34.60	2.30	0.14
28.95	2.05	0.25	35.05	2.13	0.25

A.3　コードキャリブレーション

問題 A.3-1：集中荷重を受ける単純梁

信頼性解析の簡単な例題として 2.2.4 節でも採り上げた，集中載荷を受ける単純梁の曲げ破壊の問題を考える（**図-A.7**）．この問題の性能関数は，安全性余裕を M として，次式のようになる．

$$M = M_r - M_a = M_r - \frac{PX(\ell - X)}{\ell}$$

ここに ℓ は，梁の長さで 5m である．また，各記号の定義やその統計的性質は，**表-A.8** に示した．

この問題について，コードキャリブレーションの一般論で説明した，下記の 3 つの方法により，目標信頼性指標をそれぞれ，2.5,3.0 及び 3.5 とした場合，材料係数と荷重・抵抗係数を算定せよ．

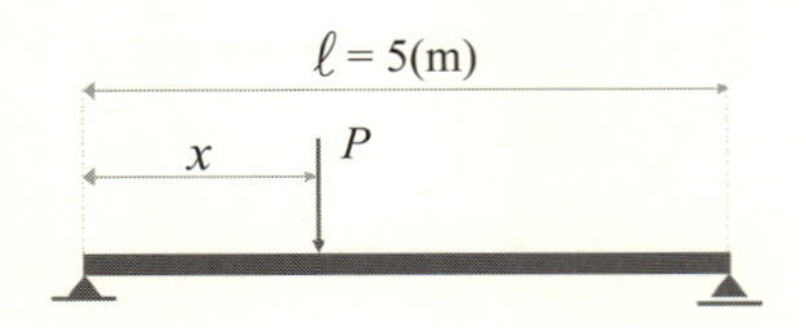

図 A.7 点 x に集中載荷 P を受ける単純梁

表 A.8 基本変数一覧表：集中荷重が作用する単純梁の曲げ破壊の例

基本変数（単位）	記号	平均	標準偏差	分布型	備考
集中荷重の大きさ (kN)	P	12	3.6	Gumbel 分布	比較のため対数正規分布，正規分布も仮定
集中荷重の作用位置 (m)	X	1.5	0.75	一様分布	範囲 [0,3]
梁の曲げ強さ (kNm)	M_r	30	3	正規分布	

(1) MCS により直接部分係数を決定する方法（MCS 直接法）

(2) 設計値法により部分係数を決定する方法（設計値法）

(3) 外力と抵抗の分布近似により荷重・抵抗係数を決定する方法（分布近似法）

【略解】 目標信頼性指標をそれぞれ，2.5,3.0 及び 3.5 とした場合，これを満足するために必要は Mr の平均値は，以下の通りである．

目標信頼性指標 β^T	2.5	3.0	3.5
抵抗曲げモーメント平均値 μ_{Mr} (kN-m)	29	35	41

例えば β^T=2.5 のとき，「MCS による直接法」によれば，設計点は Mr=26.75, Ma=26.83,x=2.50,P=21.47 となり，各基本変数の特性値が平均値であるとしたときの部分係数は，次のように計算できる．

$$\gamma_R = \frac{26.75}{29} = 0.92, \quad \gamma_S = \frac{26.83}{12.6} = 2.13$$

$$\gamma_{Mr}(= \gamma_R) = \frac{26.75}{29} = 0.92, \quad \gamma_P = \frac{21.47}{12} = 1.79, \quad \gamma_x = \frac{2.50}{1.5} = 1.67$$

問題 A.3-2：道路橋基礎杭の鉛直支持力抵抗係数のキャリブレーション

ここではコード・キャリブレーションの問題として，道路橋基礎の場所打ち杭を対象として，従来の全安全率による照査式を，荷重抵抗係数設計 (LRFD) の照査式に書き換えることを考える (詳細は，Honjo, Suzuki, Shirato and Fukui(2002) を参照せよ．)．この問題では，MCS による直接法を用いたキャリブレーションを行う．

すなわち従来の照査式は, 次式により与えられる.

$$\frac{1}{F_s}(R_t + R_s) \geq S_d + S_e \tag{A.11}$$

ここに, R_t と R_s は, 杭先端と杭周面の抵抗力, S_d と S_e はそれぞれ死荷重と地震荷重による杭の鉛直荷重である. さらに F_s は, 全体安全率である.

この問題では, この式を次式で書き換える.

$$\gamma_{Rt}R_t + \gamma_{Rs}R_s \geq \gamma_{Sd}S_d + \gamma_{Se}S_e \tag{A.12}$$

ここに, γ_{Rt}, γ_{Rs}, γ_{Sd} と γ_{Se} は, それぞれの部分係数である. 以後前 2 者を抵抗係数, 後 2 者を荷重係数と呼ぶ.

実際のコードキャリブレーションでは, 構造物種別ごとに, 対象とする設計コードで, その構造物種別が設計される場合の標準的な設計条件を網羅する範囲で, 均質な信頼性を担保できるように, 部分係数を設定する必要がある. この問題に対する標準的に確立された方法は存在せず, コードライターの工学的判断に依存するところが大きい.

Honjo 他 (2002) で取られたコードキャリブレーションの手順を以下に示す. なお, このキャリブレーションは, L1 地震動時についてのものである.

(1) 道路橋杭基礎の杭の種類や, それらの諸元の使用頻度等を調査する. さらに典型的な設計ケースを選択する. 本研究では 8 ケースを選択した.
(2) これらの 8 ケースの杭 1 本当りの荷重の程度や, 荷重の組合せの関係を調査する. 以上の調査に基づき, 道路橋示方書で設計される杭基礎橋脚の, 標準的な設計条件を網羅する範囲, すなわち典型的な幾つかの地盤条件と, 典型的な荷重の程度と組合せを決める. ここでは, 21 ケースの設計条件を設定している.
(3) 設定した 21 ケースについて, それぞれの荷重ケースについて, 現行の設計コードに基づき杭の諸元を決定する.
(4) 荷重及び抵抗についての不確実性を把握し, すべてのケースについて, 信頼性解析を実施し, 信頼性指標 β を算定する.
(5) 計算された信頼性指標 β に基づき, 目標信頼性指標を設定する.
(6) 21 ケースについて, 目標信頼性指標を持つ杭を設計する. それぞれについて, 直接法により部分係数を計算する. この結果に基づき, 工学的判断により, 適切は部分係数を設定する.

参考文献

[1] AASHTO(1994): AASHTO LRFD Bridge design specifications, SI units, first edition.

[2] AASHTO(2012): AASHTO LRFD Bridge design specifications.

[3] AISC(1986): Load and resistance factor design specification for structural steel buildings, American Institute of Steel Construction Inc.

[4] Akaike, H: Information Theory and an Extension of the Maximum Likelihood Principle, *2nd International Symposium on Information Theory*, Petrov, B. N. and Csaki, F., Akadimiai Kiado, Budapest, pp.267-281.

[5] 赤池弘次 (1976)：情報量基準 AIC とは何か，数理科学，No.153，pp.5-11.

[6] 赤池弘次 (1980)：エントロピーとモデルの尤度，日本物理学会誌，第 36 巻，第 7 号，pp.608-614.

[7] 赤池弘次 (1996)：AIC と MDL と BIC，オペレーションズ・リサーチ，1996 年 7 月号，pp.375-378.

[8] Allen, T.M., Nowak, A.S., and Bathurst, R.J. (2005), Calibration to determine load and resistance factors for geotechnical and structural design, Transport. Research Circular No. E-C079, TRB.

[9] Allen, T.M. (2005) Development of geotechnical resistance factors and downdrag load factors for LRFD foundation strength limit state design, FHWA-NHI-05-052, FHA.

[10] ANCOLD(1994): Guidelines on risk assessment, Australian National Committee on Large Dams, 1994.

[11] Ang, A. W-S and Tang, W.H. (1984): *Probability concepts in engineering planning and design, Vol.II: Decision, Risk and Reliability*,John Wiley & Sons.

[12] Ang, A. W-S and Tang, W.H.(2007): *Probability Cpncept in Engineering*, John Wiley & Sons,（能島・阿部訳、伊藤・亀田監訳: 土木・建築のための確率・統計の基礎, 丸善,2007）.

[13] Asaoka, A. and Matsuo, M.(1983): A simplified procedure for probability based $\phi_u = 0$ stability analysis, Soils and Foundations, Vol.23, No.1, pp.8-18.

[14] ATC(1996): Improved seismic design criteria for California bridges: provisional recommendations (ATC-32).

[15] Au, S-K and Beck, J.L.(2003): Subset simulation and its appplication to seismic risk based dynamic analysis, J. Engineering Mechanics (ASCE), Vol.129, No.8, pp.901-917.

[16] Baecher, G. and Christian, J. (2003): Geotechnical reliability: palying cards with the universe, Proc. Panamerican Conf. on Soil Mechanics and Geotechnical Engineering (Soil and Rock America 2003), Vol.2, pp.2751-2755.

[17] Baecher, G. and J.Christian (2005): *Reliability and Statistics in Geotechnical Engineering*, John Wiley & Sons.

[18] Barker, R.M., Duncan, J.M., Rojiani, K.B., Ooi, P.S.K., Tan, C.K. and Kim, S.G. (1991a).: Load factor design criteria for highway structure foundations, final report, NCHRP 24-4.

[19] Barker, R.M., Duncan, J.M., Rojiani, K.B., Ooi, P.S.K., Tan, C.K. and Kim, S.G. (1991b), Manuals for the design of bridge foundations, Appendix A: Procedures for evaluating performance factors, NCHRP Report 343.

[20] Bishop, A. and L. Bjerrum(1960): The relevance of the triaxial test to the solution of stability problems, Proc. ASCE Research Conf. on Shear Strength of Cohesive Soils, Boulder, Col., pp.437-501.

[21] Box, G. E. P. and Draper, N. R.(1987): *Empirical Model Building with Response Surface*, John Wiley.

[22] Brinch-Hansen, J.(1967): The philosophy of foundation design, design criteria, safety factor and settlement limit, Proc. Symp. Bearing Capacity and Settlement of Foundations, (ed. A.S. Vesic).

[23] Canadian Standards Association (2006). Canadian Highway Bridge Design Code, CAN/CSA-S6-06, Mississauga, Ontario.

[24] Canadian Standards Association (2014). Canadian Highway Bridge Design Code, CAN/CSA-S6-14, Mississauga, Ontario.
[25] CEN(1993): ENV 1991-1 Eurocode 1: Basis of design and Actions on Structures, Part 1: Basis of Design, pp.76.
[26] CEN(1994): ENV 1997-1 Eurocode 7: Geotechnical Design, Part 1 General rules, pp.123.
[27] CEN(1999): Draft EN 1990 Eurocode 0 Basis of design.
[28] CEN(2004) : EN 1997-1: Eurocode 7, Geotechnical design Part 1: General rules, European Committee for Standardization: Brussels.
[29] Chatterjee, S. and B. Price(1977):*Regression Anslysis by Example*, John Wiley & Sons(佐和・加納訳、回帰分析の実際、新曜社 1981）.
[30] Ching, J.,Phoon, K. K., and Chen, Y.(2010): Reducing shear strength uncertainties in clays by multivariate correlations, Canadian Geotechnical Journal, Vol.47, pp.16-33.
[31] Ching, J. and K.K. Phoon(2013): Quantile value method versus design value method for calibration of reliability-based geotechnical codes, Structural Safety, Vol.44, pp.47-58.
[32] CIB(1997): Final report of CIB Task Group 11 - Performance based building codes, CIB report Publication 206,
[33] CIB(2003): Final report of CIB Task Group 37 - Perfomace Based Building Regulation Systems (tentative), http://www.icbo.org/C0de-Talk/Performance-Code/CIBTG/.
[34] Cornell, C.A.(1968): A probability based structural code, J. Amer. Concrete Inst., Vol.66, No.12, pp.974-985.
[35] Cornell, C. A.(1971): First-order uncertainty analysis of soil deformation and stability, *Proc. 1st Int. Conf. Application of Statistics and Probability in Soil and Structural Engineering*, Hong Kong, pp.130-143.
[36] Cornell, C.A.(1975): Some comments on second-moment codes and on Bayesian methos, Reliability Approach in Structural Engineering (Freudenthal et al. ed.), Maruzen.
[37] De Groot, D.J. and Baecher, G.B.(1993): Estimating autocovariance of in situ soil properties, *J. Geotech. Eng. Div., ASCE*, Vol.119, No.GT1, pp.147-166.
[38] Detlevsen, O. and Madsen, H.O. (1996): *Structural Reliability Methods*, Wiley.
[39] Danish Geotechnical Institute(1975): Code of practice for Foundation Engineering, Danish Geotechnical Institute Bulletin No.32.
[40] Diamantidis, D.(2008), Background Documents on Risk Assessment in Engineering, Document #3 Risk Acceptance Criteria, JCSS(Joint Committee of Structural Safety),(http://www.jcss.ethz.ch/).
[41] 土木研究所 (1998): 建設省土木研究所耐震技術研究センター動土質研究室・社団法人全国地質調査業協会連合会「地盤の液状化抵抗の評価に関するサウンディング・サンプリング手法の実証実験報告書」.
[42] 土木学会 (2003)：性能設計概念に基づく構造物設計コード作成のための原則・指針と用語（通称「code PLATFORM」)，土木学会・包括設計コード作成委員会.
[43] 土質工学会編 (1985) 土質基礎の信頼性設計、土質工学ライブラリー 28、土質工学会.
[44] 土質工学会編 (1988) 土質データのばらつきと設計, pp.85, 1988.
[45] 日本道路協会 (2002a)：道路橋示方書・同解説 I 共通編・IV 下部構造編，丸善出版 (株).
[46] 日本道路協会 (2002b)：道路橋示方書・同解説 V 耐震設計編，丸善出版 (株).
[47] 日本道路協会 (2007)：杭基礎設計便覧 (平成 18 年度改訂版)，丸善出版 (株).
[48] 日本道路協会 (2012a)：道路橋示方書・同解説 I 共通編・IV 下部構造編，丸善出版 (株).
[49] 日本道路協会 (2012b)：道路橋示方書・同解説 V 耐震設計編，丸善出版 (株).
[50] 日本道路協会 (2015)：杭基礎設計便覧 (平成 26 年度改訂版)，丸善出版 (株).
[51] 日本道路協会 (2017a)：道路橋示方書・同解説 I 共通編，丸善出版 (株).
[52] 日本道路協会 (2017b)：道路橋示方書・同解説 IV 下部構造編，丸善出版 (株).
[53] 日本道路協会 (2017c)：道路橋示方書・同解説 V 耐震設計編，丸善出版 (株).
[54] ETC10: Evaluation of Eurocode7, Design Examples2. (http://www.eurocode7.com/etc10), (2018/07/30 accessed)
[55] Ellingwood, B., T.V. Galambos, J.G. MacGregor and C.A. Cornell(1980), Development of a probability based load criterion for American National Standard A58 building code requirements for minimum design loads in building and other structures, NBS report 577.
[56] Everitt, B.S.(1998):*The Cambridge Dictionary of Statistics*, Cambridge University Press.（清水良一訳、統計

科学辞典、朝倉書店、2002)
[57] FEMA(1997a): FEMA-273 (ATC-33): NEHRP guidelines for the seismic rehabilitation of buildings.
[58] FEMA(1997b): FEMA-274 (ATC-33): NEHRP commentary on the guidelines for the seismic rehabilitation of buildings.
[59] Fenton, G. A. and Vanmarcke, E. H.(1990): Simulation of random fields via local average subdivision, ASCE J. Eng. Mech., Vol.116, No.8, pp.1733-1749.
[60] Fenton, G. A.(1994): Error evaluation of three random-field generators, *ASCE J. of Eng. Mech.*, Vol.120, No.12, pp.2478-2497.
[61] Fenton, G. A. and Griffiths, D. V.(1996): Statistics of free surface flow through a stochastic earth dam, ASCE J. Geotech. Eng., Vol.122, No.6, pp.427-436.
[62] Fenton, G. A. and Griffiths, D. V.(1997): Extreme hydraulic gradient statistics in a stochastic earth dam, ASCE J. Geotech. Geoenv. Eng., Vol.123, No.11, pp.995-1000.
[63] Fenton, G. A. and Vanmarcke, E. H.(1998): Spatial variation in liquefaction risk, *Géotechnique*, Vol.48, No.6, pp.819-831.
[64] Fenton, G. A. and Griffiths, D. V.(2002): Probabilistic foundation settlement on spatially random soil, ASCE J. Geotech. Geoenv. Eng., Vol.128, No.5, pp.381-390.
[65] Fenton, G. A. and Griffiths, D. V.(2003): Bearing capacity prediction of speatially random c-ϕ soils, Can. Geotech. J., Vol.40, No.1, pp.54-65, 2003.
[66] Fenton, G. A. and Griffiths, D. V.(2005): Three-dimensional probabilistic foundation settlement,ASCE J. Geotech. Geoenv. Eng., Vol.131, No.2, pp.232-239.
[67] Fenton, G. A. and Griffiths, D. V.(2008): *Risk Assessment in Geotechnical Engineering*, John Wiley & Sons.
[68] Fenton,G.A., F.Naghibi, D.Dundas, R.J. Bathurst, D.V. Griffiths(2016):Reliability-Based Geotechnical Design in the 2014 Canadian Highway Bridge Design Code, Canadian Geotechnical Journal, 2016, Vol. 53, No. 2,pp. 236-251.
[69] FHA(1999): Geotechnical Engineering Practice in Canada and Europe, FHWA-PL-99-013.
[70] Foliente, G.C.(2000): Developments in performance-based building codes and standards, Forest Products Journal, Vol.5, No.7/8, pp.12-21.
[71] 福井次郎 (2001):道路橋基礎の性能設計、基礎工, Vol.29, No.8, pp.17-20.
[72] 福井次郎，白戸真大，松井謙二，岡本真次 (2002)：三軸圧縮試験による砂の内部摩擦角と標準貫入試験 N 値との関係，土木研究所資料，第 3849 号.
[73] 福永勇介，竹信正寛，宮田正史，野津厚，小濱英司 (2016)：重力式および矢板式岸壁を対象とした 被災検証による照査用震度式の妥当性の評価，国総研資料第 920 号.
[74] Fukushima, Y. and Tanaka, T.(1990): A New Attenuation Relation for Peak Horizontal Acceleration of Strong Earthquake Ground Motion in Japan, Bull. Seism. Soc. Am., Vol.80, pp.757-783.
[75] 古田均 (1987)：構造設計のための信頼性基礎理論，土木学会関西支部「限界状態設計法」, pp.5-32.
[76] 古田均・白木渡・本城勇介・佐藤尚次 (2009)，性能設計における作用指針，土木学会論文報告集 (F)、Vol.65, No.4, 473-485.
[77] Galambos, T.Y.(1990): System reliability and structure design, Structural Safety, Vol.7,pp.101-108.
[78] Galambos, T.V. (1992): Design codes,*Engineering Safety* (ed. D. Blockley), McGraw-Hill Book company, pp.47-71.
[79] GEO(2007): Landslide Risk Management and the Role of Quantitative Risk Assessment Techniques (Information Note 12/2007), Geotechnical Engineering Office, Department of Civil Engineering and Development Department, The Government of the Hong Kong Special Administrative Region.
[80] 下司弘之 (2006)：港湾法の改正と技術上の基準の性能規定化の概要について，港湾，Vol.83, 2006.8, pp.8-11.
[81] Gilks, W.R., Richardson, S. and Spiegelhalter, D.J.(1996): *Markov chain Monte Carlo in practice*, Chapman & Hall/CRC, 1996.
[82] Hamburger,R.O.(1997): The development of performance based building structural design in the United States of America, Proceedings of International Workshop on Harmonization in Performance based Building structural design in countries surrounding Pacific Ocean.
[83] Hara, A., Ohta, T., Niwa, M., Tanaka, S., and Banno, T.: Shear modulus and shear strength of cohesive soils,

Soils and Foundations, Vol.14, No.3, pp.1-12.

[84] 原隆史・本城勇介 (2010)：Eurocode 7 と AASHTO 基準における信頼性設計法の適用，「講座： 地盤構造物の設計コードと信頼性設計法」，地盤工学会誌 Vol.58, No.12, pp.62-69.

[85] Hasfer, A.M. and Lind, N.C.(1974): Exact and invariant second-moment code format, J. Eng. Mech., ASCE, Vol.100, No. EM1, pp.111-121.

[86] 日野幹雄 (1977)：スペクトル解析，朝倉書店.

[87] Honjo, Y. and K. Kuroda (1991): A new look at fluctuating geotechnical data for reliability design, Soils and Foundations, Vol.31, N0.1, pp.110-120.

[88] 本城勇介 (1996)：IABSE コロキュアム：設計の基本と構造物の荷重-Eurocode1 の背景と応用－に参加して, 土と基礎, Vol.44, No.11, pp.36-38.

[89] 本城勇介 (1999)：ユーロコードと ISO 規格—地盤工学分野，「ISO 対応」に関する第 2 回シンポジウム－ISO と CEN －講演資料集，pp.85-104，土木学会.

[90] 本城勇介（主査・分担執筆者）(1999)：地盤工学ハンドブック　第 3 編地盤工学の実務と理論 第 3 章設計法，地盤工学会.

[91] 本城勇介・鈴木誠 (2000): 杭基礎設計における不確実性の評価方法（その 1）「講座：杭基礎の鉛直荷重～変位特性の評価法入門」, 土と基礎, Vol.48, No.7.

[92] 本城勇介 (2000a)：包括基礎構造物設計コード「地盤コード 21Ver.1」の提案, 土と基礎, Vol. 48, No.9, pp.17-20.

[93] 本城勇介 (2000b): 包括基礎構造物設計コード「地盤コード 21」の提案、土木 ISO ジャーナル、第 4 号、pp.5-19.

[94] 本城勇介 (2000c): 性能規定型設計・限界状態設計法の動向と杭基礎への適用, 基礎工, Vol. 28, No.12 (通番 No.329), pp.35-39.

[95] 本城勇介 (2001a)：欧州における基礎構造物・地盤構造物設計コードに関する調査（科学研究費補助・基盤研究 (B)(1) 報告書）、pp.59.

[96] 本城勇介 (2001b)：限界状態設計法と部分係数の決定、基礎工　Vol.29,No.8,pp.6-11.

[97] Honjo, Y. and Kazumba, S.(2002): Estimation of autocorrelation distance for modeling spatial variability of soil properties by random filed theory, 第 47 回地盤工学シンポジウム論文集 (地盤工学会), pp.279-286.

[98] Honjo, Y., M. Suzuki, M.Shirato and J. Fukui(2002) Determination of partial factors for a vertically loaded pile based on a reliability analysis, Soils and Foundations, Vol.42, No.5, pp.91-110.

[99] 本城勇介 (2002)：地盤構造物の性能設計, 土と基礎, Vol.50,No.1,pp.1-3.

[100] Honjo, Y. and O. Kusakabe (2002): A keynote lecture 'Proposal of a comprehensive foundation design code: Geo-code 21 ver.2', Foundation design codes and soil investigation in view of international harmonization and performance based design, Balkema (Proc. of IWS Kamakura), pp.95-103.

[101] 本城勇介、日下部治、市川篤司、佐藤尚次、山本修司, 香月智、谷和夫、山口栄輝、杉山俊幸、澤田純男、谷村幸裕、上東泰、佐々木義裕 (2003): 「性能設計概念に基づいた構造物設計コード作成のための原則・指針と用語（通称「code PLATFORM ver. 1」)」の開発, 構造物の安全性および信頼性 Vol. 5, JCOSSAR 論文集, pp. 881-888.

[102] 本城勇介・松井謙二 (2004): 地盤工学分野における国際的な設計コードの動向と展望、土と基礎、Vol52,No.2,pp.17-20.

[103] 本城勇介 (2004): 地盤構造物の設計論と設計コード，土と基礎，　Vol.52, No.12, pp.10-14.

[104] Honjo, Y. and S. Amatya(2005): Partial factors calibration based on reliability analyses for square footings on granular soils, *Géotechnique*，Vol.55, No.6, pp.479-491.

[105] Honjo, Y., Y. Zaika, and P. Gyaneswor (2005): Estimation of subgrade reaction coefficient for horizontally loaded piles by statistical analyses, Soils and Foundations, Vol. 45, No.3, pp.51-70.

[106] Honjo, Y. and B. Setiawan(2005): Appropriate sample size for determining characteristic value of soil parameter by a statistical method, 第 50 回地盤工学シンポジウム論文集 (地盤工学会).

[107] 本城勇介・北原寛之 (2005): 国家賠償法 2 条と社会基盤施設の安全性に関する考察，構造工学論文集（土木学会），Vol.51A, pp.285-296.

[108] 本城勇介・伴亘 (2006): 統計資料に基いた日本人のリスクの比較，安全問題研究論文集（土木学会），Vol.1, pp.67-72.

[109] Honjo, Y. and B. Setiawan (2007), General and local estimation of local average and their application in

geotechnical parameter estimations, Georisk, Vol.1, No.3, pp.167-176.
[110] 本城勇介・本田道識・小川浩一・門田浩一・鈴木誠・建山和由・八谷誠・古川毅・村上章・若槻好孝 (2007): 盛土構造物の性能規定化における課題と展望（委員会報告）, 土木学会論文集 C, Vol.63, No.4, pp993-1000.
[111] 本城勇介 (2008), 国家賠償法２条と社会基盤施設の安全性について, 地盤工学会誌 Vol.56, No.11, 8-11.
[112] Honjo Y. (2008): Monte Carlo Simulation in reliability analysis, pp.169-191, in *Reliability Based Design in Geotechnical Engineering* (ed. K.K. Phoon), Taylor & Francis.
[113] Honjo, Y., Machida, Y. and Jlilati, M. N.(2008): Modeling of Spatial Variability of Soil Property and Reliability Based Design of Piles, A keynote lecture, Proc. of Geotropika 2008, pp.1-15.
[114] Honjo, Y., T.C. Kieu Le, T. Hara, M. Shirato, M. Suzuki and Y. Kikuchi, Code calibration in reliability based design level I verification format for geotechnical structures, Geotechnical Safety and Risk (Proc. of IS-Gifu) (eds. Y. Honjo, M.Suzuki, T. Hara and F. Zhang), CRC press, pp. 433-452. (未公開の日本語版あり)
[115] 本城勇介 (2009)：（巻頭言）性能設計概念に基づいた「港湾の施設の技術上の基準」、基礎工、Vol.37, No.3, p.1.
[116] 本城勇介 (2010)：「性能設計」、地盤工学会誌、Vol.58,No.1,p.20-21.
[117] Honjo, Y., Y. Kikuchi and M. Shirato (2010): Development of the design codes grounded on the performance based design concept in Japan, Soils and Foundation; Jubilee Issue, Vol. 50, No.6, pp983-1000.
[118] 本城勇介, 諸岡博史 (2010): 国家賠償法２条の瑕疵判例より見た社会基盤施設の安全性と技術者の責任, 土木学会論文集（F 部門）Vol.64, No.1, pp.1-13.
[119] 本城勇介 (2010a)：講座を始めるに当たって,「講座：地盤構造物の設計コードと信頼性設計法」, 地盤工学会誌 Vol.58, No.10, pp.51-52.
[120] 本城勇介・鈴木誠 (2010)：信頼性設計法による設計コードの開発の概要,「講座：　地盤構造物の設計コードと信頼性設計法」, 地盤工学会誌 Vol.58, No.10, pp.53-60.
[121] 本城勇介 (2010b)：講座を終えるに当たって,「講座：地盤構造物の設計コードと信頼性設計法」, 地盤工学会誌 Vol.59, No.2, pp.65-66.
[122] Honjo, Y. (2011), Challenges in geotechnical reliability based design, *Geotechnical Safety and Risk (IASAR2011)* (N.Vogt, B.Schuppener, D. Straub and G.Brau eds.), pp.11-27, Bundesanstalt fur Wasserban.
[123] 本城勇介・町田裕樹・森口周二・原隆史・沢田和秀・八嶋厚 (2011): 岐阜県飛騨圏域を対象とした道路斜面危険度評価, 土木学会論文集 C, Vol.67, No.3, pp.299-309.
[124] 本城勇介, 大竹雄, 原隆史 (2011)：ETC10 例題のレベル III 信頼性設計, 構造物の安全性信頼性 Vol.7, JCOSSAR2011 論文集, pp.615-622.
[125] 本城勇介, 大竹雄, 加藤栄和 (2012)：地盤パラメータ局所平均の空間的ばらつきと統計的推定誤差の簡易評価理論, 土木学会論文報告集 C(地圏工学), Vol.68, No.1, pp.41-55.
[126] 本城勇介, 大竹雄 (2012)：地盤パラメータ局所平均の統計的推定誤差評価理論の検証, 土木学会論文報告集 C(地圏工学), Vol.68, No.3, pp.475-490.
[127] Y. Honjo and Y. Otake: (2013): A Simple Method to Assess the Effects of Soil Spatial Variability on the Performance of a Shallow Foundation, ASCE Geotechnical Special Publication No.229, Foundation Engineering in the Face of Uncertainty (honoring Fred H. Kulhawy),J.L. Whithiam, K.K. Phoon and M. H. Hussein eds., pp. 385-404.
[128] 本城勇介 (2013)：「地盤工学会における性能規定型設計コードの作成：地盤コード 21」, 土木学会誌 (性能設計特集号), Vol.93, No.3, pp.18-19.
[129] 本城勇介, 大竹雄 (2013)：地盤工学技術者のための確率統計入門 第 5 章 確率過程と確率場, 地盤工学会誌, Vol.61, No.1, (Ser.No.660), pp.48-55.
[130] 本城勇介 (2014)：信頼性-リスク評価と意思決定-, コンクリート学会誌, Vol.52, No.9, pp.821-826.
[131] 本城勇介・大竹雄 (2014)：簡易な地盤構造物信頼性解析法の開発と浅い基礎の設計問題への適用, 土木学会論文集C, Vol.70, No.4, 372-388.
[132] 本城勇介, 大竹雄, 佐藤敦, 流石尭, 小林孝一, 宗宮裕雄 (2014)：岐阜県橋梁点検データベースの統計解析に基づく劣化機構を考慮した橋梁健全度評価, 構造工学論文集 (土木学会) Vol.60A, pp.462-474.
[133] 本城勇介・七澤利明 (2014)：米国道路橋設計基準における荷重抵抗係数設計法（LRFD）の策定経緯と評価, 橋梁と基礎, Vol.48, No.12, pp.26-31.
[134] 本城勇介 (2015a)：道路橋の部分係数設計法：欧州と北米の動向 (上), 土木施工, Vol.56, No.2 pp.117-120.
[135] 本城勇介 (2015b)：道路橋の部分係数設計法：欧州と北米の動向 (下), 土木施工, Vol.56, No.3, pp.157-160.

[136] 本城勇介 (2015c)：地盤工学における信頼性設計法に関する研究の展開と課題，地盤工学会誌，Vol.63,No.5,Ser,No.688, pp.1-5（「地盤工学における信頼性設計」特集号）.
[137] 本城勇介 (2018)：「港湾の施設の技術上の基準」における性能設計の理念と実際，基礎工，Vol.46，No.5，pp.6-9.
[138] 星谷勝 (1974)：確率論手法による振動解析，鹿島出版会.
[139] 星谷勝, 石井清 (1986)：構造物の信頼性設計法，鹿島出版会.
[140] HSE(1999): Reducing risks, Protecting people, Health and Safety Executive,London.
[141] ICC(1998): ICC Building Performance Committee: Preliminary Committee Report.
[142] ICC(2000): Final draft ICC performance code for buildings and facilities，pp.197.
[143] 今出和成，西村伸一，珠玖隆行，柴田俊文，村上章，藤沢和謙 (2015a)：地質統計学手法によるアースダム堤体における CPT 先端抵抗分布の推定，JCOSSAR2015 論文集 構造物の安全性・信頼性 Vol.8 pp.622-629.
[144] 今出和成，西村伸一，珠玖隆行，柴田俊文，村上章，藤沢和謙 (2015b)：地質統計手法によるため池堤体における CPT 先端抵抗分布の推定，第 50 回地盤工学研究発表会 pp.227-228.
[145] 今出和成，西村伸一，珠玖隆行，柴田俊文，村上章，藤沢和謙 (2015c)，地質統計学手法によるため池堤体における CPT 先端抵抗分布の推定，第 70 回農業農村工学会中国四国支部講演会 pp.101-103.
[146] 今出和成，西村伸一，珠玖隆行，柴田俊文，村上章，藤沢和謙 (2016):CPT によるため池堤体の液状化確率評価，第 51 回地盤工学研究発表会 pp.179-180.
[147] ISO(1998): ISO2394, General principles on reliability for structures (3rd edition).
[148] ISO(2015): ISO2394, General principles on reliability for structures (4th edition).
[149] 地盤工学会 (2000): 我が国の基礎設計の現状と将来のあり方に関する研究委員会-設計法と地盤調査法の国際整合性-報告書、第 45 回地盤工学シンポジウム資料.
[150] 地盤工学会 (2004): JGS4001-2004 性能設計概念に基いた基礎構造物等に関する設計原則.
[151] JISC: 日本工業標準調査会 URL， http://www.jisc.go.jp/cooperation/wto-tbt-guide.html (2018 年 8 月アクセス確認）
[152] Journel, A.G. and Huijbregts, C.J.(1978): *Mining Geostatistics*, Academic Press.
[153] 金井道夫他 (2018)：[特集] 道路橋示方書改定．橋梁と基礎，2018 年 3 月号，pp.1-56.
[154] Kanda, J.(1990):Optimum reliaility for probability based structural design, J.the Faculty of Engineering, The University of Tokyo, Vol.XL,No.4,pp337-349.
[155] 神田順 (1997)：耐震建築の考え方，岩波科学ライブラリー 51，岩波書店.
[156] 勝俣優，竹信正寛，宮田正史，村上和康 (2016)：直杭式横桟橋の船舶接岸時のレベル 1 信頼性設計法に関する諸考察（その 2)，国総研資料第 931 号.
[157] 川俣秀樹，竹信正寛，宮田正史 (2016)：修正フェレニウス法を用いた円弧すべり解析における安全性水準の基準間比較，国総研資料第 900 号.
[158] 川俣秀樹，竹信正寛，宮田正史 (2017)：修正フェレニウス法を用いた円弧すべり照査のレベル 1 信頼性設計法に関する基礎的研究，国総研資料第 955 号.
[159] 日本建築学会 (2001)：建築基礎構造設計指針・同解説.
[160] 日本建築学会 (2002):建築物の限界状態設計指針・同解説.
[161] 日本建築学会 (2015)：建築物荷重指針・同解説.
[162] 日本建築学会 (2016)：建築物荷重指針を活かす設計資料 1.
[163] 菊池喜昭、 本城勇介、日下部治 (2003)：地盤基礎構造物分野における包括的構造物設計コードの提案, 構造物の安全性および信頼性 Vol. 5, JCOSSAR 論文集, pp. 889-894.
[164] 菊森佳幹 (2008) 堤防の浸透破壊に対する安全性評価の精度向上に関する調査，国総研資料第 441 号.
[165] 清宮理他 (2018)：[特集] 新しい港湾基準—改訂のポイント，基礎工，Vol.46，No.5，pp.1-48.
[166] 小林勝巳・桑原文夫・小椋仁志 (2003)：建築基礎構造における限界状態設計法の導入、構造物の安全性および信頼性 Vol. 5, JCOSSAR 論文集, pp. 901-908.
[167] Kohno, T., Nakaura,T., Shirato,M. and Nakatani,S.(2009): An evaluation of the reliability of vertically loaded shallow foundations and grouped-pile foundations, *Procs of The Second,International Symposium on Geotechnical Risk and Safety*, pp.177-184.
[168] 国土技術研究センター (2002)：河川堤防の構造検討の手引き.
[169] 国土技術研究センター (2012)：河川堤防の構造検討の手引き (改訂版).
[170] 国土交通省 (2002)：土木・建築にかかわる設計の基本.

[171] 国土交通省水管理・国土保全局治水課 (2002)：河川堤防設計指針.
[172] 国土交通省水管理・国土保全局治水課 (2007)：河川堤防設計指針 (最終改正).
[173] 国土交通省都市局長・道路局長 (2017)：橋、高架の道路等の技術基準の改定について，国都街第 45 号・国道企第 23 号，平成 29 年 7 月 21 日.
[174] 小西貞則・北川源四郎 (2004)：情報量基準，朝倉書店.
[175] Konrad,J.M. and Law,K.T.(1987): Undrained shear strength from piezocone tests, Canadian Geotechnical Journal, Vol.24, pp.392-405.
[176] 神田政幸 (2015)：鉄道構造物の信頼性解析，地盤工学会誌，Vol.65, No.5, Ser.No.688, pp.10-13.
[177] 日本港湾協会 (1999)：港湾の施設の技術上の基準・同解析.
[178] 日本港湾協会 (2007)：港湾の施設の技術上の基準・同解説 (上・下).
[179] 日本港湾協会 (2018)：港湾の施設の技術上の基準・同解説 (上・中・下).
[180] 小柳義夫 (1989)：乱数，Fortran77 による数値計算ソフトウェア（渡部力，名取亮，小国力監修), pp.315-322, 丸善.
[181] Kulhawy, F. H. and Mayne P. W.(1990): Manual on Estimating Soil Properties for Foundation Design, EPRI EL-6800 Project 1493-6 Final Report.
[182] Kulicki, J.M. and D.R. Mertz (1988) NCHRP 20-7/31 Development of comprehensive bridge specifications and commentary.
[183] Kulicki, J.M. and D.R. Mertz (1993), Development of a comprehensive bridge specification and commentary, NCHRP 12-33.
[184] Kulicki, J.M., Zolan, P., Clancy, C.M., D.R. Mertz and Nowak, A.S. (2007), Updating the calibration report for AASHTO LTFD code, NCHRP 20-7/186.
[185] Lesny, K., Paikowsky, S.G.(2011): Developing a LRFD procedure for Shallow Foundations, Procs of Risk Assessment and Management in Geo-Engineering.
[186] Lind, N.C.(1971):Consistent partial safety factors, J.Structural Division, Proc. ASCE, Vo;.97, No.ST6,pp.1651-1669.
[187] Lumb, P. (1966): The variability of natural soils, Canadian Geotechnical J., Vol.3, pp.74-97.
[188] Lumb, P. and Holt,J.K. (1968): The undrained shear strength of a soft marine clay from Hong Kong, Geotechnique, Vol.18, pp.25-36.
[189] Lumb, P.(1974): Application of statistics in soil mechanics, '*Soil Mechanics - new horizons*', pp.44-111, Newness Butterworths, London.
[190] Lumb, P. (1975): Special variability of soil properties, Proc. 2nd. ICASP pp.397-421.
[191] Marchetti,S.(1985): On the field determination of K0 in sand, Proceedings 11th International Conference on Soil Mechanics and Foundation Engineerings, Vol.5, pp.2667-2675.
[192] Matheron, G.(1973): The intrinsic random functions and their applications, *Adv. in Appl. Probability*, Vol.5, pp.439-468.
[193] 松原弘晃，竹信正寛，宮田正史 (2016)：控え矢板式岸壁の永続状態における目標安全性水準に関する諸考察，国総研資料第 901 号.
[194] 松原弘晃，竹信正寛，宮田正史，渡部要一 (2017)：控え矢板式係船岸の永続状態におけるレベル 1 信頼性設計法に関する基礎的研究，国総研資料第 956 号.
[195] 松井謙二・前田良刀・石井清・鈴木誠 (1991)： N 値の空間分布のモデル化と杭支持力推定への応用, 土木学会論文集, No.436/III-16, pp.57-64.
[196] Matsumoto,M.and T. Nishimura(1998): Mersenne twister: A 623-dimensionally equidistributed uniform pseudorandom number generator, ACM Trans. on Modeling and Computer Simulations.
[197] Matsuo, M. and Asaoka, A.(1976): A statistical study on a conventional "safety factor method", Soils and Foundations, Vol.16,No.1,pp.75-90.
[198] Matsuo, M. and Asaoka, A.(1977): Probability models of undrained strength of marine clay layer, Soils and Foundations,Vol.17,No.3, pp.53-68.
[199] Matsuo, M. and Asaoka, A.(1978): Dynamic design philosopy of soils based on the Bayesian reliability prediction, Soils and Foundations, Vol.18, No.4, pp.1-17,
[200] 松尾稔, 上野誠 (1978)：斜面崩壊防止のための信頼性設計に関する研究，土木学会論文報告集，第 276 号, pp.77-84.

[201] 松尾稔, 上野誠 (1979)：破壊確率を用いた自然斜面の崩壊予知に関する研究，土木学会論文報告集，第 281 号，pp.65-74.

[202] 松尾稔, 上野誠 (1980)：洪水時の堤防の浸透解析と破壊予知に関する一考察，土木学会論文報告集，第 299 号，pp.73-84.

[203] Matsuo, M. and Kawamura, K.(1980a)：A design method of deep excavation in cohesive soil based on the reliability theory，Soils and Foundations, Vol.20, No.1, pp.61-75.

[204] Minoru, M. and Kawamura, K.(1980b)：Prediction of failure of earth retaining structure during excavation works，Soils and Foundations, Vol.20, No.3, pp.33-44.

[205] 松尾稔 (1984)：地盤工学－信頼性設計の理念と実際－，技報堂出版.

[206] 松尾稔、本城勇介、杉山郁夫 (1996): エネルギー消費量を考慮した社会基盤施設の新しい設計法、土木工学論文集 No.553/VI-33, pp.1-19.

[207] 松尾稔 (1997)：防災対策に求められること－行政の責任と市民の自己責任－，道路，1997 年 2 月号 (672 号)，pp.52-55.

[208] Melchers, R. E. (1999): *Structural Reliability Analysis and Prediction*, John Wiley & Sons, Inc.

[209] Meyerhof, G.G.(1993): Development of Geotechnical Limit State Design, Proc. Int. Symp. Limit Sate Design in Geotechnical Engineering, Vol.1, pp.1-12.

[210] Minervino,C.,B.Sivakumar,F. Moses, D. Mertz and W.Edberg(2004): New AASHTO Guide Manual for Load and Resistance Factor Rating of Highway Bridges, Journal of Bridge Engineering, ASCE.

[211] 蓑谷千凰 (2003)：統計分布ハンドブック、朝倉書店.

[212] 宮田正史・竹信正寛 (2015)：港湾構造物の信頼性設計，地盤工学会誌，Vol.65, No.5, Ser.No.688, pp.14-17.

[213] 村上和康, 竹信正寛, 宮田正史 (2016)：直杭式横桟橋の船舶接岸時のレベル 1 信頼性設計法に関する諸考察（その 1），国総研資料第 899 号.

[214] 室町忠彦 (1957)：粘性土におけるコーン貫入抵抗と一軸圧縮強度との関係，土木学会誌，Vol.42，No.10, pp.7-12.

[215] 長尾毅，柴崎隆一，尾崎竜三 (2005)：経済損失を考慮した期待総費用最小化のための岸壁の常時のレベル 1 信頼性設計法，構造工学論文集 Vol.51A, pp.389～400.

[216] 長尾毅・川名太 (2006)：港湾構造物の設計法の性能規定化について，土木学会第 60 回年次学術講演会.

[217] 長尾毅，菊池喜昭，藤田宗久，鈴木誠，佐貫哲朗 (2006)：桟橋式係船岸のレベノレ 1 地震動に対する信頼性設計法，構造工学論文集，Vol.52A(土木学会，2006 年 3 月)，pp.201-20.

[218] 長尾毅・野津光夫・今井優輝 (2006)：サンドコンパクションパイルが打設された港湾施設の円弧すべり計算への信頼性設計法の適用，海洋開発論文集，第 22 巻，2006 年 7 月，土木学会，pp.727-732.

[219] 中川徹、小柳義夫 (1982): 最小二乗法による実験データの解析、東京大学出版会.

[220] 中瀬明男 (1966)：粘性土地盤の支持力，港湾技術研究所報告，Vol.5,No.12.

[221] 中谷昌一、白戸真大、河野哲也、中村祐二、野村朋之、横幕清、井落久貴 (2009)：性能規定体系における道路橋基礎の安定照査法に関する研究，土木研究所資料第 4136 号.

[222] 中谷昌一 (2009): 性能規定体系における道路橋基礎の安定照査法に関する研究，京都大学学位論文.

[223] 中谷昌一，白戸真大，横幕清：杭の軸方向の変形特性に関する研究，土木研究所資料，第 4139 号.

[224] 中谷昌一他 (2018)：[特集] 道路橋示方書・同解析：下部構造編・耐震設計編ー改定のポイントー，基礎工，2018 年 4 月号，pp.1-76.

[225] NCHRP(2007): Cone Penetration Testing: A Synthesis of Highway Practice, NCHRP Synthesis 368,Transportation Research Board of the National Academies.

[226] 中日本高速道路 (2007)：設計要領第 2 集 橋梁建設偏，P.4-8-4-14.

[227] 西村伸一・高山裕太・鈴木誠・村上章・藤澤和謙 (2011)：堤体盛土における N 値空間分布の推定，土木学会論文集C（地圏工学），Vol.67, No.2, pp.252-263.

[228] 西村伸一，柴田俊文，珠玖隆行，今出和成，西垣誠 (2016);CPT による河川堤防の弱点箇所の同定，第 51 回地盤工学研究発表会 pp.215-216.

[229] Nishino, F., A.Hasegawa, C.Miki and Y.Fujino(1982): A fractile-based reliability structurural design, Proc. JSCE, No.326,pp.141-153.

[230] NKB(1978): Structure for building regulation, NKB report No.34.

[231] Ohya, I., Imai, T. and Matsubara, M.(1982): Relationships between N value by SPT and LLT pressuremeter Results, Proceedings, 2nd European symposium on penetration testing, Vol.1, pp.125-130.

[232] Ohya,I.,Imai,T.and Matsubara,M.(1982): Relationships between N value by SPT and LLT pressuremeter Results,Proc.of 2nd European Symposium on Penetration Testing, Vol.1, pp.125-130.
[233] 岡原美智夫，木章次 (1990)：道路橋示方書 £ 下部構造編の改訂概要-弾性体基礎の水平方向挙動を中心に-，土木技術資料，Vol.32，No.6，pp.41-48.
[234] 岡原美智夫，中谷昌一，田口啓二，松井謙二 (1990)：軸方向押し込み力に対する杭の支持力特性に関する研究，土木学会論文集，第 418 号/III-13.
[235] 岡原美知夫，高木章次，中谷昌一，木村嘉富 (1991)：単杭の支持力と柱状体基礎の設計法に関する研究，土木研究所資料，第 2919 号.
[236] 岡本浩一 (1992)：リスク心理学入門，サイエンス社.
[237] Ontario Ministry of Transportation and Communications (1983), Ontario highway bridge design code, Toronto, Ontario, Canada.
[238] Orr, T.L.L. and O'Brien, E.J.(1996): Examples of application of Eurocode 1, Proc. IABSE colloquium on Basis of design and actions on structures-background and application of Eurocode 1, pp.141-148, Delft.
[239] Orr, T.L.L. and Farrell, E.R.(1999): *Geotechnical design to Eurocode 7*, Springer.
[240] Orr, T.L.L. (2015) : Managing risk and achieving reliable geotechnical designs using Eurocode 7, pp.396-434, *Risk and Reliability in Geotechnical Engineering 1st Edition* (K.K.Phoon and J.Ching (Editors)), CPC Press.
[241] 大竹雄，加藤智雄，坂梨和彦，本多亜佑美，原隆史，八嶋厚，乙志和孝 (2010)：液状化地盤におけるフルーム水路の地震時残留変形の簡易推定，第 54 回地盤工学シンポジウム（創立 60 周年記念シンポジウム），pp.385-390.
[242] 大竹雄，流石尭，本城勇介，村上茂之，小林孝一 (2011)：統計的手法を用いた橋梁点検データベースに基づく橋梁健全度評価に関する基礎的研究，土木学会論文集 A2(応用力学)，Vol.67，No.2, (応用力学論文集 Vol.14), pp.I_813-I_824.
[243] 大竹雄・本城勇介 (2012a):地盤パラメータ局所平均を用いた空間的ばらつきの簡易信頼性評価法の検証，土木学会論文集 C, Vol.68, No.3, pp. 475-490.
[244] 大竹雄・本城勇介 (2012b): 応答曲面を用いた実用的な地盤構造物の信頼性設計法-液状化地盤上水路の耐震設計への適用-，土木学会論文集 C , Vol.68, N0.1, pp.68-83.
[245] 大竹雄，本城勇介，小池健介 (2012)：調査地点を考慮した線状地盤構造物の液状化危険度解析，地盤工学ジャーナル, Vol.7, No.1, pp.283-293.
[246] 大竹雄，流石尭，小林孝一，本城勇介 (2012)：橋梁点検データベースの統計解析に基づく劣化機構を考慮した鋼橋 RC 床板の健全度評価，土木学会論文集 A(構造・地震工学)，Vol.68，No.3，pp.638-695.
[247] 大竹雄 (2012)：地盤構造物の信頼性設計法の構築と設計の観点からみた地盤工学の課題，岐阜大学学位論文.
[248] 大竹雄・本城勇介・平松佑一・佐古俊介・中山修一・長野拓朗 (2014): 震災前後の地盤情報を用いた河川堤防 20km の液状化危険度解析，地盤工学ジューナル，Vol.9，No.2，pp.2，pp.203-217.
[249] 大竹雄，本城勇介 (2014a)：地盤構造物設計におけるモデル化誤差の定量化，土木学会論文集 C(地圏工学), Vol.70, No.2,170-185.
[250] 大竹雄・本城勇介 (2014b)：地盤構造物設計における変換誤差の定量化，土木学会論文集 C(地圏工学),Vol.70, No.2,186-198.
[251] 大竹雄・本城勇介 (2016)：地盤構造物設計の不確実性寄与度分析と設計の観点から見た地盤工学の課題，土木学会論文集 C（地圏工学)，Vol.72，No.4，pp.310-326.
[252] 大竹雄・七澤利明・本城勇介・河野哲也・田辺晶規 (2017a)：地盤調査法とひずみレベルを考慮した設計用地盤変形係数の推定法，土木学会論文集 C(地圏工学)，Vol.73，No.4，pp.396-411.
[253] 大竹雄・七澤利明・本城勇介・河野哲也・田辺晶規 (2017b)：基礎の変位レベルと地盤のひずみレベルを考慮した設計用地盤反力係数の推定法，土木学会論文集 C(地圏工学)，Vol.73，No.4，pp.412-428.
[254] Ovesen, N.K.(1989): General Report, Session 30: Codes and Standards, 14th ICSMFE, Riodejaneiro.
[255] Ovesen, N.K.(1992): EC7: Geotechnical Code of Practice, Proc. IABSE Conference on Structural Eurocodes, Davos, pp.261-280.
[256] Ovesen, N.K.(1993): Eurocode 7: A European code of Practice for Geotechnical Design, Proc. International Symp. Limit State Design according to Eurocode 7, pp.1-20.
[257] 尾崎竜三，長尾毅，柴崎隆一 (2005)：経済損出を考慮した期待総費用最小化に基づく港湾構造物の常時の

レベル I 信頼性設計法，国土技術政策総合研究所資料，No.217.

[258] 尾崎竜三・長尾毅 (2005)：防波堤を対象とした円弧すべりに関する信頼性設計法の適用，海洋開発論文集，第 21 巻，2005 年 7 月，土木学会，pp.963-968.

[259] Paikowsky, S.G. (2004), Load and Resistance Factor Design (LRFD) for Deep Foundations, NCHRP Report 507.

[260] Paikowsky, S.G., Canniff, M. C., Lesny, K., Kisse, A., Amatya, S. and Muganaga, R.(2010): LRFD Design and construction of shallow foundations for highway bridge structures, NCHRP Report 651.

[261] Papoulis, A.(1965):Probability, *Random Variables and Stochastic Process*, McGraw-Hill Inc. (平岡他訳、工学のための応用確率論（基礎編・確率過程編）、東海大学出版会、1970)

[262] Phoon, K. K. and Kulhawy, F. H.(1999a): Characterization of geotechnical variablity, Can. Geotech. J., Vol.36, pp.612-624.

[263] Phoon, K. K. and Kulhawy, F. H.(1999b): Evaluation of geotechnical property variability, Can. Geotech. J., Vol.36, pp.625-639.

[264] Phoon, K.K., F.H. Kulhawy and MD. Grigoriu(2000a): Reliability based design for transmission line structure foundations, Report TE-105000, Electric Power Research Institute.

[265] Phoon, K.K., F.H. Kulhawy and MD. Grigoriu(2000b): Reliability based design for transmission line structure foundations, Computers and Geotechnics 26, pp.169-185.

[266] Phoon, K.K.. D. E. Becker. F. H. Kulhawy, Y. Honjo, N. K. Ovesen, and S. R. Lo (2003): Why consider reliability analysis for geotechnical limit state design?, Proc. LSD2003: International Workshop on Limit State design in Geotechnical Engineering practice, summary in pp.19-20, full paper in CD-ROM, Cambridge, Massachusetts.

[267] Poulos, H. G. and Davis, E. H.(1973): *Elastic Solutions for Soil and Rock Mechanics*, John Wiley & Sons.

[268] Reiss, R.D. and Thomas, M. (1997): *Statistical analysis of extreme values*, Birkhauser.

[269] Rubinstein, R.Y.(1981), *Simulation and the Monte Carlo Method*, John Wiley & Sons.

[270] Rubinstein, R.Y. and Kroese, D.P.(2017): *Simulation and the Monte Carlo Method(Third Edition)*, John Wiley & Sons.

[271] Rungbanaphan, P, Y. Honjo and I. Yoshida(2010): Settlement prediction by spatial-temporal random process using Asaoka's method, Georisk, Vol.4, No.4, pp.174-185.

[272] Rongbanaphan, P.(2012): A spatial-temporal random process for geotechnical design based on observational metnod, 岐阜大学学位論文.

[273] Rungbanaphan, P, Y. Honjo and I. Yoshida (2012): Spatial-temporal prediction of secondary compression using random field theory, Soils and Foundations, Vol.52, No.1, pp.99-113.

[274] Sursburg,D.(2001):*The Lady Tasting Tea: how statistics revolutionized science in the twentieth century*, W.H.Freea.（竹内惠行・熊谷悦生訳「統計学を拓いた異才たち：経験則から科学へ進展した一世紀」日経ビジネス文庫 1143, 2010）.

[275] 佐藤健彦，竹信正寛，宮田正史 (2016)：重力式防波堤のレベル 1 信頼性設計法に関する基礎的研究～混成堤および消波ブロック被覆堤の滑動および転倒照査を対象に～，国総研資料第 922 号.

[276] SEAOC(1995): Vision 2000 - Performance based seismic engineering of buildings, Vision 2000 Committee, Final Report.

[277] SEAOC(1996): Seismology committee SEAOC, Recommended lateral force requirements and commentary (Blue Book), 1996 edition.

[278] SEAOC(1998): SEAOC seismology PBE ad hoc committee, Performance based Seismic Engineering Guidelines.

[279] 清水良一 (2002)：統計科学事典，朝倉書店.

[280] Shinozuka, M.(1971): Simulation of multivariate and multidimensional random processes, J.the Acoustical Society of America, Vol.49 (1, part 2), pp.357-367.

[281] Shinozuka, M. and Jan, C.-M.(1972): Digital simulation of random processes and its applications, J.Sound and Vibration, Vol.25, No.1, pp.111-128.

[282] Shirato, M., Kohno, T. and Nakatani, S.(2009): Geotechnical criteria for serviceability limit state of horizontally loaded deep foundations,*Procs of The Second,International Symposium on Geotechnical Risk and Safety*, pp.119-126.

[283] 白戸真大 (2017)：「部分係数設計法」及び「限界状態設計法」を導入 - 平成 29 年度 道路橋示方書改定について, 道路構造物ジャーナル NET インタビュー 2017 年 12 月 5 日 (https://www.kozobutsu-hozen-journal.net/interviews/detail.php?id=1224&page=1)(2018 年 8 月確認)

[284] 白戸真大，星限順一，玉越隆史，宮原 史，横井芳輝，川見 周平，山 健次郎 (2018)：道路橋の設計状況設定法に関する研究，国総研資料第 1031 号.

[285] 白戸真大 (2018)：道路橋示方書における部分係数設計法と限界状態設計法，土木技術資料 60-2.

[286] Simpson, B.(1996): Basis of design in Eurocode 7, Proc. IABSE colloquium on Basis of design and actions on structures-background and application of Eurocode 1, pp.141-148, Delft.

[287] Simpson, B. and Driscoll, R.(1998): Eurocode 7 a commentary, Construction research communications Ltd.

[288] Slovic, P.(2000): Perception of Rsik (originally in Science, Vol.236, pp.280-285, 1987), The perception of Risk, Earthscan Publications Ltd., pp.220-231.

[289] Soulie, M. and Favre, M.(1983): Analyse geostatistique d'un noyan de barrrage tel que construit,*Can. Geotech. J.*, Vol.20, pp.463-457.

[290] Soulie, M, Montes, P. and Silvestri, V.(1990): Modeling spatial variability of soil parameres,*Can. Geotech. J.*, Vol.27, pp.617-630.

[291] 鈴木誠・本城勇介 (2000a): 杭基礎設計における不確実性の評価方法（その２）「講座：杭基礎の鉛直荷重～変位特性の評価法入門」, 土と基礎, Vol.48, No.8, pp.35-38.

[292] 鈴木誠・本城勇介 (2000b): 杭基礎設計における不確実性の評価方法（その３）「講座：杭基礎の鉛直荷重～変位特性の評価法入門」, 土と基礎, Vol.48, No.7, pp.41-42.

[293] 鈴木誠 (2001):構造設計の国際化と性能設計, 基礎工 Vol.27, N0.8, pp.2-5.

[294] 鈴木誠 (2015)：地盤工学における信頼性設計法の展望，地盤工学会誌，Vol.65, No.5, Ser.No.688, pp.6-9.

[295] 高木朗義・本城勇介・倉内文孝・浅野憲雄・原隆史・沢田和秀・森口周二・北浦康嗣・八嶋厚 (2012): 岐阜県飛騨圏域を対象とした道路斜面のリスクマネジメント，土木学会論文報告集（F）, Vol.68, No.2, pp.109-122.

[296] 高岡宣善 (1988)：信頼性理論の歴史,「構造工学シリーズ２：構造物のライフタイムリスクの評価」, 土木学会, pp.294-300.

[297] 竹信正寛，西岡悟史，佐藤健彦，宮田正史 (2015)：荷重抵抗係数アプローチによるレベル 1 信頼性設計法に関する基礎的研究～永続状態におけるケーソン式岸壁の滑動および転倒照査を対象に～，国総研資料第 880 号.

[298] 竹信正寛・宮田正史・勝俣優・村上和康・本城勇介・大竹雄 (2017)：船舶接岸速度の統計的性質に着目した直杭式横桟橋の杭の応力照査に関する信頼性解析，土木学会論文集 B3，Vol.73，No.2，pp.420-425.

[299] 竹内啓 (1966)：数理統計学、東洋経済新報社.

[300] 玉越隆史他 (2018)：[特集] 道路橋示方書改定．土木施工，2018 年 4 月号.

[301] 垂水共之・飯塚誠也（2006）: R/S － PLUS による統計解析入門，共立出版.

[302] Terzaghi, K. and Peck, R.B.(1967) *Soil Mechanics and Engineering Practice*,John Willy and Sons Inc.

[303] Thoft-Christensen, P. and Baker, M.J.(1082): *Structural Reliability Theory and Its Application*, Springer-Verlab.（室津他訳，構造信頼性一理論と応用，スプリンガー・フェアラーク東京，1986）

[304] 東京大学教養学部統計学教室編 (1991)：統計学入門，東京大学出版会.

[305] 築地貴裕他 (2017)：道路橋示方書の改訂概要，道路，2017 年 9 月号.

[306] 上田貴夫・本城勇介・波多野敬・坂口修司 (1986)：造成工事における残留沈下量の平面的予測及び誤差、土と基礎、Vol.34,No.5, pp.51-58.

[307] USNRC(1975): Reactor safety study. An assessment of accident risks in U.S.commercial nuclear power plants. Executive Summary." WASH-1400 (NUREG-75/014)".(by Rasmussen, N.C.et al.).Rockville, MD, USA: Federal Government of the United States, U.S. Nuclear Regulatory Commission.

[308] Vanmarcke, E..H.(1977): Probabilistic modelling of soil profiles, J. of Geotechnical Engineering (ASCE), Vol.103, No.GT11, pp.1227-1246.

[309] Vanmarcke,E.H.(1980):Probabilistic stability analysis of earth slopes, Engineering Geology, Vol.16, pp.29-50.

[310] Vanmarcke, E. H.(1983): *Random Fields: Analysis and Synthesis*, The MIT Press.

[311] Vansteeg(1987): External safety policy in the Netherlands, An approach to risk management, Journal of Hazardous Materials, 17, p.215-221.

[312] Veneziano, D, and J.Antoniano(1979),Reliability analysis of slopes frequency-domain method,J.Geotechnical Engineering Division, Proc. ASCE,Vol.105,No.GT2,165-182.

[313] Wachernagel, H.(1998): *Multivariate Geostatistics: second completely revied edition*, Springer.

[314] Watabe, Y., Tanaka, M. and Kikuchi, Y.(2009): Practical determination method for soil parameters adopted in the new performance based design code for port facilities in Japan,Soils and Foundations, Vol.49, No.6, pp.827-840.

[315] Wen, Y.K.(2000):Reliability and performance based design, Proceedings 8th ASCE Special Conference on Probabilistic Mechanics and Structural Reliability (CD-ROM), pp.21.

[316] Whitman, R.V.(1984): Evaluating calculated risk in geotechnical engineering, J. GeotechnicalEngineering, ASCE, Vol.110, No.2.

[317] Wu, T.H. and Kraft, L.M. (1970): Safety analysis of slope, J. of soil mechnaics and foundations devision(ASCE), Vol.96, No.SM2, 609-630.

[318] Wu, T. H.(2009): Reliability of geotechnical predictions,Proc. of the Second International Symposium on Geotechnical Risk and Safety (Y. Honjo *et al.* eds.), pp.3-10, Gifu, Japan, CRC Press.

[319] 矢作樞・五十嵐功・田中秀明 (1987)：新版よくわかる杭基礎の設計，山海堂.

[320] 山本修司 (2005)：性能設計体系への移行における課題と展望，土木学会論文集 N0.791/VI-67,1-9.

[321] 吉田郁政・佐藤忠信 (2005a):超一様分布列を用いた損傷度解析，構造工学論文集 (土木学会)，Vol.51A, pp.351-356.

[322] 吉田郁政・佐藤忠信 (2005b):MCMC を用いた損傷確率の効率的算定法，土木学会論文集，No.794/I-72, pp.43-53.

[323] 吉田郁政，本城勇介，大竹雄 (2013)：EM アルゴリズムを用いた劣化曲線群の同定法，土木学会論文集 A1（構造・地震工学）, Vol. 69, No. 2, 174-185.

[324] 吉岡健，長尾毅，鷲尾朝昭，森屋陽一 (2004)：重力式特殊防波堤の外的安定問題に関する信頼性解析，海岸工学論文集，第 51 巻， pp.751～755.

[325] 吉岡健・長尾毅 (2004)：ケーソン式防波堤の外的安定に関する安全性指標と感度係数の関係，海洋開発論文集，第 20 巻，2004 年 6 月，土木学会，pp.197-202.

[326] 吉岡健・長尾毅 (2005)：重力式防波擢の外的安定に関する部分係数のコードキャリブレーション，海洋開発論文集，第 21 巻，2005 年 7 月，土木学会，pp.779-784.

◎索引

【著者紹介】

本城勇介（ほんじょうゆうすけ）

1949年神奈川県生，名古屋工業大学土木工学科卒(1973)，京都大学大学院工学研究科修士課程修了(1975)，Massachusetts Institute of Technology Sc.M.(1983) 及びPh.D.(1985)取得，竹中土木(株)竹中技術研究所研究員，Asian Institute of Technology准教授，長岡技術科学大学助教授，岐阜大学教授等歴任，2015年3月より岐阜大学名誉教授．地盤工学会研究業績賞(2013)，土木学会論文賞(2014)，地盤工学会論文賞(2013,2015)，「地盤工学会誌」最優秀賞(2016)，「社会基盤施設の性能設計と信頼性設計法の開発と実用化の研究」で文部科学大臣表彰・科学技術賞(研究部門)(2017)，Wilson Tang Lecturer(2012)，GEOSNet Distinguished Award(2015).

大竹　雄（おおたけ　ゆう）

1978年福島県生，法政大学土木工学科卒(2000)，東京工業大学大学院修士課程修了(2002)，岐阜大学より博士(工学)学位取得(2012)，技術士（建設部門）土質及び基礎（第61616号）取得(2007)，株式会社建設技術研究所勤務，岐阜大学特任助教等歴任，2014年10月より新潟大学工学部准教授．地盤工学会論文賞(2013，2015)，土木学会論文賞(2014)，地盤工学会関西支部賞(2017)，国土交通省新道路技術会議優秀技術研究開発賞(研究代表者)(2016)

信頼性設計法と性能設計の理念と実際
—地盤構造物を中心として—

定価はカバーに表示してあります．

2018年12月 10日　1版1刷　発行

ISBN978-4-7655-1859-8 C3051

著　者　本　城　勇　介
　　　　大　竹　　　雄
発行者　長　　滋　彦
発行所　技報堂出版株式会社

〒101-0051
東京都千代田区神田神保町 1-2-5
電　話　営業　(03) (5217) 0885
　　　　編集　(03) (5217) 0881
F A X　(03) (5217) 0886
振 替 口 座　00140-4-10
http:// gihodobooks.jp/

日本書籍出版協会会員
自然科学書協会会員
土木・建築書協会会員

Printed in Japan

装幀　冨澤　崇
印刷・製本　三美印刷